高职高专规划教材

化工制图

HUAGONG ZHITU

主　编　孙玉泉
副主编　赵瑜藏　马江燕
王锡宁　胡　鹏

中国海洋大学出版社
·青岛·

图书在版编目(CIP)数据

化工制图/孙玉泉主编. —青岛：中国海洋大学出版社，2010.9

ISBN 978-7-81125-462-4

Ⅰ. ①化… Ⅱ. ①孙… Ⅲ. ①化工机械－机械制图－高等学校：技术学校－教材 Ⅳ. ①TQ050.2

中国版本图书馆 CIP 数据核字（2010）第 188395 号

出版发行 中国海洋大学出版社
社　　址 青岛市香港东路 23 号　　**邮政编码** 266071
网　　址 http://www.ouc-press.com
电子信箱 bingyueye@tom.com
订购电话 0532-82032573（传真）
责任编辑 毕玲玲　　**电　　话** 0532-85902533
印　　制 青岛双星华信印刷有限公司
版　　次 2010 年 10 月第 1 版
印　　次 2010 年 10 月第 1 次印刷
成品尺寸 185 mm × 260 mm
印　　张 15.75
字　　数 393 千字
定　　价 40.00 元

前　言

高等职业技术教育和高等专科教育是我国高等教育事业的重要组成部分，它是培养技能型、应用型、复合型高级专门人才的有效途径。针对高职和高专院校的学生特点，推出符合高职与高专教育的教材势在必行。我们本着以工作过程为导向、以工作任务为驱动的"教、学、做"一体化的教学体系，编写了这套教材，供高职和高专化工类专业使用以及其他相关专业参考。

本教材主要内容包括5个工作项目、20项工作任务。其中，项目一：制图的基本技能（任务1～2），介绍制图的有关国家标准和平面图形的绘制方法；项目二：投影作图（任务3～9），主要介绍点、线、面、基本体、组合体的投影作图、尺寸标注、轴测图的绘制和组合体三视图的识读；项目三：图样的表达方式（任务10～12），主要介绍图样的各种表达方式；项目四：机械图样（任务13～16），主要介绍零件图和装配图的内容和识读方法；项目五：化工图样（任务17～20），介绍化工设备图和化工工艺图的绘制与识读。在内容处理上，以培养高技能人才为目标，努力贯彻以就业为导向深化高等职业教育改革的精神。以理论"够用"、技能"必需"的原则，着力突出技能培养，并在教材内容和体系结构上有所突破和创新。

参加本教材编写工作的有：孙玉泉（绪论、任务1～8）、王锡宁（任务9）、马江燕（任务10～12）、赵瑜藏（任务13～15）、胡鹏（任务16～18）、刘书群（任务19）、王薇（任务20）。本教材由孙玉泉任主编，赵瑜藏、马江燕、王锡宁、胡鹏任副主编，全书由孙玉泉统稿。

由于编者水平有限，难免有不妥之处，恳请广大读者予以批评指正，在此致以诚挚的谢意。

编者

2010年8月

目　次

绪 论

一、图样的性质和用途

人类表达思想最基本的工具是语言和文字，可是在工程上要表达技术思想时，仅仅使用语言和文字就显得非常不足了。例如，制造压盖(图 1)这一零件时，就难以用语言和文字准确地叙述出它的形状和大小尺寸等，而如果我们采用图样(图 2)来表达就一目了然了。

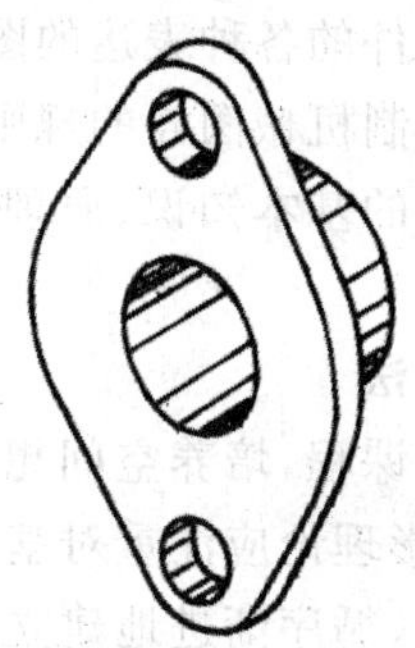

图 1 压盖图

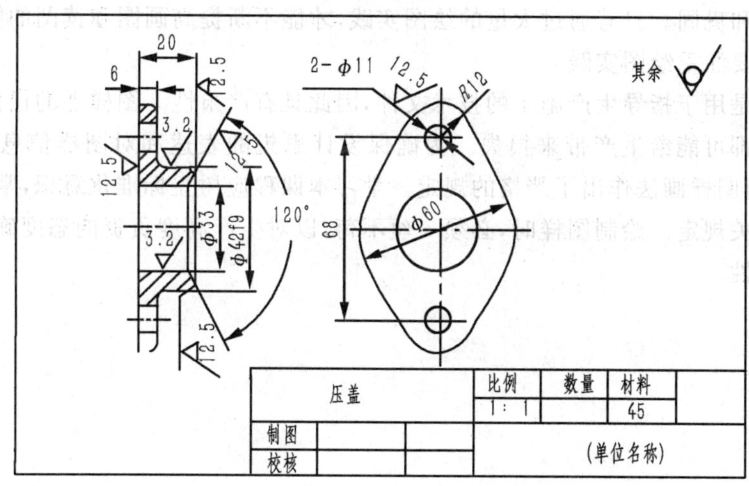

图 2 压盖的零件

图样即是按照一定的标准和规定，准确地表达物体的形状、尺寸及技术要求的图。在工程上如机械、化工、建筑等行业都需要用图样来表达设计意图、组织生产和进行生产，它是一种表达和交流技术思想的重要工具，是工程界通用的技术语言。

二、化工制图课程的主要任务和要求

化工制图是一门既有理论又有很强实践性的技术基础课，它的主要任务就是培养学生依据投影原理并根据有关规定绘制和阅读图样，即培养学生的绘图和读图能力以及空间想象能力和空间思维能力。

通过化工制图课程的学习，应达到如下要求：

(1)掌握正投影法的基础理论和基本方法，培养和发展空间思维能力。

(2)能正确地使用绘图工具，掌握尺规作图的技能。

(3)学习制图国家标准与图样的相关知识，具有查阅手册和技术资料的能力。

(4)能够绘制和阅读中等复杂程度的机械图样和化工图样，具备一定的实际应用能力。

(5)培养认真负责的工作态度和严谨科学的工作作风。

三、化工制图课程的内容

(1)制图的基本知识。主要介绍制图的国家标准中的有关规定、制图工具及其使用、基本几何作图的方法。

(2)投影作图。主要介绍表达各种形体的投影原理和方法。

(3)图样的表达方式。主要介绍机件的各种表达的图样。

(4)机械制图。主要介绍识读和绘制机械图样的规则和方法。

(5)化工制图。主要介绍运用制图的基本知识、原理、方法，正确识读和绘制化工设备图、化工工艺图。

四、化工制图课程的特点和学习方法

(1)本课程是一门空间概念很强的课程，培养空间想象力是本课程学习的主要目标之一，也是学好本课程的关键所在。学习投影理论应注重对基本概念、基本规律的理解，将投影作图与空间分析结合起来，多看、多想、多画，循序渐进地建立和发展投影分析和空间想象能力。

(2)本课程也是一门实践性很强的课程，绘图基本功需要通过绘图实践来培养和提高，空间想象力需要通过绘图实践来建立和发展，图样的画法规定和制图的各种知识也需要通过绘图实践来理解和巩固。只有通过大量的绘图实践，才能不断提高画图和读图的能力。所以，学习本课程一定要注重绘图实践。

工程图样是用于指导生产施工的技术文件，因此具有严肃性。图样上的任何错误、疏漏或不规范的表达都可能给生产带来损失。为确保设计思想的表达和对图样信息的理解的一致性，国家标准对图样画法作出了严格的规定。学习本课程应树立标准化意识，掌握并严格遵守国家标准的有关规定。绘制图样时，必须一丝不苟，以对生产高度负责的态度确保所绘图样的正确性和规范性。

项目一　制图的基本技能

【项目描述】

图样是工程界的技术语言，组成这一技术语言的字符就是直线、圆弧和简单的几何图形，国家标准就是这一语言的语法。所以说，要学好化工制图，首先要掌握相关的国家标准和基本图形的绘制。

【学习目标】

(1)熟悉和掌握国家标准《机械制图》和《技术制图》有关的基本规定；

(2)掌握常用的几何作图方法；

(3)掌握平面图形的绘制方法。

【能力目标】

(1)学会绘制平面图形及尺寸标注；

(2)熟练使用绘图工具。

任务1　图线的绘制与标注

【学习目标】

(1)掌握有关制图的国家标准(图纸幅面与格式、比例、字体、图线、尺寸标注)。

(2)熟练使用绘图工具。

【学习内容】

按图要求，用A4图纸，绘制下列各种图线，并用1∶1的比例进行尺寸标注。

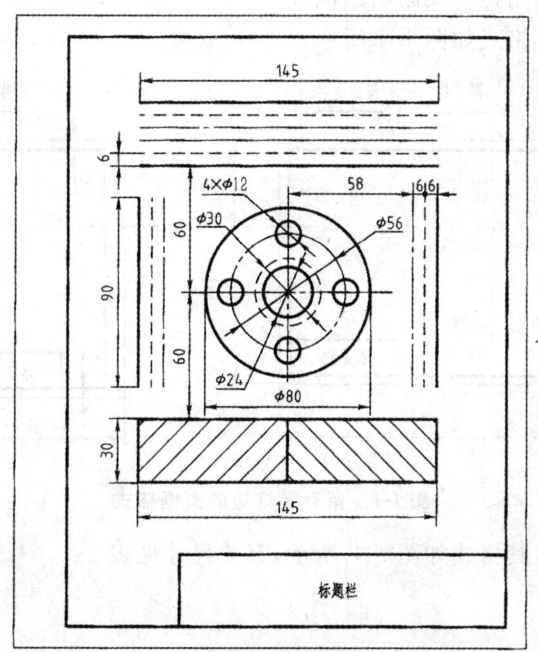

【任务分析】

本任务所示图形的格式(边框线、标题栏、图线的形式、粗细、尺寸标注等),必须符合国家标准的相关规定。要完成该任务,应掌握绘图工具的正确使用方法。

【相关知识】

1-1　国家标准中关于制图的基本规定

国家标准简称“国标”,其代号为“GB”。如 GB/T 14689—1993,其中 GB/T 表示推荐性国标,14689 是编号,1993 是发布年号。

图样是“工程界通用的技术语言”。为了统一这种“技术语言”,国家技术监督局颁布了一系列有关制图的国家标准,对制图作出了一系列统一的规定。这些规定是每一个工程技术人员都必须认真学习、熟练掌握、严格遵守的准则。

下面仅介绍《技术制图》与《机械制图》国家标准中有关制图基本规定的主要内容。

一、图纸幅面与格式(GB/T14689—1993)

1. 图纸幅面

绘制图样时,优先选用表 1-1 中规定的幅面尺寸。

表 1-1　图纸幅面　　单位:mm

幅面代号	A0	A1	A2	A3	A4
$B\times L$	841×1189	594×841	420×594	297×420	210×297
c	10			5	
a	25				
e	20		10		

必要时,可以使用加长幅面。加长幅面的尺寸可根据其基本幅面的短边呈整数倍增加。

2. 图框

绘制图样时,首先应用粗实线画出图框线。

需要装订的图样,其格式如图 1-1 所示。

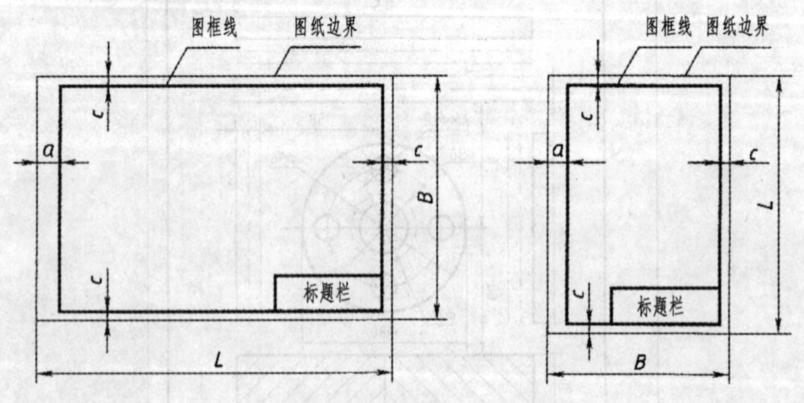

图 1-1　留有装订边的图框格式

不需要装订的图样,其格式如图 1-2 所示,有关尺寸见表 1-1。

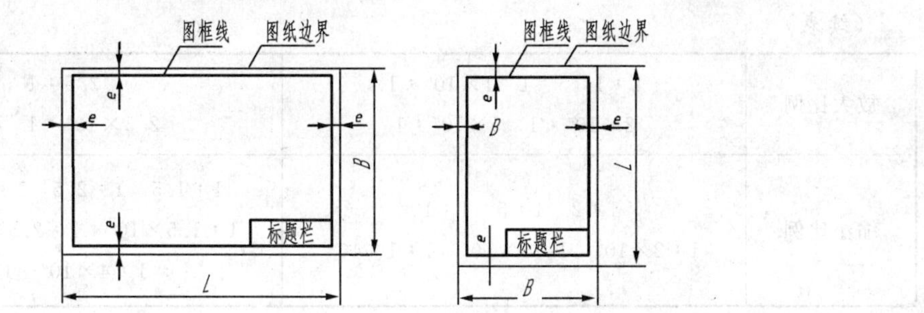

图 1-2　不留有装订边的图框格式

3. 标题栏

每张图纸都应画出标题栏，其位置在图纸的右下角。GB/T10609.1—1989 规定了标题栏的格式与尺寸，由名称、签字区、代号区、更改区和其他区组成，如图 1-3 所示。

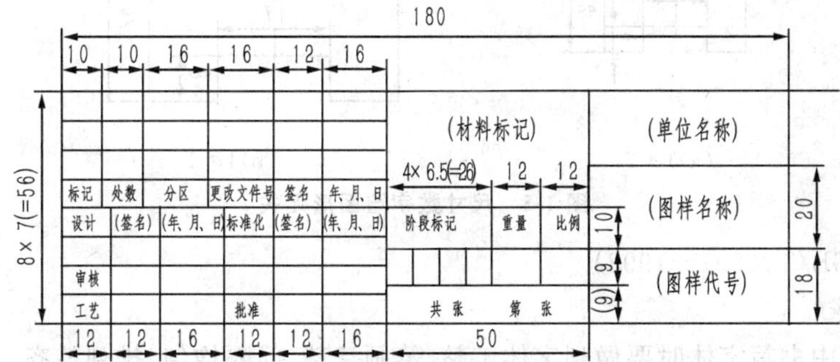

图 1-3　GB/T10609.1—1989 规定的标题栏

为简化起见，制图作业中的标题栏可采用图 1-4 所示的格式。

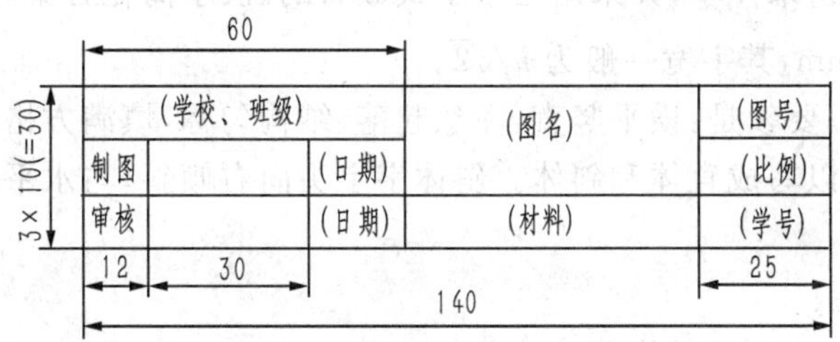

图 1-4　制图作业中的标题栏

二、比例(GB/T14690—1993)

图样中的比例是指图中的图形与其实物相应要素的线性尺寸之比。比例符号以"："表示，如 1：1、2：1 和 1：2 等。

绘图时，可根据所表达实物的大小和复杂程度选取不同的比例。需要按比例绘制图样时，应由表 1-2 所规定的系列中选取适当的比例。

表 1-2　比例系列

种　类	优先选用的比例	允许选用的比例
原值比例	1：1	—

（续表）

放大比例	2∶1　5∶1　1×10ⁿ∶1 2×10ⁿ∶1　5×10ⁿ∶1	2.5∶1　4∶1 2.5×10ⁿ∶1　4×10ⁿ∶1
缩小比例	1∶2　1∶5　1∶10 1∶2×10ⁿ　1∶5×10ⁿ　1∶1×10ⁿ	1∶1.5　1∶2.5　1∶3　1∶4　1∶6 1∶1.5×10ⁿ　1∶2.5×10ⁿ　1∶3×10ⁿ 1∶4×10ⁿ　1∶6×10ⁿ

不论图形放大或缩小，在图样中所注的尺寸，其数值必须按机件的实际大小标注，与比例无关，如图 1-5 所示。

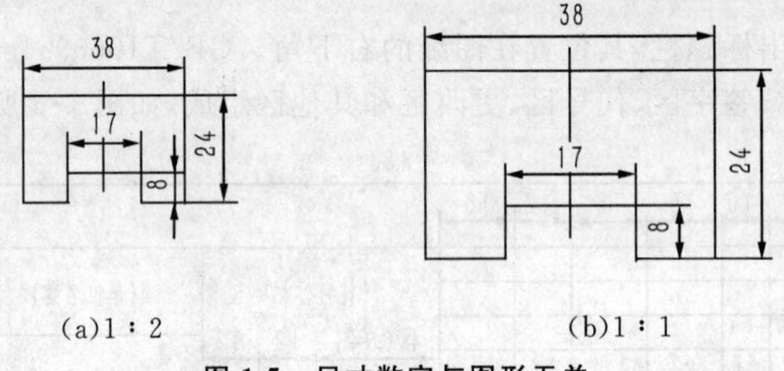

图 1-5　尺寸数字与图形无关

三、字体(GB/T14691－1993)

1. 基本要求

(1)在图样中书写字体时要做到字体工整、笔画清楚、间隔均匀、排列整齐。

(2)字体高度(用 h 表示)的公称尺寸系列为 1.8 mm，2.5 mm，3.5 mm，5 mm，7 mm，10 mm，14 mm，20 mm。

(3)汉字应写成长仿宋体字，并采用国家正式颁布的《汉字简化方案》中规定的简化字。汉字的高度不小于 3.5 mm，其字宽一般为 $h/\sqrt{2}$。

长仿宋体字的书写要领是：横平竖直，注意起落；结构匀称，填满方格。

(4)字母和数字可以写成直体和斜体。斜体字字头向右倾斜，与水平基准线成 75°。

2. 字体示例

(1)长仿宋体汉字：

字体工整　笔画清楚　间隔均匀　排列整齐

横平竖直　注意起落　结构匀称　填满方格

技术制图机械电子汽车航空船舶土木建筑矿山井坑港口纺织服装

(2)字母与数字：

A B C D E F G H I J K L M N O P Q R S T U V W X Y Z　a b c d e f g h i j k l m n o p q　0 1 2 3 4 5 6 7 8 9　I II III IV V VI VII VIII IX X

四、图线(GB/T17450－1998，GB/T4457.4－2002)

图样是用各种不同粗细和形式的图线画成的。GB/T17450－1998 规定了连续的实线和不连续的虚线、点画线、双点画线等 15 种基本线型。在基本线型的基础上，经变形或组合可派生出新的线型(如波浪线和双折线等)。

1. 机械制图中常用线型及主要应用(见表 1-3)

表 1-3 常用线型及主要应用(摘自 GB/T4457.4－2002)

图线名称	图线形式	宽度	一般应用
粗实线	━━━━━━	d	可见轮廓线 可见过渡线
细实线	——————	$0.5d$	尺寸线和尺寸界线 剖面线、引出线 重合剖面的轮廓线 螺纹的牙底线和齿轮的齿根线 分界线及范围
细虚线	- - - - - -	$0.5d$	不可见轮廓线 不可见过渡线
细点画线	—·—·—	$0.5d$	轴线、对称中心线 轨迹线、节圆及节线
双点画线	—··—··—	$0.5d$	相邻辅助零件的轮廓线 极限位置的轮廓线
波浪线	～～～	$0.5d$	断裂处的边界线 视图与剖视的分界线
双折线	—\/—\/—	$0.5d$	断裂处的边界线 视图与剖视的分界线
粗点画线	━·━·━	d	有特殊要求的线或表面的表示线

2. 图线的画法

(1)同一图样中同类图线的宽度应基本一致。

(2)虚线、点画线及双点画线的线段长度和间隔应各自大致相等。

(3)两条平行线(包括剖面线)之间的距离不得小于 0.7 mm。

(4)点画线和双点画线首末两端应超出轮廓线 2～5 mm,且应是线段而不是点。

(5)在绘制圆的对称中心线时,圆心应为线段的交点,如图 1-6 所示。当图形较小,用双点画线或点画线绘制有困难时,可用细实线代替。

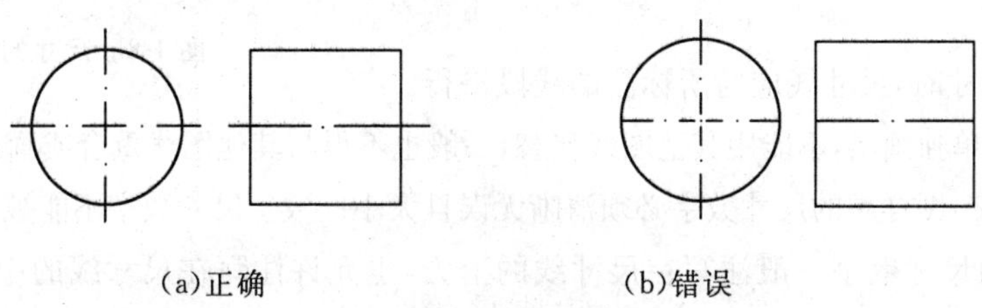

图 1-6　点画线的画法

(6)虚线与其他图线相交时,应画成线段相交。虚线为粗实线的延长线时,不能与粗实线相接,应留有空隙。如图 1-7 所示。

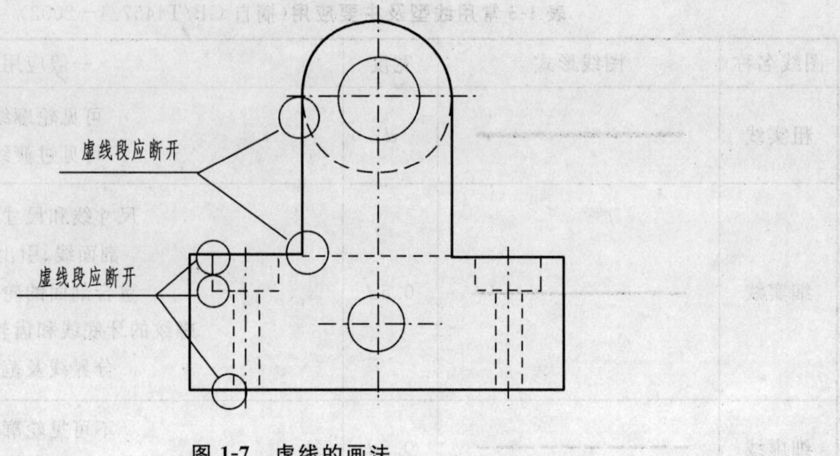

图 1-7 虚线的画法

五、尺寸注法(GB/T4458.4－2003,GB/T16675.2－1996)

尺寸是图样中的重要内容之一,是加工机器零件和装配机器、安装设备和管道的直接依据。因此,GB/T4458.4—1984《机械制图尺寸注法》和 GB/T16675.2—1996《技术制图简化表示法第二部分:尺寸注法》中对尺寸标注作了专门规定。

1.基本规则

(1)机件的真实大小应以图样上所注的尺寸数值为依据,与图形的大小及绘图的准确度无关。

(2)图样中的尺寸以毫米为单位时,不需要标注单位符号(或名称),如采用其他单位,则应注明相应的单位符号。

(3)图样中所注的尺寸为该图样所示机件的最后完工尺寸,否则应另加说明。

(4)机件的每一尺寸,一般只标注一次,并应标注在反映该结构最清晰的图形上。

2.尺寸的组成及线性尺寸的注法

一个完整的尺寸由尺寸界线、尺寸线及终端和尺寸数字组成(图 1-8)。

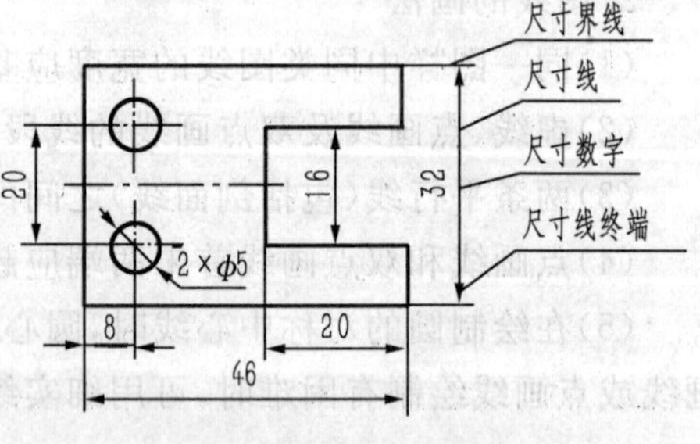

图 1-8 尺寸的组成

(1)尺寸界线:用细实线绘制,并应由图形的轮廓线、轴线或对称中心线处引出。也可利用轮廓线、轴线或对称中心线作尺寸界线(图 1-8)。

(2)尺寸线:用细实线绘制,其终端一般用箭头表示(图 1-8)。

标注线性尺寸时,尺寸线应与所标注的线段平行。

尺寸线必须单独画出,不能用其他图线代替,一般也不得与其他图线重合或画在其延长线上。

(3)尺寸数字:图样中的尺寸数字必须清晰无误且大小一致。尺寸数字不能被任何图线通过。

线性尺寸的尺寸数字一般注写在尺寸线的上方,也允许注写在尺寸线的中断处。

尺寸数字应按图 1-9(a)所示方向注写,并尽可能避免在图示 30°范围内注尺寸,当无法避免时,可按图 1-9(b)所示方法注出。

对于非水平方向的尺寸,其数字也允许一律水平地标注在尺寸线的中断处,如图 1-9(c)所示。

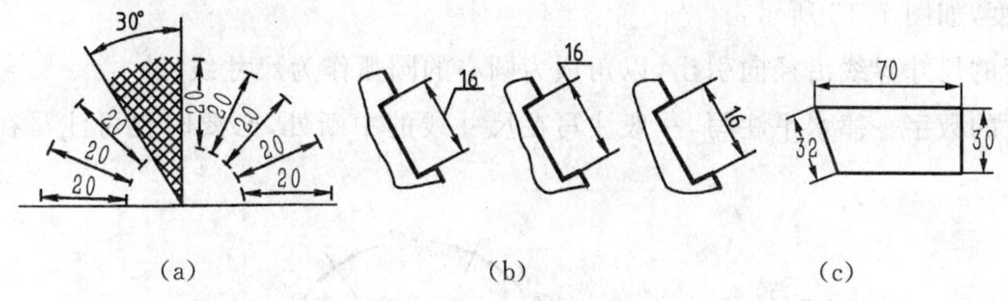

图 1-9　尺寸数字的方向

3. 几类特殊尺寸的注法

(1)直径的注法：圆或大于半圆的圆弧应标注直径，尺寸数字前加注直径符号“ϕ”，如图 1-10 所示。

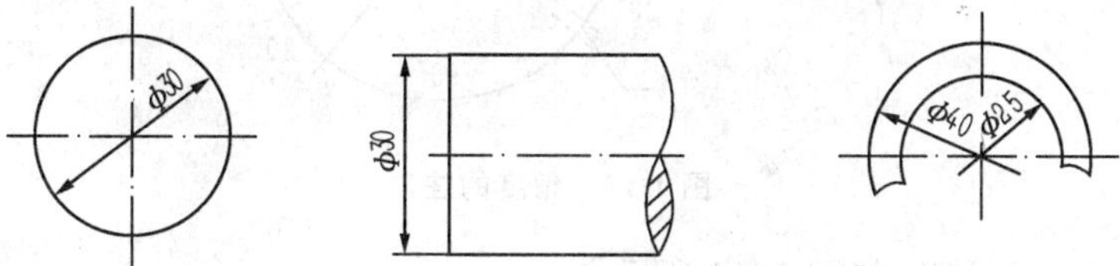

图 1-10　直径的注法

(2)半径的注法，如图 1-11 所示：

1)半圆或小于半圆的圆弧应标注半径。尺寸线自圆心引出，只画一个箭头指向圆弧。数字前加注半径符号“R”。

2)大圆弧的半径可按图 1-11(c)形式标注，若不需要标注其圆心位置时，可按图 1-11(d)标注。

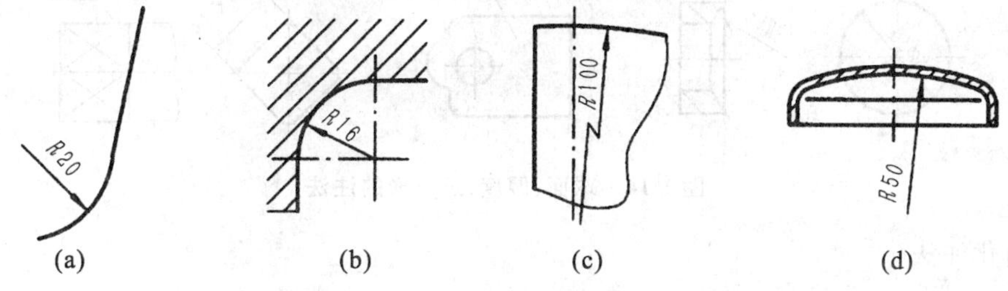

图 1-11　半径的注法

(3)狭小部位的尺寸注法，如图 1-12 所示：

1)当没有足够位置画箭头和写数字时，可将其中之一或二者都布置在外面。

2)标注一连串小尺寸时，可用圆点(或斜线)代替箭头，但两端箭头必须画出。

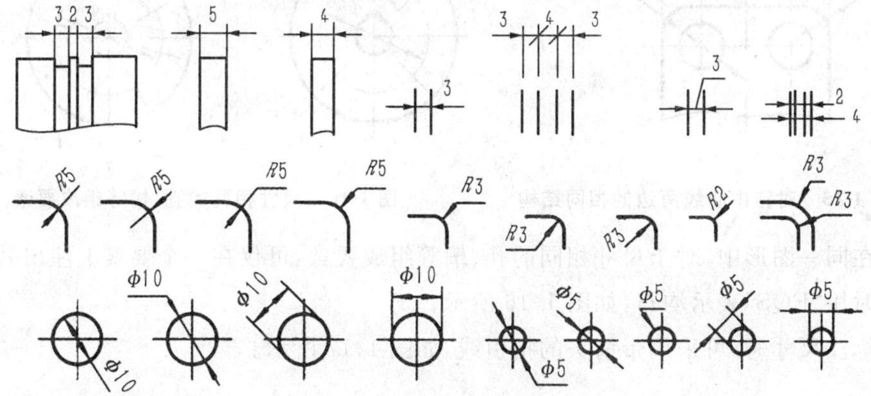

图 1-12　狭小部位的尺寸注法

(4)角度,如图 1-13 所示:

1)角度的尺寸界线沿径向引出,以角顶为圆心的圆弧作为尺寸线。

2)角度的数字一律水平注写,一般注写在尺寸线的中断处,必要时也可注写在外面、上方或引出标注。

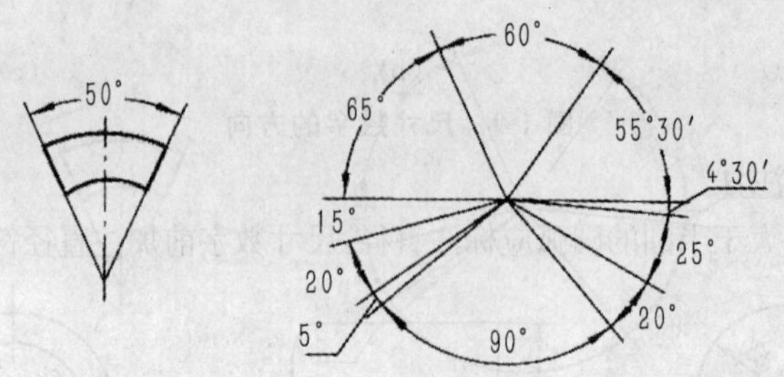

图 1-13　角度的注法

(5)球面、厚度、正方形,如图 1-14 所示:

1)标注球面尺寸时,在“ϕ”或“R”前加注符号“S”。

2)标注板状零件厚度时,可在尺寸数字前加注符号“t”。

3)标注断面为正方形结构的尺寸时,可在正方形边长数字前加注符号“□”或以“边长×边长”形式标注。

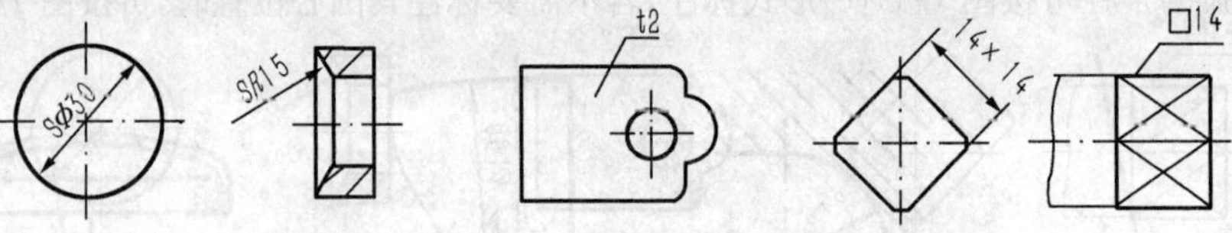

图 1-14　球面、厚度、正方形的注法

4. 简化注法

(1)当图形具有对称中心线时,分布在对称中心线两边的相同结构,仅标注其中一边的结构尺寸,如图 1-15 所示。

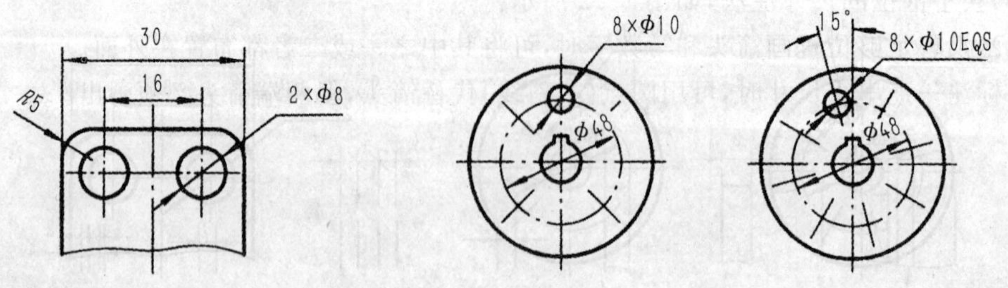

图 1-15　对称中心线两边的相同结构　　图 1-16　尺寸相同的孔、槽等组成要素

(2)在同一图形中,对于尺寸相同的孔、槽等组成要素,可仅在一个要素上注出其尺寸和数量,必要时用“EQS”表示均布,如图 1-16 所示。

(3)标注尺寸时,可采用带箭头的指引线,如图 1-17 所示。

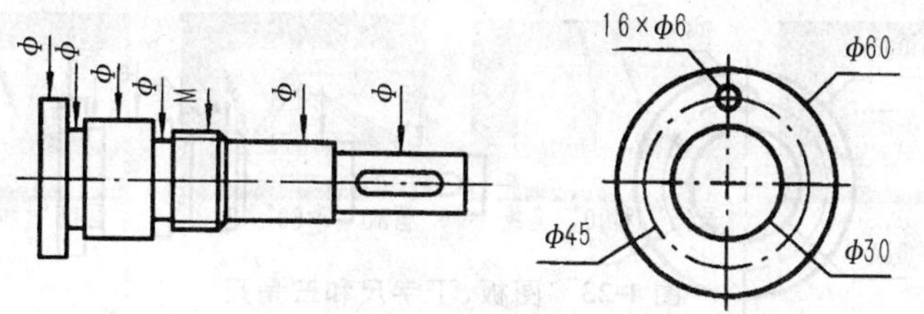

图 1-17　带箭头的指引线　　　图 1-18　不带箭头的指引线

(4)标注尺寸时,也可采用不带箭头的指引线,如图 1-18 所示。

(5)从同一基准出发的尺寸的标注,如图 1-19 所示。

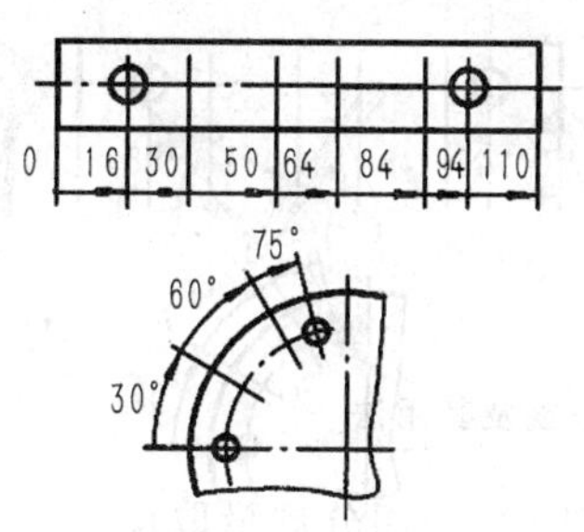

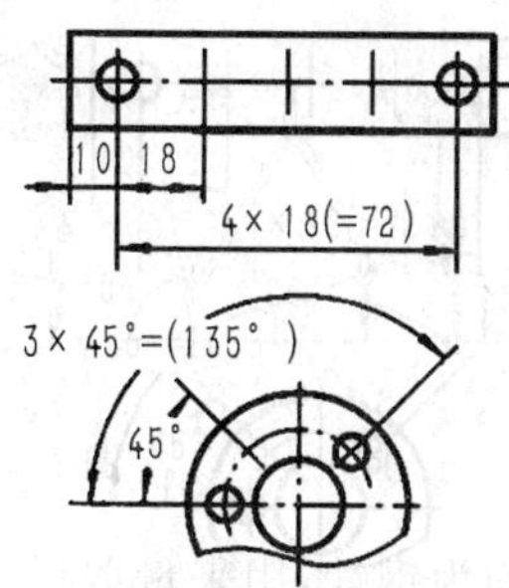

图 1-19　同一基准出发的尺寸标注　　　图 1-20　间隔相等的链式尺寸的标注

(6)间隔相等的链式尺寸的标注,如图 1-20 所示。

(7)一组同心圆弧或圆心位于一条直线上的多个不同心圆弧的尺寸,可用共用的尺寸线箭头依次表示,如图 1-21 所示。

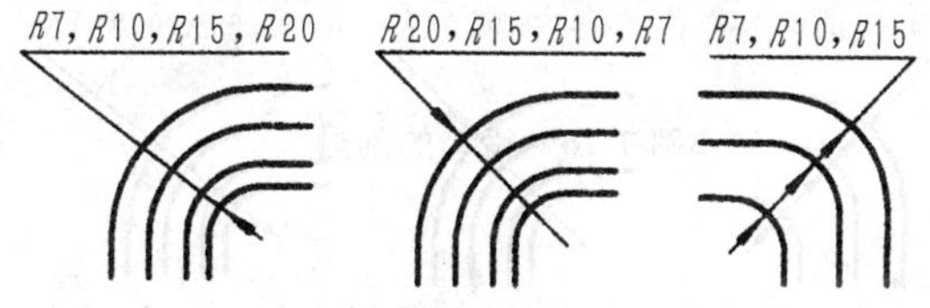

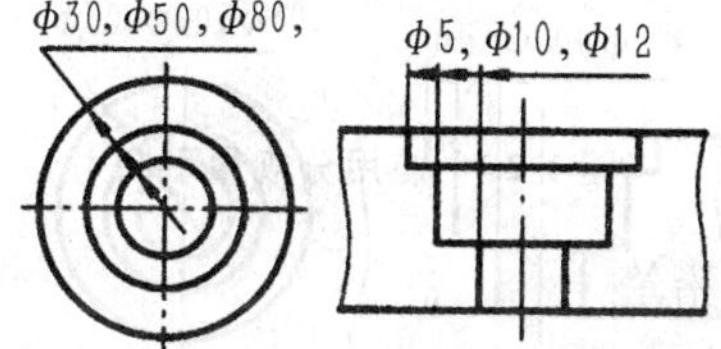

图 1-21　一组同心圆弧或圆心位于一条直线上的多个不同心圆弧的尺寸标准

图 1-22　一组同心圆或尺寸较多的台阶孔的尺寸标准

(8)一组同心圆或尺寸较多的台阶孔的尺寸,也可用共用的尺寸线和箭头依次表示,如图 1-22 所示。

1-2　尺规作图

制图的基本方法可分为手工绘图和计算机绘图,手工绘图又分为尺规作图和徒手作图。尺规作图就是使用绘图工具、仪器准确地绘图。

一、常用绘图工具和仪器

尺规作图时,正确地使用绘图工具是保证图样质量、提高绘图速度的前提。常用的绘图工具及用品有图板、丁字尺、三角尺、圆规、分规和铅笔等。

1. 图板、丁字尺和三角尺(图 1-23)

图板是用来铺放、固定图纸的矩形木板,左边为导边,必须平直。

丁字尺由尺头和尺身组成,尺头内侧和尺身上侧为工作边,互相垂直。

三角尺一副两块,分为 45°和 30°(60°),用于画垂直线和倾斜线。

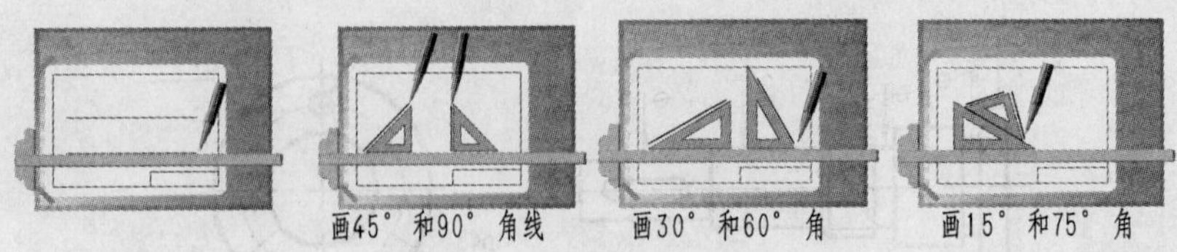

图 1-23　图板、丁字尺和三角尺

2. 圆规和分规

圆规用来画圆和圆弧。画图时，铅芯端应与针腿平齐，用力和速度应均匀，针尖与铅芯保持和图面基本垂直，圆规及其用法如图 1-24 所示。

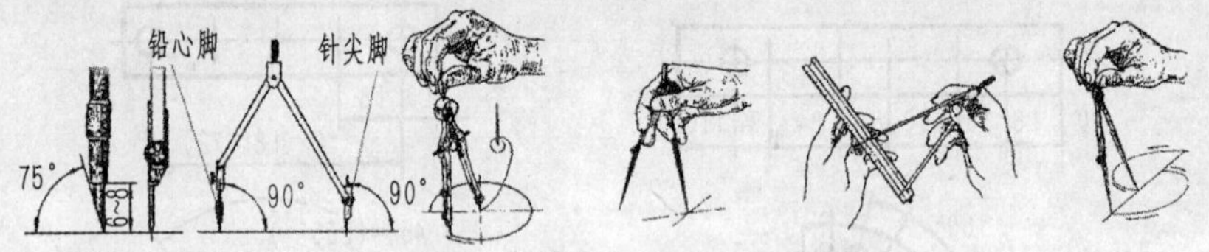

图 1-24　圆规、分规及其用法

分规的两脚均为钢针，用来量取尺寸和等分线段，使用分规量取尺寸如图 1-25 所示。

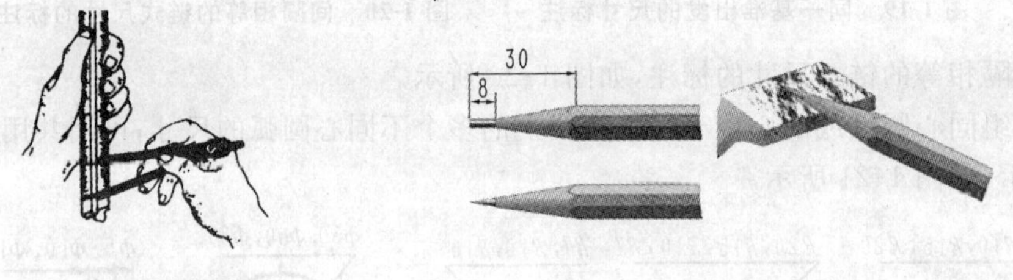

图 1-25　使用分规量取尺寸　　图 1-26　铅笔的削磨

3. 铅笔

绘图铅笔有硬软之分，以不同的标号表示，如 2H，H，HB，B，2B 等。字母 H 前的数字越大表示越硬，字母 B 前的数字越大表示越软。HB 铅笔硬软适中。

绘制底稿时，建议采用 H 或者 2H 铅笔；加深粗线时建议采用 B 或 2B 铅笔；写字、加深细线及画箭头时宜用 HB 铅笔。铅笔的削磨如图 1-26 所示，HB 及硬铅磨成尖头，加深粗线用的软铅通常磨成方头。

圆规铅脚也应根据不同需要选择不同铅芯。画底稿和加深细线时一般用 HB 铅芯，磨削成斜面或尖头；加深粗实线时应采用较软铅芯，并磨成方头。

二、尺规作图的基本方法和步骤

1. 绘图前的准备工作

每次绘图前都要做好充分的准备，包括如下几方面：

(1)了解所绘图样的内容和要求。认真阅读作业指导书，必要时应草图试画。

(2)选择比例和图幅。根据所绘图样内容确定比例，选取图幅，并决定横放还是竖放。

(3)准备绘图工具和用品。一般准备三只软硬不同的铅笔(HB、H 或 2H、B 或 2B)，并按要求提前削好；把圆规用各种铅芯磨好、装好，并留有备用；按所选图幅裁好图纸；准备好橡皮、胶带纸、磨铅砂纸等用品；将图板、丁字尺和三角尺擦净。

（4）固定图纸。将图纸置于图板中间偏左下方处，利用丁字尺按水平方向找正后，用胶带纸将图纸四角粘贴在图板上。

2.布置图面

（1）画图框、标题栏和对中符号。按规定的尺寸画出图框、对中符号和标题栏，先一律用细实线画出，留待一并描深。

（2）画基准线，布置各图形位置。根据所画图形的数目和大小，在图纸上的有效空间内匀称地布置每一图形，需注意留有标注尺寸和有关文字所占的空间。通过画出每一图形两个方向上的定位基准线即确定了图面布局。

3.画底稿

手工绘图必须先画底稿再描深。画底稿时不分图线粗细，一律用硬铅细线轻轻画出，但圆心、交点、切点等定位要清楚准确。每一图形从基准线出发，按尺寸先画主要轮廓，后画细节部分。虚线和密集的图线（如剖面线）可只确定位置和区域，待描深时一次画出。

底稿完成后，应进行检查，改正错误，并擦去多余的图线。

4.描深

描深图线时，按线型选择不同的铅笔：粗实线用 2B 或 B 软铅，细实线、虚线、点画线用 HB 铅笔。为了提高效率并避免遗漏，最好按一定的顺序描深。

描深图线直接影响图面质量。应保证全图粗实线粗度一致，光滑流畅；交点、切点处不欠不逾；各种细线也应粗度一致，切忌与粗实线粗细不分；虚线、点画线的线素长度要适宜，且全图基本一致；点画线超出轮廓线不要过长，多余部分要擦去。

5.注写尺寸、文字

用 HB 铅笔画出尺寸界线、尺寸线、箭头，注写尺寸数字及其他文字，填写标题栏。尺寸标注也可在描深图形前完成。

标注尺寸时，为保证图面的整洁性，需注意箭头和数字的大小应合适，且全图一致；尺寸界线出头不宜太长，且全图一致；尺寸线距轮廓线以及并列的尺寸线之间的距离不宜太小（必须大于字体高度），且全图一致。

最后，对全图进行认真检查，发现错误，必须改正。

【作图指导】

1.绘图步骤

（1）画底稿（用 H 或 2H 铅笔）：①画图框线；②在右下角画标题栏；③布图；④按图所注的尺寸作图；⑤校对底稿，擦去多余的图线。

（2）铅笔加深：①画粗实线的圆和直线（用 HB 或 B 铅笔）；②画虚线、点画线、细实线的圆和直线（用 HB 或 B 铅笔）；③用标准字体填写标题栏。

2.注意事项

（1）各种图线必须符合国家标准的规定。

(2)同类图线的宽度应一致。粗实线线宽推荐采用 0.7 mm。

(3)各种图线的相交画法,应符合要求。

【实训作图】

(1)图线练习(抄画下面图形,尺寸直接量取)。

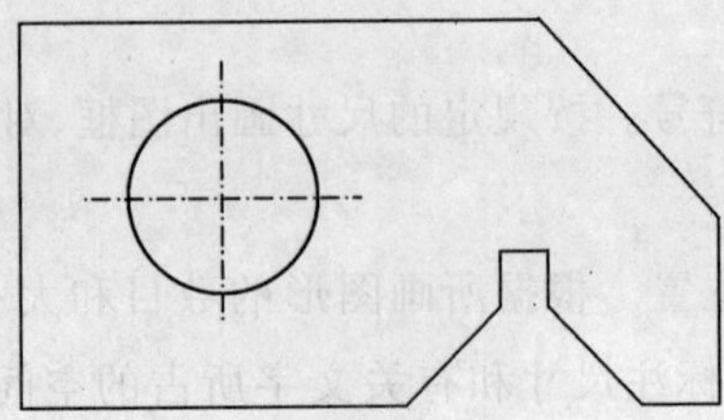

(2)标注下列图形(尺寸数值按 1∶1 量取整数)。

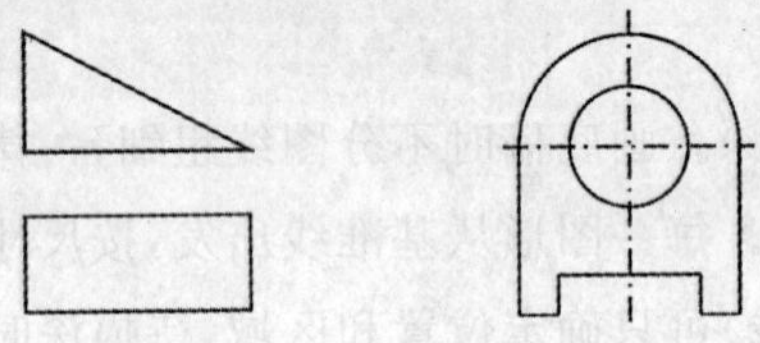

任务 2　平面图形的绘制

【学习目标】

(1)巩固尺规绘图方法。

(2)掌握几何作图及平面图形的画法。

(3)巩固尺寸标注方法。

【学习内容】

按图要求,用 A4 图纸绘制平面图形并标注尺寸。

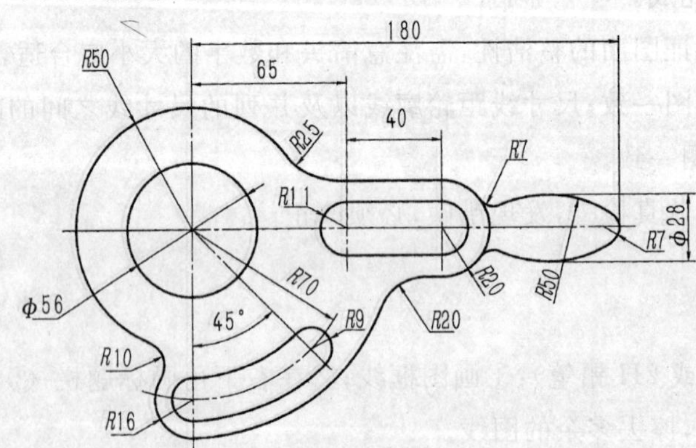

【任务分析】

本任务所示图形,包含了几何作图、圆弧连接、平面图形的绘制方法等内容。要完成该课题,应巩固绘图工具的正确使用方法;学会布图;掌握几何作图、圆弧连接、平面图形的绘制方法。

【相关知识】

2-1　几何作图

机件的形状虽各有不同，但都是由各种几何形体组成的。它们的图形也是由一些几何图形组成的。因此，绘制工程图样应当首先掌握常见几何图形的作图原理、作图方法以及图形与尺寸间相互依存的关系。

最基本的几何作图有线段的等分、圆周等分、圆弧连接及椭圆的绘制等。

一、线段的等分

【例 2-1】将 AB 线段进行二等分。

【分析】将某一线段进行二等分，主要是确定二等分点。

【作图】

(1)以线段的一端点 A 为圆心，以 $R>AB/2$ 为半径作圆弧；

图 2-1　线段的二等分

(2)以线段的另一端点 B 为圆心，以 $R>AB/2$ 为半径作圆弧，两圆弧相交于 C,D 两点；

(3)连接 C,D 与 AB 线段相交于 E 点，E 点即为所求的线段的二等分点，如图 2-1 所示。

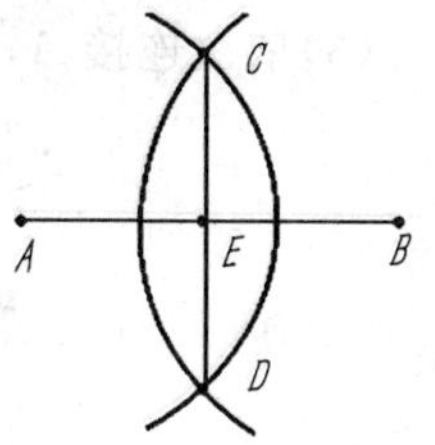

【例 2-2】将 AB 线段进行五等分。

【分析】将某一线段进行五等分，主要是确定五等分点。

【作图】

(1)过线段 AB 的一端点 A 点，作任意直线 AC；

(2)以 A 点为起点，用直尺(或分规)在 AC 线段上截取任意长度的五等分，得 1,2,3,4,5 五个点。

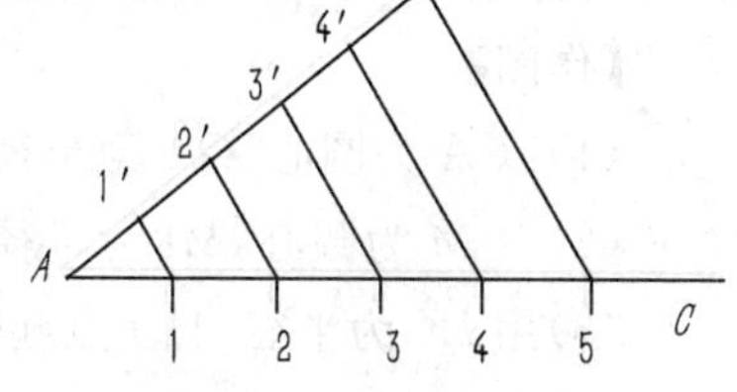

图 2-2　线段的五等分

(3)连接 $B5$，然后过 4,3,2,1 点分别作平行于 $B5$ 的直线，交于 AB 线段的 1′,2′,3′,4′四个点，则 1′,2′,3′,4′即为线段 AB 的五等分点，如图 2-2 所示。

二、圆周等分和作圆内接正多边形

工程制图中，常常需要将圆周分成若干等份，另外画正多边形时通常也是通过等分圆周作图，所以圆周的等分是非常重要的。

【例 2-3】绘制圆的三等分点及内接正三角形。

【分析】将圆周三等分及绘制内接正三角形，主要是在圆周上确定三等分点，然后依次连接三等分点，即得圆内接正三角形。

【作图】

(1)用 60°三角板过 A 点画垂直对称轴的 30°斜线交 B 点。

(2)旋转三角板，同法画 30°斜线交 C 点。

(3)连接 BC，则得圆内接正三角形，如图 2-3 所示。

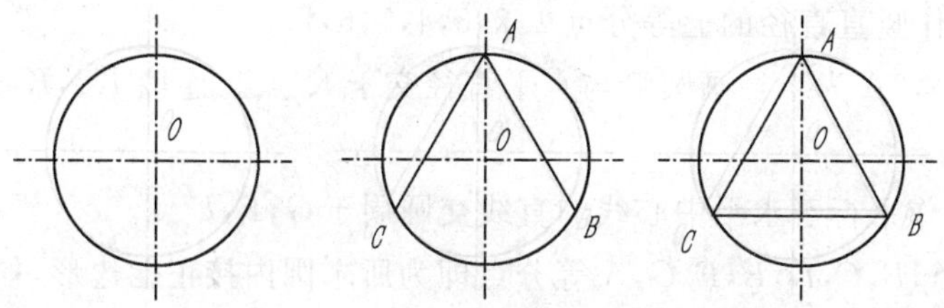

图 2-3　圆内接正三角形

【例 2-4】绘制圆的六等分点及内接正六边形。

【分析】将圆周六等分及绘制圆内接正六边形，主要是在圆周上确定六等分点，然后依次连接六等分点，即得圆内接正六边形。

【作图】

(1)以 A 点为圆心，圆的半径 R 为半径画圆弧交于圆周 B，F 两点；

(2)以 B 点为圆心，圆的半径 R 为半径画圆弧交于圆周 C，E 两点；

(3)依次连接 A，B，C，D，E，F，A 各点，即得圆内接正六边形，如图 2-4 所示。

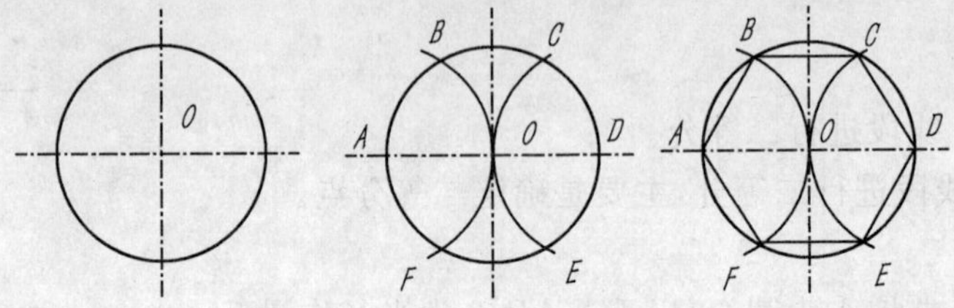

图 2-4　圆内接正六边形

【例 2-5】绘制圆的五等分点及内接正五边形。

【分析】将圆周五等分及绘制圆内接正五边形，主要是在圆周上确定五等分点，然后依次连接五等分点，即得圆内接正五边形。

【作图】

(1)以 A 为圆心，OA 为半径画圆弧交圆于 C，B。连接 BC 得 OA 中点 M；

(2)以 M 为圆心，MⅠ 为半径画圆弧，得交点 K，ⅠK 线段长为所求五边形的边长；

(3)用 ⅠK 为半径，自Ⅰ点起依次在圆周上画圆弧交Ⅱ，Ⅲ，Ⅳ，V 点；

(4)依次连接Ⅰ，Ⅱ，Ⅲ，Ⅳ，Ⅴ，Ⅰ各点，即得圆内接正五边形，如图 2-5 所示。

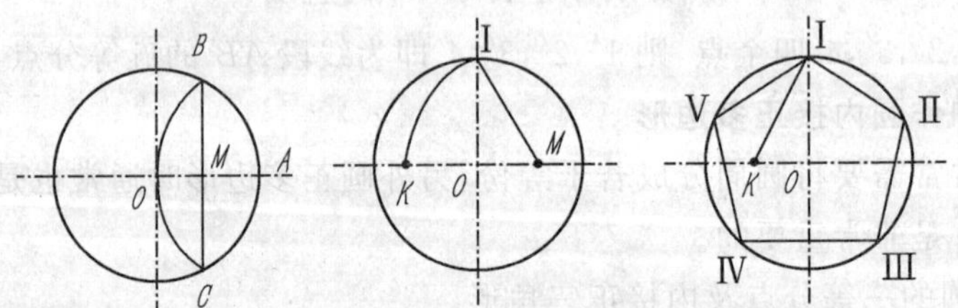

图 2-5　圆内接正五边形

【例 2-6】绘制圆的七等分点及圆内接正七边形。

【分析】将圆周七等分及绘制圆内接正七边形，主要是在圆周上确定七等分点，然后依次连接七等分点，即得圆内接正七边形。

【作图】

(1)已知圆 O，作竖直直径的七等分点 1，2，3，4，5，6，7。

(2)以 7 为圆心，$7A$ 为半径画圆弧与水平直径交于 K 点。连接 $K2$，$K4$，$K6$ 交圆周得 B，C，D 点。

(3)过 B，C，D 作平行于水平中心线的直线交圆周于 G，F，E 点。

(4)依次连接 A，B，C，D，E，F，G，A 等分点即为所求圆内接正七边形，如图 2-6 所示。

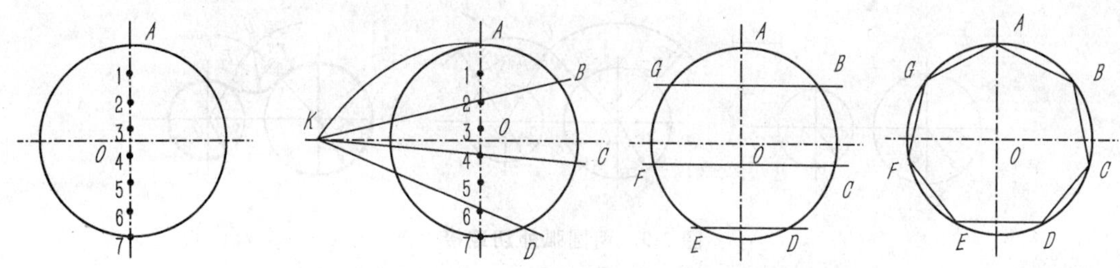

图 2-6　圆内接正七边形

三、圆弧连接

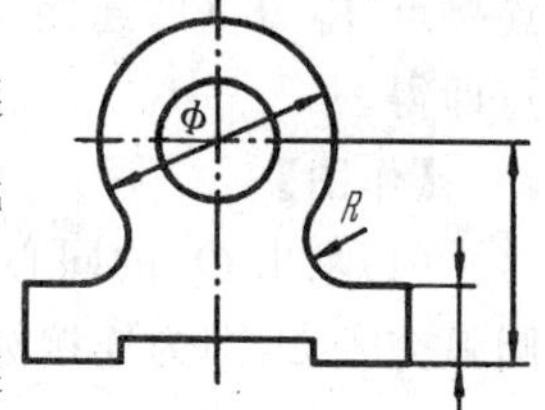

图 2-7　圆弧连接

在绘制机件图形时，常遇到用一圆弧光滑地与相邻两线段相切连接。圆弧连接就是用已知半径的圆弧，光滑地连接（即相切）两已知线段（直线段或圆弧）构成机件的轮廓，如图 2-7 所示。

实现圆弧连接，需具备三个条件：连接圆弧的半径、连接中心（即连接弧圆心）和连接点（即连接弧与两端线段的切点）。

【例 2-7】用半径为 R 的圆弧连接两相交直线。

【分析】用已知半径的圆弧连接两条直线，首先要确定连接圆弧圆心的位置 O 点，然后再确定连接点 T_1，T_2（即连接圆弧与两直线的切点），最后用半径为 R 的圆弧，从 T_1 点画圆弧到 T_2 点即得。

【作图】

（1）分别作直线Ⅰ，Ⅱ间距为 R 的平行线Ⅰ′，Ⅱ′，两条直线的交点即为连接圆弧的圆心 O 点的位置；

（2）过圆心 O 向已知直线Ⅰ，Ⅱ作垂线，其垂足 T_1，T_2 即为切点。

（3）以 O 为圆心，R 为半径，在 T_1，T_2 间画圆弧即完成连接，如图 2-8 所示。

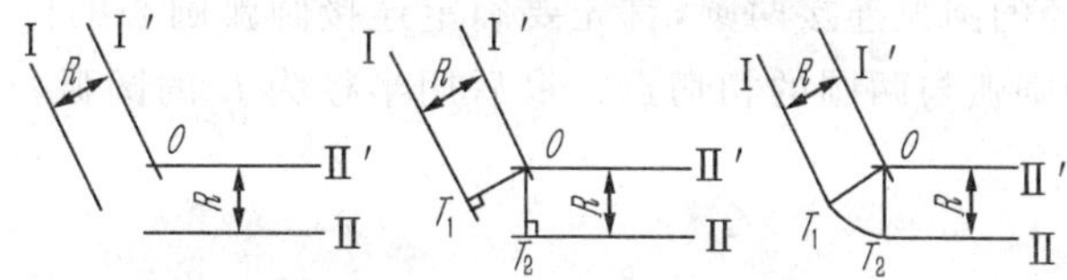

图 2-8　两相交直线间的连接

【例 2-8】用半径为 R 的圆弧将已知半径为 R_1，R_2 的两圆外切连接。

【分析】用已知半径的圆弧连接两圆，首先要确定连接圆弧圆心的位置 O 点，然后再确定连接点 T_1，T_2（即连接圆弧与两圆的相切点），最后用半径为 R 的圆弧，从 T_1 点画圆弧到 T_2 点即得。

【作图】

（1）求出 O_1 的同心圆半径（$R+R_1$）和 O_2 的同心圆半径（$R+R_2$），分别以 O_1，O_2 为圆心作画圆弧交于 O，即为连接圆弧的圆心。

（2）连接 OO_1 和 OO_2 交于已知圆弧于 T_1 点、T_2 点，T_1，T_2 即为切点。

（3）以 O 为圆心，R 为半径，在 T_1，T_2 之间画圆弧即完成连接，如图 2-9 所示。

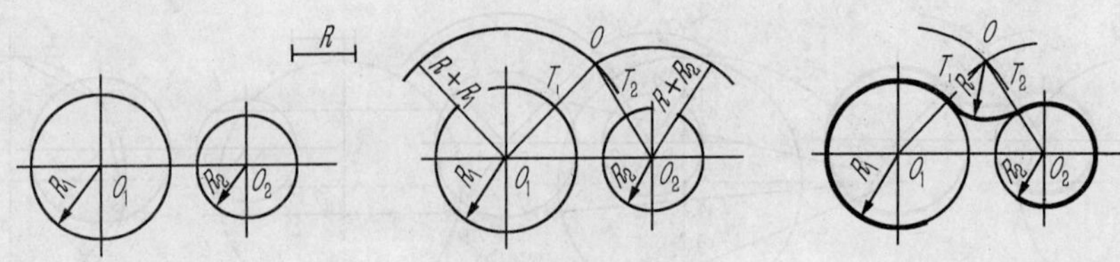

图 2-9　两圆弧外切连接

【例 2-9】用半径为 R 的圆弧将已知半径为 R_1,R_2 的两圆内切连接。

【分析】用已知半径的圆弧连接两圆,首先要确定连接圆弧圆心的位置 O 点,然后再确定连接点 T_1,T_2(即连接圆弧与两圆的相切点),最后用半径为 R 的圆弧,从 T_1 点画圆弧到 T_2 点即得。

【作图】

(1)求出 O_1 的同心圆半径($R-R_1$)和 O_2 的同心圆半径($R-R_2$),分别以 O_1,O_2 为圆心画圆弧交于 O,即为连接圆弧的圆心。

(2)连接 OO_1 和 OO_2 并延长交于已知圆弧于 T_1,T_2 点,T_1,T_2 即为切点。

③以 O 为圆心,R 为半径,在 T_1,T_2 之间画圆弧即完成连接,如图 2-10 所示。

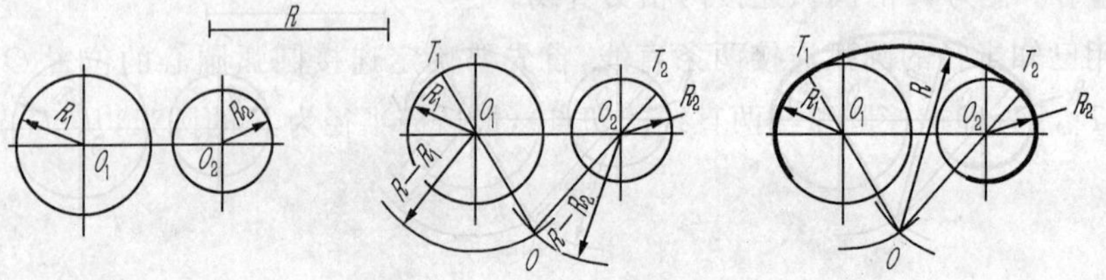

图 2-10　两圆弧内切连接

【例 2-10】用半径为 R 的圆弧与半径为 R_1 的圆弧外切连接、与半径为 R_2 的圆弧内切连接。

【分析】用已知半径的圆弧连接两圆,首先要确定连接圆弧圆心的位置 O 点,然后再确定连接点 T_1,T_2(即连接圆弧与两圆的相切点),最后用半径为 R 的圆弧,从 T_1 点画圆弧到 T_2 点即得。

【作图】

(1)求出 O_1 的同心圆半径($R+R_1$)和 O_2 的同心圆半径($R-R_2$),分别以 O_1,O_2 为圆心画圆弧交于 O,即为连接圆弧的圆心。

(2)连接 OO_1 交于已知圆弧于 A 点和连接 OO_2 并延长交于已知圆弧于 B 点,A,B 即为切点。

(3)以 O 为圆心,R 为半径,在 A,B 之间画圆弧即完成连接,如图 2-11 所示。

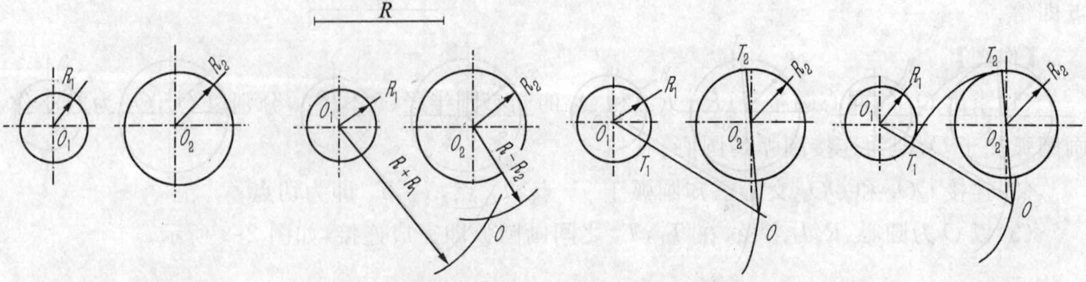

图 2-11　两圆弧内外切连接

【例 2-11】用已知半径的圆弧连接直线和外切连接已知半径的圆弧。

【分析】这是例 2-7 和例 2-8 的综合应用，只要先确定连接圆弧圆心的位置 O 点，然后再确定连接点 T_1，T_2，最后用半径为 R 的圆弧，从 T_1 点画圆弧到 T_2 点即得。

【作图】

(1)作直线 L_1 的平行线 L_2，两平行线间的距离为 R；以 O_1 为圆心、$(R+R_1)$为半径画弧，直线 L_2 与圆弧的交点即为连接弧圆心 O。

(2)从点 O 向直线 L_1 作垂线得垂足 T_1，连接 OO_1 与已知弧相交得交点 T_2，即为连接弧切点。

(3)以 O 为圆心，R 为半径作圆弧，在 T_1，T_2 之间画圆弧即完成连接，如图 2-12 所示。

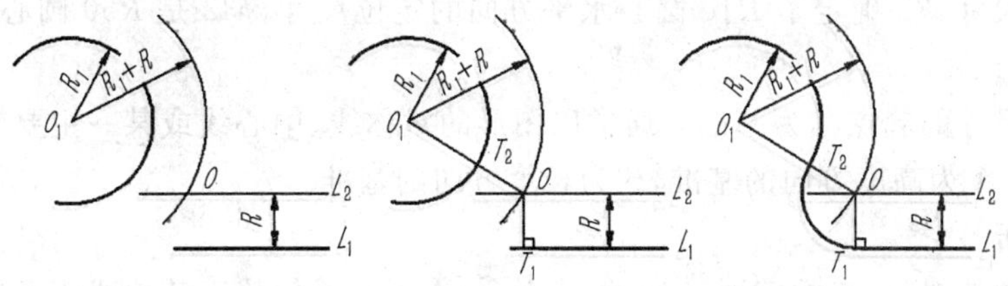

图 2-12　圆弧与直线、圆弧连接画法

四、椭圆的画法

【例 2-12】已知椭圆的长轴为 AB，短轴为 CD，绘制该椭圆。

【分析】椭圆是一种常见的非圆曲线。已知椭圆长、短轴时，常采用四心近似法绘制。“四心法”即先确定四点，然后以它们为圆心画四段圆弧相切代替椭圆。

【作图】

(1)连接 AC，并在 AC 上取 $CE_1=OA-OC$；

(2)作 AE_1 的垂直平分线，与长轴相交于 O_1 点，与短轴的延长线上相交于 O_2 点；

(3)以 O 点为圆心，OO_1 为半径在 OB 上画圆弧交于 O_3 点；

(4)以 O 点为圆心，OO_2 为半径在 OC 的延长线上画圆弧交于 O_4 点；

(5)以 O_1 为圆心，O_1A 为半径画圆弧；以 O_3 为圆心，O_3B 为半径画圆弧；

(6)以 O_2 为圆心，O_2C 为半径画圆弧；以 O_4 为圆心，O_4D 为半径画圆弧，即得所求椭圆，如图 2-13 所示。

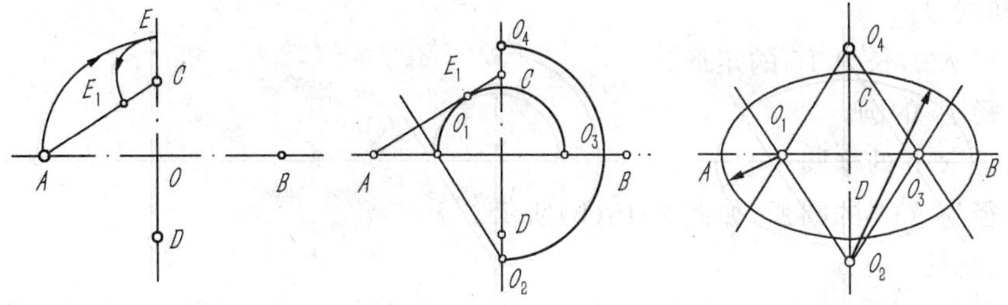

图 2-13　椭圆的绘制

2-2　平面图形的绘制

平面图形是由若干条线段封闭连接而成的，这些线段之间的相对位置和连接方式由给定的尺寸或几何关系来确定。画图时首先要对平面图形的尺寸和线段进行分析，以确定作图的方法和顺序。

【例 2-13】绘制如图 2-14 所示的手柄平面图形。

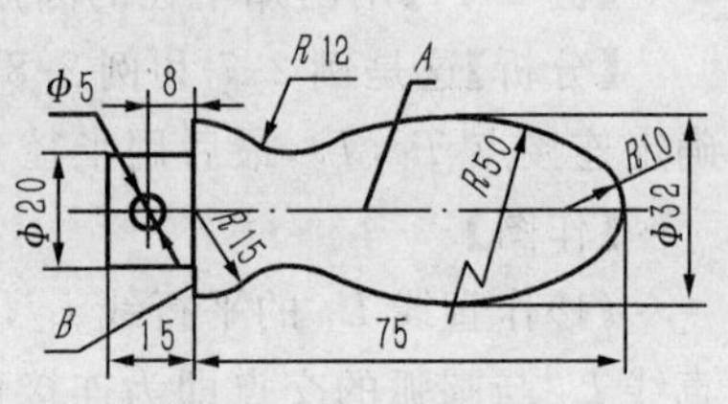

图 2-14 手柄轮廓图

【分析】平面图形主要是对其尺寸和线段进行分析。

1. 尺寸分析

平面图形中的尺寸，按其作用分为两类：

(1)定形尺寸：确定平面图形中各线段形状大小的尺寸，如直线的长度、圆的直径、圆弧的半径和角度大小等。如图 2-14中的 ϕ5，ϕ20，R12，R50，R10，R15，15 等均是定形尺寸。

(2)定位尺寸：确定平面图形中线段间的相对位置的尺寸。如图 2-14 中的 8 是 ϕ5 小圆水平方向的定位尺寸，75 确定了 R10 圆心水平方向的定位尺寸，ϕ32 是 R50 圆心在垂直方向的定位尺寸。

标注定位尺寸的起点称为基准。通常以图形的对称线、中心线或某一主要轮廓线为基准。如图 2-14 中的 A 为高度方向的基准，B 为长度方向的基准。

2. 线段分析

平面图形中的线段，有的定形、定位尺寸齐全，作图时不依赖于其他线段可独立画出；而有的线段仅有定形尺寸，没有定位尺寸或定位尺寸不全，必须依赖其一端或两端相连接的线段才能画出。根据定位尺寸完整与否分为三类线段：

(1)已知线段：定位尺寸齐全，可独立画出的线段。如图 2-14 所示，左边的矩形和小圆是已知线段。R15 的圆心位于两条基准线的交点上，R10 的圆心可由 75 定位，且位于水平基准线上，所以是已知线段。

(2)中间线段：定位尺寸不全，须依赖一端相切条件定位的线段。图 2-14 中 R50 仅有一个定位尺寸(由 ϕ32 确定)，画图时必须依赖与 R10 相切才能画出，因此是中间线段。

(3)连接线段：通常无定位尺寸，其位置由两端相切条件决定的线段。图 2-14 中的 R15 即是连接线段，需依据两端分别与 R15 和 R50 相切才能画出。

【作图】

1. 画基准线

画水平方向的基准线和垂直方向的基准线，如果图形中有对称轴时，其对称轴可为其基准线，如图 2-15(a)所示。

2. 画已知线段

(1)画直径 ϕ20，长为 15 的矩形；

(2)画直径 ϕ5 的圆；

(3)画半径 R15 的半圆；

(4)画半径为 R10 的圆弧，如图 2-15(b)所示。

3. 画中间线段

(1)作垂直基准线的垂线，并在此垂线上量取 16(ϕ32/2=16)点，作基准线的平行线 L_1；

(2)作 L_1 的垂线，并量取 50(R50)点，作基准线的平行线 L_2；

(3)以半径为 R15 的圆弧的圆心为圆心，(R50－R15)为半径，画圆弧与平行线 L_2 相交，其交点即为半径为 R50 的圆弧的圆心 O_1；

(4)连接 O_1 与半径 R15 的圆心并延长，与圆弧相交于 T_1 点，以 O_1 为圆心，R50 为半径，以 T_1 为起点，画圆弧，即为中间线段；

(5)过 O_1 作 L_2 的垂直线，并量取(50－16)×2＝68，作垂直基准线的平行线 L_3；

(6)以半径为 $R15$ 的圆弧的圆心为圆心，($R50-R15$)为半径，画圆弧与平行线 L_3 相交，其交点即为半径为 $R50$ 的圆弧的圆心 O_2；

(7)连接 O_2 与半径 $R15$ 的圆心并延长，与圆弧相交于 T_2 点，以 O_2 为圆心，$R50$ 为半径，以 T_2 为起点，画圆弧，即为另一中间线段如图 2-15(c)所示。

4. 画连接线段

(1)以半径 $R15$ 的圆心为圆心，(15＋12＝27)为半径画圆弧，以 O_2 为圆心，(50＋12＝62)为半径画圆弧，两圆弧的交点即为连接圆弧的圆心 O_3；

(2)以 O_3 为圆心，$R12$ 为半径画圆弧，与半径 $R15$，$R50$ 的两圆弧相切，即为连接圆弧；

(3)同理，可作另一连接圆弧，如图 2-15(d)所示。

5. 检查、擦去辅助图线，描深，即得所需平面图形(如图 2-15(e)所示)

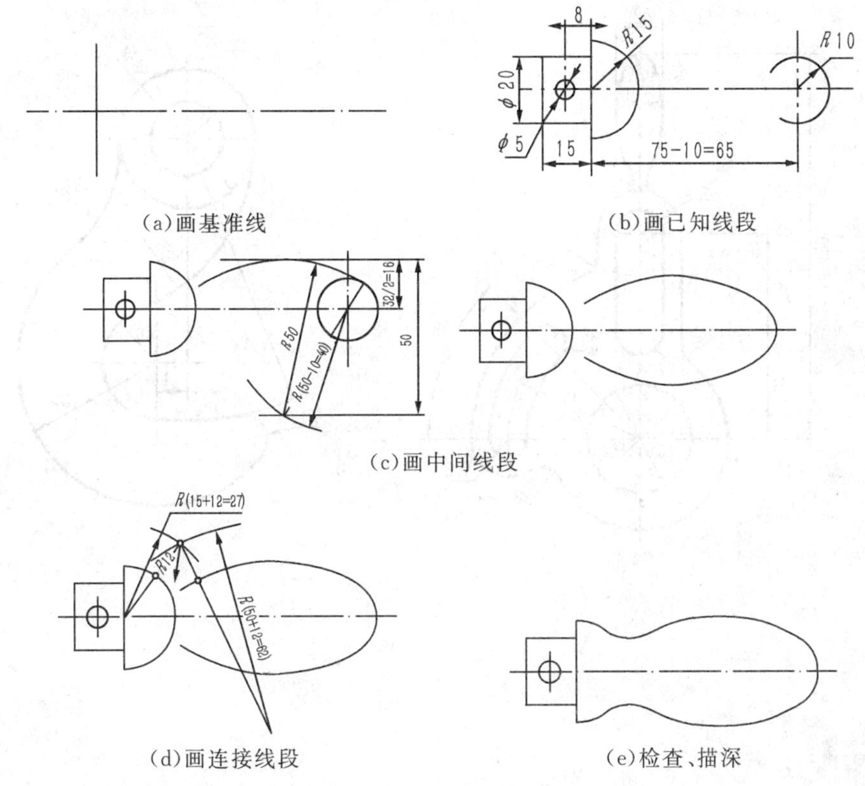

图 2-15　手柄轮廓图的作图步骤

【作图指导】

1. 绘图步骤

(1)图形分析：分析图形中的尺寸作用及线段性质，从而决定作图步骤。

(2)画底稿：①画图框、对中符号和标题栏；②画出图形的基准线、对称线及圆的中心线等；③按已知线段、中间线段、连接线段的顺序作图；④画出尺寸界线、尺寸线。

(3)检查底图，描深图形。

(4)标注尺寸，填写标题栏。

2. 注意事项

(1)布置图形时，应考虑标注尺寸的位置。

(2)画底稿时,图线应轻细而准确,并应找出连接弧的圆心及切点。

(3)加深时,应按"先粗后细、先曲后直、先水平后垂直、倾斜"的顺序进行,尽量做到同类图线规格一致,线段连接光滑。

(4)箭头应符合规定,并且大小一致,不要漏注尺寸或漏画箭头。

【实训作图】

(1)将某一线段进行三等分和五等分。

(2)作正八边形。

(3)绘制五角星。

(4)用已知半径的某一圆弧连接两不平行的直线、直线与某一圆弧、两段圆弧的内外连接。

(5)已知某一椭圆的长轴为50,短轴为30,求作该椭圆。

(6)抄画下面平面图形并标注尺寸。

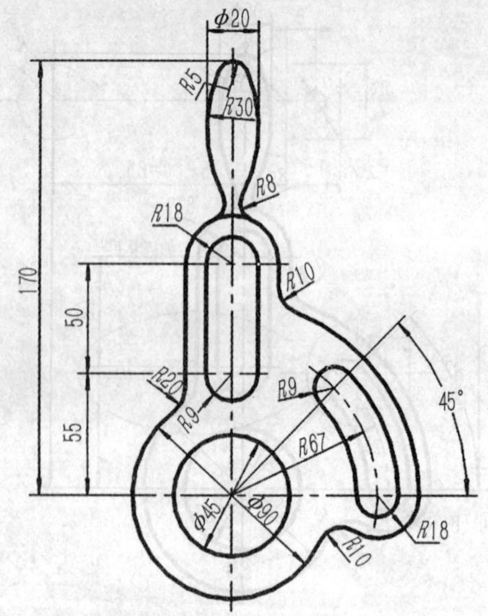

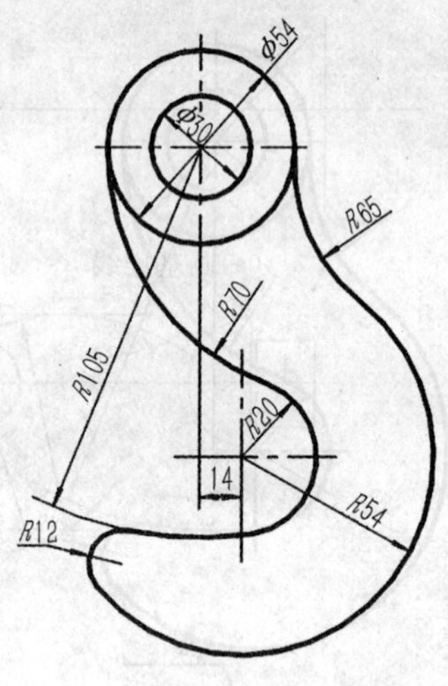

项目二　投影作图

【项目描述】

化工生产过程中使用的任何机器或机件，无论它的形状结构是简单还是复杂，都可以看成是由若干基本几何体按一定的方式(叠加或截切)组合而成的。本项目就是学习如何将机件通过投影的方式在平面上进行表达。

【学习目标】

(1)了解投影的基本知识；

(2)掌握机件三视图的绘制方法；

(3)掌握轴测图的绘制方法。

【能力目标】

(1)明确投影规律；

(2)能够根据简单的实物模型或立体图绘制其三视图；

(3)学会机件三视图的识读方法。

任务3　投影基础

【学习目标】

(1)学习正投影的基本原理；

(2)掌握点、直线、平面的投影规律；

(3)掌握属于平面内的点和直线的投影特点。

【学习内容】

绘制下列形体的三视图。

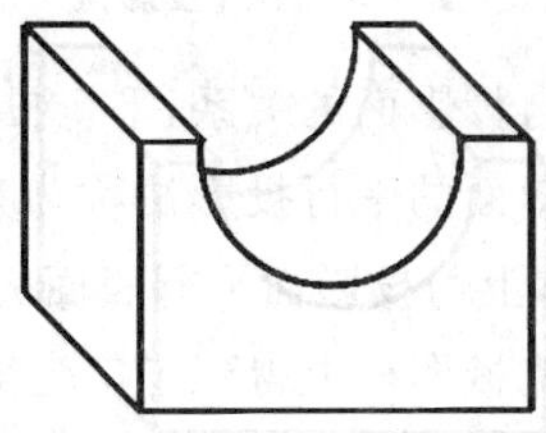

【任务分析】

形体是由平面组成的，平面是由线段围合的，而线段又是由多个点连接而成的。本任务要求作出此形体的三视图，要顺利完成这个任务，就必须掌握投影的基本知识和点、直线、平面的投影规律，并能正确判断它们的空间位置。

【相关知识】

3-1 投影法

一、投影法与正投影

1. 投影的概念

阳光或灯光照射物体时，在地面或墙面上就会产生影像，这种投射线（如光线）通过物体向选定的面（如地面或墙面）投射，并在该面上得到图形（影像）的方法，称为投影法。根据投影法所得到的图形称为投影图，简称投影，得到投影的面称为投影面。

2. 投影法的分类

投影法可分为两大类：中心投影法和平行投影法。

(1)中心投影法

投影线由投影中心一点射出，通过物体与投影面相交所得到的图形，称为中心投影，这种投影的方法称为中心投影法，如图3-1所示。

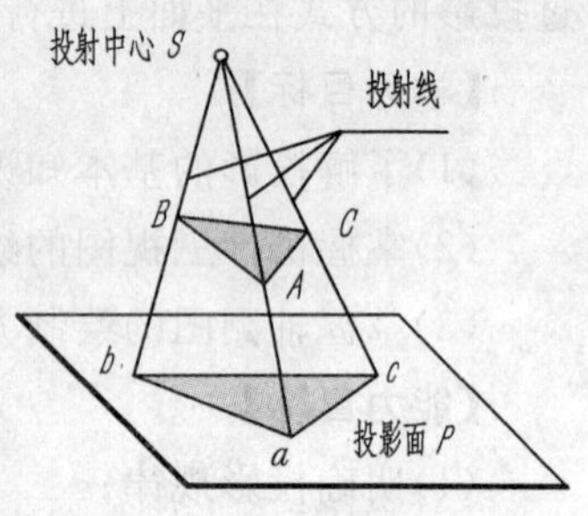

图 3-1 中心投影法

由于中心投影法的投影线互不平行，所得的图形不能反映空间物体表面的真实形状和大小，作图又比较复杂，因此中心投影法不能作为绘制机械图样的基本方法。但它与人的视觉习惯相符，具有丰富的立体感，故常用于绘制建筑效果图（亦称透视图）。

(2)平行投影法

假设将投射中心移到无穷远处，则投影线可看成互相平行地通过物体与投影面相交，所得的图形称为平行投影，如图3-2所示。

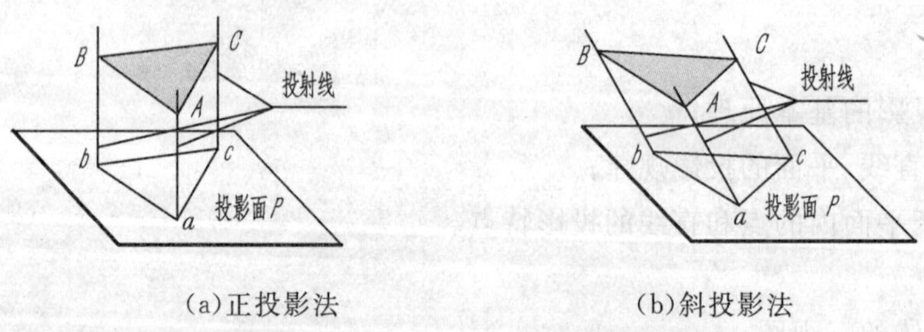

(a)正投影法 (b)斜投影法

图 3-2 平行投影法

在平行投影法中，根据投射线与投影面的关系，平行投影法又分为正投影法和斜投影法。

1)正投影法：投射线垂直于投影面的平行投影法称为正投影法，所得投影称为正投影，如图3-2(a)所示。正投影能反映物体上与投影面平行表面的真实形状，虽然这种图形的立体感差，但度量性好、作图简便，所以在机械图样上得到了广泛应用。

2)斜投影法：投射线倾斜于投影面的平行投影法称为斜投影法，所得投影称为斜投影，如图3-2(b)所示。

3. 正投影的基本特性

以直线、平面进行正投影来说明其特性，如图3-3所示。

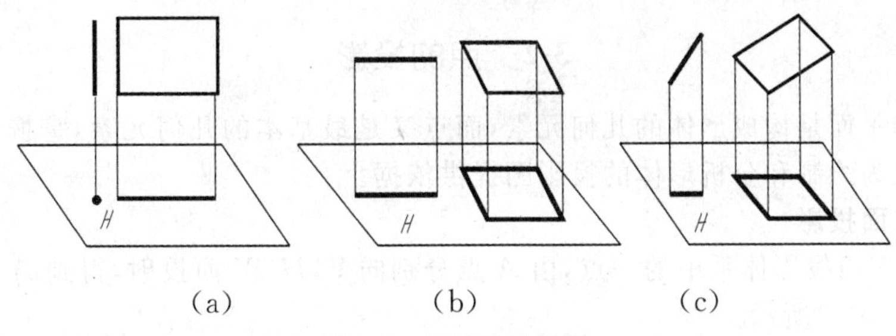

图 3-3 正投影的特性

(1)积聚性:当直线垂直于投影面时,其投影积聚成一个点;当平面垂直于投影面时,其投影积聚成一条直线,如图 3-3(a)所示。

(2)真实性:当直线平行于投影面时,其投影反映直线的实长;当平面平行于投影面时,其投影反映平面的实形,如图 3-3(b)所示。

(3)类似性:当直线倾斜于投影面时,其投影为一条缩短了的直线;当平面倾斜于投影面时,其投影为一和原平面形状类似,但面积缩小了的图形,如图 3-3(c)所示。

二、三面投影体系的建立

空间物体具有长、宽、高三个方向的形状,而物体相对投影面正放时所得的单面投影图只能反映物体两个方向的形状。如图 3-4 所示,三个不同物体的投影相同,说明物体的一个投影不能完全确定其空间形状。

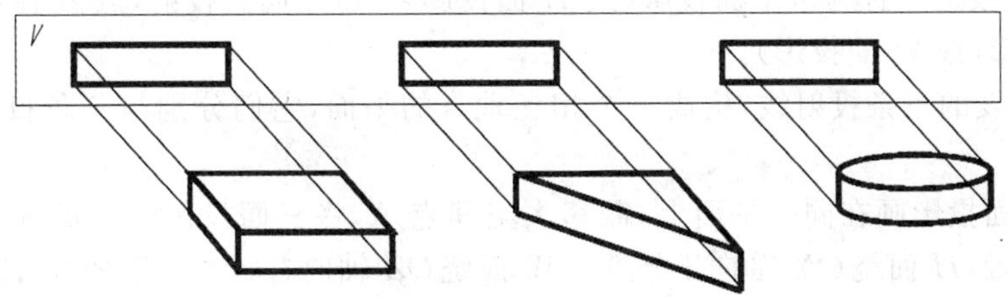

图 3-4 不同的物体具有相同的投影图

为了完整地表达物体的形状,常设置三个相互垂直的投影面,将物体分别向这些投影面进行投射,几个投影综合起来,便能将物体三个方向的形状表示清楚。

设置三个相互垂直的投影面,称为三面投影体系,如图 3-5 所示。

直立在观察者正对面的投影面称为正立投影面,简称正面,用 V 表示。

处于水平位置的投影面称为水平投影面,简称水平面,用 H 表示。

右边分别与正面和水平面垂直的投影面称为侧立投影面,简称侧面,用 W 表示。

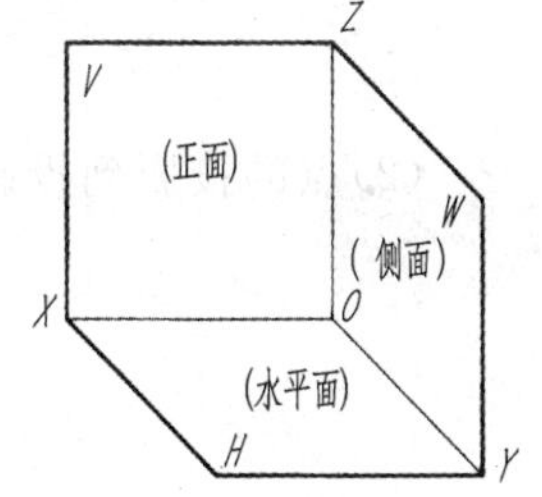

图 3-5 三面投影体系

在三面投影体系中,三个投影面的交线 OX,OY,OZ 称为投影轴,三条投影轴的交点 O 称为原点。

OX 轴(简称 X 轴)方向代表长度尺寸和左右位置(正向为左);OY 轴(简称 Y 轴)方向代表宽度尺寸和前后位置(正向为前);OZ 轴(简称 Z 轴)方向代表高度尺寸和上下位置(正向为上)。

3-2 点的投影

点、直线和平面是构成形体的几何元素，而点又是最基本的几何元素，掌握这些几何元素的投影规律，能为绘制和分析形体的投影图提供依据。

一、点的三面投影

设点 A 为三面投影体系中的一点，由 A 点分别向 V,H,W 面投射，得到 A 点的三面投影 a',a,a''，如图 3-6(a)所示。

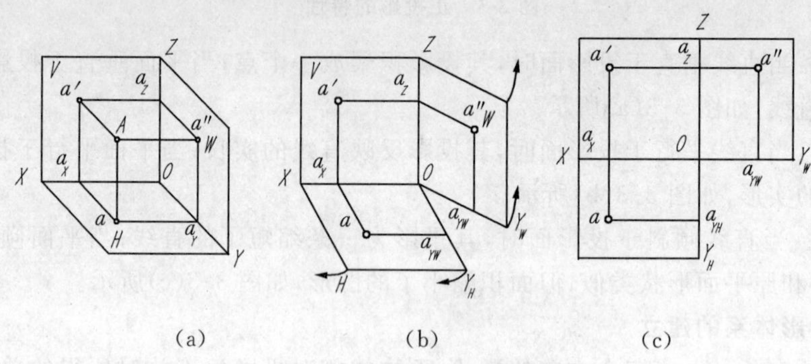

图 3-6 点的三面投影的形成

自前向后投射，点 A 在 V 面上的投影 a' 称为正面投影(或 V 面投影)。自上向下投射，点 A 在 H 面上的投影 a 称为水平面投影(或 H 面投影)。自左向右投射，点 A 在 W 面上的投影 a'' 称为侧面投影(或 W 面投影)。

从 A 点出发的三条投射线，构成三个相互垂直的平面，它们分别与三条投影轴交于三点 a_X、a_Y、a_Z。

为了将三面投影画在同一平面上，需移去空间点 A，将三面投影体系展开。展开方法：V 面保持正立位置，H 面绕 OX 轴向下转 90°，W 面绕 OZ 轴向右转 90°，如图 3-6(b)所示。展开后的投影图如图 3-6(c)所示，注意展开后 Y 轴分为 Y_H 和 Y_W，a_Y 则分为 a_{YH} 和 a_{YW}。

由此可概括出点的三面投影规律：

(1)点的相邻两个投影的连线，垂直于相应的投影轴。

$$Aa' \perp OX$$

$$A'a'' \perp OZ;$$

$$aa_{YH} \perp OY_H, a''a_{YW} \perp OY_W$$

(2)点的投影到投影轴的距离等于空间点到相应投影面的距离，如图 3-7 所示。

$A'a_X = a''a_Y = Oa_Z$，A 点到 H 面的距离 AS；

$aa_X = a''a_Z = Oa_Y$，A 点到 V 面的距离 AS'；

$aa_Y = a'a_Z = Oa_X$，A 点到 W 面的距离 A''。

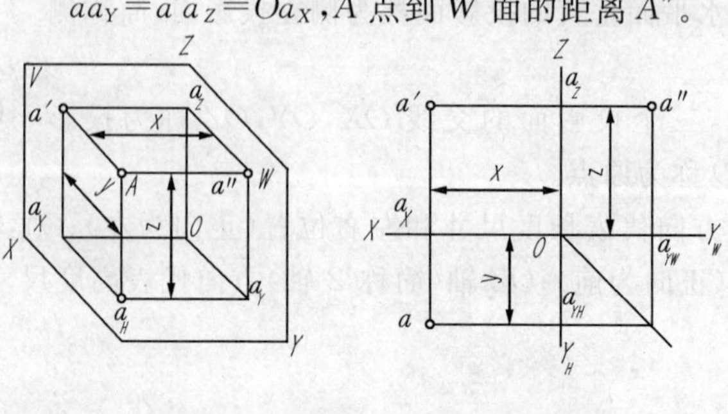

图 3-7 点的空间位置与直角坐标

【例 3-1】已知如图 3-8(a)所示点 A 的两面投影，求 A 点的第三面投影图。

【分析】根据点在三面投影体系中的投影特点即可得到点的第三面投影。

【作图】

(1)过坐标原点 O 在第四角画 45°斜线作为辅助线。

(2)过 a' 点作 Z 轴的垂直线。

(3)过 a 点作 Y_H 轴垂直线，与 45°斜线相交，再作 Y_W 轴垂直线与过 a' 所作的 OZ 轴垂线相交于 a''，即得点 A 的三面投影图，如图 3-8(b)所示。

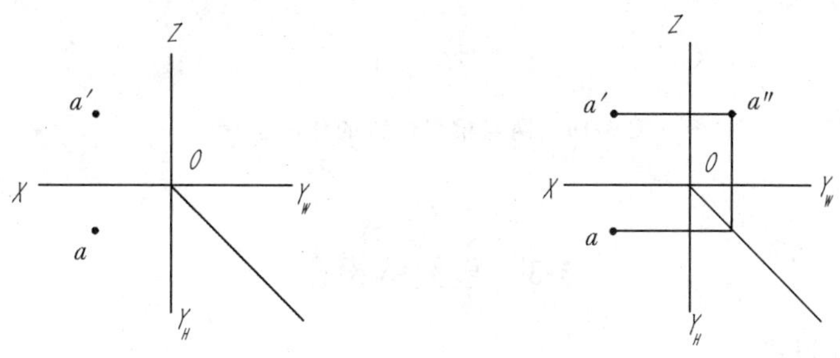

(a)点的两面投影　(b)作点的第三面投影

图 3-8　点的三面投影

二、两点的相对位置

三面投影体系中的两个点具有左右(X 轴方向)、前后(Y 轴方向)、上下(Z 轴方向)三个方向的相对位置，在投影图中，可依据两点的坐标关系来判断：X 坐标大者在左；Y 坐标大者在前；Z 坐标大者在上。在图 3-9 中，若以点 B 作为基准，则点 A 在点 B 的左面($x_A > x_B$)、前面($y_A > y_B$)、下面($z_A < z_B$)，其相对位置的定值关系可由两点的同名坐标差来确定。

当两点同处于某一投影面的投射线上时，它们在该投影面上的投影重合。我们称在某一投影面上投影重合的若干个点为对该投影面的重影点。重影点有两个坐标对应相等，另一个坐标不相等。图 3-9 中，B 点和 C 点的水平投影重合，为对 H 面的重影点，两点的 X、Y 坐标对应相等，由于 $z_C < z_B$，则 C 点在 B 点的正下方，其水平投影被 B 点的水平投影遮挡，图中表示成 $b(c)$，括弧内的投影为不可见。

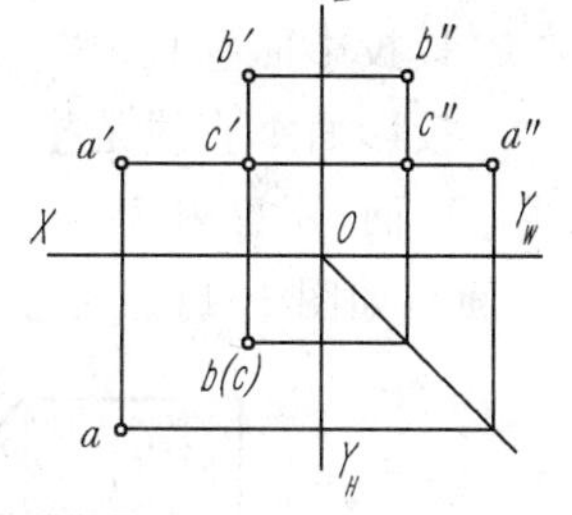

图 3-9　两点的相对图位置

【例 3-2】已知空间点 $A(15,8,12)$，D 点在 A 点的右方 7，前方 5，下方 6。求作 D 点的三面投影。

【分析】D 点在 A 点的右方和下方，说明 D 点的 X，Z 坐标值小于 A 点的 X，Z 坐标值；D 点在 A 点的前方，则说明 D 点的 Y 坐标值大于 A 点的 Y 坐标值。可根据两点的坐标差作出 D 点的三面投影。

【作图】

(1)根据 A 点的三坐标，作出其投影 a，a'，a''，如图 3-10(a)所示。

(2)沿 X 轴方向量取 15－7＝8 得点 d_X，过该点作 X 轴的垂线，如图 3-10(b)所示。

(3)沿 Y_H 方向量取 8＋5＝13 得一点 d_{Y_H}，过该点作 Y_H 的垂线，与 X 轴的垂线相交，其交点即为 D 点的 H 面投影 d，如图 3-10(c)所示。

(4)沿 Z 轴方向量取 12－6＝6 得一点 d_Z，过该点作 Z 轴的垂线，与 X 轴的垂线相交，其

交点即为 D 点的 V 面投影 d'。由 d 和 d' 作出 d''，即完成作图，如图 3-10(d)所示。

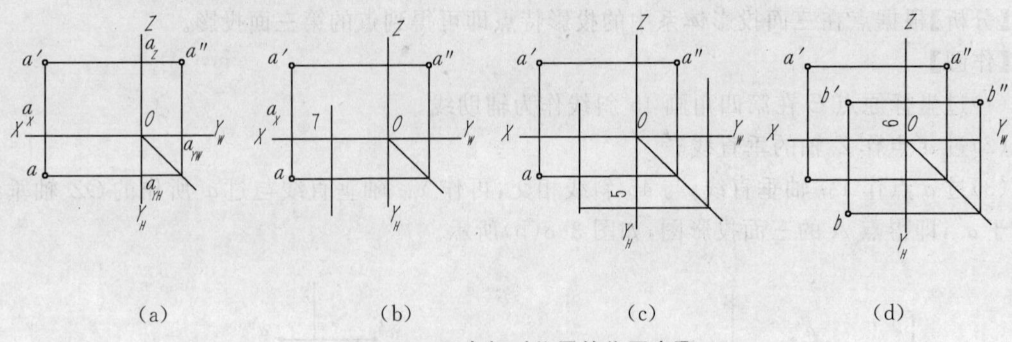

图 3-10　两点相对位置的作图步骤

3-3　直线的投影

一、直线的三面投影

制图中的直线，一般指直线的有限长度即直线段。依据直线的正投影特性，其投影一般仍为直线，特殊情况下为一个点。依据两点可以确定一条直线，求直线的投影即为求其两端点的同名投影的连线。所谓同名投影，指几何元素在同一投影面上的投影。

二、各种位置直线的投影特性

直线按在三投影面体系中的位置分为三类：投影面垂直线、投影面平行线和一般位置直线。前两类统称为特殊位置直线。

1. 投影面垂直线

投影面垂直线是指垂直于一个投影面，与另外两个投影面平行的直线。它包括正垂线（直线⊥V 面，$/\!/ H$ 和 W 面）、铅垂线（直线⊥H 面，$/\!/ V$ 和 W 面）和侧垂线（直线⊥W 面，$/\!/ V$ 和 H 面），如图 3-11 所示。

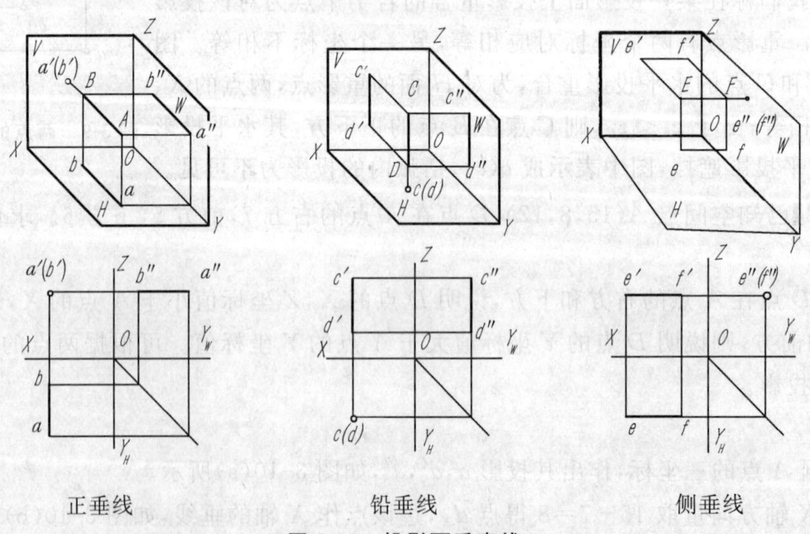

图 3-11　投影面垂直线

由此得出投影面垂直线的投影特性：

(1)在所垂直的投影面上的投影积聚成一点。

(2)在另外两个投影面上的投影均反映实长,两个投影同时平行于某一投影轴。

2.投影面平行线

投影面平行线是指平行于一个投影面,倾斜于其他两投影面的线。它包括正平线(直线//V 面,倾斜于 H 和 W 面)、水平线(直线//H 面,倾斜于 V 和 W 面)和侧平线(直线//W 面,倾斜于 H 和 V 面),如图 3-12 所示。

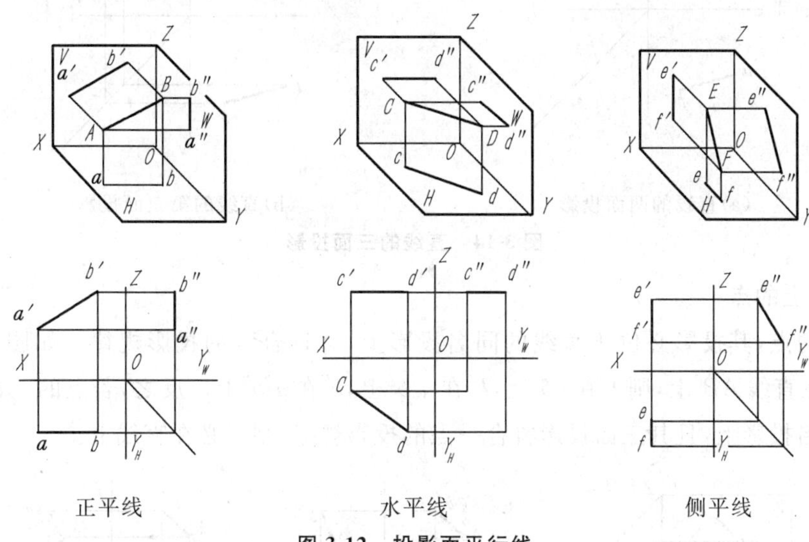

图 3-12 投影面平行线

由此得出投影面平行线的投影特性:

(1)在所平行的投影面上的投影反映实长。

(2)在另外两个投影面上的投影长度缩短,不反映实长。两个投影同时垂直于某一投影轴。

3.一般位置直线

一般位置直线是指与三投影面都倾斜的直线,如图 3-13 所示。

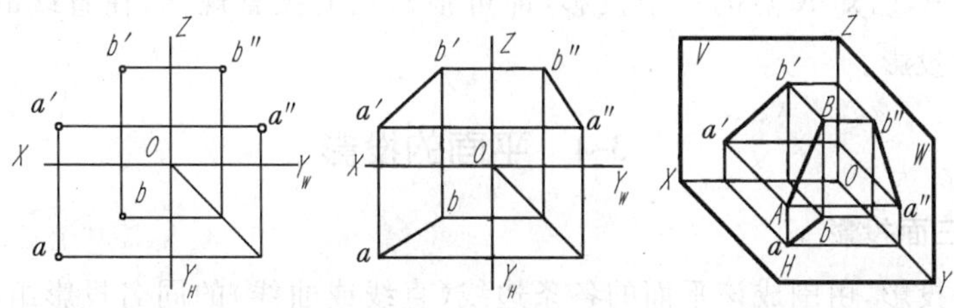

图 3-13 一般位置直线

由此得出投影面一般位置直线的投影特性:三个投影都倾斜于投影轴,投影长度小于线段实长。

【例 3-3】已知某一直线的两面投影,如图 3-14(a)所示,求作该直线的第三面投影。

【分析】依据两点可以确定一条直线,求直线的投影即为求其两端点的同名投影的连线。所以,先作出两端点的第三面投影,然后再连接两端点的投影点即得。

【作图】

(1)作 A 点的第三面投影 a'';

(2)作 B 点的第三面投影 b'';

(3)连接 $a''b''$，即为直线 AB 的第三面投影，如图 3-14(b)所示。

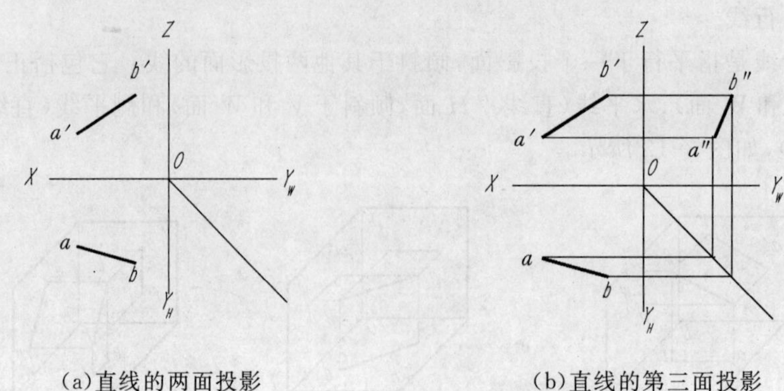

(a)直线的两面投影　　(b)直线的第三面投影

图 3-14　直线的三面投影

三、直线上的点

直线上的点，其投影必位于直线的同名投影上，并符合点的投影规律。如图 3-15(a)所示，若 K 点在直线 AB 上，则 k 在 ab 上，k' 在 $a'b'$ 上，k'' 在 $a''b''$ 上。反之，若点的三面投影都落在直线的同名投影上，且其三面投影符合一点的投影规律，则点必在直线上。

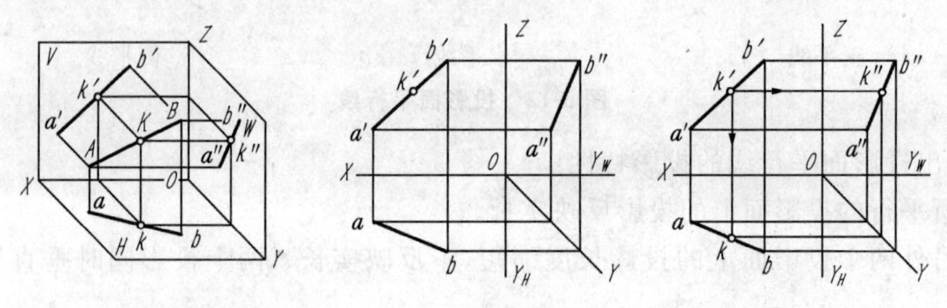

(a)直线的两面投影　　(b)直线的第三面投影

图 3-15　直线上点的投影

图 3-15(b)中，已知 K 点的一个投影，即可根据点的投影规律，在直线的同名投影上，求得该点的另两面投影。

3-4　平面的投影

一、平面的三面投影

平面的任一投影，由围成该平面的各条边线(直线或曲线)的同名投影组成。对平面多边形而言，由于其各边线均为直线，则求平面多边形的投影，即为求其各顶点的同名投影的连线。

二、各种位置平面的投影特性

平面按在三投影面体系中的位置可分为投影面平行面、投影面垂直面和一般位置平面。前两类又各分三种，统称为特殊位置平面。

1. 投影面平行面

投影面平行面是指平行于一个投影面，垂直另外两投影面的平行。它包括正平面(平面 // V 面，⊥ H 和 W 面)、水平面(平面 // H 面，⊥ V 和 W 面)和侧平面(平面 // W 面，⊥ V 和 H 面)，如图 3-16 所示。

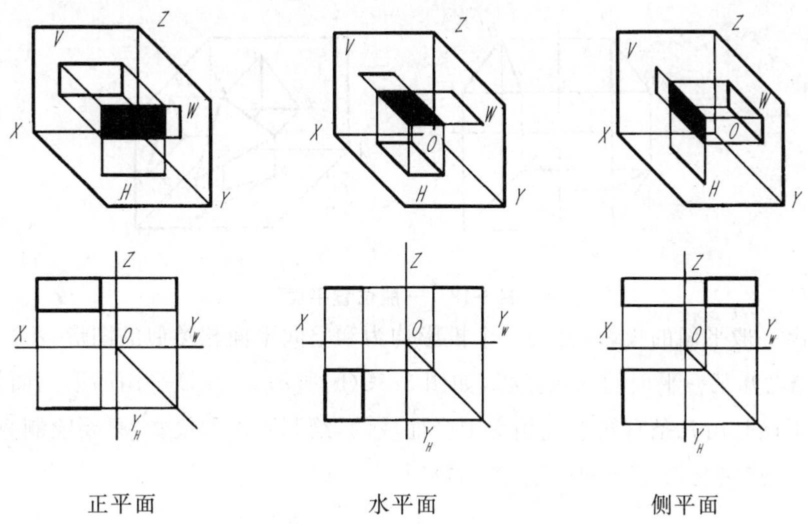

图 3-16　投影面平行面

由此得出投影面平行面的投影特性：

(1)在所平行的投影面上的投影反映实形。

(2)在另外两个投影面上的投影均积聚成直线，且同时垂直于两投影面的公共投影轴。

2. 投影面垂直面

投影面垂直面是指垂直于一个投影面，倾斜于另外两个投影面的平面。它包括正垂面(平面⊥V 面，倾斜于 H 和 W 面)、铅垂面(平面⊥H 面，倾斜于 V 和 W 面)和侧垂面(平面⊥W 面，倾斜于 H 和 V 面)，如图 3-17 所示。

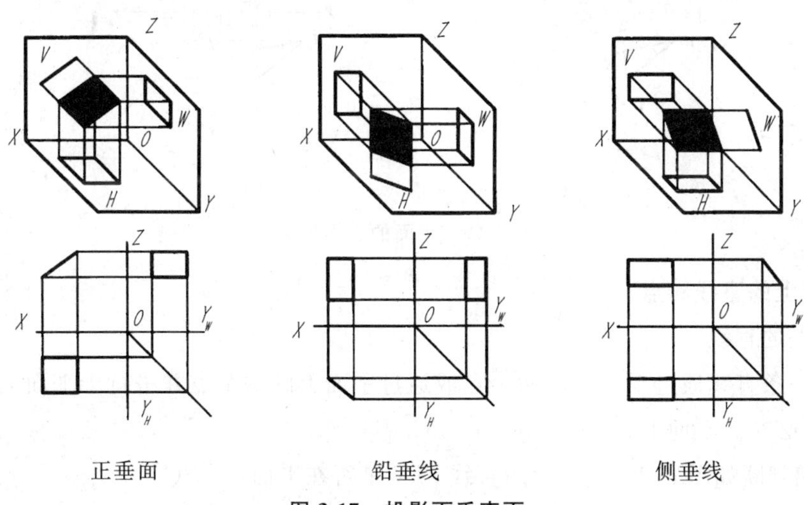

图 3-17　投影面垂直面

由此得出投影面垂直面的投影特性：

(1)在所垂直的投影面上的投影积聚成直线。

(2)在另外两个投影面上的投影均为空间平面的类似形。

3. 一般位置平面

一般位置平面是指倾斜三个投影面的平面，如图 3-18 所示。

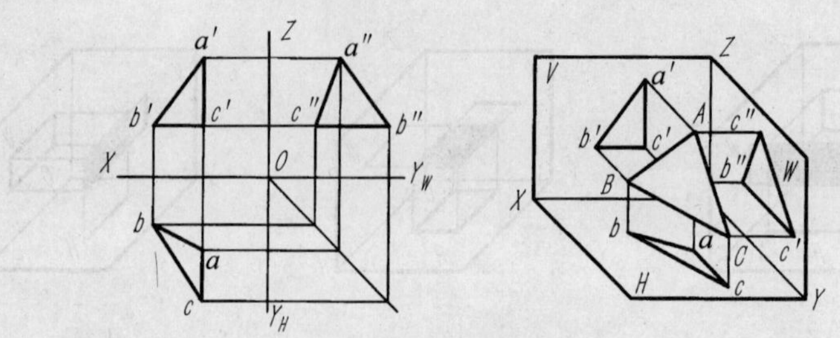

图 3-18　一般位置平面

由此得出一般平面的投影特性：三个投影均为和空间平面相类似的图形，不反映实形。

【例 3-4】已知某一平面的两面投影，如图 3-19(a)所示，求作该平面的第三面投影。

【分析】平面是由几条直线彼此相交围合而成的，绘制平面的投影，只要绘制直线的交点的投影，然后依次连接起来，即可得到平面的投影。

【作图】

(1)作 A 点的第三面投影；

(2)作 B 点的第三面投影；

(3)作 C 点的第三面投影；

(4)依次连接 $a''b''$，$b''c''$，$c''a''$，即可得到此平面的第三面投影，如图 3-19(b)所示。

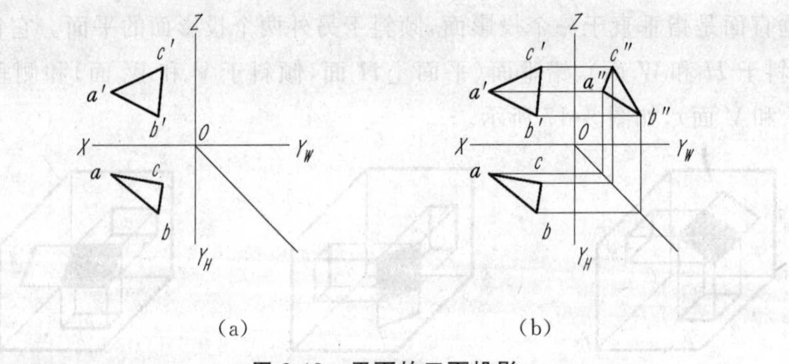

图 3-19　平面的三面投影

三、平面上的直线和点

1. 平面上的直线

如果某一条直线通过平面上的两个点或通过平面上的一个点并平行于平面上的另一条直线，则该直线必在此平面上。

【例 3-5】判断如图 3-20(a)所示的直线 MN 是否在平面△ABC 上。

【分析】欲判断直线 MN 是否在平面△ABC 上，只要判断直线 MN 是否通过平面上的两个点或通过平面上的一个点并平行于平面上的另一条直线。如果通过或平行，则在该平面上；如果不通过或不平行，则不在该平面上。

【作图】

(1)作直线 MN 的第三面投影,如图 3-20(b)所示;

(2)根据作图可知,直线 MN 是一条正平线,而平面是一个一般位置的平面。所以,直线 MN 不在平面$\triangle ABC$上。

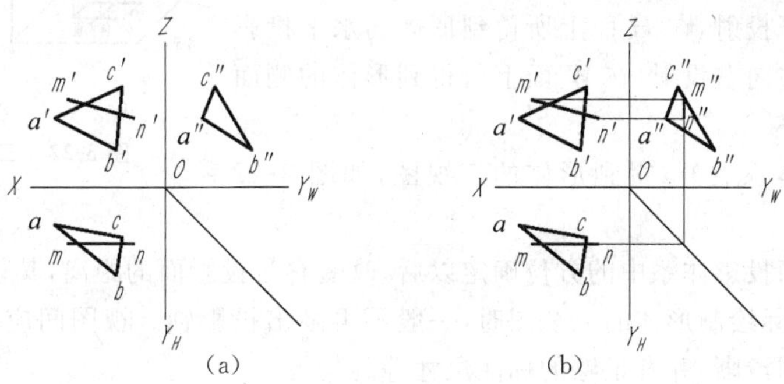

图 3-20　平面上的直线

2. 平面上的点

若点在平面内的任一直线上,则该点必在该平面上。

【例 3-6】已知如图 3-21(a)所示平面$\triangle ABC$上的点 M 在正投影面上的投影为 m',求作 M 点的另两面投影。

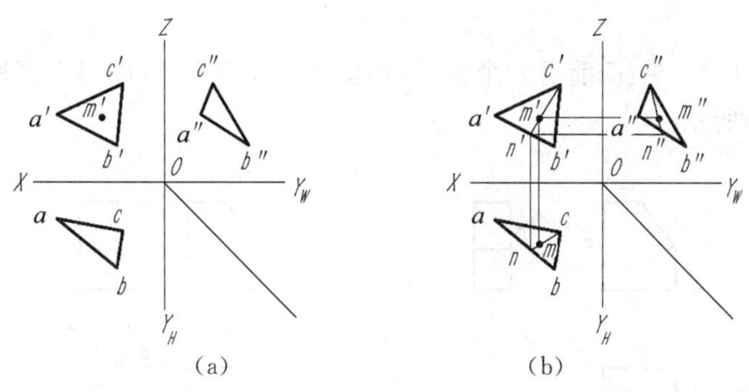

图 3-21　平面上点的投影

【分析】由于点 M 在平面$\triangle ABC$上,则 M 点也必然在平面上某一条直线上。所以,通过辅助线的方法,即可得到 M 点在另两个投影面上的投影。

【作图】

(1)连接 $c'm'$,与 $a'b'$ 相交于 n' 点;

(2)过 n' 点作 X 轴的垂直线,与 ab 相交于 n 点;

(3)过 m' 点作 X 轴的垂直线,与 cn 相交于 m 点,即为水平投影面上的投影,如图 3-21(b)所示;

(4)过 n' 点作 Z 轴的垂直线,与 $a''b''$ 相交于 n'' 点;

(5)过 m' 点作 Z 轴的垂直线,与 $c''n''$ 相交于 m'' 点,即为侧投影面上的投影,如图 3-21(b)所示。

3-5　形体的三视图

一、三视图的形成

将一个三维形体,按正投影法向某一投影面投射就得到该形体的投影。形体的投影实际上是沿相应投射方向观察形体所得到的形状,因此形体的投影通常称为视图。

由于形体的一个视图不能完整地反映三维形体的形状，故将形体置于三面投影体系中，分别向 V，H，W 面投射，可得到形体的三视图，如图 3-22(a)所示。

从前向后投射，在 V 面上所得到形体的正面投影称为主视图。从上向下投射，在 H 面上所得到形体的水平投影称为俯视图。从左向右投射，在 W 面上所得到形体的侧面投影称为左视图。

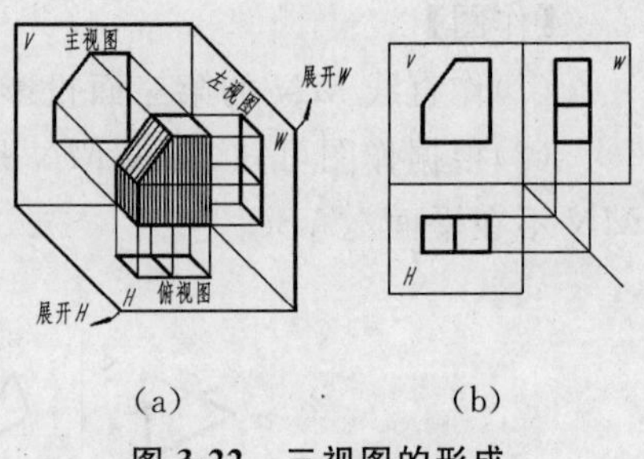

图 3-22　三视图的形成

将三面投影体系展开，得到形体的三视图，如图 3-22(b)所示。

当形体在三面投影体系中的方位确定以后，改变它与投影面的距离，其任一视图的形状均不发生变化，故实际绘制形体的三视图时，一般不再画出投影轴。视图间应留出适当的距离，以保证每一视图的清晰，并有足够的标注尺寸等的位置。

二、三视图的投影规律

从三视图的形成过程可知，它们之间存在着严格的内在联系，结合几何元素的投影规律，可得出三视图的投影规律。

1. 位置关系

以主视图为基准，俯视图在它的正下方，左视图在它的正右方，如图 3-22 所示。

2. 方位关系

任何物体都有上下、左右、前后六个方位，如图 3-23(a)所示，而每个视图只能表示其四个方位，如图 3-23(b)所示。

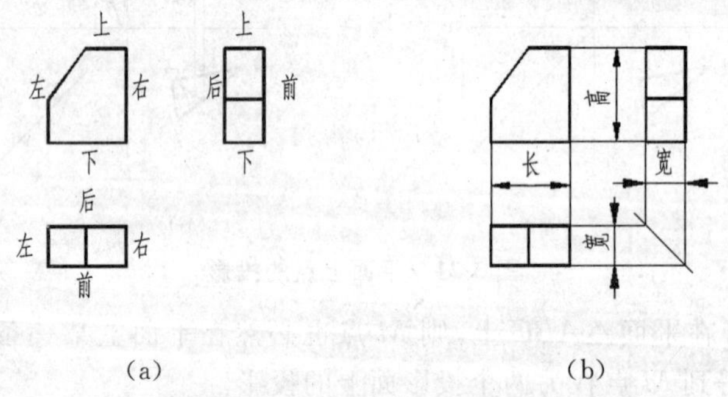

图 3-23　三视图与物体的方位关系

在三视图中，主、左视图表示物体的上下；主、俯视图表示物体的左右；俯视图表示物体的前后。靠近主视图的一面是物体的后面，远离主视图的一面是物体的前面。

3. 尺寸关系

任何物体都有长、宽、高三个尺度。形体的一个视图只能反映两个方向的尺寸：主视图反映长和高，俯视图反映长和宽，左视图反映宽和高。显然，每两个视图中包含一个相同的尺寸：主视图与俯视图的长度相等且左右对正；主视图与左视图的高度相等且上下对齐；俯视图与左视图的宽度相等。简称为长对正、高平齐、宽相等的“三等关系”，如图 3-22(b)所示。

“三等”规律不仅针对形体的总体尺寸，形体上的每一几何元素也符合此规律，它实际上是对几何元素投影规律的进一步概括。绘制三视图时，应从遵循形体上每一点、线、面的投影规律出发，来保证此三等规律。

三、三视图的作图方法和步骤

【例 3-7】绘制如图 3-24(a)所示形体的三视图。

【分析】根据物体(或轴测图)画三视图时,首先应分析物体的形状,将物体的位置摆正(使其主要表面与投影面平行),选择反映物体形状特征最明显的方向作为主视图的投射方向(如图 3-24(a)中箭头 A 所指的方向);其次确定图纸幅面和绘图比例;最后,根据三视图的绘图步骤依次绘制即可。

【作图】

(1)分析主视方向,如图 3-24(a)所示;

(2)绘制作图基准线,如图 3-24(b)所示;

(3)绘制主要轮廓线,如图 3-24(c)所示;

(4)绘制其余轮廓线,如图 3-24(d)所示;

(5)加粗描深图线,完成作图,如图 3-24(e)所示。

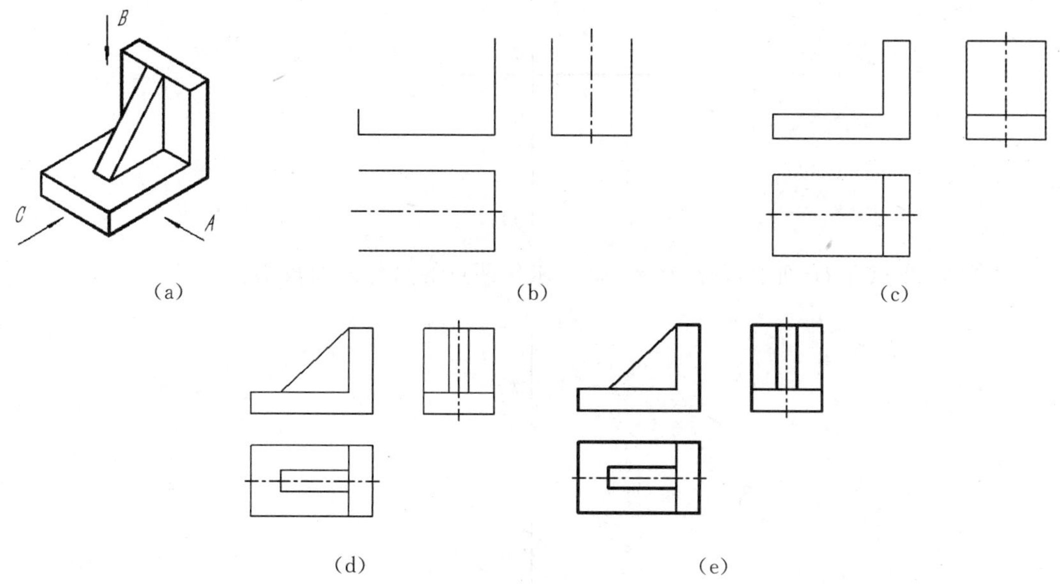

图 3-24　三视图的作图步骤

作图时,一般先画出三个视图的作图基准线,再从主视图入手,根据“长对正、高平齐、宽相等”的投影规律,依次画出各部分的视图,具体步骤见图 3-24(b)~(e)。

【作图指导】

1.作图步骤

(1)选择主视图:物体要摆正,使物体多个表面平行或垂直于投影面,选择主视方向,使主视图能反映物体各部分的形状和相对位置。

(2)画基准线:绘制三面投影体系的投影轴,并画出 45°角的辅助斜线。定出长、宽、高三个方向的作图基准,在三视图中将它们画出。

(3)画底稿:①绘制主视图:画图时应先画出垂直于投影面的各面,因为投影较简单(积聚为线);其次应检查平行于投影面的各面是否画出(投影为实形,一般不用再画);最后检查少数几个倾斜于投影面的平面边界线是否画完整(按投影具有类似性检查)。②绘制俯视图和左视图:俯视图和左视图画法与主视图类似,只是要注意各视图间总体和局部尺寸要保持“长对正,高平齐，宽相等”的关系。

(4)检查、改错、擦去多余的图线，描深图形。描深图形应按国家标准规定的线型进行。注意要画好对称中心线，不得擦去。

2. 注意事项

(1)画图之前应布好图，不要将图纸四等分，要根据模型各方向的尺寸大小布图。

(2)俯视图与左视图间总体和局部都应保持“宽相等”的关系。

(3)尽量学会使用分规保证俯视图与左视图间“宽相等”的关系。

(4)不要急于描深图线，应检查无误后再描图，以免修改影响图面整洁。

【实训作图】

(1)已知点的两面投影，求作第三投影。

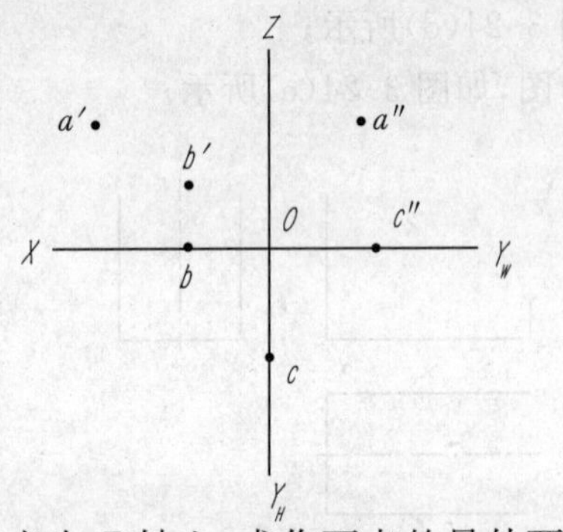

(2)已知 A 点在 H 面上，B 点在 Z 轴上，求作两点的另外两面投影。

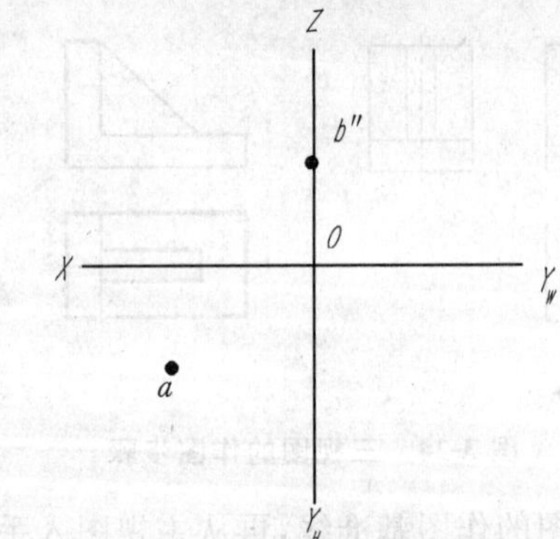

(3)已知 A,B 点的各一个投影，且 A 点到 H,W 面的距离相等，B 点到 V,W 面的距离相等，求作 A,B 的另两面投影。

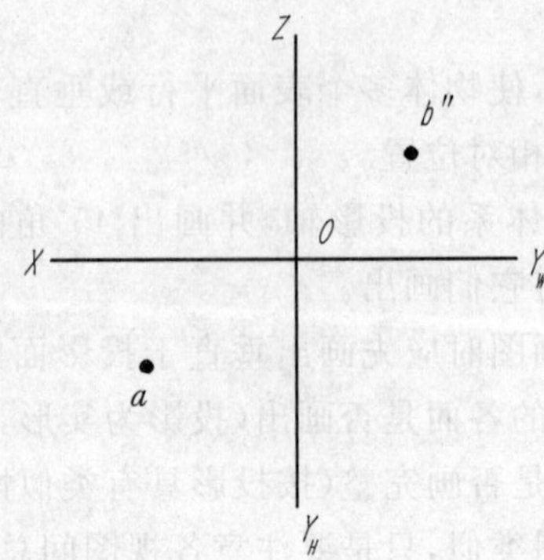

(4)已制直线 AB 两端点 A,B 的两面投影,求作 AB 的第三面投影。

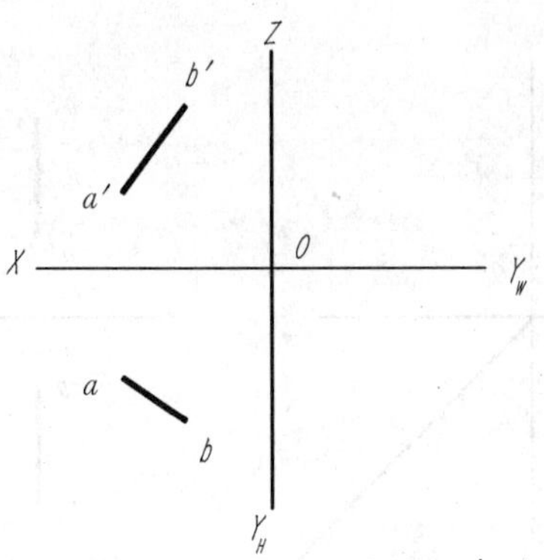

(5)已知水平线 AB 的水平投影 ab 及 A 点正面投影 a',求作 $a'b'$ 和 $a''b''$。

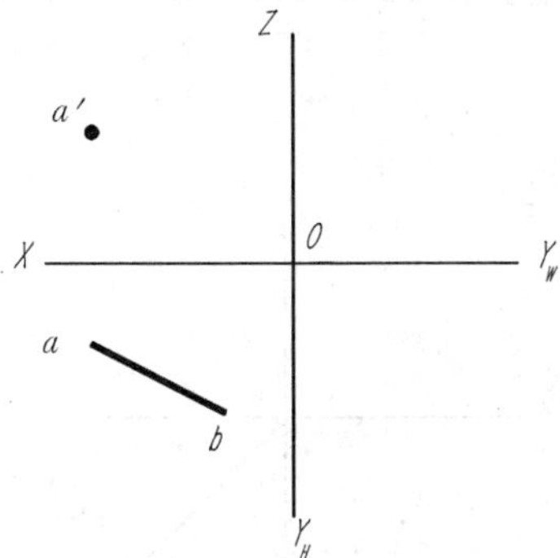

(6)已知正平线 AB 端点 A 的两面投影,端点 B 在 A 点的左上方,$\alpha=45°$,AB 长 20,求作 AB 的三面投影。

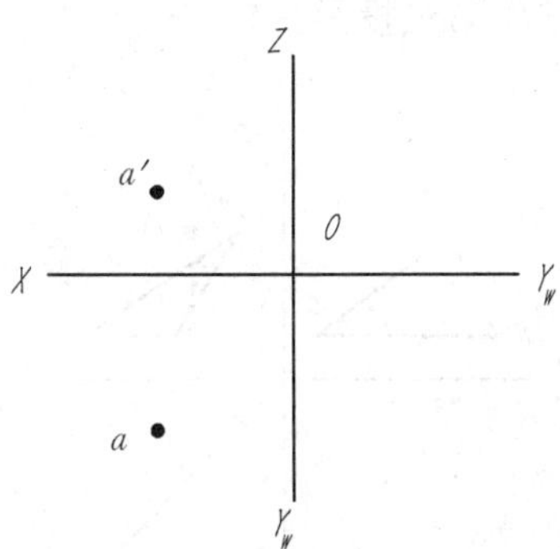

(7)已知侧平线 AB 的侧面投影,若 AB 到 W 面的距离为 20,求作直线 AB 的另两面投影。

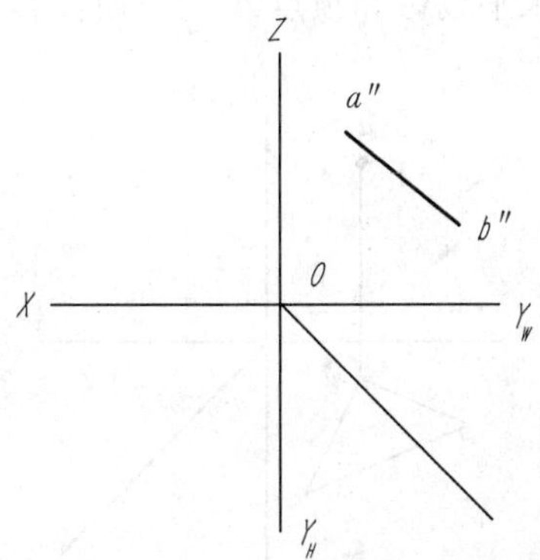

(8)求作下列直线的第三投影，并作出其上一点的另两面投影。

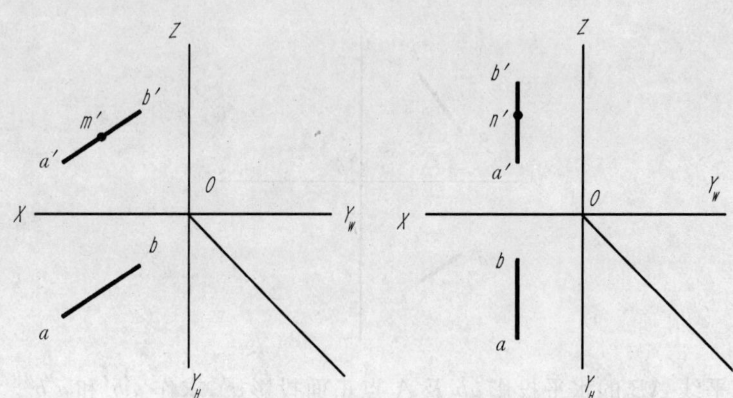

(9)已知 ΔABC 三个顶点的坐标：$A(22,12,10)$，$B(4,17,20)$，$C(10,3,12)$，求作平面的三面投影。

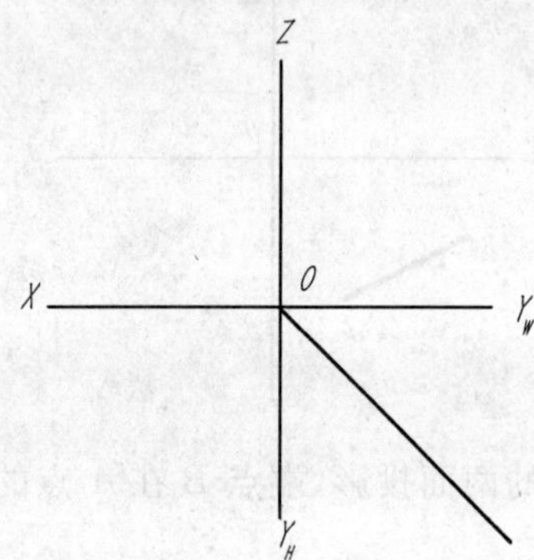

(10)已知平面的两面投影，求作第三投影。

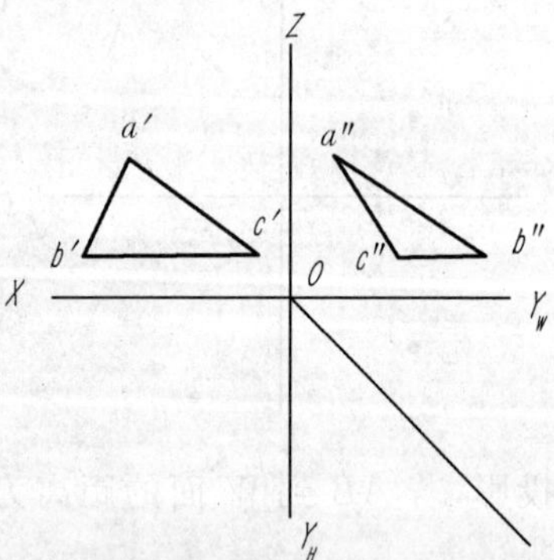

(11)已知水平面 ΔABC 的水平投影和顶点 A 的正面投影，求作平面的另两面投影。

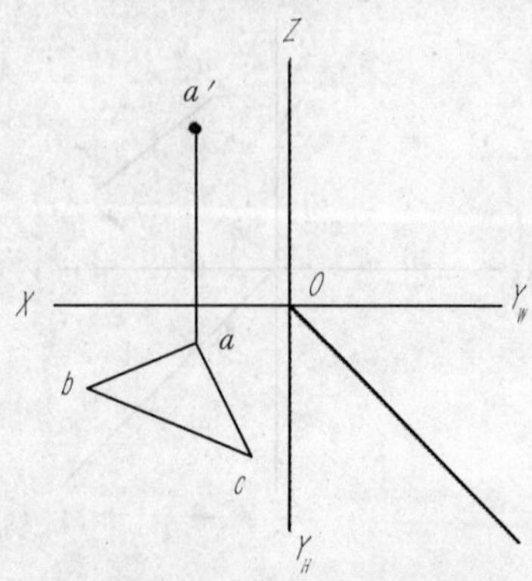

(12)已知 ΔABC 上 K 点的水平投影和 ΔDEF 上 M 点的正面投影，求作 K，M 的另两面投影。

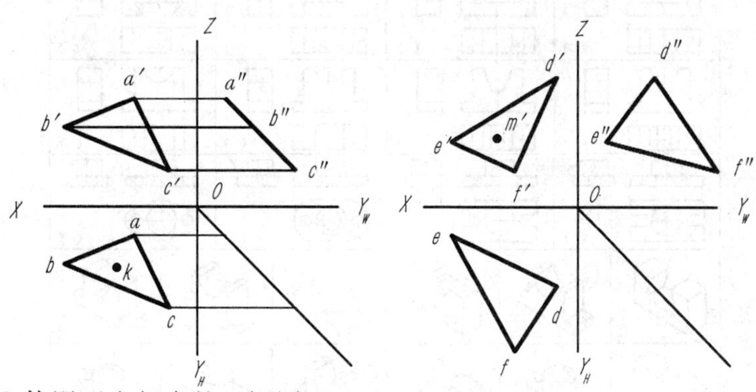

(13)根据立体图画出相应的三视图。

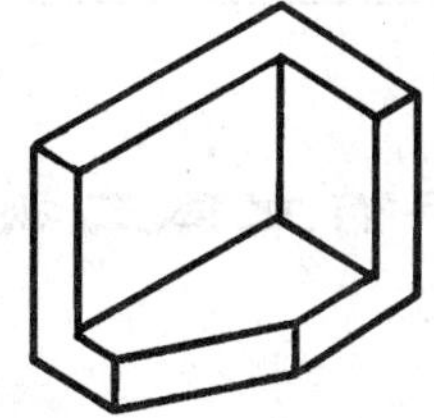

(14)根据立体图画出相应的三视图。

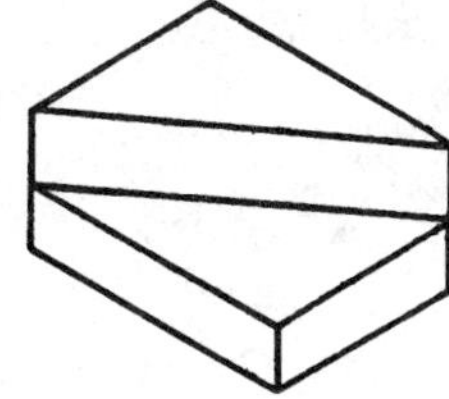

(15)已知两视图，补画第三视图。

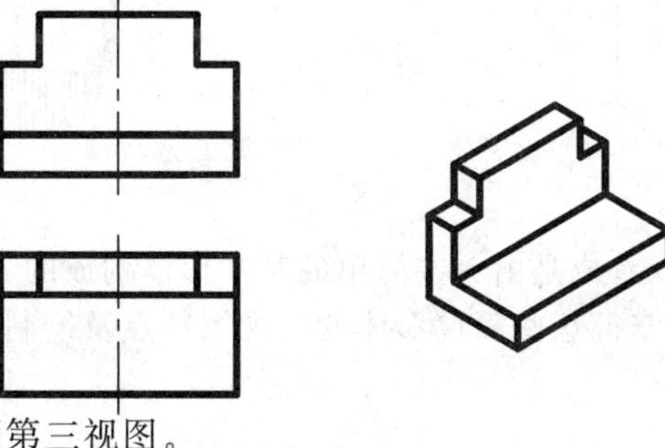

(16)已知两视图，补画第三视图。

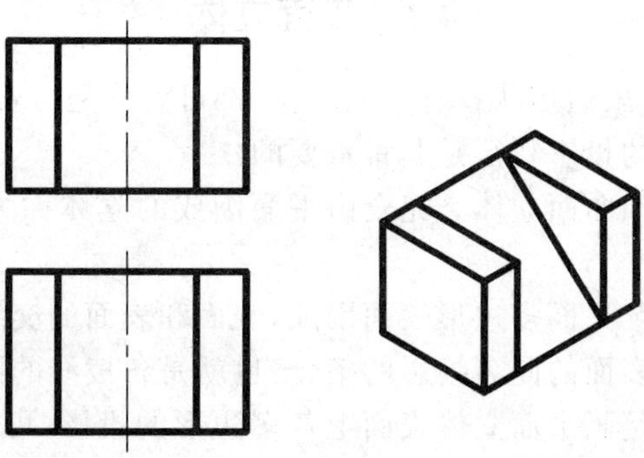

(17)根据立体图找出相应三视图,并在括号内填写相应编号。

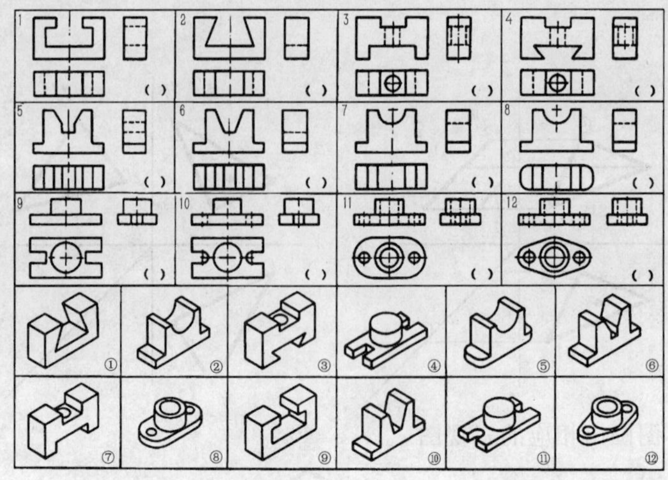

任务4　平面立体三视图的绘制

【学习目标】

(1)认知平面立体;

(2)掌握平面立体三视图的绘制方法特点。

【学习内容】

(1)绘制开槽四棱柱的三视图。

(2)绘制斜顶面六棱柱的三视图。

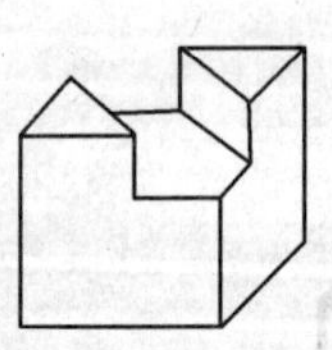

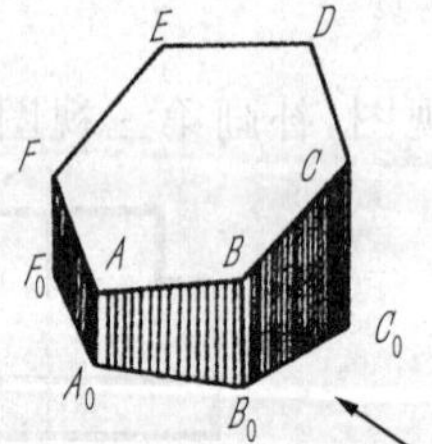

【任务分析】

任何复杂的物体都可以看成是由一些简单的基本形体构成的。要能快捷地绘制和阅读复杂物体的三视图,必须首先掌握这些简单形体的三视图特点及绘制方法。

【相关知识】

4-1　平面立体

机器零件或化工设备,虽然形状各有不同,一般都可看作是由若干基本形体所组成的组合体。熟悉并掌握基本形体的投影特征是非常重要的。

基本体分为平面立体和曲面立体。完全由平面围成的立体称为平面立体,常见的平面立体为棱柱体和棱锥体。

棱柱和棱锥均由若干个平面多边形表面围成,表面和表面的交线称为棱线,棱柱和棱锥的任一视图为其上各多边形表面的同名投影的集合,也就是各棱线的同名投影的集合。

画平面立体的视图就是画平面立体表面上各多边形的投影,可归结为画多边形各边和各个顶点的投影。画图时，应首先分析立体各表面、各棱线、各顶点对投影面的相对位置，然后运用前面所学的有关点、线、面的投影规律进行作图。

一、棱柱

1. 棱柱体三视图的绘制

常见棱柱体为直棱柱，其顶面和底面为全等且对应边相互平行的多边形，各侧面均为矩形，侧棱线垂直于顶面和底面。顶面和底面为正多边形的直棱柱称为正棱柱。

常见的棱柱有三棱柱、四棱柱、五棱柱、六棱柱等。

【例 4-1】绘制如图 4-1 所示正六棱柱体的三视图。

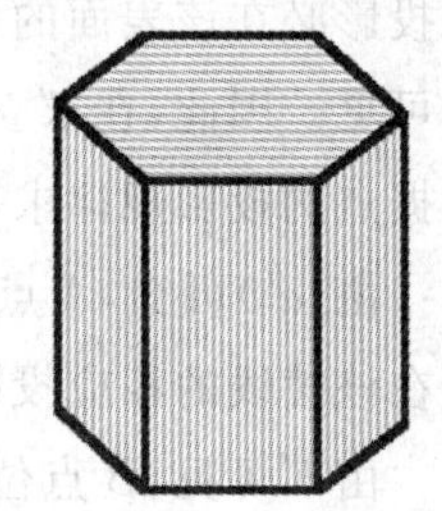

图 4-1　正六棱柱体

【分析】正六棱柱的顶面和底面（特征面）平行于水平投影面，所以它们的水平投影重合并反映实形（正六边形）。正面和侧面投影均积聚为直线，两直线间的距离为六棱柱的高。

六棱柱的前后两侧棱面为正平面，其正面投影反映实形，侧面投影、水平面投影都积聚成直线。

其他四个侧棱面都是铅垂面，它们的水平投影都积聚为直线，正面和侧面投影都是类似形。

棱柱的六条铅垂棱线的水平投影积聚在上、下底面的水平投影的六个角点上，它们的正面和侧面投影都反映实长。

【作图】画正六棱柱的三视图时，先画出水平投影正六边形，再根据投影规律作出其余两个投影，即为正六棱柱的三视图，如图 4-2 所示。

(1)绘制坐标轴和基准线，如图 4-2(a)所示。

(2)绘制俯视图，如图 4-2(b)所示。

(3)绘制主视图，如图 4-2(c)所示。

(4)绘制左视图，如图 4-2(d)所示。

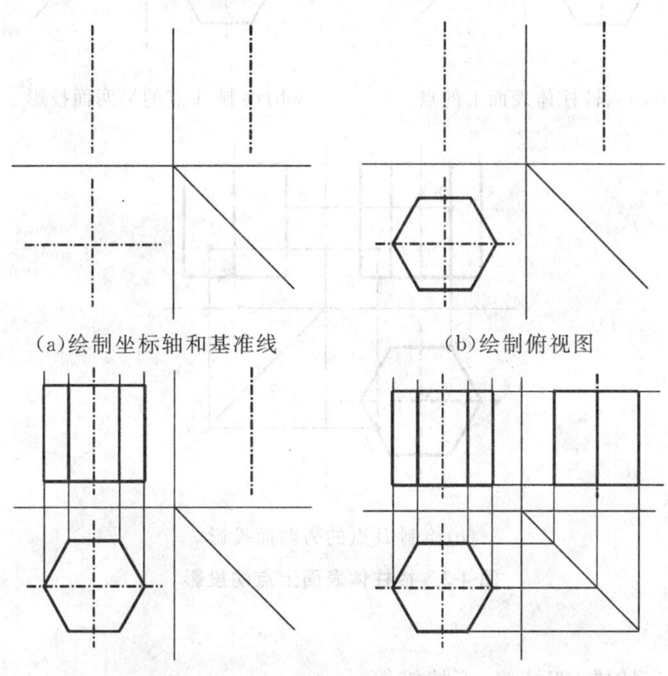

图 4-2　正六棱柱的三视图的绘制

2. 棱柱体表面上点的绘制

【例 4-2】如图 4-3(a)所示，已知 A，B 为正六棱柱表面上的点，且它们的正面投影为(a')和 b'，求作两点的水平投影和侧面投影。

【分析】在平面立体表面上取点、取线的方法与在平面上取点、取线的方法一样，但在立体表面上取点时，必须首先确定该点是在平面立体的哪一个表面上。若点在某个表面上，则该点的投影必在该表面的各同面投影内。若该表面的投影可见，则该点的同面投影也可见，反之为不可见。因此，在求立体表面上点的投影时，应先分析该点所在立体表面的投影特性，然后再根据点的投影规律求出点的投影。

由(a')可知，A 点位于六棱柱的左后方棱线上，该棱线为铅垂线，可根据点的投影规律，直接在该棱线的相应投影上求得 a 和 a''。

由 b'可见，B 点位于六棱柱右前方侧棱面上，该面为铅垂面。因此先在俯视图中右前方侧棱面的积聚线上求得 B 点的水平投影 b，再由 b'，b 求得 b''。

【作图】

(1)作 A 点的水平面投影和侧面投影，如图 4-3(b)所示。

(2)作 B 点的水平面投影和侧面投影，如图 4-3(c)所示。

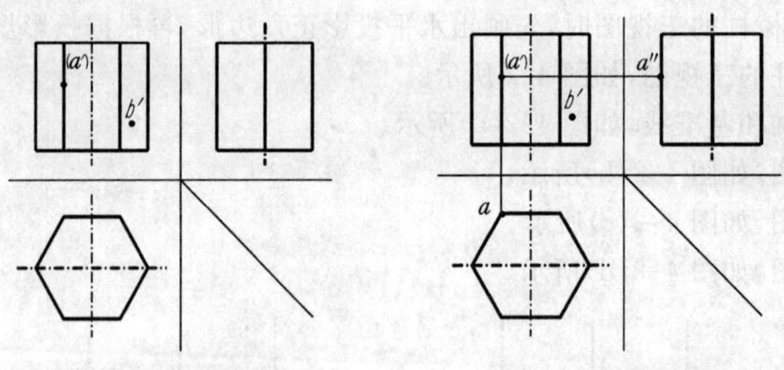

(a)六棱柱体表面上的点　　(b)绘制 A 点的另两面投影

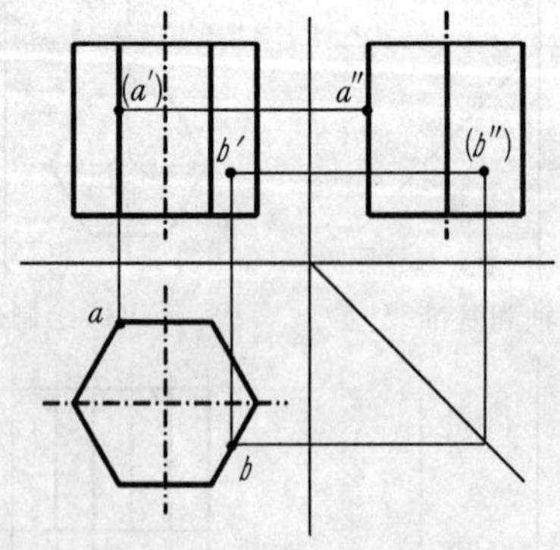

(c)绘制 B 点的另两面投影

图 4-3　棱柱体表面上点的投影

二、棱锥

常见的棱锥有三棱锥、四棱锥、五棱锥等。

1. 棱锥体三视图的绘制

【例 4-3】绘制如图 4-4 所示正三棱锥体的三视图。

【分析】如图 4-4 所示，三棱锥的底面△ABC 平行于水平投影面，水平投影反映实形。其正面投影和侧面投影分别积聚成一直线。棱面△SAB 为侧垂面，因此侧面投影积聚为直线，正面和水平面投影均为类似形。棱面 SAC 和△SBC 为一般位置平面，它们的三面投影均为类似形。棱线 SC 为侧平线，棱线 SA,SB 为一般位置直线，棱线 AB 为侧垂线，棱线 AC,BC 为水平线。

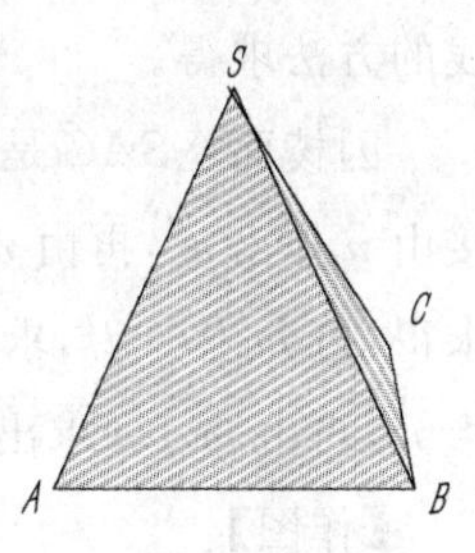

图 4-4　正三棱锥体

【作图】

画正三棱锥体的三视图时，先画出底面△ABC 的各个投影，再画锥顶 S 的各个投影，连接各棱线的同面投影即为正三棱锥的三视图。

(1)绘制坐标轴，如图 4-5(a)所示。

(2)绘制正三棱锥体底面的三面投影，如图 4-5(b)所示。

(3)绘制锥顶的三面投影，如图 4-5(c)所示。

(4)连接各棱线的同面投影，即得所需正三棱锥体的三视图，如图 4-5(d)所示。

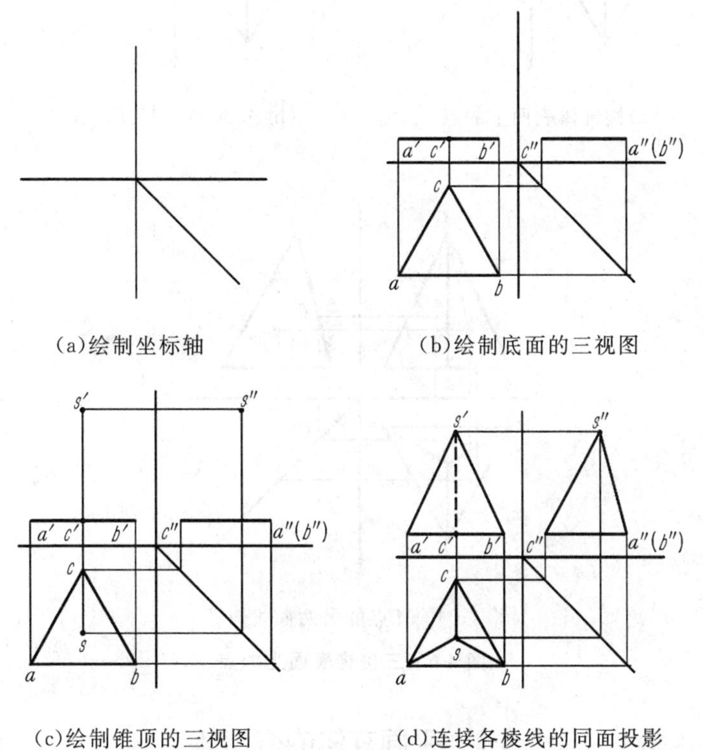

图 4-5　正三棱锥的三视图

2. 棱锥表面上点的三视图绘制

【例 4-4】如图 4-6(a)所示，已知棱面△SAB 上点 M 的正面投影 m' 和棱面△SAC 上点 N 的水平投影 n，求作点 M,N 的其余投影。

【分析】组成棱锥体的表面有特殊位置平面，也有一般位置平面。特殊位置平面上点的投影,可利用该平面投影的积聚性直接作图。一般位置平面上点的投影,则通过在平面上作辅助线的方法求得。

因棱面△SAC是侧垂面,它的侧面投影$s''a''(c'')$积聚为直线,因此n''必在$s''a''(c'')$上,可直接由n作出n'',再由n''和n作出(n')。棱面△SAB是一般位置平面,可通过作辅助线的方法求得:过m'作$s'd'$,求出辅助线的水平投影sd,然后根据直线上点的投影特性,求出其水平投影m,再由m',m求出侧面投影m'',完成作图。

【作图】

(1)作N点的正面投影和侧面投影,如图 4-6(b)所示。

(2)作M点的水平面投影和侧面投影,如图 4-6(c)所示。

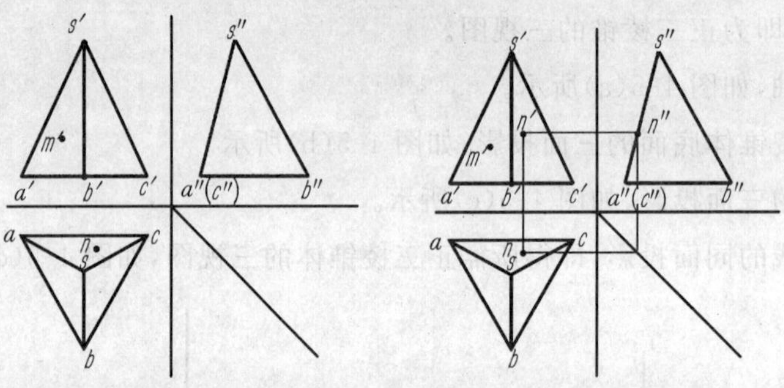

(a)棱锥体表面上的点 (b)作N点的另两面投影

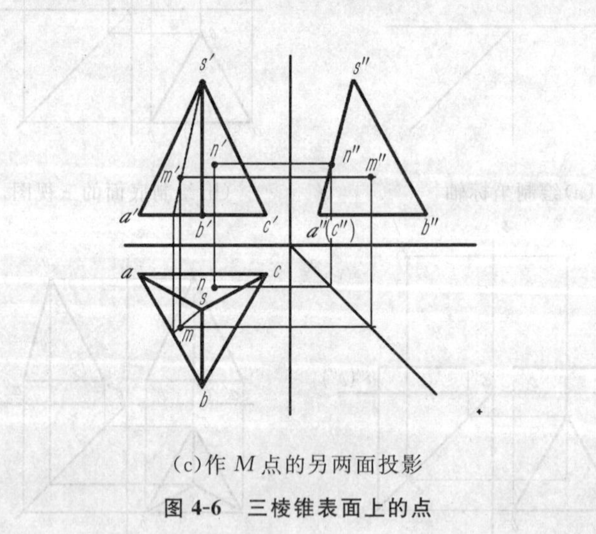

(c)作M点的另两面投影

图 4-6 三棱锥表面上的点

4-2 平面立体的截切体

一、截交线的概念

如图 4-7 所示,立体被截平面截切后的剩余部分称为截断体,截切所产生的截断面轮廓,即截平面与立体表面的交线称为截交线。

截平面完全截切基本体所产生的截交线具有下列性质:

(1)封闭性:截交线为一个封闭的平面图形。

(2)共有性:截交线是截平面与基本体表面的共有线。共有性是求作截交线的重要依据。

画截断体的视图时,必须正确画出截交线的投影。

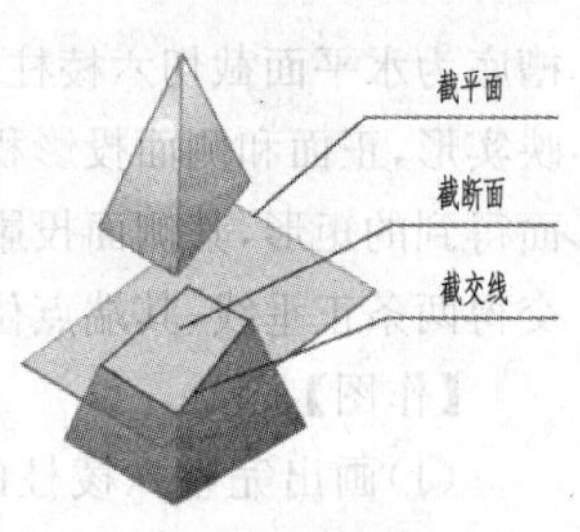

图 4-7　截交线

二、平面立体的截交线

平面立体的截交线必为平面多边形,其边数等于被截切表面的数量,多边形的顶点位于被截切的棱线上。

【例 4-5】绘制如图 4-8(a)所示斜切正三棱锥的三视图。

【分析】从图 4-8(a)中可以看出,正垂线截切了三棱锥的三个侧面,截断面为三角形,其正面投影积聚成一条直线,可在完整的正三棱锥的主视图上直接画出截断面的正面投影。

【作图】

(1)绘制正三棱锥体的三视图,如图 4-8(b)所示。

(2)确定截平面与棱线的交点,如图 4-8(c)所示。

(3)连接各交点,如图 4-8(d)所示。

(4)擦去被截切的部分,描深即可,如图 4-8(e)所示。

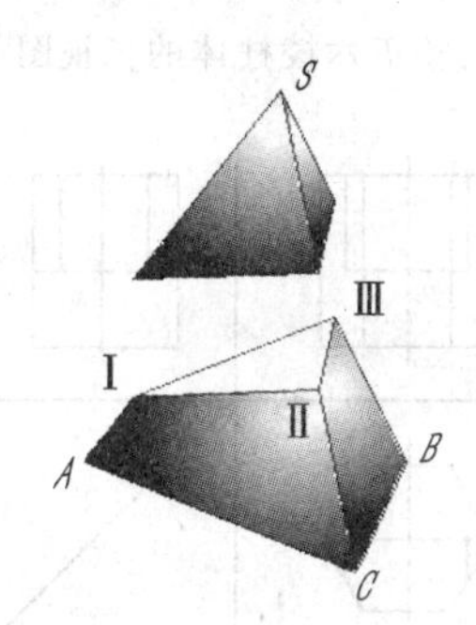

(a)截切三棱柱体

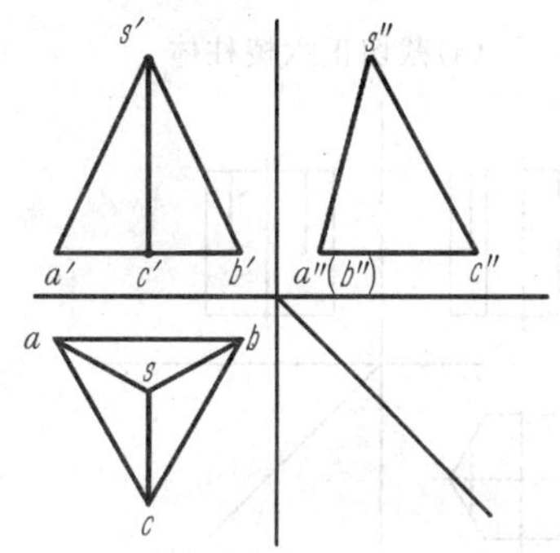

(b)绘制三棱柱体的三视图

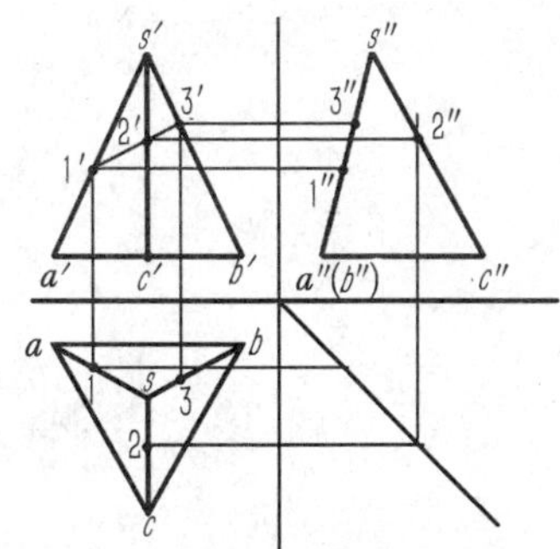

(c)截平面与棱线的交点的确定

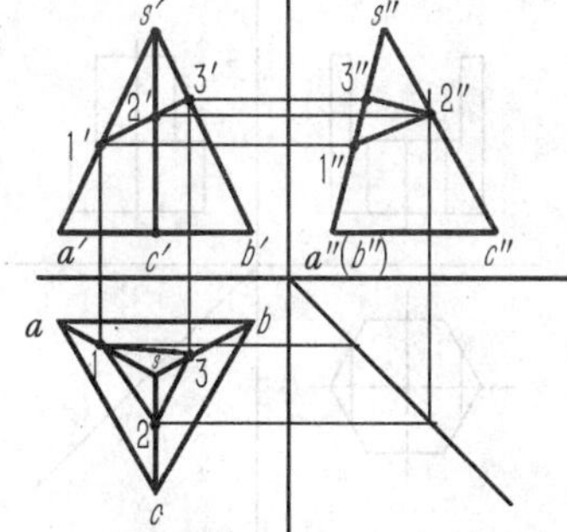

(d)连接各交点

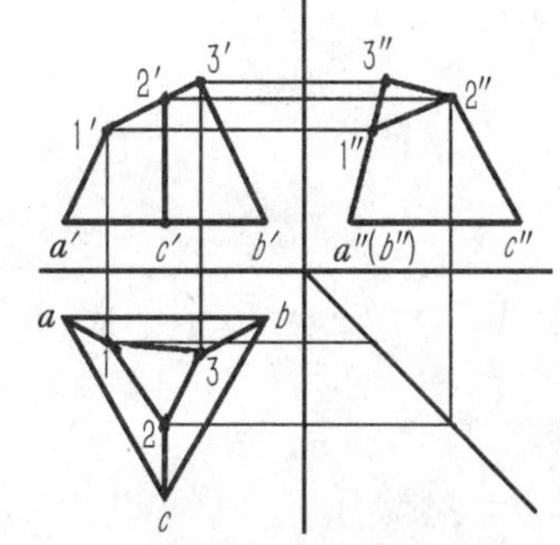

(e)擦去被截切的部分,描深

图 4-8　斜切正三棱锥体的三视图

【例 4-6】绘制如图 4-9(a)所示开槽正六棱柱的三视图。

【分析】正六棱柱体被两个侧平面和一个水平面切出一个槽,且三个平面均为不完全截切。

槽底为水平面截切六棱柱的六个侧面(两个正平面和四个铅垂面)形成的八边形,其水平投影反映实形,正面和侧面投影积聚为水平直线。槽的两个侧面均为侧平面截切六棱柱顶面和两个侧面得到的矩形,其侧面投影反映实形,另外两个投影积聚为垂直方向的直线。槽底面和两个侧面交得两条正垂线,其端点位于六棱柱表面上,本例作图的关键在于正确求出这几个端点的投影。

【作图】

(1)画出完整六棱柱的三视图,如图 4-9(b)所示。

(2)绘制左右两侧截切平面的三视图,如图 4-9(c)所示。

(3)绘制槽底截切平面的三视图,如图 4-9(d)所示。

(4)擦去被截切去的部分,描深即可,如图 4-9(e)所示。

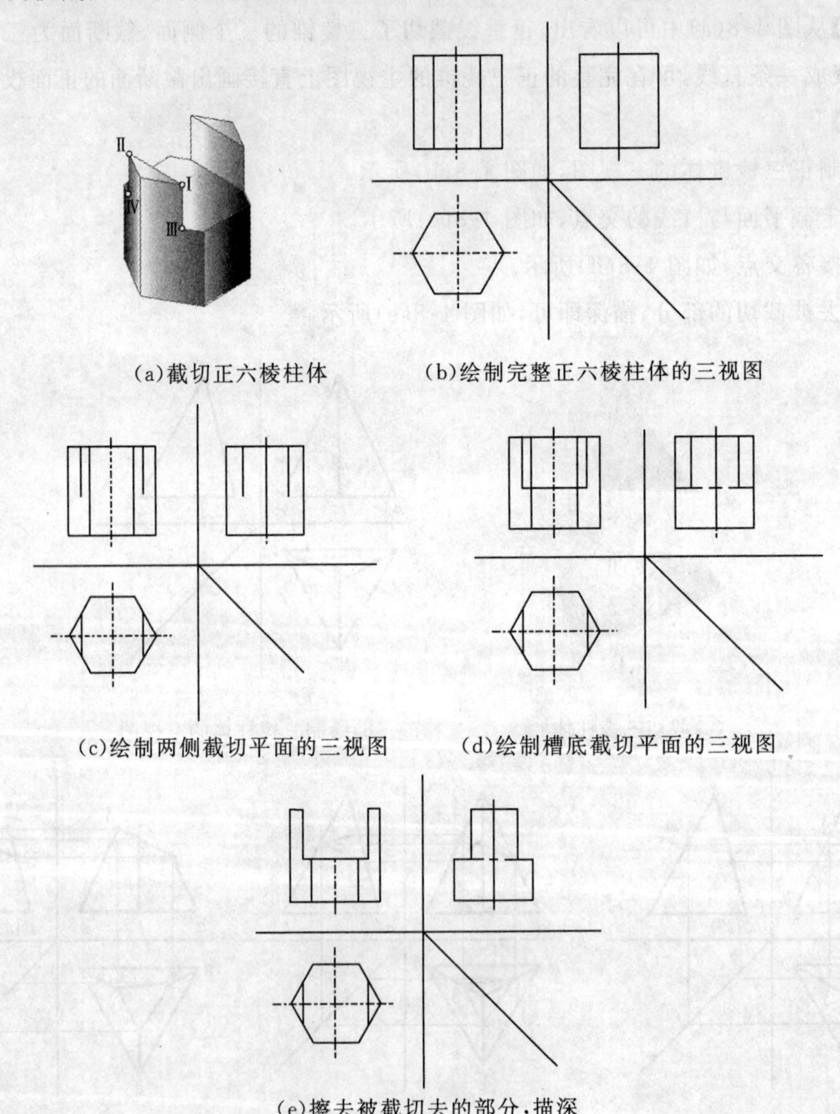

(a)截切正六棱柱体 (b)绘制完整正六棱柱体的三视图

(c)绘制两侧截切平面的三视图 (d)绘制槽底截切平面的三视图

(e)擦去被截切去的部分,描深

图 4-9 开槽正六棱柱

【作图指导】

1. 作图步骤

绘制截切平面立体的三视图,应首先绘制完整的平面立体的三视图,然后再将截切部分的三视图绘出，最后根据实际情况进行描深即得到截切平面立体的三视图。

(1)分析模型，确定主视图方向；

(2)绘制作图基准线；

(3)绘制完整的平面立体三视图；

(4)确定截切位置和几个关键点；

(5)依次连接关键点，即得截切的平面立体三视图；

(6)描深可见图线，擦去接切掉的部分即可。

2.注意事项

(1)作图时，必须注意三视图的“三等关系”；

(2)注意截切平面在三面投影面的投影特征。

【实训作图】

(1)已知正五棱锥体的两视图，补画其左视图。

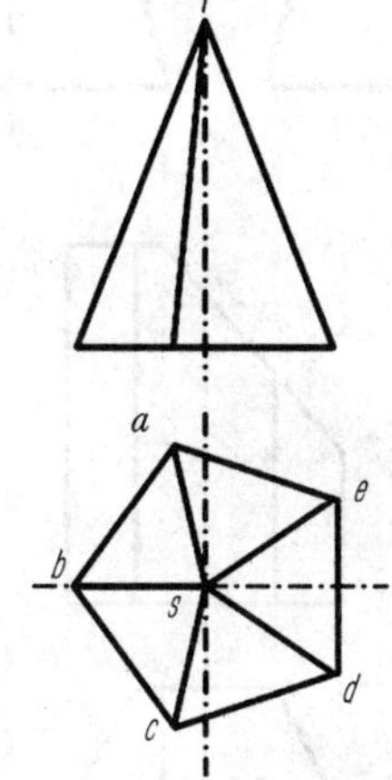

(2)补画正三棱柱的主视图，并作出其表面上点 A，B，K 的另两面投影。

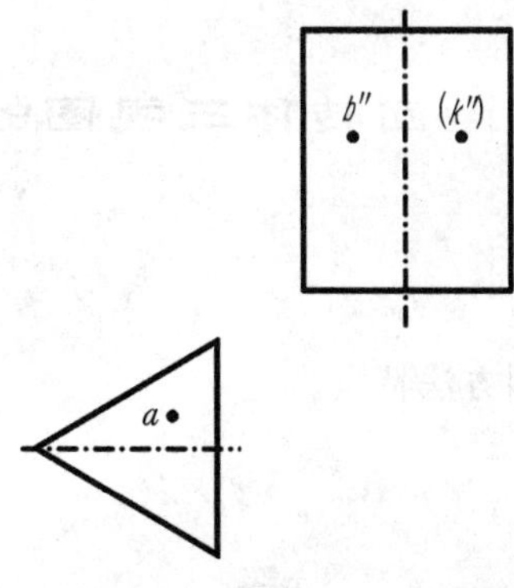

(3)补画形体的左视图,作出其表面上点 A,B,D,K 的另两面投影。

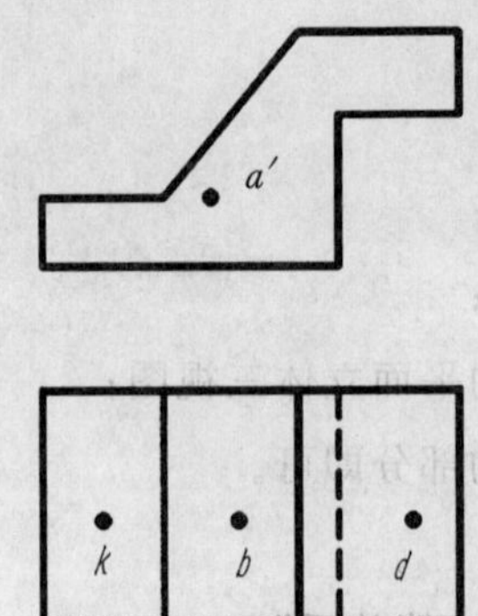

(4)补画切口正四棱台的俯视图。

(5)补画切口正六棱柱的左视图。

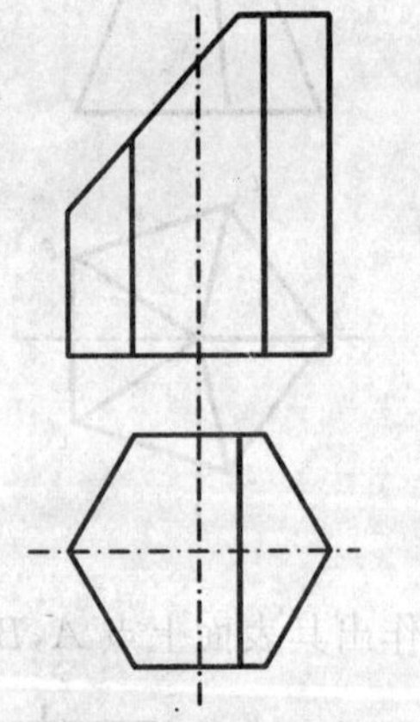

任务5 回转体三视图的绘制

【学习目标】

(1)认知回转体;

(2)掌握回转体三视图的绘制方法特点。

【学习内容】

绘制开槽圆柱的三视图。

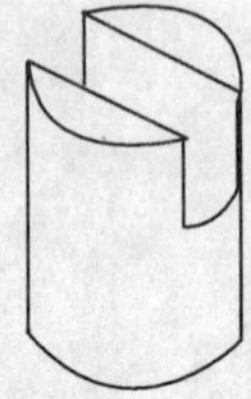

【任务分析】

任何复杂的物体都可以看成是由一些简单的基本形体构成的。要想快捷地绘制和阅读复杂物体的三视图,必须首先掌握这些简单形体的三视图特点及绘制方法。

【相关知识】

5-1 回转体的三视图

包含有曲面的形体称为曲面立体,回转体是最为常见的曲面立体。常见的回转体有圆柱、圆锥、圆球等。

一、圆柱体

【例 5-1】绘制如图 5-1(a)所示圆柱体的三视图。

【分析】当圆柱体的轴线垂直于水平面时,圆柱体上、下端面的水平投影反映实形,正面和侧面投影积聚成直线。圆柱面的水平投影积聚为一圆,与两端面的水平投影重合。在正面投影中,前、后两半圆柱面的投影重合为一矩形,矩形的两条竖线分别是圆柱面最左素线和最右素线的投影,也是圆柱面前、后分界的转向轮廓线。在侧面投影中,左、右两半圆柱面的投影重合为一矩形,矩形的两条竖线分别是圆柱面最前和最后素线的投影,也是圆柱面左、右分界的转向轮廓线。

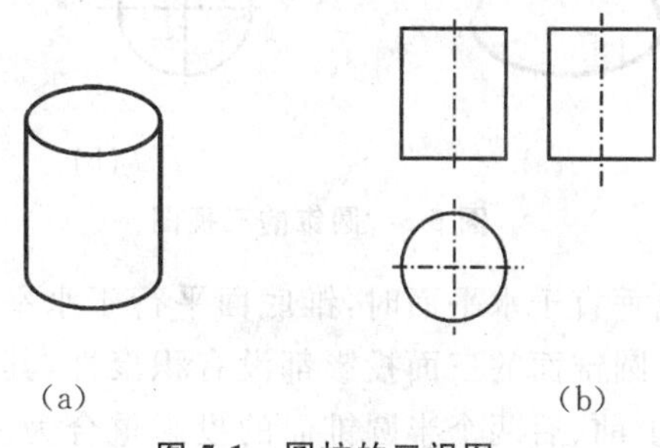

图 5-1 圆柱的三视图

【作图】

(1)绘制圆柱体各投影的轴线或中心线;

(2)绘制圆柱体的俯视图——圆;

(3)根据圆柱体的高度以及投影关系绘制圆柱体的主视图——矩形;

(4)根据投影规律绘制圆柱体的左视图——矩形,如图 5-1(b)所示。

【例 5-2】如图 5-2(a)所示,已知圆柱面上点 M 的正面投影 m',点 N 的侧面投影(n''),求作另外两个视图上的投影。

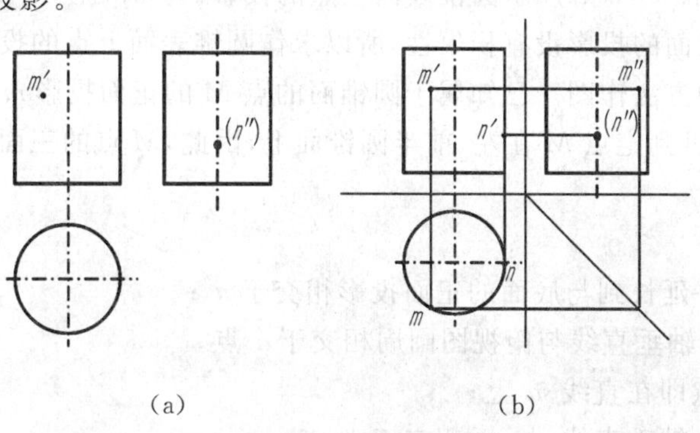

图 5-2 圆柱表面上的点

【分析】根据圆柱面水平投影的积聚性，得出 M 点和 N 点在俯视图上的投影在圆周上；N 点在左视图上的投影在轴线上，则在主视图上的投影在轮廓线上；根据投影规律即可作出 M 点和 N 点在其他两视图上的投影。

【作图】

(1)通过 m'点作 X 轴的垂直线，根据可见性与俯视图的下面圆周相交即为 m 点，根据三视图的投影规律即可得到在左视图上的投影 m''点；

(2)通过(n'')点作 Z 轴的垂直线，根据可见性与主视图右边的轮廓线相交于 n'点；通过 n' 点作 X 轴的垂直线与俯视图相交于圆周的 n 点，如图 5-2(b)所示。

二、圆锥体

【例 5-3】绘制如图 5-3(a)所示圆锥体的三视图。

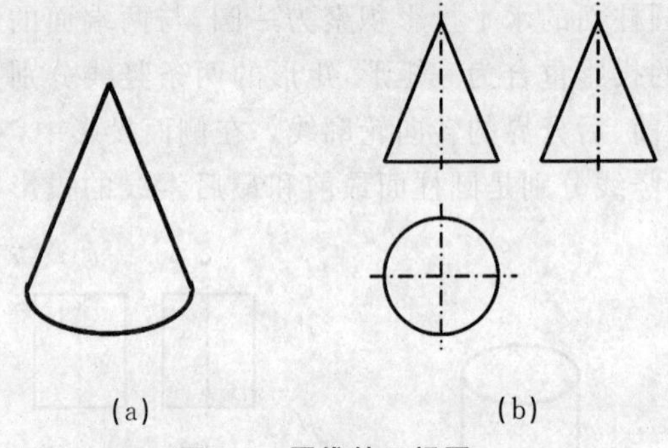

(a) (b)

图 5-3 圆锥的三视图

【分析】当圆锥体的轴线垂直于水平面时，锥底面平行于水平面，其水平投影反映实形，正面和侧面投影积聚成直线。圆锥面的三面投影都没有积聚性，其水平投影与底面的水平投影重合，全部可见。正面投影由前、后两个半圆锥面的投影重合为一等腰三角形，三角形的两腰分别是圆锥面前、后分界的转向轮廓线。圆锥的侧面投影由左、右两半圆锥面的投影重合为一等腰三角形，三角形的两腰分别是圆锥左、右分界的转向轮廓线。

【作图】

(1)绘制三视图的轴线和中心线；

(2)绘制圆锥体的俯视图——圆；

(3)绘制圆锥体的主视图——等腰三角形；

(4)绘制圆锥体的左视图——等腰三角形，如图 5-3(b)所示。

【例 5-4】绘制如图 5-4(a)所示圆锥表面上点的投影。

【分析】由于圆锥面的投影没有积聚性，所以求作圆锥表面上点的投影时，必须包含该点作辅助素线或辅助圆的方法作图。已知属于圆锥面的点 M 的正面投影 m'，求 m 和 m''。根据 M 点的位置和可见性，可判定点 M 在左、前半圆锥面上，因此，M 点的三面投影均为可见。

【作图】

1. 辅助素线法

(1)连接 $s'm'$，并延长到与底面的正面投影相交于 a'；

(2)通过 a'作 X 轴垂直线与俯视图圆周相交于 a 点；

(3)连接 sa，m 点即在直线 sa 上；

(4)过 m'点作 X 轴垂直线，与 sa 相交于 m 点；

(5)根据投影规律，即可得到左视图中 m''点，如图 5-4(b)所示。

2.辅助圆法

(1)过 m'点作垂直于圆锥轴线的水平辅助圆(该圆的正面、侧面投影均积聚为一直线)与轮廓线交于 a'；

(2)过 a'点作 X 轴垂直线，与俯视图的圆的直径相交于 b 点；

(3)以 O 点为圆心、Ob 为半径画圆，m 点即在该圆上；

(4)过 m'点作 X 轴的垂直线，与该圆相交于 m 点；

(5)根据投影规律，即可在左视图上得到 m''点，如图 5-4(c)所示。

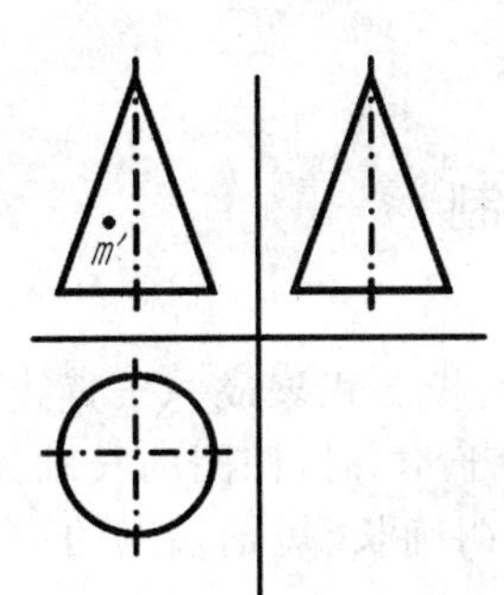

(a)圆锥体表面上的点

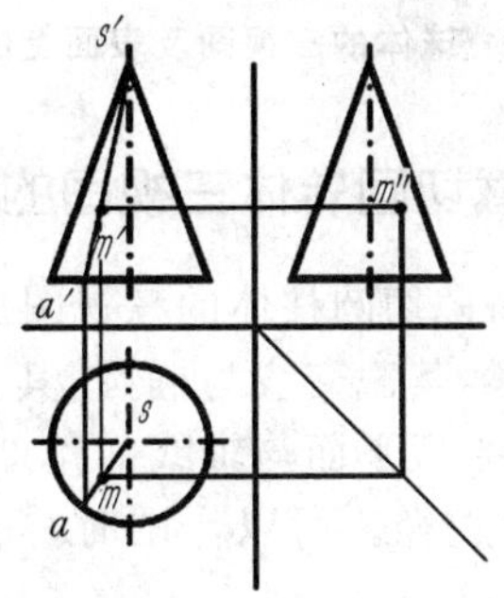

(b)辅助素线法

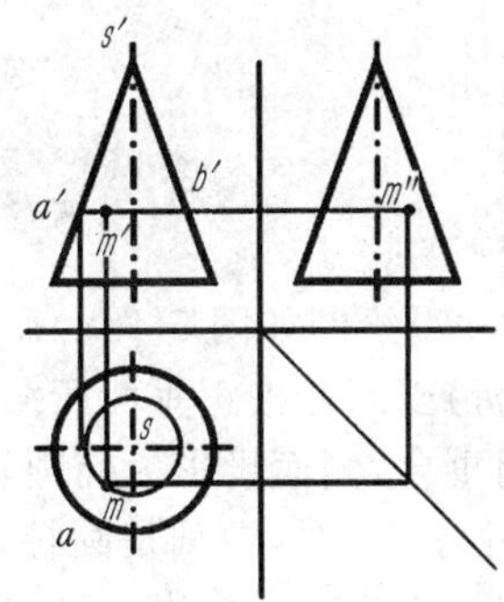

(c)辅助圆法

图 5-4 圆锥面上点的投影

三、圆球体

【例 5-5】绘制圆球体的三视图。

【分析】圆球的三面投影都是与圆球直径相等的圆。

【作图】

(1)绘制圆球各投影的中心线；

(2)绘制三个直径相等的圆，如图 5-5 所示。

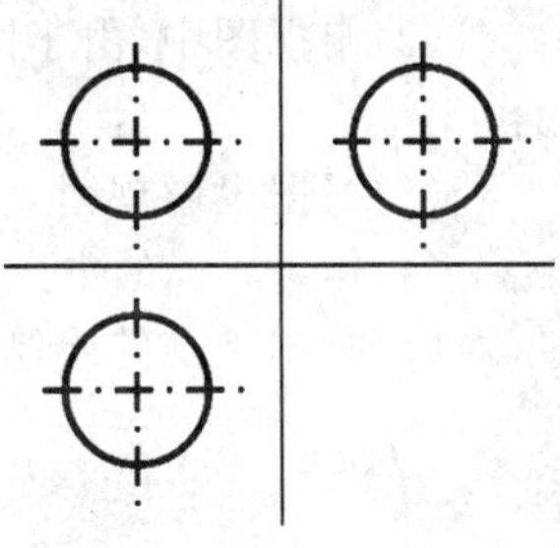

图 5-5 圆球的三视图

【例 5-6】已知如图 5-6(a)所示球面上点 M 的主视图投影 m'，求作 M 点的俯视图投影 m 和左视图投影 m''。

【分析】圆球面上不能作出直线，所以只能用辅助圆法来确定圆球面上点的投影。

【作图】

(1)在主视图上，过 m'作水平圆的正面投影，m'在此圆周上；

(2)在俯视图上作水平圆，则 m 点必在前半圆周上(因为 m'可见，表示点 m 在前半球面上)；

(3)过 m'点作 X 轴的垂直线，与俯视图上该圆相交于 m 点；

(4)根据投影规律，即可得到左视图上的 m''点，如图 5-6(b)所示。

若所求点位于 A,B,C 三个半球分界圆上，不必作辅助圆，可直接在该点所在的分界圆的投影上求出。

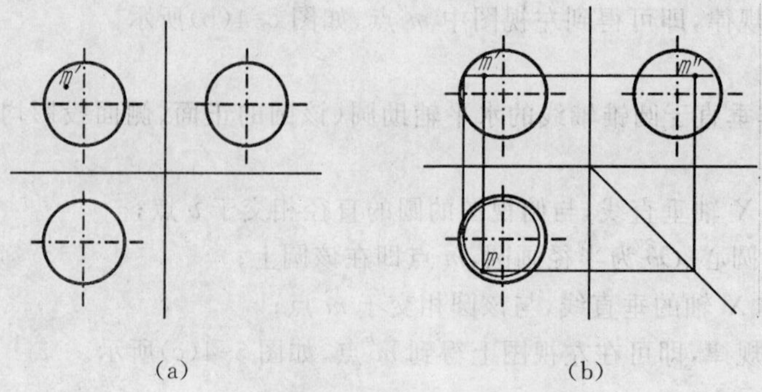

(a)　　(b)

图 5-6　球体的三视图及表面上的点

5-2　截切回转体三视图的绘制

【例 5-7】绘制如图 5-7(a)所示斜截切圆柱体的三视图。

【分析】当圆柱被正垂面所截切时，其截交线为椭圆，其正面投影积聚成一条直线，水平投影与圆周重合，侧面投影为椭圆。如果截平面与轴线的角度大于 45°时，椭圆的长轴为圆柱体的直径；小于 45°时，短轴是圆柱体的直径。所以作图时，只要明确长、短轴端点的位置，即可根据椭圆的绘制方法绘出。

在绘图时，①求特殊点的投影。主要是指截平面与回转面最外轮廓线的交点，它往往是截交线上具有特殊意义的点。②求中点的投影。即用相应的方法在特殊点之间求出截交线上的投影。③根据椭圆的绘制方法绘制椭圆即可。

【作图】

(1)画出完整圆柱的三视图，并在主视图中首先画出斜切正垂面的积聚投影 1′,2′；

(2)俯视图中，由于圆柱面具有积聚性，因此斜切正垂面的投影必与圆柱面的积聚投影重合 1,2；

(3)根据投影规律，在左视图上找到 1″,2″点；

(4)作 1′2′线的中点 3′(4′)的投影 3″,4″点；

(5)根据椭圆的绘制方法绘制椭圆即可，如图 5-7(b)所示。

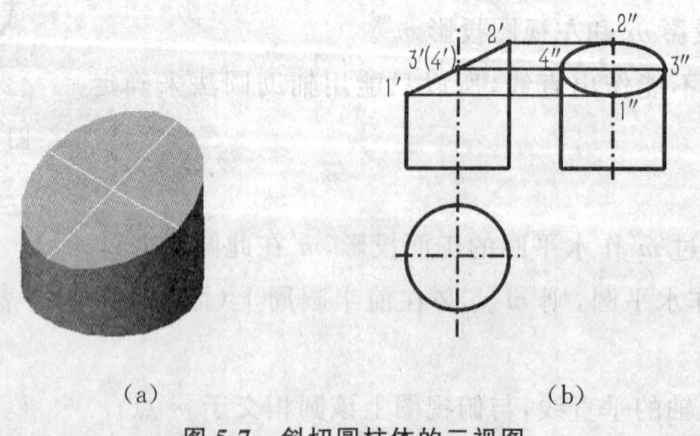

(a)　　(b)

图 5-7　斜切圆柱体的三视图

【例 5-8】绘制如图 5-8(a)所示截切平面与圆锥体的轴线倾斜的截切体三视图。

【分析】截切平面与正投影面垂直，与圆锥体的轴线倾斜将圆锥体截切后，截交线在正投影面上的投影积聚为一条直线；在水平面上的投影为椭圆，且椭圆的一个对称轴在圆的中心线上；在侧投影面上的投影也为椭圆，且椭圆的一个对称轴在圆的中心线上。因此，只要求得截切平面在正投影面上的投影的最高点、最低点和中点的投影(即椭圆的长、短轴的四个端点),然后根据椭圆的绘制方法即可。

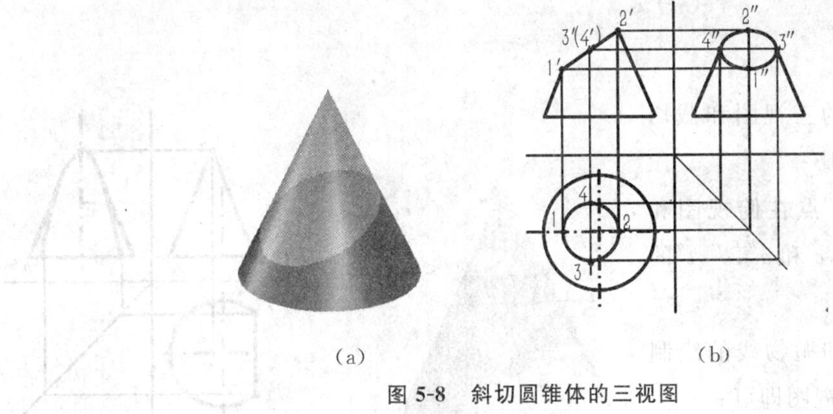

图 5-8　斜切圆锥体的三视图

【作图】

(1)作出圆锥体的三视图和截切平面在主视图上的投影;

(2)确定 1′,2′,3′(4′)点在俯视图和左视图上的位置 1,2,3,4 和 1″,2″,3″,4″的位置;

(3)根据椭圆的绘制方法绘出俯视图和左视图的椭圆即可;

(4)检查无误后,擦去辅助线,描深即可,如图 5-8(b)所示。

【例 5-9】绘制如图 5-9(a)所示截切平面与圆锥体的轴线平行的截切体三视图。

【分析】截切平面与正投影面垂直,与圆锥体的轴线平行将圆锥体截切后,截交线在正投影面上的投影积聚为一条直线;在水平面上的投影也积聚为一条直线;在侧投影面上的投影为双曲线。因此,只要求得截切平面在正投影面上的投影的最高点、最低点的投影,然后根据双曲线的绘制方法即可。

【作图】

(1)作出圆锥体的三视图和截切平面在主视图上的投影;

(2)确定 a',b',c'点在俯视图和左视图上的位置 a,b,c 和 a'',b'',c''的位置;

(3)根据双曲线的绘制方法绘出左视图即可;

(4)检查无误后,擦去辅助线,描深即可,如图 5-9(b)所示。

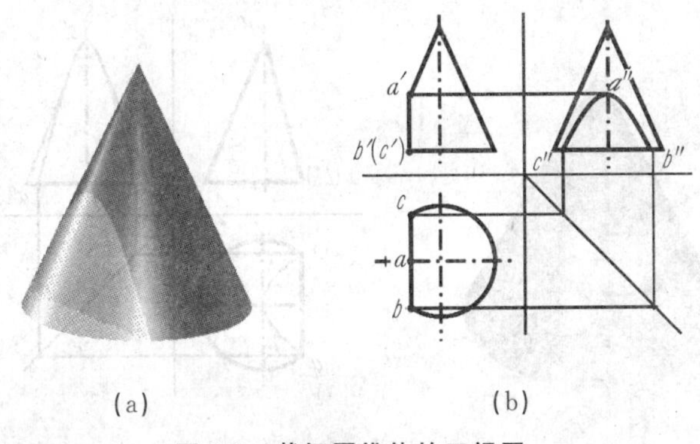

图 5-9　截切圆锥体的三视图

【例 5-10】绘制如图 5-10(a)所示截切平面与圆锥体的轮廓线平行的截切体三视图。

【分析】截切平面与正投影面垂直,与圆锥体的轮廓线平行将圆锥体截切后,截交线在正投影面上的投影积聚为一条直线；在水平面上的投影为双曲线；在侧投影面上的投影为抛物线。因此，只要求得截切平面在正投影面上的投影的最高点、最低点的投影，然后根据双曲线和抛物线的绘制方法即可。

【作图】

(1)作出圆锥体的三视图和截切平面在主视图上的投影；

(2)确定 a',b',c' 点在俯视图和左视图上的位置 a,b,c 和 a'',b'',c'' 的位置；

(3)根据双曲线和抛物线的绘制方法绘出俯视图和左视图即可；

(4)检查无误后，擦去辅助线，描深即可，如图 5-10(b)所示。

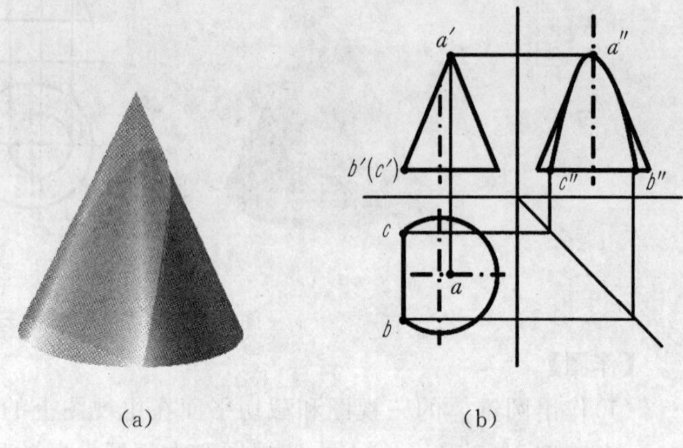

图 5-10　截切圆锥体的三视图

【例 5-11】绘制如图 5-11(a)所示截切平面过锥顶截切圆锥体的截切体三视图。

【分析】截切平面与正投影面垂直，过锥顶将圆锥体截切后，截交线在正投影面上的投影积聚为一条直线；在水平面上的投影为等腰三角形；在侧投影面上的投影为相交于锥顶的两条直线。因此，只要求得截切平面在正投影面上的投影的最高点、最低点的投影，即可绘制出俯视图和左视图的投影。

【作图】

(1)作出圆锥体的三视图和截切平面在主视图上的投影；

(2)确定 s',a',b' 点在俯视图和左视图上的位置 s,a,b 和 s'',a'',b'' 的位置；

(3)连接 sa,ab,bs 和 $s''a''$,$s''b''$ 即可；

(4)检查无误后，擦去辅助线，描深即可，如图 5-11(b)所示。

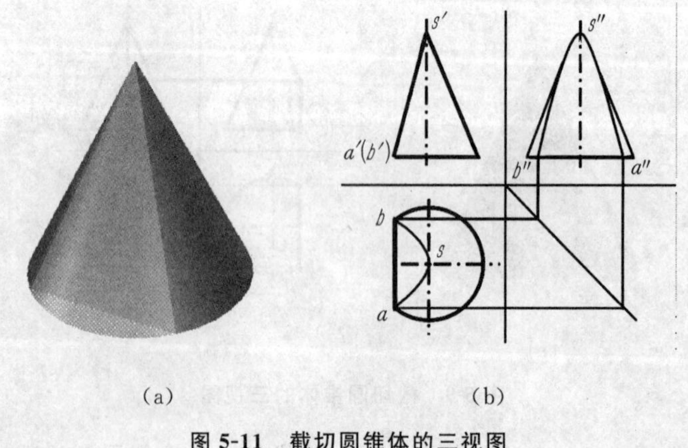

图 5-11　截切圆锥体的三视图

【例 5-12】绘制如图 5-12(a)所示开槽半球的三视图。

【分析】半球被三个截平面截切，左右对称的两个侧平面切球面各得一段圆弧，水平面切球面得两段圆弧，三个截断面产生了两条交线，均为正垂线。

【作图】

(1)画出半球的三视图。由于槽的两侧面和底面在主视图上均具有积聚性，因此首先画出槽的正面投影。

(2)画槽的水平投影。槽底面的水平投影反映实形，前后两段圆弧的画法如图 5-12(b)中所示。两侧面的水平投影积聚成直线。

(3)画槽的侧面投影。槽两侧面的侧面投影重合且反映实形，上部圆弧的画法如图 5-12(b)中所示，槽底面的侧面投影积聚成直线。

(4)整理轮廓线并判别可见性。左视图中半球的轮廓圆画到 1″，2″处，槽底面的积聚线位于 3″和 4″之间部分不可见，如图 5-12(b)所示。

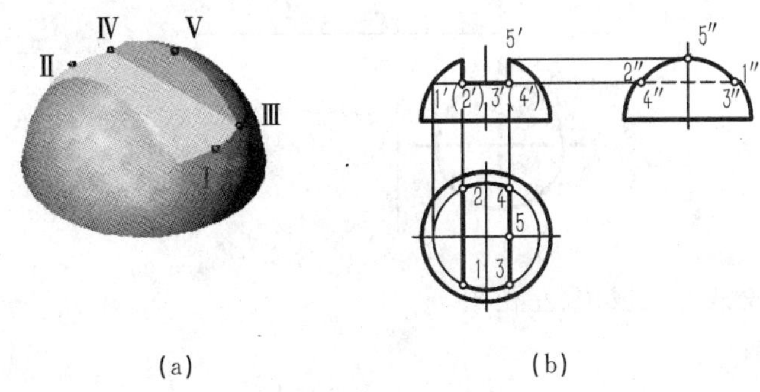

(a) (b)

图 5-12 开槽半球

【作图指导】

1. 作图步骤

绘制截切回转体的三视图，应首先绘制完整的回转体的三视图，然后再将截切部分的三视图绘出，最后根据实际情况进行描深即得到截切回转体的三视图。

(1)分析模型，确定主视图方向；

(2)绘制作图基准线；

(3)绘制完整的回转体三视图；

(4)确定截切位置和几个关键点；

(5)依次连接关键点，即得截切的回转体三视图；

(6)描深可见图线，擦去接切掉的部分即可。

2. 注意事项

(1)作图时，必须注意三视图的“三等关系”；

(2)注意截切平面在三面投影面的投影特征。

【实训作图】

(1)已知圆锥表面上点的一个投影，求作另两面投影。

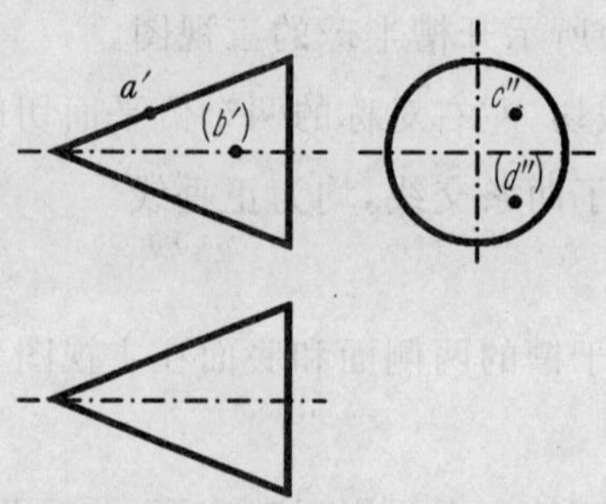

(2)已知圆球表面上点的一个投影,求作另两面投影。

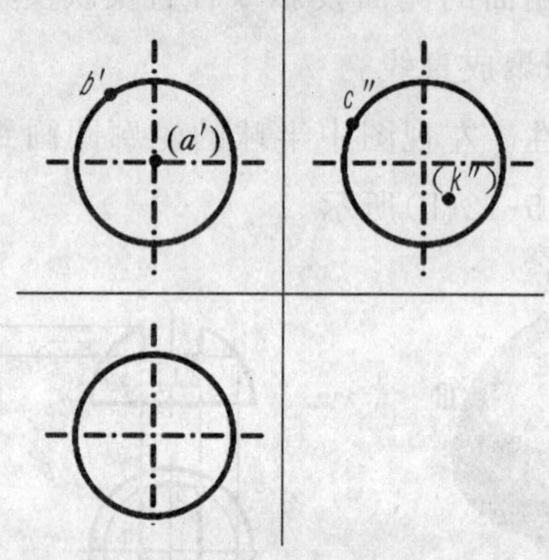

(3)分析球的截交线并完成俯、左视图。

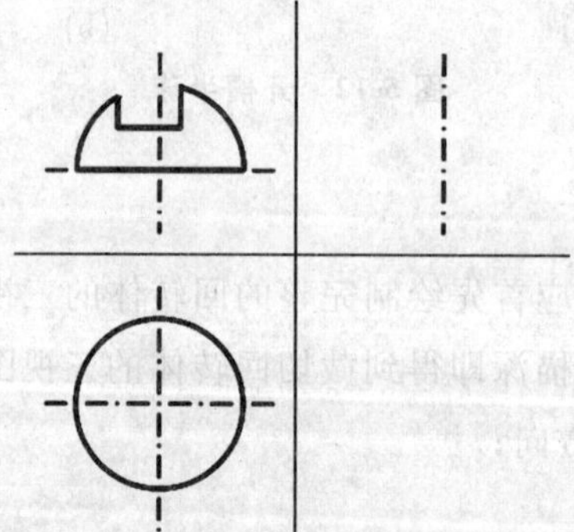

(4)完成形体的第三视图。

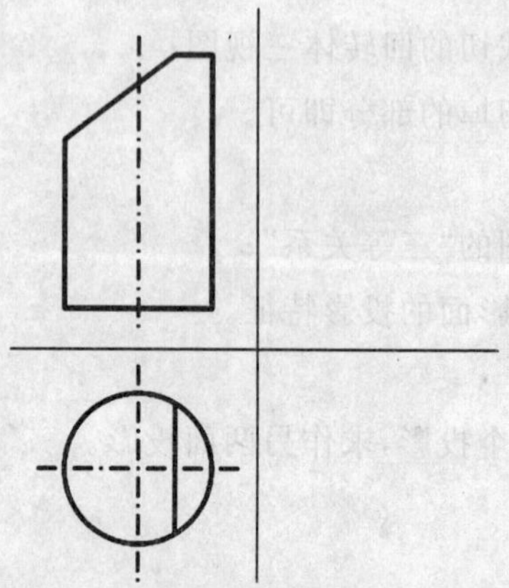

任务6　基本体的尺寸标注

【学习目标】

掌握基本体的尺寸标注方法。

【学习内容】

(1)标注下面平面立体的尺寸。

(2)标注下面回转体的尺寸。

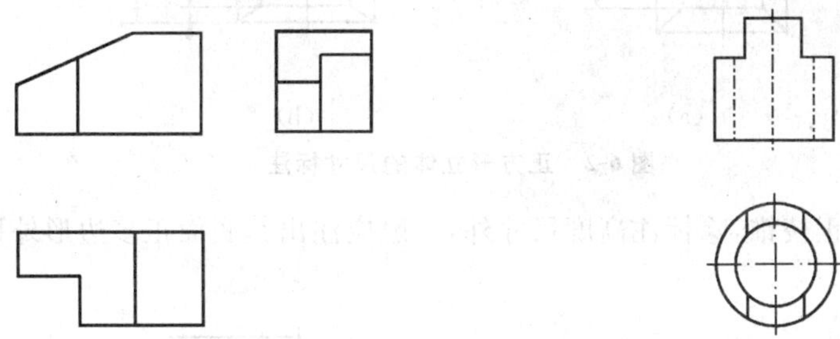

【任务分析】

基本体的视图只能表示它的形状,要想表示其大小,还应标注出其尺寸,因此要根据国家标准的有关规定,做到完整、清晰、合理、正确地在图样上标注基本体的尺寸。

【相关知识】

6-1　基本体的尺寸标注

形体的视图只表明其形状,其真实大小需要通过图中的尺寸来确定。标注形体尺寸除必须符合国家标准的规定外,还应做到如下几点:

(1)尺寸齐全,无遗漏;

(2)不重复标注尺寸,能由其他尺寸决定的尺寸,如截交线的形状尺寸不应再注出;

(3)由于三视图间存在着特定的尺寸关系,同一尺寸往往存在于两个不同视图上,应尽量将其标注在反映相应形状或位置特征的视图上,并尽量布置在两相关视图之间;

(4)尺寸的排列要清晰。

一、平面立体的尺寸标注

(1)平面立体一般应标注长、宽、高三个方向的定形尺寸,如图6-1所示。

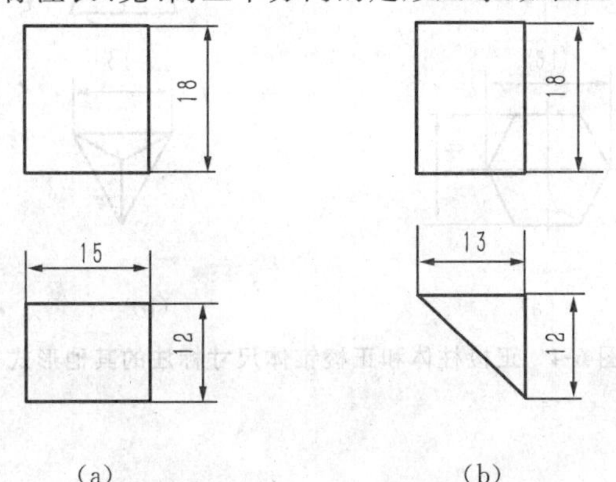

图6-1　平面立体的尺寸标注

(2)正方形的尺寸可采用“$a \times a$”或“□a”的形式标注，如图 6-2 所示。

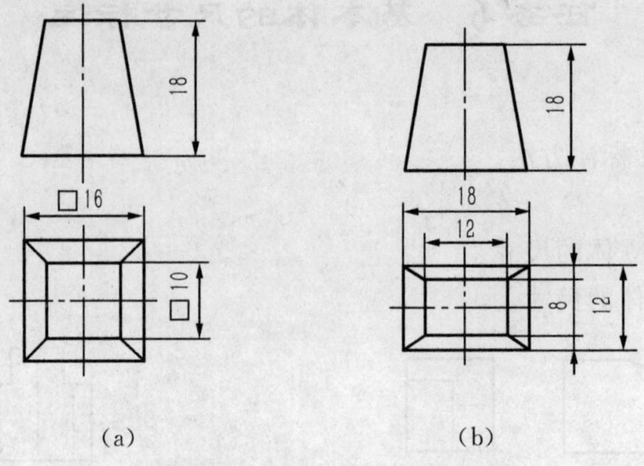

图 6-2　正方形立体的尺寸标注

(3)对正棱柱和正棱锥，除标注高度尺寸外，一般应注出其底面正多边形外接圆的直径，如图 6-3 所示。

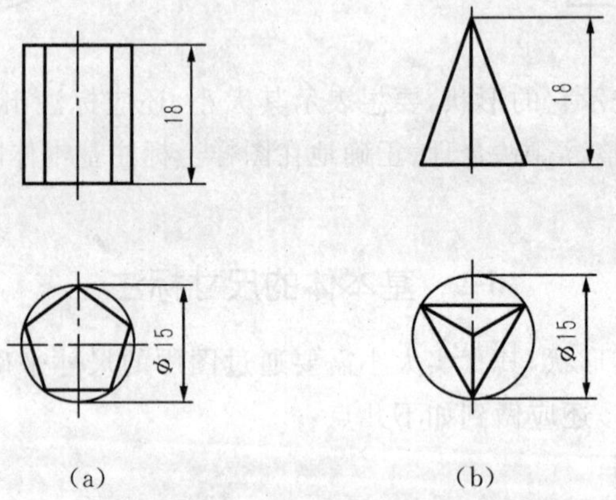

图 6-3　正棱柱体和正棱锥体的尺寸标注

(4)正棱柱和正棱锥也可根据需要注成其他形式，如图 6-4 所示。

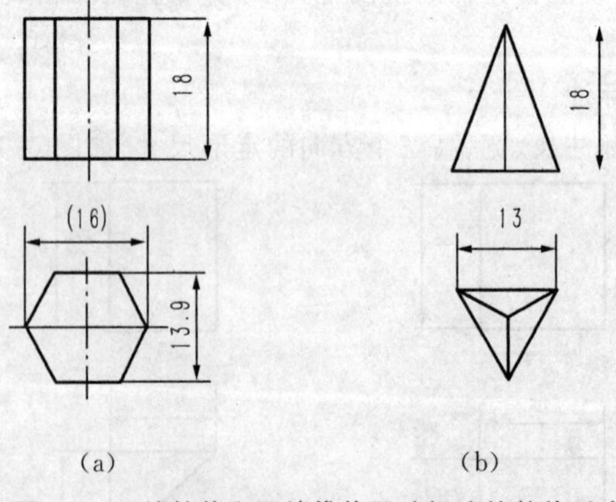

图 6-4　正棱柱体和正棱锥体尺寸标注的其他形式

二、回转体的尺寸标注

圆柱和圆锥应标注出底圆直径和高度尺寸，圆台还应加注顶圆直径。直径尺寸数字前加“ϕ”，一般注在非圆视图中，如图 6-5(a)、(b)和(c)所示。球的直径尺寸数字前加“Sϕ”，如图 6-5(d)所示。

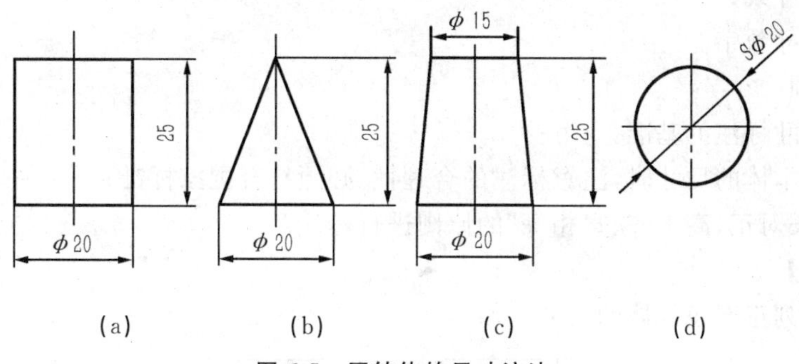

图 6-5 回转体的尺寸注法

6-2 带有切口或穿孔立体的尺寸注法

标注带切口立体的尺寸时，除标注出完整基本体的尺寸外，还应标注出确定截平面位置的定位尺寸，当基本体与截平面的相对位置确定后，截交线的形状也随之确定，故不必再标注截交线的形状尺寸。常见切口立体的尺寸注法如图 6-6(a)～(f)所示。

标注穿孔立体的尺寸时，除标注出完整基本体的尺寸外，还应标注出确定穿孔形状的定形尺寸及确定穿孔位置的定位尺寸，不必标注截交线的形状尺寸。常见穿孔立体的尺寸注法如图 6-6(g)和(h)所示。

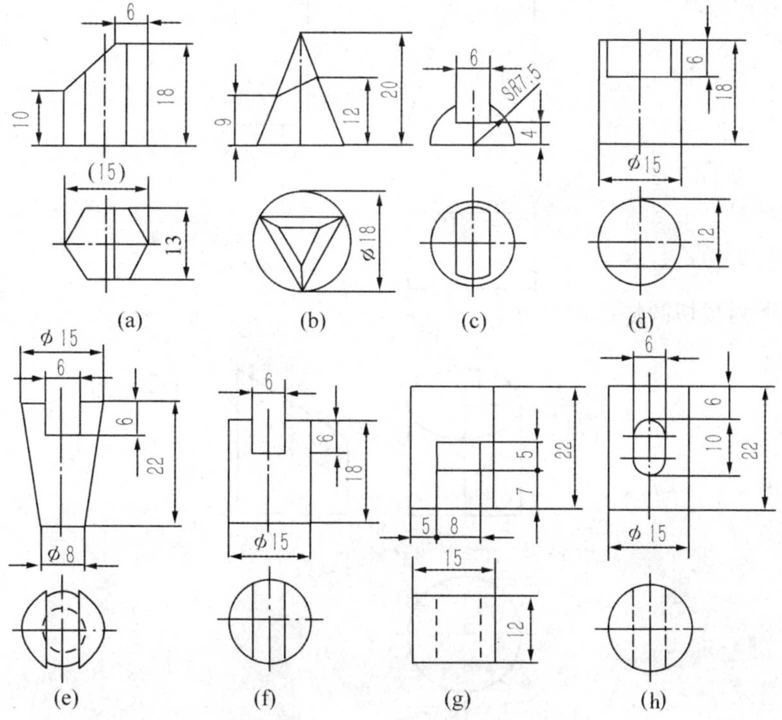

图 6-6 带切口或穿孔立体的尺寸注法

【作图指导】

1. 作图步骤

(1)选择尺寸标注的基准线；

(2)绘制尺寸界线；

(3)绘制尺寸线；

(4)写出尺寸数字。

2. 注意事项

(1)选准尺寸标注的基准；

(2)标注基本体的尺寸时，注意标注的合理性，必须符合国家标准；

(3)根据“长对正、高平齐、宽相等”的原则进行标注。

【实训作图】

(1)标注下列正五棱柱体的尺寸。

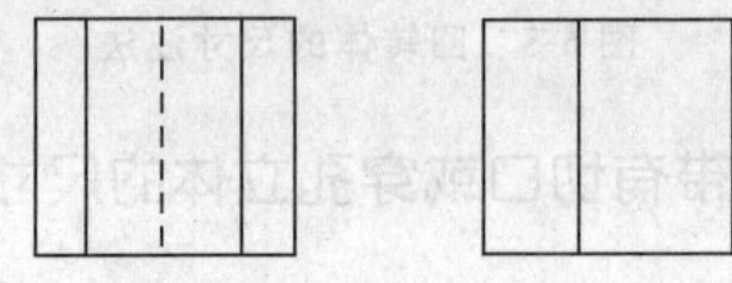

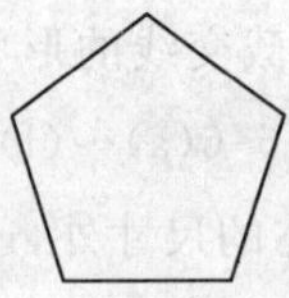

(2)标注下列截切三棱柱体的尺寸。

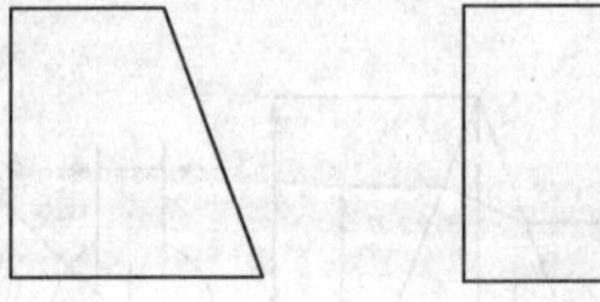

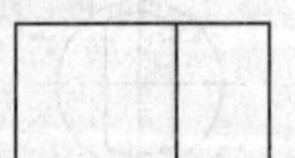

(3)标注下列截切圆柱体的尺寸。

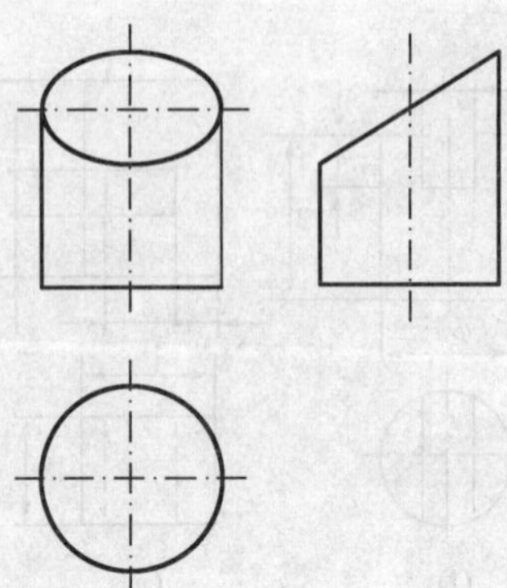

任务7 轴测图的绘制

【学习目标】

(1)学习轴测投影的原理及方法；

(2)学会绘制简单形体的正等轴测图和斜二轴测图。

【学习内容】

(1)绘制下列物体的正等轴测图。

(2)绘制下列物体的斜二等轴测图。

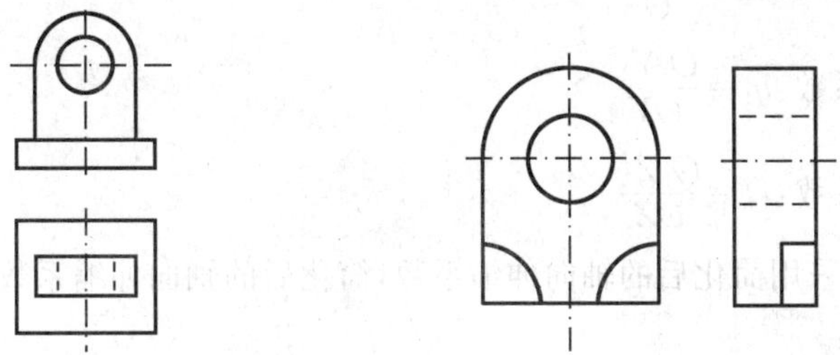

【任务分析】

本任务要完成的是绘制物体的两种常用立体图——正等轴测图和斜二等轴测图。要完成该任务，应先了解什么是正等轴测图和斜二等轴测图，它们是如何得到的，这两种轴测图是依据什么来绘图的。进一步还要搞清它们在绘图时的相同点和不同点，以及它们的使用方法。

【相关知识】

7-1 轴测投影的基本知识

一、轴测图的形成

轴测投影(或称轴测图)是将物体连同其直角坐标系沿不平行于任一坐标平面的方向用平行投影法将其投射在单一投影面上所得到的图形。图7-1所示为正等轴测图和斜轴测图的形成方法。

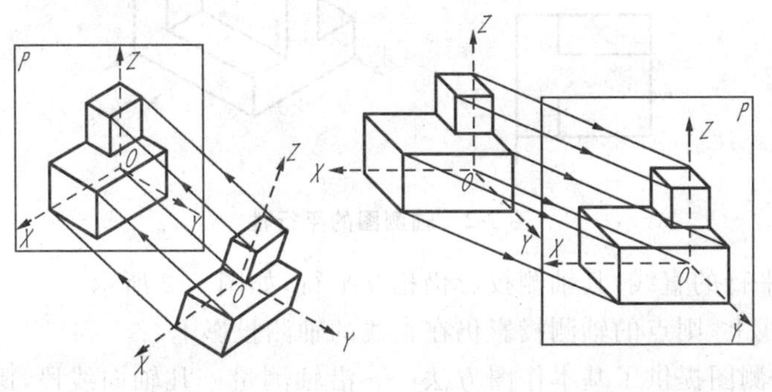

(a)正等轴测图 (b)斜二等轴测图

图7-1 轴测图的形成

二、轴测图的一些术语

1. 轴测轴

直角坐标轴 OX,OY,OZ 在轴测投影面上的投影 O_1X_1,O_1Y_1,O_1Z_1 称为轴测轴。

2. 轴间角

轴测投影中,任意两直角坐标在轴测投影面上的投影之间的夹角称为轴间角。

3. 轴向伸缩系数

直角坐标轴上单位长度的轴测投影与相应直角坐标轴上单位长度的比值,称为轴向伸缩系数。OX,OY,OZ 轴上的轴向伸缩系数分别用 p_1,q_1,r_1 表示,即

OX 的轴向伸缩系数:$p_1=\dfrac{O_1X_1}{OX}$

OY 的轴向伸缩系数:$q_1=\dfrac{O_1Y_1}{OY}$

OZ 的轴向伸缩系数:$r_1=\dfrac{O_1Z_1}{OZ}$

为便于作图,一般采用简化后的轴向伸缩系数,简化后的轴向伸缩系数分别用 p,q,r 表示。

三、轴测图的种类

轴测图分为正轴测图和斜轴测图两类:用正投影法得到的轴测投影称为正轴测图,如图 7-1(a)所示;用斜投影的方法得到的轴测投影称为斜轴测图,如图 7-1(b)所示。

工程上常用的有正等轴测图(简称正等测)和斜二等轴测图(简称斜二测)。

四、轴测投影的基本性质

轴测投影是用平行投影法绘制的一种投影图,因此具有平行投影的基本特性。

(1)空间平行于某一坐标轴的直线(轴向线段),其轴测投影平行于相应的轴测轴,其伸缩系数与相应坐标轴的轴向伸缩系数相同,如图 7-2 所示。

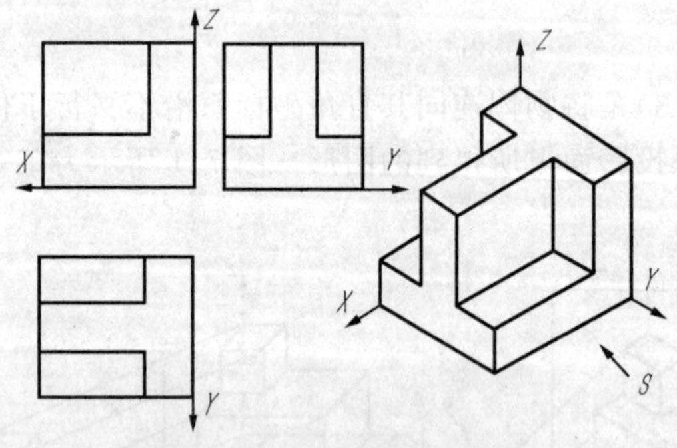

图 7-2 轴测图的平行性

(2)空间相互平行的直线,其轴测投影仍相互平行,如图 7-2 所示。

(3)若点在直线上,则点的轴测投影仍在直线的轴测投影上。

上述特性为轴测图提供了基本作图方法——沿轴测量。凡轴向线段,画轴测图可按其尺寸乘以相应的伸缩系数直接沿轴测量。而对于空间不平行于坐标轴的直线,即非轴向线段,可按两端点的直角坐标分别沿轴测量,作出两端点的轴测投影,然后连线即得直线的轴测投影。此外,对于相互平行的非轴向线段,利用平行不变性可提高作图效率。

7-2　正等轴测图

一、正等轴测图的轴测轴

正等轴测图的轴间角均为 120°，轴测轴设置如图 7-3 所示。

根据计算，正等测图的轴向伸缩系数 $p_1=q_1=r_1=0.82$，为作图方便起见，通常取简化伸缩系数 $p=q=r=1$，这样绘制的轴测图，三个轴向尺寸均为实际投影尺寸的 1.22 倍(1/0.82)，但形状和直观性都不发生变化。

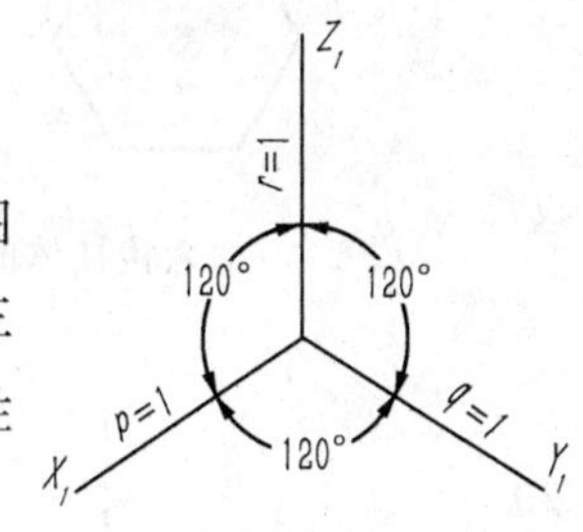

图 7-3　正等测图的轴测轴

二、坐标轴的设置

绘制轴测图时，先要根据物体的特点，选定合适的坐标轴。坐标轴可以设置在物体之外，但一般设置在物体本身某一特征位置线上，如主要棱线、对称中心线、轴线等。总之，坐标轴线应选择在物体上最有利于画图的位置，如图 7-4 所示。

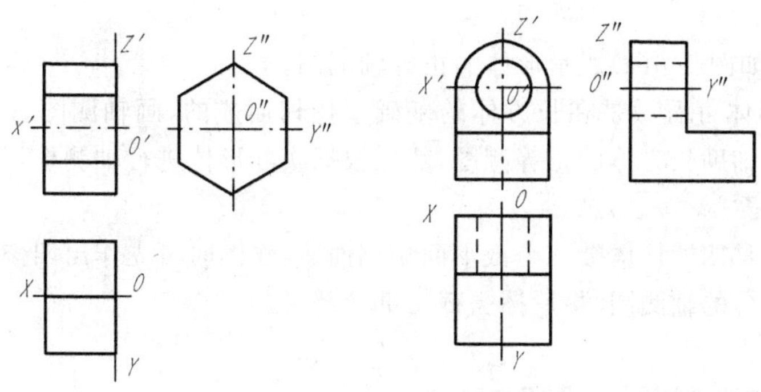

图 7-4　坐标轴的设置

三、平面立体正等轴测图的绘制

1. 坐标法

【例 7-1】已知如图 7-5(a)所示六棱柱的两视图，用坐标法画六棱柱的正等测图。

【分析】坐标法是绘制平面立体正等轴测图的基本方法，作图时，首先根据立体的形状特点，确定坐标原点的恰当位置(不影响轴测图的形状，但可使作图简便)，再按立体上各顶点的坐标作出它们的轴测投影，连接相应顶点的轴测投影即为立体的轴测图。

【作图】

(1)绘制轴测轴，如图 7-5(b)所示；

(2)在 X 轴上量取正六边形的对角长度，在 Y 轴上量取对边长度，如图 7-5(c)所示；

(3)作正六棱柱体的顶面形状，如图 7-5(d)所示；

(4)自顶面各棱角向下作 Z 轴的平行线并量取高度，如图 7-5(e)所示；

(5)依次连接底面各棱角即可，如图 7-5(f)所示。

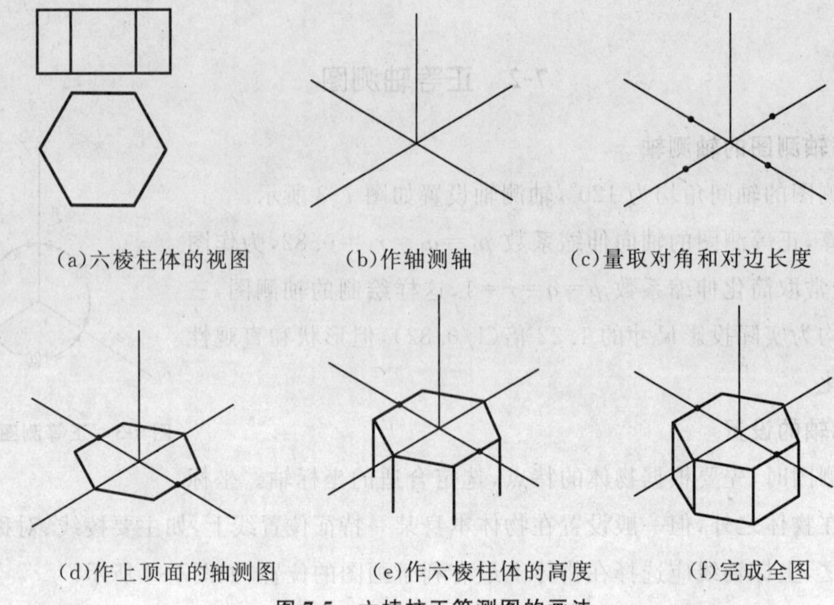

(a)六棱柱体的视图　(b)作轴测轴　(c)量取对角和对边长度

(d)作上顶面的轴测图　(e)作六棱柱体的高度　(f)完成全图

图 7-5　六棱柱正等测图的画法

2. 切割法

【例 7-2】求作如图 7-6(a)所示形体的正等轴测图。

【分析】许多形体可看做是在长方体的基础上挖切而成的，画轴测图时，先根据物体的总长、总宽、总高作出辅助长方体的正等测图，然后根据实际形体进行轴测挖切，从而完成物体的正等测图。

该形体可看做是四棱柱体被三个截平面切割而成，作图时可先作出四棱柱体的轴测图，然后依次作出截切部分的轴测图，最后擦去截切部分即可。

【作图】

(1)作四棱柱体的轴测图，如图 7-6(b)所示；

(2)作截切左上角部分的轴测图，如图 7-6(c)所示；

(3)作截切左前角部分的轴测图，如图 7-6(d)所示；

(4)擦去截切部分，描深即可，如图 7-6(e)所示。

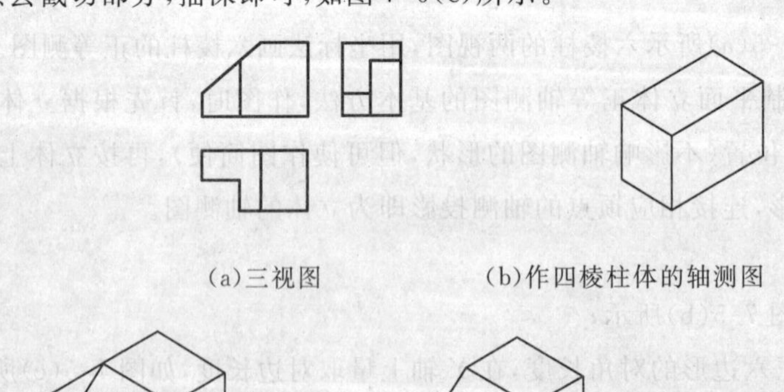

(a)三视图　(b)作四棱柱体的轴测图

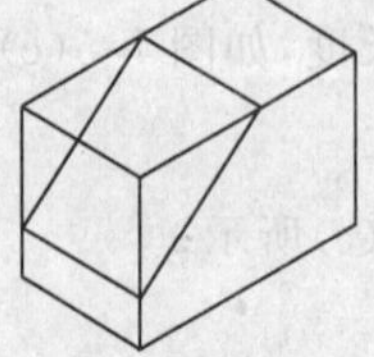

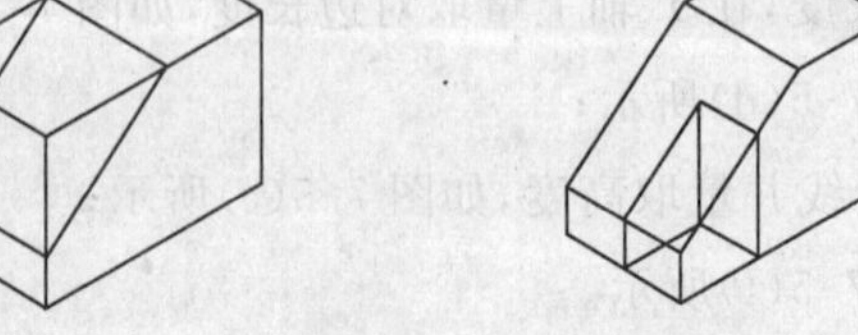

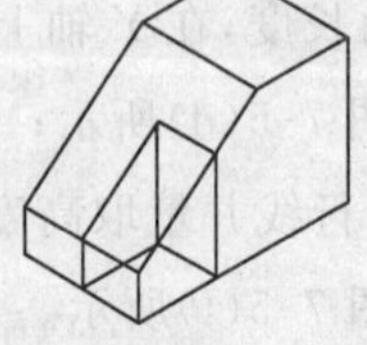

(c)作截切左上角轴测图　(d)作截切左前角轴测图　(e)检查，擦去截切部分即可

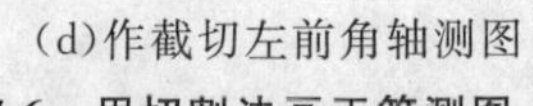

图 7-6　用切割法画正等测图

3. 叠加法

【例 7-3】求作图 7-7(a)所示形体的正等测图。

【分析】对由几个几何体叠加而成的形体,可先作出主体部分的轴测图,再按其相对位置逐个画出其他部分,从而完成整体的轴测图。

该形体由底板(四棱柱)、立板(四棱柱)和肋板(三棱柱)叠加面成,可依次画出其轴测图,并按相应的位置叠加而成。

【作图】

(1)绘制底板的轴测图,如图 7-7(b)所示;

(2)按立板的相应位置绘制其轴测图,如图 7-7(c)所示;

(3)按肋板的相应位置绘制其轴测图,如图 7-7(d)所示;

(4)检查,描深即可,如图 7-7(e)所示。

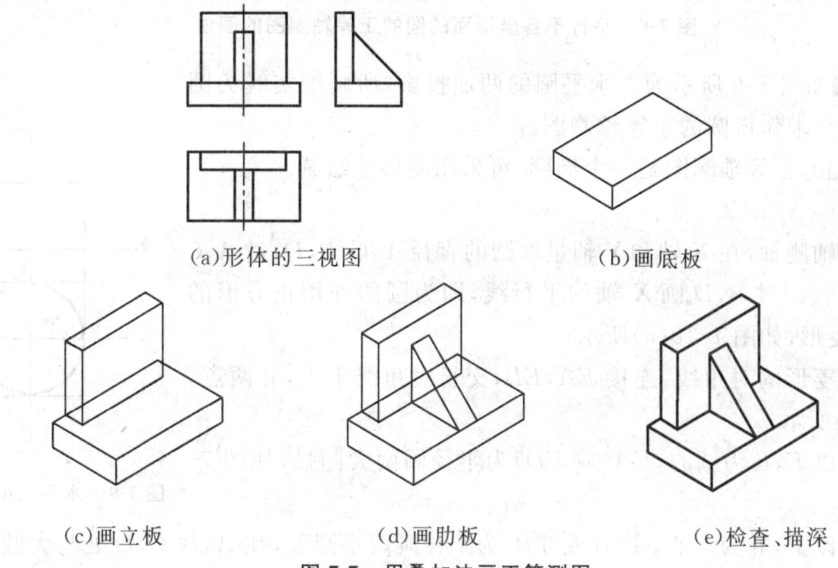
(a)形体的三视图 (b)画底板

(c)画立板 (d)画肋板 (e)检查、描深

图 7-7 用叠加法画正等测图

四、回转体正等轴测图画法

1. 圆的正等轴测图画法

如图 7-8(a)所示,假设在正方体的三个面上各有一个直径为 d 的内切圆,那么这三个面的轴测投影将是三个相同的菱形,而三个面上内切圆的正等测图则为内切于菱形的形状相同的椭圆,如图 7-8(b)所示。

这些椭圆具有以下特点:

(1)椭圆长轴的方向是菱形的长对角线的方向,即椭圆的长轴与菱形的长对角线重合。

(2)椭圆短轴的方向垂直于椭圆的长轴方向,是菱形短对角线的方向,即椭圆的短轴与菱形的短对角线重合。

通过分析,还可以看出,椭圆的长短轴与轴测轴有关:

(1)当圆所在平面平行于 XOY 面时,其轴测投影——椭圆的长轴垂直于 O_1Z_1 轴,即成水平位置,短轴平行于 O_1Z_1 轴;

(2)当圆所在平面平行于 XOZ 面时,其轴测投影——椭圆的长轴垂直于 O_1Y_1 轴,即向右方倾斜,并与水平线成 60°角,短轴平行于 O_1Y_1 轴。

(3)当圆所在平面平行于 YOZ 轴时，其轴测投影——椭圆的长轴垂直于 O_1X_1 轴，即向左方倾斜，并与水平线成 60°角，短轴平行于 O_1X_1 轴。

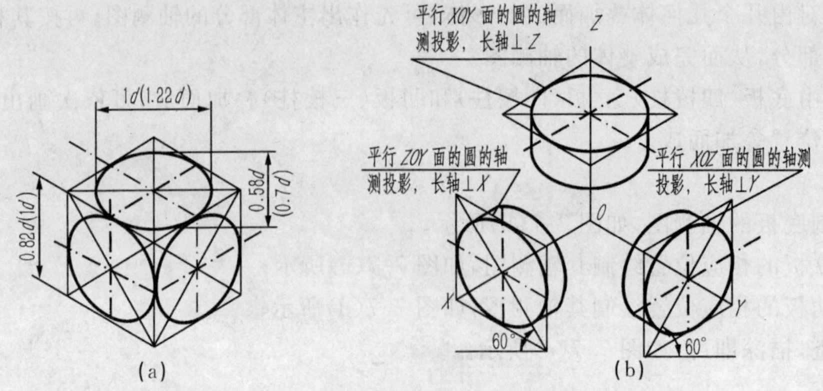

图 7-8　平行于各坐标面的圆的正等轴测图的画法

【例 7-4】如图 7-9 所示为一水平圆的两面投影，所画细实线为圆的外切正方形，求作该圆的正等轴测图。

【分析】圆的正等轴测图是一个椭圆，可采用菱形法绘制。

【作图】

(1)绘制轴测轴，在 X 轴和 Y 轴量取圆的直径 A,C,B,D，过 A,C 画 Y 轴的平行线，过 B,D 画 X 轴的平行线，即为圆的外切正方形的轴测图——菱形，如图 7-10(a)所示；

(2)连接菱形的对角线：连接 EA,EB，交长对角线于Ⅰ，Ⅱ两点，如图 7-10(b)所示；

(3)分别以 E,F 为圆心，EA(或 FD)为半径画两大圆弧，如图 7-10(c)所示；

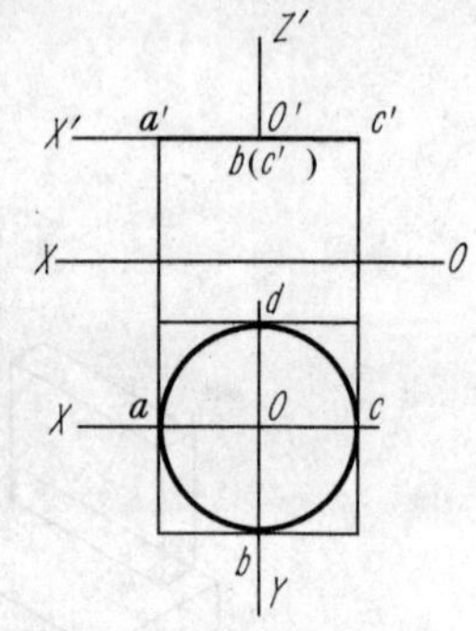

图 7-9　水平圆的投影图

(4)分别以Ⅰ，Ⅱ为圆心，ⅠA(或ⅡB)为半径画两小圆弧，在 A,B,C,D 处与大圆弧连接，即得所需椭圆，如图 7-10(d)所示。

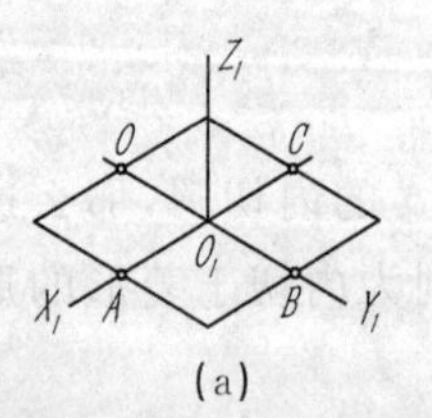

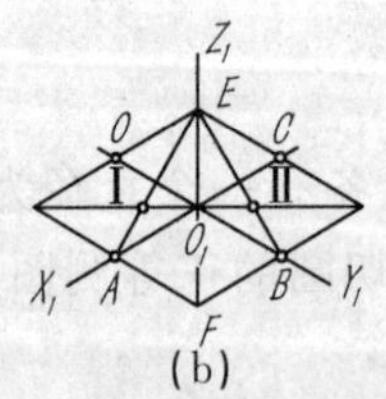

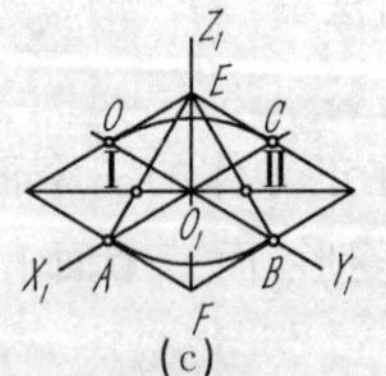

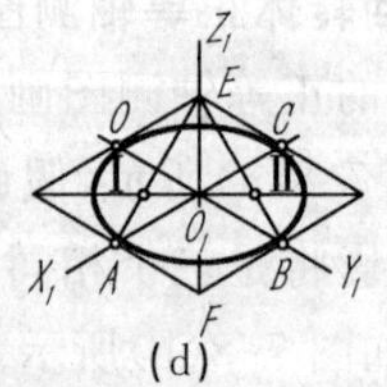

图 7-10　水平圆的正等轴测图近似画法

2. 回转体的正等轴测图画法

【例 7-5】绘制如图 7-11(a)所示圆柱体的正等轴测图。

【分析】圆柱体的正等轴测图中，上、下两底面表现为椭圆，因此，应首先画出其平行于坐标面的圆的正等轴测图——椭圆，进而连接两椭圆的公切线即可画出整个回转体的正等轴测图。

【作图】

(1)绘制轴测轴，确定上和下两底圆的中心、半径以及外切正方形的轴测图——菱形，如图 7-11(b)所示；

(2)绘制两底圆的轴测图——椭圆,如图 7-11(c)所示;

(3)作两椭圆的公切线,描深即完成全图,如图 7-11(d)所示。

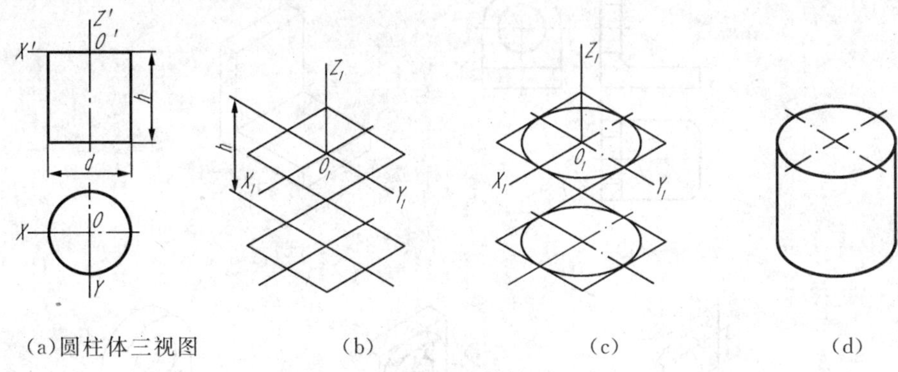

(a)圆柱体三视图 (b) (c) (d)

图 7-11 圆柱的正等轴测图画法

【例 7-6】绘制如图 7-12(a)所示圆台的正等轴测图。

【分析】圆台的正等轴测图中,上、下两底面表现为椭圆,因此,应首先画出其平行于坐标面的圆的正等轴测图——椭圆,进而连接两椭圆的公切线即可画出整个圆台的正等轴测图。

【作图】

(1)画轴测轴,确定左、右底椭圆的中心,画出两菱形及椭圆,如图 7-12(b)所示;

(2)作两椭圆的公切线,描深即完成全图,如图 7-12(c)所示。

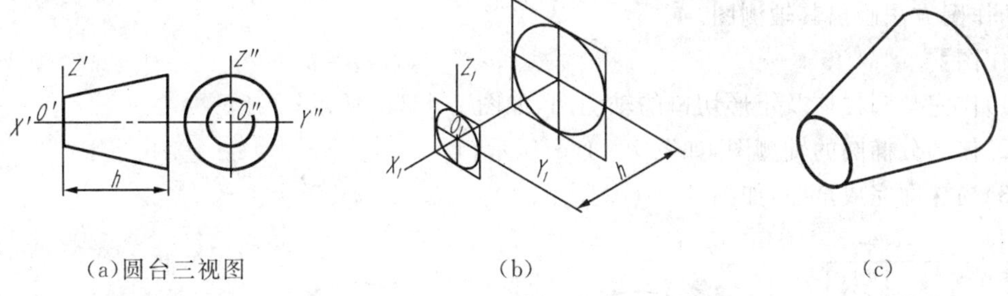

(a)圆台三视图 (b) (c)

图 7-12 圆台的正等轴测图画法

【例 7-7】绘制如图 7-13(a)所示形体的正等轴测图。

【分析】该形体中包含圆角(1/4 柱面)及半圆柱面结构。画 1/4 圆弧的轴测图时,先在圆弧两侧的直线上求得切点的轴测投影(到顶点的距离等于圆弧半径),轴测图中自两切点分别作两侧直线的垂线,再以垂线的交点为圆心,以交点到切点的距离为半径画弧即可。画 1/2 圆弧的轴测图时,可按圆的正等测图画法作图(取椭圆的一半),也可将 1/2 圆弧分成两个 1/4 圆弧画出。

【作图】

(1)作出方角下的正等轴测图,如图 7-13(b)所示;

(2)作出各 1/4 圆弧及 1/2 圆弧的轴测图,同一柱面处相邻的圆弧,可采用沿厚度方向平移圆心和切点的方法作图,如图 7-13(c)所示;

(3)作出圆孔的轴测图,由于立板的厚度小于椭圆的短轴,孔右端椭圆的一部分可见,如图 7-13(d)所示;

(4)作出底板及立板相应部位圆弧的公切线，描深即完成全图，如图 7-13(e)所示。

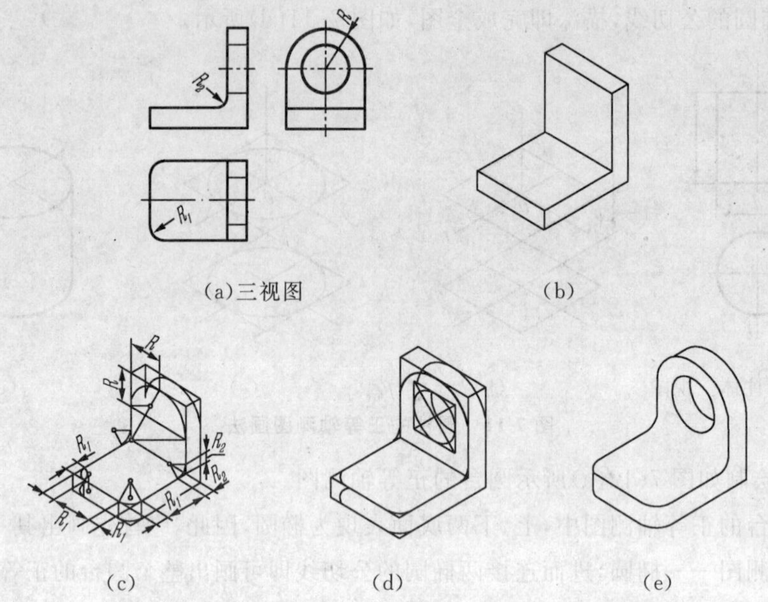

图 7-13 带圆角、半圆柱面和圆孔形体的正等测图画法

【例 7-8】绘制如图 7-14(a)所示的切口圆柱正等轴测图。

【分析】绘制切口圆柱的轴测图时，可先画出完整圆柱的轴测图，再采用类似于平面立体切割法的作图方法画出其轴测图。

【作图】

(1)作完整圆柱体及矩形切口的轴测图，如图 7-14(b)所示；

(2)作部分椭圆的轴测图，如图 7-14(c)所示；

(3)描深即完成全图，如图 7-14(d)所示。

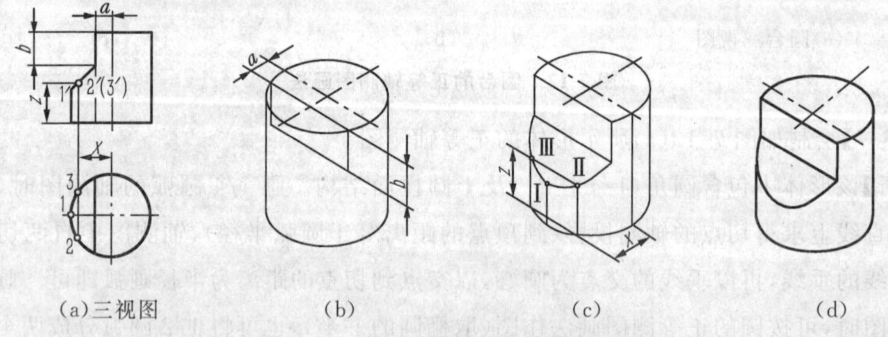

图 7-14 带切口圆柱的正等测图画法

7-3 斜二等轴测图

一、轴间角和轴向伸缩系数

斜二测图的轴向伸缩系数取 $p_1=r_1=1$，$q_1=0.5$，轴间角：$\angle X_1O_1Z_1=90°$，$\angle X_1O_1Y_1=\angle Y_1O_1Z_1=135°$，如图 7-15 所示。

空间平行于 XOZ 坐标面的平面图形，在斜二测图中将反映实

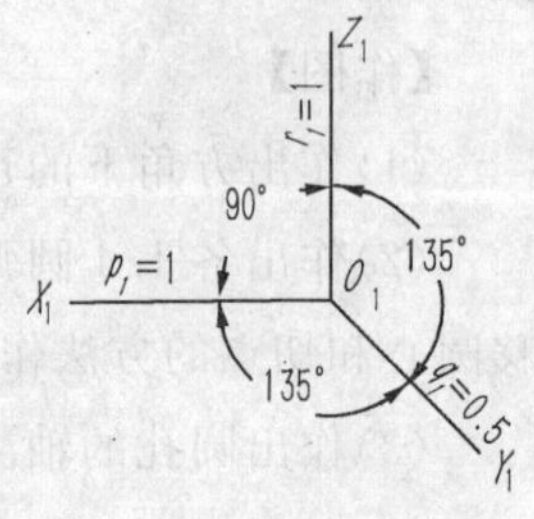

图 7-15 斜二测图的轴测轴

形，当形体沿某一方向有较复杂的轮廓，如有较多的圆或圆弧时，可使形体上的这些圆或圆弧在空间处于正平面位置，这些圆或圆弧在斜二测图中反映实形，给画轴测图带来很大的方便。

二、平面立体的斜二等轴测图

【例 7-9】绘制如图 7-16(a)所示形体的斜二等轴测图。

【分析】斜二等轴测图中，正投影面上的投影反映其实形，所以一般是将能够反映形体结构形象的部分放在正面，这样绘制相对简便。

【作图】

(1)根据视图确定的原点与各轴位置，画出轴测轴，如图 7-16(b)所示。

(2)按尺寸作出平面体前面的图形，如图 7-16(c)所示。

(3)从形体前面各角顶点引 O_1Y_1 轴的平行线，并取其宽度尺寸的一半，得后面各角的顶点，如图 7-16(d)所示。

(4)连接后面各角的顶点，擦去多余线条，加深轮廓线，即完成斜二轴测图，如图 7-16(e)所示。

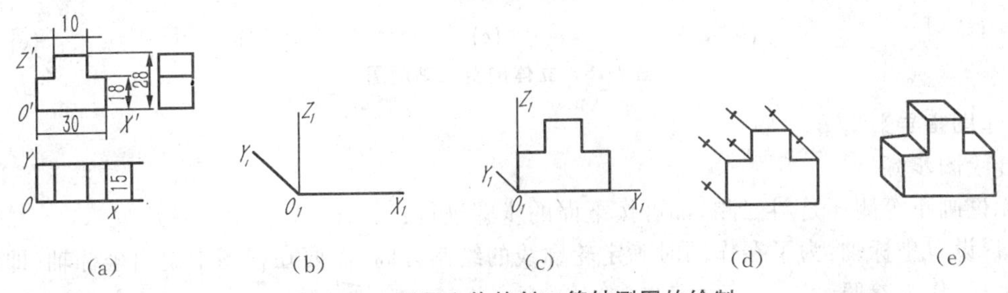

图 7-16　平面立体的斜二等轴测图的绘制

三、回转体的斜二等轴测图

【例 7-10】绘制如图 7-17(a)所示的斜二等轴测图。

【分析】绘制回转体斜二等轴测图时，是将能够反映形体结构形象的圆面部分放在正面，这样绘制相对简便。

【作图】

(1)画出轴测轴 O_1X_1，O_1Y_1，O_1Z_1，并自原点 O_1 在 O_1Y_1 轴上依次截取大、小圆柱轴长的一半，定出各自的前后端面圆的圆心，如图 7-17(b)所示；

(2)分别画出大、小圆柱的前、后端面圆的轴测图，如图 7-17(c)所示；

(3)分别画出大、小圆柱前、后端面圆的切线，如图 7-17(d)所示；

(4)检查，擦去多余的线条，加深轮廓线，即完成该件斜二测图，如图 7-17(e)所示。

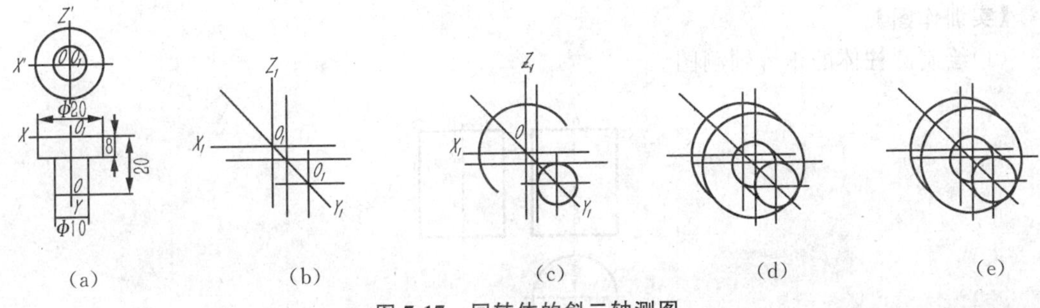

图 7-17　回转体的斜二轴测图

【例 7-11】绘制图 7-18(a)所示立体的斜二等轴测图。

【分析】类似于这样的组合体，在绘制其轴测图时，可先将组合体分解为几个部分，然后依次绘制即可。

【作图】

(1)选坐标轴，如图 7-18(a)所示；

(2)画轴测轴及空心半圆柱体，如图 7-18(b)所示；

(3)画竖板外形长方体，如图 7-18(c)所示；

(4)画竖板的圆角和小孔，如图 7-18(d)所示；

(5)整理、加深，如图 7-18(e)所示。

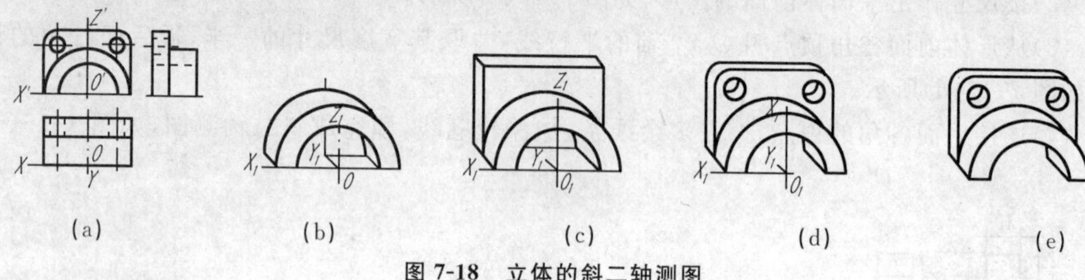

图 7-18　立体的斜二轴测图

【作图指导】

1.绘图步骤

无论画正等测还是斜二测，都可按下面的步骤进行：

(1)设置坐标轴：为了在作图时确定轮廓线的绘制方向，需要在视图中定出坐标轴（即定出空间坐标）作为参照。

(2)画轴测轴：根据要画的轴测图类型，画出相应的轴测轴。

(3)逐一画出物体的各部分：先绘制物体上的一部分，然后在绘制出的这部分基础上逐一完成其他部分的绘图，注意两部分的相对位置关系。

(4)检查，擦去多余的线，描图。

2.注意事项

(1)初学绘制轴测图时，一定要设置好坐标，以便作图绘制直线时作为方向参照。

(2)作图时只能直接画出平行于空间坐标轴的线段。画倾斜于空间坐标轴的线段时，应先定出两个端点后再连线完成。

(3)绘制斜二轴测图时，OY 方向的线段长度只画实际长度的一半。

(4)绘制物体的轴测图时，一般选用正等轴测图（立体感强），当物体某一方向的形状较复杂时，选用斜二轴测图绘图较方便。

【实训作图】

(1)绘制圆柱体的正等轴测图。

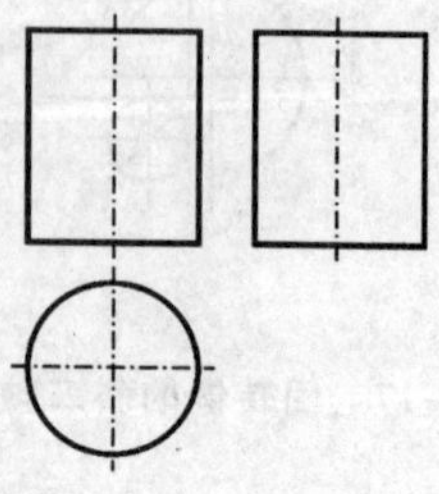

(2)根据所给的形体三视图绘制其正等轴测图。

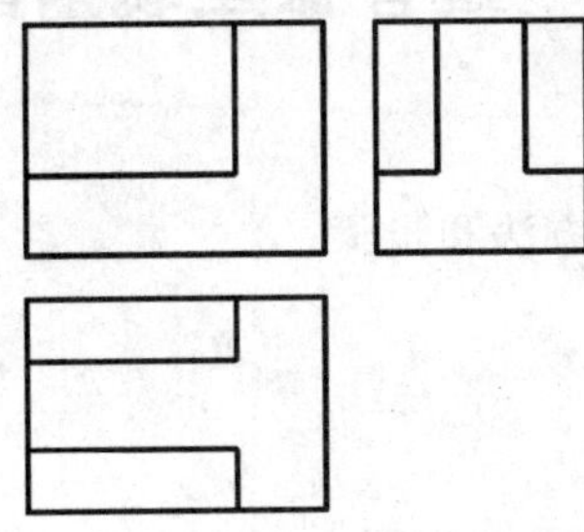

(3)根据所给的形体三视图绘制其正等轴测图。

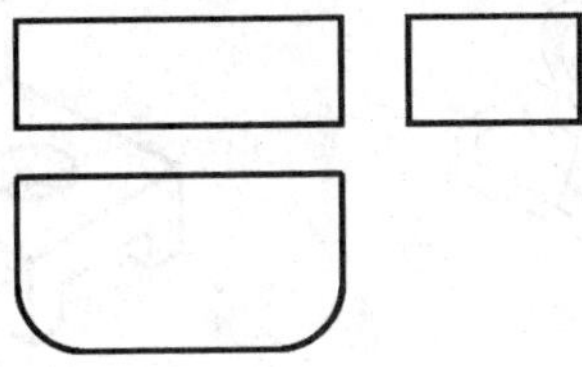

(4)根据所给的形体二视图绘制其斜二等轴测图。

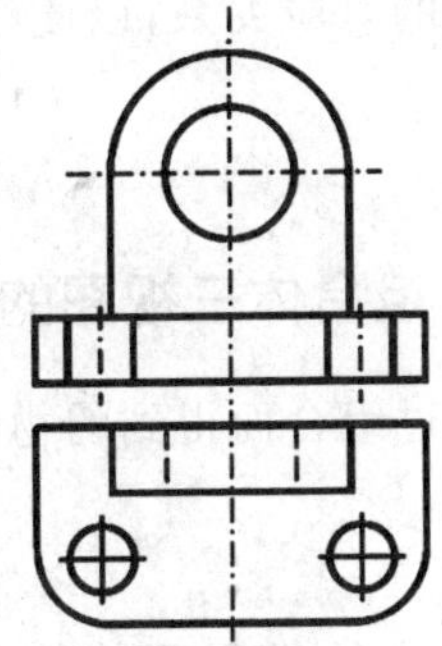

(5)根据所给的形体二视图绘制其斜二等轴测图。

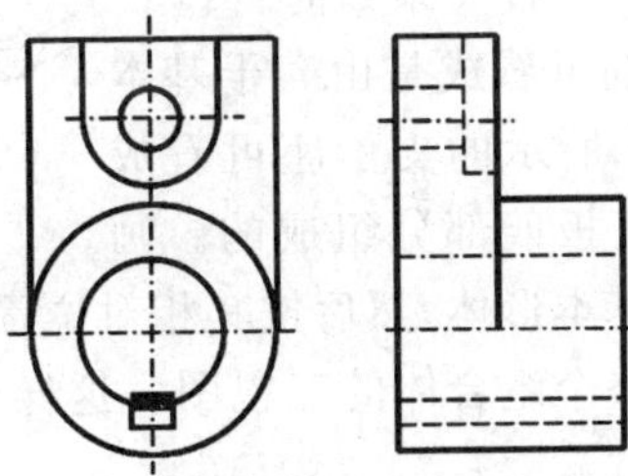

(6)根据所给的形体二视图绘制其斜二等轴测图。

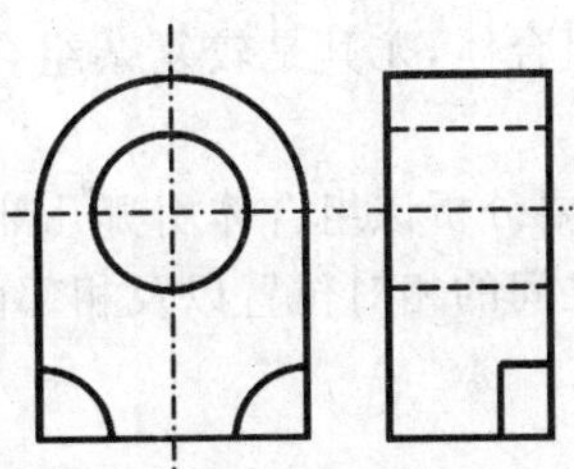

任务 8　组合体三视图的绘制

【学习目标】

(1)掌握组合体三视图的绘图方法和步骤;

(2)学会标注组合体的尺寸。

【学习内容】

(1)绘制下列模型的三视图。

(2)按组合体尺寸标注的要求,在三视图上正确地注出模型的尺寸。

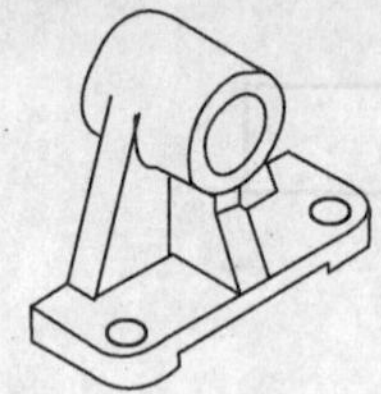

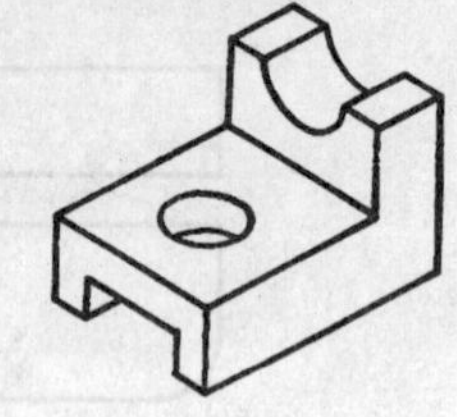

【任务分析】

本任务是通过图物对照的形式绘制模型的三视图及尺寸标注。因此,要完成本任务,必须通过图物对照进一步理解三视图之间的对应关系,以便在绘图和看图过程中熟练运用三视图规律,并养成良好的习惯。

【相关知识】

8-1　组合体三视图的绘制

由两个或两个以上的基本形体经过组合而得到的物体,称为组合体。

一、组合体的形体分析

1. 形体分析法

绘制组合体三视图之前,应对组合体进行形体分析,了解该组合体是由哪些基本形体所组成的,它们之间的相对位置、组合形式以及表面连接关系如何。

任何复杂的机件,仔细分析都可看成是由若干基本形体经过组合而成的。如图 8-1 所示的支承座可看成是由空心圆柱、支承板、肋板和底板四部分组成的。画图时,可将组合体分解成若干个基本形体,然后按其相对位置和组合形式逐个地画出各基本形体的投影,最后综合起来就得到整个组合体的三视图。这样就把一个复杂的问题分解成几个简单的问题来解决。

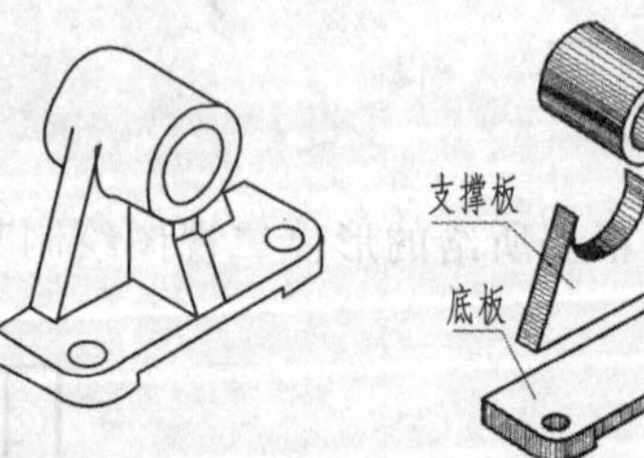

图 8-1　支承座形体分析

这种将物体分解成若干个基本形体或简单形体,并搞清它们之间组合关系的方法,称为形体分析法。

形体分析法提供了一个研究组合体,尤其是较复杂组合体的分析思路,是画组合体视图、读图和尺寸标注的基本方法。

对组合体进行形体分析,不但要分析该组合体由哪几部分组成,还要搞清楚各部分之间的组合关系,包括组合方式、各部分之间的相对位置以及相邻两形体间的表面连接方式。

2. 形体的表面连接关系

研究组合体的组合关系，一定要搞清相邻两形体间的连接形式，以便于分析并正确画出连接处两形体分界线的投影，做到不多线、不漏线，这往往是用形体分析法画组合体三视图的关键所在。形体之间的表面连接关系可分为平齐、不平齐、相切和相交等。

(1)平齐和不平齐：当两形体的表面平齐时，两形体之间不应该画线，如图 8-2(a)所示；当两基本形体的表面不平齐时，两形体之间应有线隔开，如图 8-2(b)所示。

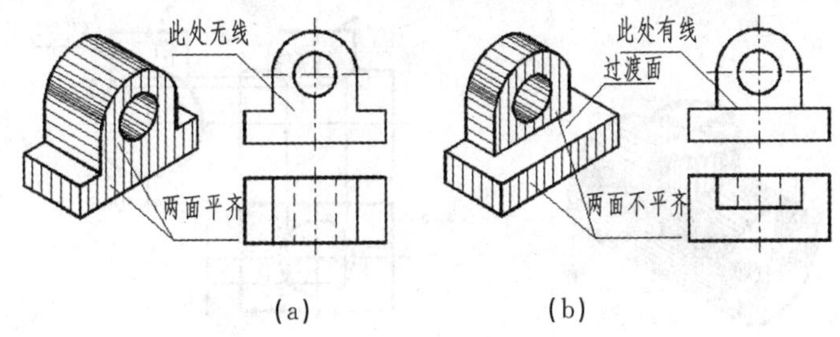

图 8-2　两面平齐和不平齐

(2)相切：两形体的表面相切时，在相切处两表面光滑过渡，不存在分界轮廓线。

图 8-3 所示为平面与圆柱面相切的情况。该形体由耳板和空心圆柱组成，耳板前后两平面和圆柱面相切，在水平投影中，它们的投影均具有积聚性，因此反映出了相切的特征。画图时，应首先画出这一投影，确定切点水平投影位置之后，再根据“三等”规律来定切点的另两投影。注意在正面和侧面投影中，相切处不画分界线，但耳板的上表面必须画到相切处。

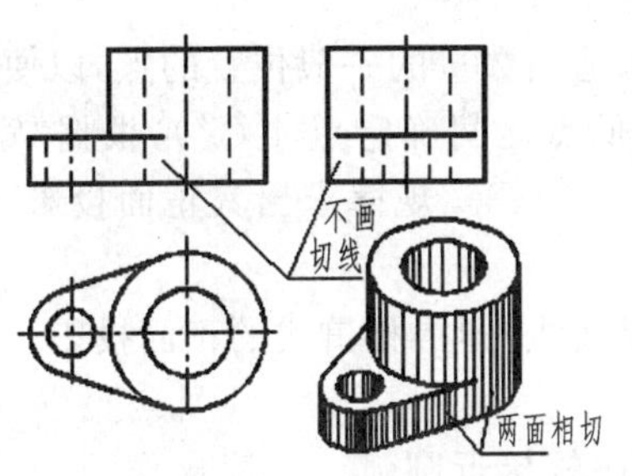

图 8-3　平面与圆柱面相切

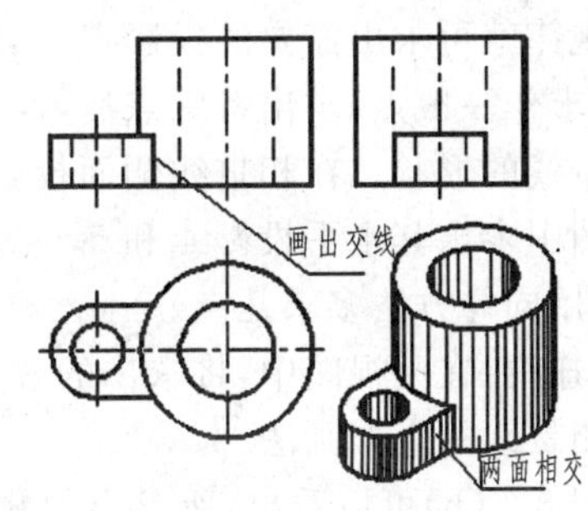

图 8-4　平面与圆柱面相交

(3)相交：两形体的表面相交时，相交处必产生交线。

图 8-4 所示为平面与圆柱面相交的情况。该形体与图 8-3 所示的形体类似，但耳板的前后两平面与圆柱面不是相切，而是相交。画图时，同样要先画出相交的圆柱面与平面同时具有积聚性的水平投影，以确定交线的水平投影，再根据“三等”规律画其他视图相应部分。

二、相贯线

两形体相交，又称为相贯。两形体相贯时，形体表面产生的交线称为相贯线。在实际零件上经常会遇到两圆柱体正交相贯，如图 8-5 所示。不难看出，其相贯线是一条封闭的空间曲线，它是两个圆柱面的共有线。

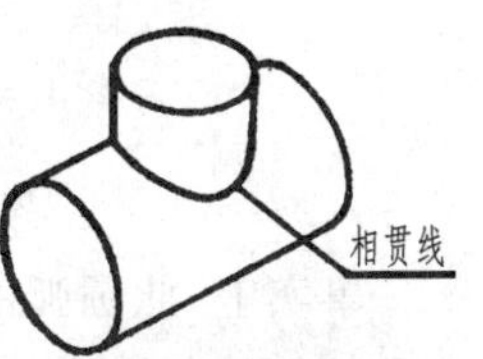

图 8-5　相贯线

1. 相贯线的画法

两圆柱的相贯线是两个圆柱面的共有线，相贯线上的所有点都是两个圆柱面的共有点。这就提供了求作相贯线的基本思路，就是通过求两圆柱面上一系列共有点，然后将这些点光滑地连接起来，即得相贯线。

如图 8-5 所示，大圆柱的轴线垂直于 W 面，则该圆柱面的侧面投影积聚为圆；小圆柱的轴线垂直于 H 面，该圆柱面的水平投影积聚为圆。这样，就可充分利用积聚性来分析并求作其相贯线的投影了。

图 8-6(a)所示为两圆柱体相贯的情况，因为该相贯线是大、小两个圆柱面的共有线，而在侧面和水平投影中，两个圆柱面都分别积聚为两个圆，所以相贯线的水平投影必重合在小圆柱的水平投影圆上，侧面投影必重合在大圆柱的侧面投影的一段圆弧上。因此相贯线的三面投影中，只有正面投影需要求作。其具体作图步骤如下(见图 8-6(b))。

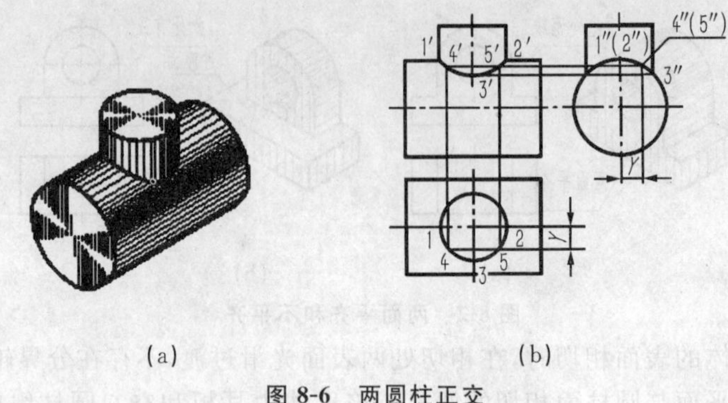

图 8-6　两圆柱正交

(1)求作特殊点：该相贯线的特殊点是最前点、最后点、最左点和最右点。其中最前点与最后点的正面投影重合，所以只需求出最前点、最左点和最右点的投影点 1′,2′和 3′即可。由积聚性我们很容易就可找到该三点的水平投影 1,2,3 和侧面投影 1″,2″和 3″。再根据三视图的“三等”规律就可求出需要的投影点 1′,2′和 3′了。

(2)求作一般点：求出特殊点后，通常还需要再求适当数量的一般位置的点，以便较准确地确定相贯线的形状。在相贯线侧面投影的最高和最低点之间确定点 4″(5″)，根据“宽相等”可在俯视图中求出其水平投影 4 和 5，然后再由三视图的“三等”规律求出其正面投影 4′,5′。必要时，可用同样方法多求几点。

(3)连线：在主视图中，将求出的各点光滑连接成曲线，即得相贯线的正面投影。

3. 相贯线的近似画法

从图 8-6(b)可以看出，所求出的相贯线的投影比较接近圆弧。为简化作图，允许近似地以圆弧代替相贯线的投影，即先作出相贯线上三个特殊点的正面投影，然后过三点作圆弧，如图 8-7(a)所示。

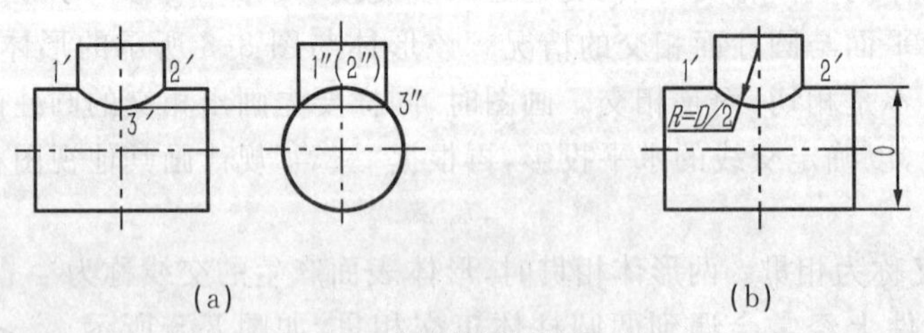

图 8-7　相贯线的近似画法

事实上，此圆弧的半径正是大圆柱的半径。所以作图时，可直接利用大圆柱的半径过 1′,2′两交点画出圆弧，如图 8-7(b)所示。

采用这种近似画法可使作图大大简化，但须注意当两圆柱的直径相等或非常接近时，不能采用这种方法。

3. 相贯线的特殊情况

两回转体相贯时其相贯线一般为空间曲线，但在特殊情况下，也可能是平面曲线或是直线。

(1)等径相贯:两个等径圆柱正交,相贯线变为平面曲线——椭圆,如图 8-8 所示。此时,相贯线的正面投影积聚为直线。

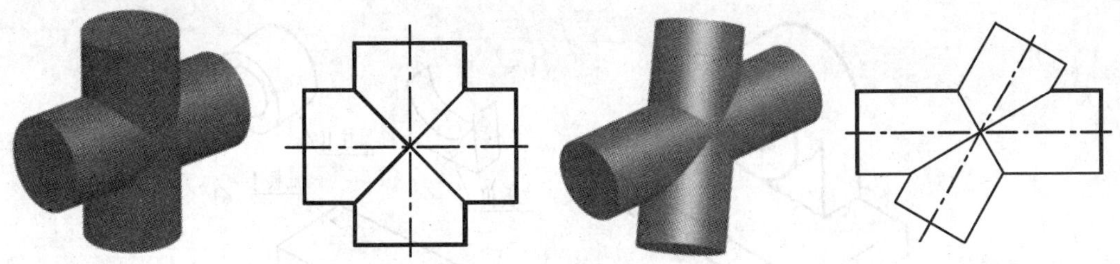

图 8-8　两等径圆柱正交

(2)共轴相贯:当两个相交的回转体具有公共轴线时,称为共轴相贯,其相贯线为圆,该圆所在平面与公共轴线垂直,如图 8-9 所示。这种情况下,相贯线的正面投影积聚为一直线。显然,任何回转体与圆球相贯,该回转体轴线通过圆球球心,即属于共轴相贯。

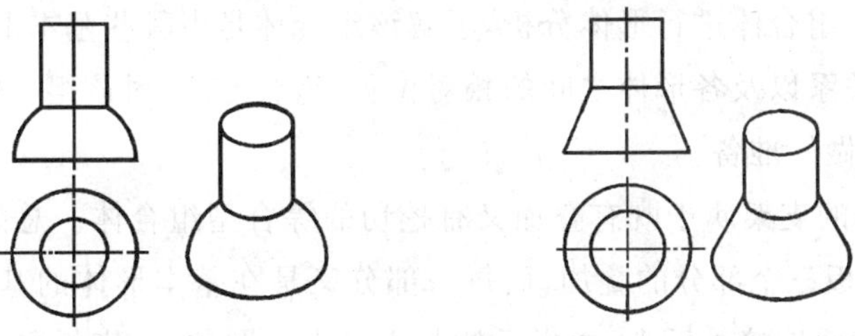

图 8-9　两回转体共轴相贯

三、组合体三视图的画法

1.组合体类型

组合体按组合形式,可分为叠加型、挖切型以及既有叠加又有挖切的综合型。

(1)叠加型:由若干基本形体以相互接触的方式而形成的组合体,如图 8-10 所示。

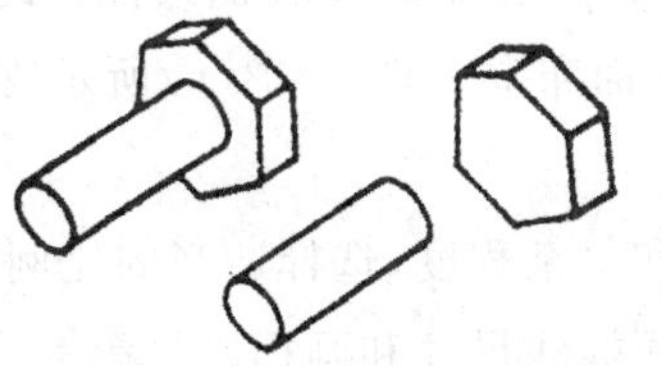

图 8-10　叠加型组合体

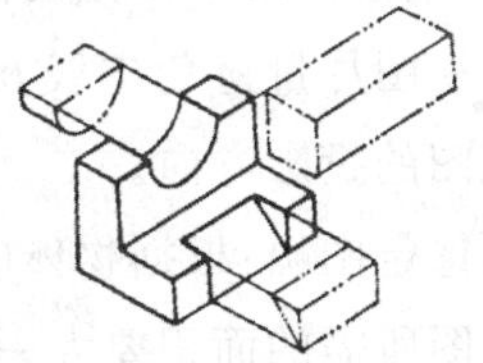

图 8-11　挖切型组合体

(2)挖切型:由基本形体中挖切去某些形体而形成的组合体,如图 8-11 所示。

(3)综合型:多数组合体的组合形式既有叠加又有挖切,属综合型,即基本形体经挖切后再叠加而成,如图 8-12 所示。

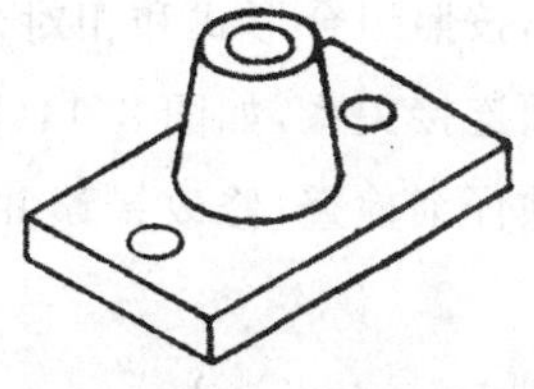

图 8-12　综合型组合体

2.组合图三视图的绘制

【例 8-1】绘制如图 8-13(a)所示支架的三视图。

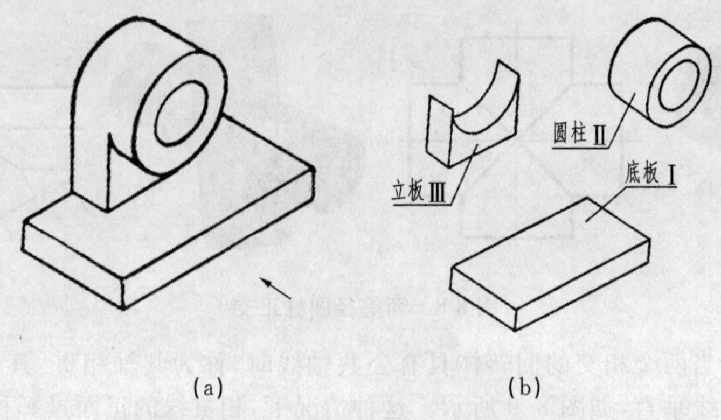

图 8-13 支架及其形体分析

【分析】首先应对组合体进行形体分析,了解该组合体是由哪些基本形体所组成的,搞清两相邻表面间的连接关系以及各形体之间的相对位置、组合形式,对该组合体的结构特点有个总体认识,为画三视图做好准备。

图 8-13(a)所示的支架属于既有叠加又有挖切的综合型组合体。总的来说可看做是水平空心圆柱、底板和立板三个部分的叠加,而每一部分又是在基本形体的基础上挖切而成的,如图 8-13(b)所示。表面连接关系上,立板后侧与水平空心圆柱面、底板平齐,前面不平齐,立板两侧面与水平空心圆柱相切、与底板不平齐。

【作图】

(1)选择主视图:在三视图中,主视图是最重要的一个视图,因此应选取最能反映组合体形状和位置特征的视图作为主视图。同时应使形体的主要平面(或轴线)平行或垂直于投影面,即形体要放正,以便使主要的或多数的面、线投影具有显实性或积聚性。此外,选择主视图还要兼顾使其他两个视图尽量避免虚线及便于图面布局。图 8-13(a)所示支架,可选择箭头所示的方向作为主视图的投影方向。

(2)确定比例,选定图幅:根据物体的大小和复杂程度,选择适当的比例和图幅。应注意所选图幅应比绘制视图所需的面积要大一些,以便标注尺寸和画标题栏等。

(3)画基准线,布置视图:首先确定物体在长、宽、高三个方向上的作图基准,然后分别画出它们在三个视图上的投影,这时,视图在图面上的位置也就随之确定了。一般说来,在某一方向上形体对称时,以对称面为基准,不对称时选一较大的底面或回转体轴线为基准,如图 8-14(a)所示。

布图时,应将视图匀称地布置在幅面上,视图间的空当应保证能注全所需的尺寸。

(4)绘制底稿:运用形体分析法,按照组合形式和相对位置逐一地画出组合体各部分的投影,并正确处理相邻两形体间的表面连接关系,如图 8-14(b)~(e)所示。

(5)检查描深:完成底稿后,必须仔细检查,修改错误并擦去多余图线,然后按规定的线型描深,如图 8-14(f)所示。

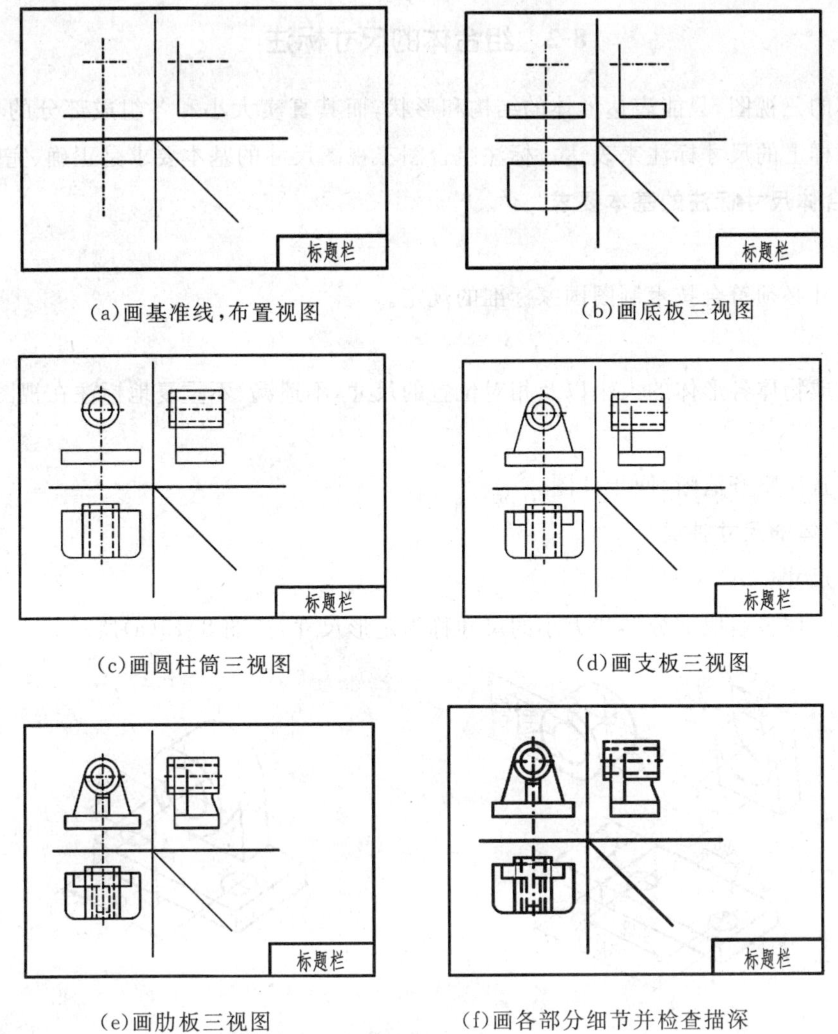

(a)画基准线，布置视图　(b)画底板三视图

(c)画圆柱筒三视图　(d)画支板三视图

(e)画肋板三视图　(f)画各部分细节并检查描深

图 8-14　支架三视图的绘图步骤

【注意】

(1)为了保证视图间的"三等"关系并提高绘图速度，一般应在形体分析的基础上一个形体一个形体地画，而不是画完一个视图再画另一个视图。画每一组成部分时也最好三个视图配合着画，即主、俯视图上"长对正"的线和主视图、左视图上"高平齐"的线同时画出，而形体的宽度尺寸同时在俯视图和左视图上量出。

(2)画图的先后顺序，应先画大的、主要的部分，后画小的、次要的部分。画某一部分时，先定位，再定形；先画基本轮廓，后画细部结构和表面交线；并应从反映该部分形状特征明显的视图入手，不一定都先画主视图。

(3)要特别注意相邻形体间的表面连接关系。两形体间无论是叠加还是挖切，在它们的结合处，各自的原有轮廓大多要发生变化，如被挖切掉或叠加后被"吃"掉，有时还有新的交线产生。对于两形体间的表面交线，必须深入分析并正确画出。总之要做到不漏画、不多画、不画错，这是画组合体三视图的重点和难点所在，也往往是初学者容易出错的地方。

8-2　组合体的尺寸标注

组合体的三视图，只能表达形体的结构和形状，而其真实大小和各组成部分的相对位置，则要通过图样上的尺寸标注来表达。标注组合图三视图尺寸的基本要求是正确、完整和清晰。

一、组合体尺寸标注的基本要求

1. 正确

标注尺寸必须符合技术制图国家标准的规定。

2. 完整

应把组成物体各形体的大小以及相对位置的尺寸，不遗漏、不重复地标注在视图上。

3. 清晰

尺寸布置应整齐清晰，便于读图。

二、组合体的尺寸种类

1. 定形尺寸

确定组合体各组成部分形状大小的尺寸称为定形尺寸，如图 8-15(a)所示。

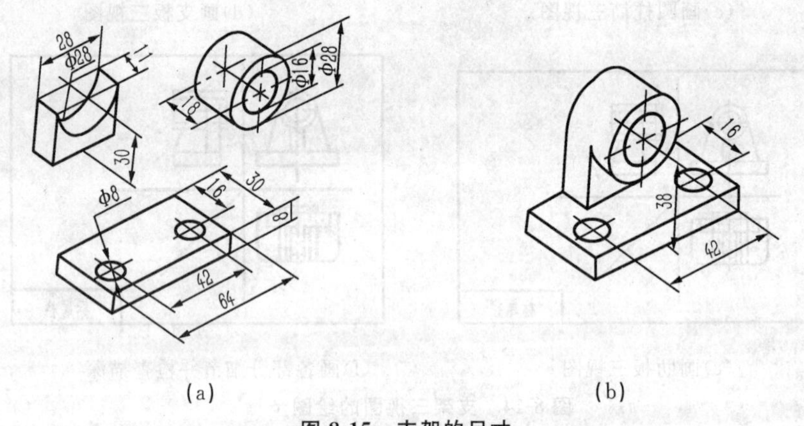

(a)　　(b)

图 8-15　支架的尺寸

2. 定位尺寸

确定组合体各组成部分之间相对位置的尺寸称为定位尺寸，如图 8-15(b)所示。

3. 总体尺寸

确定组合体外形总长、总宽、总高的尺寸称为总体尺寸。

一般情况下，总体尺寸应直接注出，但当组合体的端部为回转面结构时，通常注出回转面的圆心或轴线的定位尺寸，而总体尺寸由此定位尺寸和相关的直径(或半径)间接计算得到。

三、尺寸基准

标注定位尺寸的起点称为尺寸基准。组合体在长、宽、高三个方向都应有相应的尺寸基准。

如图 8-16 所示的支架，长度方向尺寸基准是立板右端面，宽度方向的尺寸基准是前后对称面，高度方向的尺寸基准是底板的底面。

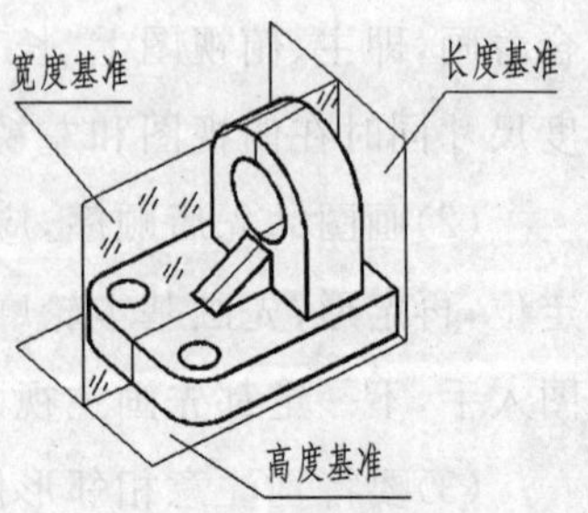

图 8-16　支架的基准

四、标注组合体尺寸的方法和步骤(以图 8-17 支架为例)

首先用形体分析法确定每一形体应注出的定形尺寸,选择尺寸基准并从基准出发确定每一形体应注出的定位尺寸。然后逐一地将每一形体的定形、定位尺寸和应标注的组合体总体尺寸清晰地标注在视图上。最后进行检查、补漏、改错及调整。

1.分析形体

将支架分解为底板、立板、圆柱三部分。

2.选定尺寸基准

在视图中标注定位尺寸时,需要选取尺寸基准。所谓尺寸基准,就是标注定位尺寸的起点。由于组合体有长、宽、高三个方向的尺寸,每一个方向至少要有一个尺寸基准,以便从基准出发确定各部分形体间的定位尺寸。关于基准的确定,一般与作图时的基准一致,即选择组合体的对称平面、较大的底面、端面以及回转体的轴线等作为尺寸基准。

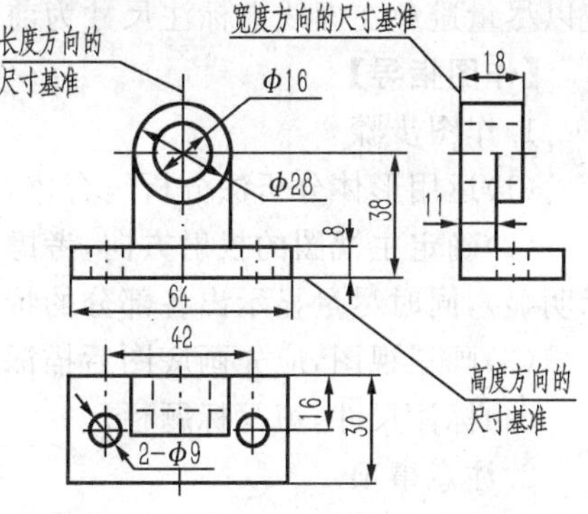

图 8-17 支架尺寸标注及定位基准

如图 8-17 所示支架,分别选支架左、右对称平面、后面、支架的底面为长、宽、高三个方向的尺寸为基准。

3.标注各基本形体的定形尺寸

标注顺序:先标注大的基本形体尺寸,后标注小的基本形休尺寸。

图 8-17 中支架底板长 64、宽 30、高 8,两孔径 $\phi 9$。对于两个以上相同的基本形体按对称或有规律分布时,只标注一个基本形体的尺寸,并在前面加注数量,如 2-$\phi 9$。圆柱直径 $\phi 28$、长 18,通孔直径 $\phi 16$。立板有 28、30、11、$\phi 28$ 四个尺寸。28 与圆柱直径 $\phi 28$ 相等可不标注;由于立板与圆柱相切,所以 30 不标注,只注立板厚 11 即可。

4.标注各基本形体的定位尺寸

定位尺寸应包括长、宽、高三个方向的尺寸,如图 4-17 所示。确定圆筒位置的有:高度方向尺寸 38,表示圆筒轴线相对子底板底面的高度;因为圆筒轴线位于支架的对称平面上,所以,长度方向尺寸为“0”不注出;圆筒后面与底板、立板后面同面,宽度方向尺寸也为“0”不注出。42、16 表示出两圆柱孔在底板上的位置,42 表示两圆孔之间相对于支架对称平面的距离,16 表示两圆孔相对于底板后端面的距离。

有时定位尺寸同时又是定形尺寸。如圆筒的定位尺寸 38,又是确定立板大小的尺寸,因此在标注立板的定形尺寸时,如果再标注 38,尺寸就重复了。

5.标注总体尺寸

支架的总长是 64,总宽是 30,总高是 52。总体尺寸常与定形、定位尺寸合用。支架总长 64 又是底板长度尺寸;总宽 30 也是底板宽度尺寸,总高应由圆筒的定位尺寸 38 加圆筒半径 14 来确定,所以不必标出总高 52,否则就是多余尺寸。

五、标注尺寸的注意事项

尺寸标注要清晰是指所注尺寸应布置适当,便于查找,而不致引起误会。因此,在标注尺寸时,应注意以下几点:

(1)同一基本形体的尺寸,应尽可能集中标注在反映该基本形体形状特征的视图上。如图 4-21,圆筒的尺寸集中注在左视图上,底板的大部分尺寸集中注在俯视图上。

(2)尺寸应尽量注在视图外面,且布置在两视图之间,如图 8-17 中 8,38 注在主、左视图之间。

(3)尺寸尽可能不注在虚线上。

(4)回转体的尺寸，一般应注在非圆视图上，半径尺寸必须标注在投影为圆弧的视图上，但应以尽量避免在虚线上标注尺寸为前提。

【作图指导】

1.作图步骤

(1)运用形体分析法分析组合体，弄清各部分的形状、组合关系及相对位置。

(2)确定主视图的投射方向，考虑显示位置特征为主(即组成组合体的各部分相对位置显示明显)，同时尽量显示出各部分的特征形状。

(3)画三视图，应先画底图后描深。

(4)标注尺寸，填写标题栏。

2.注意事项

(1)布置视图时，要留出标尺寸的位置，不要将图纸均匀分为四部分，应按物体的尺寸大小留出画视图的空白。

(2)标注尺寸应做到正确、完整、清晰。

(3)保证图纸质量，线型、字体、箭头要符合国家标准，多余的图线要擦去。

【实训作图】

(1)绘制下列组合体的三视图并标注。

(2)绘制下列组合体的三视图并标注。

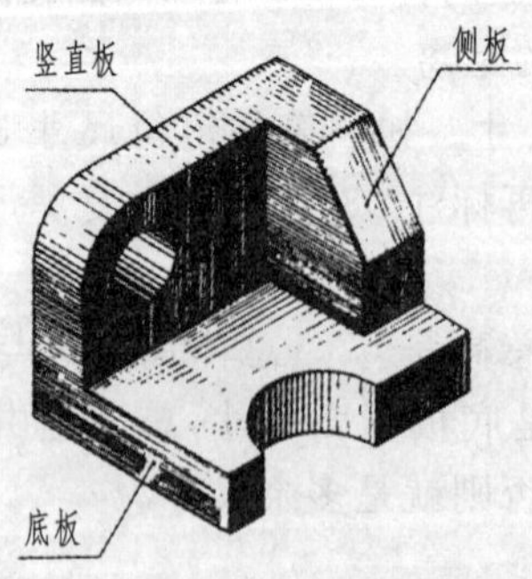

任务9　组合体三视图的识读

【学习目标】

掌握组合体三视图的读图方法和步骤，训练学生的空间想象能力。

【学习内容】

(1)阅读下面组合图的三视图，想象所表达的物体的空间形状。

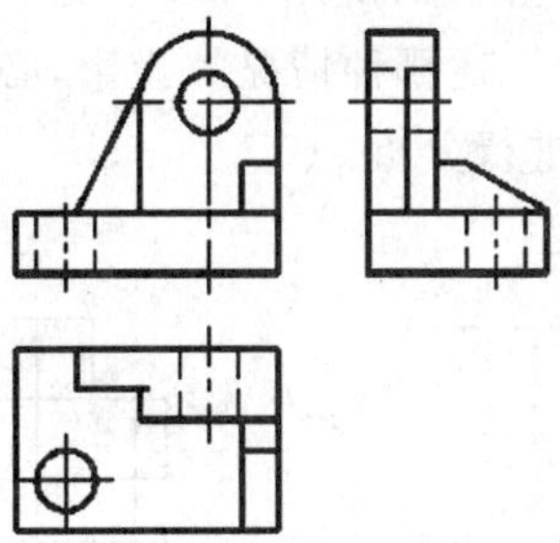

(2)阅读下面组合图的三视图，想象所表达的物体的空间形状。

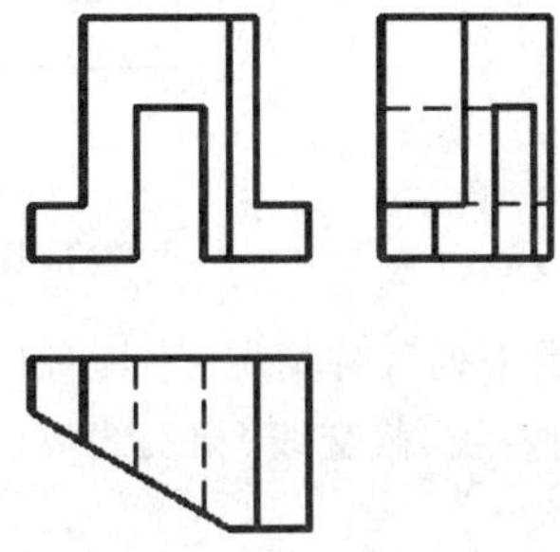

【任务分析】

初学看图，往往感觉无从下手。要轻松完成本任务，必须从读图的基本要领入手，按一定的方法和步骤进行。

但必须指出，要能够熟练并正确地读懂组合体三视图不是一朝一夕就能成功的，需要我们经过一段较长时间的刻苦训练才能办到。只有多看图，才能逐步提高自己的看图水平。

【相关知识】

9-1　读组合体三视图的基本要领

根据物体的三视图，想象出物体的形状，这一思维过程，称为读图。读图的基本方法包括形体分析法和线面分析法。

1. 要把几个视图联系起来进行分析

如图 9-1 所示，它们的主、左视图完全相同，但它们却是不同物体的投影，读图时必须将几个视图联系起来进行分析。

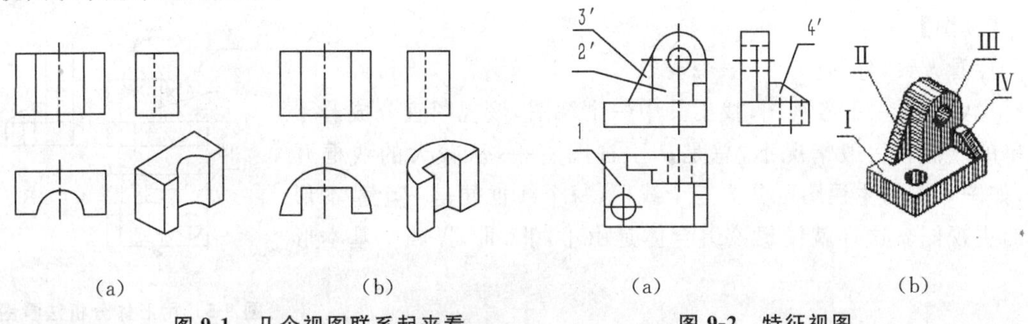

图 9-1　几个视图联系起来看　　图 9-2　特征视图

2. 要善于找出特征视图

特征视图是最能反应形体形状特征的视图，读图时应从其入手。如图 9-2 所示物体，俯视图反映了Ⅰ的形体特征；主视图反映了Ⅱ，Ⅲ的形体特征；左视图反映了Ⅳ的形体特征。

3. 了解各线框和图线的含义

(1)视图上每一个封闭线框，一般表示物体上一个面的投影，可以有以下几种情况：①平面的投影(见图 9-3(b)中 1′)；②曲面的投影(见图 9-3(b)中 2″)；③平面与曲面的共同投影(见图 9-3(b)中 3′)；④孔洞的投影(见图 9-3(b)中 4)。

看图时要判断某一个线框属于上述哪种情况的投影，必须找到该线框在各个视图中的相应投影，然后将几个投影联系起来进行分析。

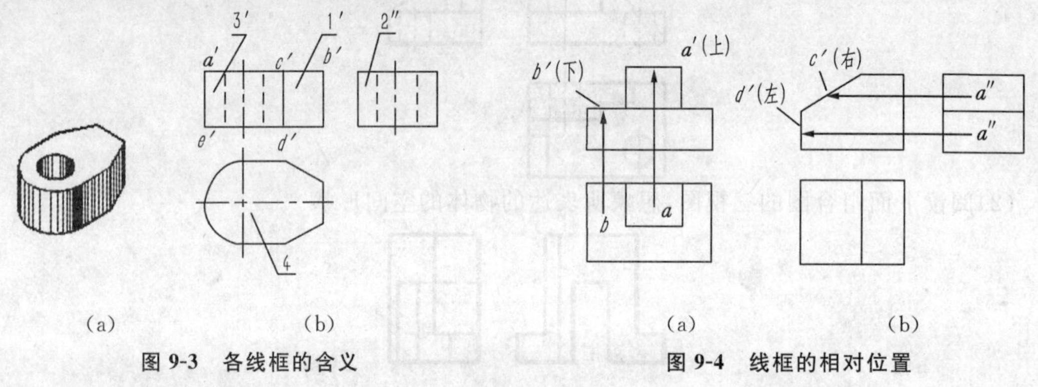

图 9-3　各线框的含义　　　图 9-4　线框的相对位置

(2)视图上每一条图线可以表示下列各种情况：①具有积聚性表面的投影(如图 9-3(b)中 $a'b'$)；②表面与表面交线的投影，如棱线、截交线、相贯线等(见图 9-3(b)中 $c'd'$)；③曲面转向轮廓线的投影(见图 9-3(b)中 $a'e'$)。

看图时，要判断视图中某一图线属于上述哪一种情况的投影，需先找到该图线在其他视图中相对应的投影，再将几个投影联系起来分析，才能得到正确的判断。

(3)相邻两个线框代表两个面　一个线框代表一个面，那么相邻的两个线框(或线框里面套线框)，则必然是代表两个表面。两个不同表面就会有上下、左右、前后和斜交之分，如图 9-4 所示。

9-2　组合体的读图步骤

一、形体分析法

【例 9-1】识读如图 9-5 所示组合体的三视图。

【分析】运用形体分析法读图，就是根据组合体的视图，假想把它分解成若干基本形体的视图，然后按照各视图的投影关系，想象出这些基本形体的形状和相对位置，最后确定该组合体的完整形状。

【读图】

1. 看大致，分形体

先大致看一下各视图，找出其中一个视图，该视图宜分成若干简单的线框。一般情况下，总是从主视图着手，从较大的线框开始，如图 9-5 的主视图可分为三个线框，每个线框便是一个基本形体的主视图。这样就设想该组合体是由Ⅰ，Ⅱ，Ⅲ，Ⅳ四个基本形

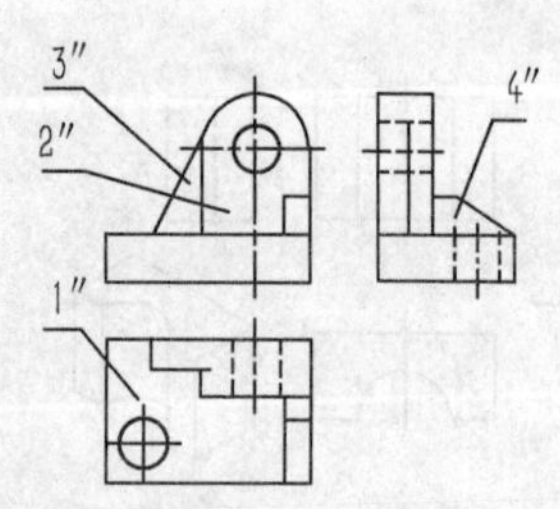

图 9-5　用形体分析法看图

体组成。

2. 对投影，想形状

根据投影关系(借助三角板、分规等制图工具)，逐个找到与各基本形体主视图相对应的俯视图和左视图，根据各基本形体的三视图想出其形状。想形状时应先看主要部分，后看次要部分；先看容易确定的部分，后看难于确定的部分；先看某一组成部分的整体，后看细节部分的形状。

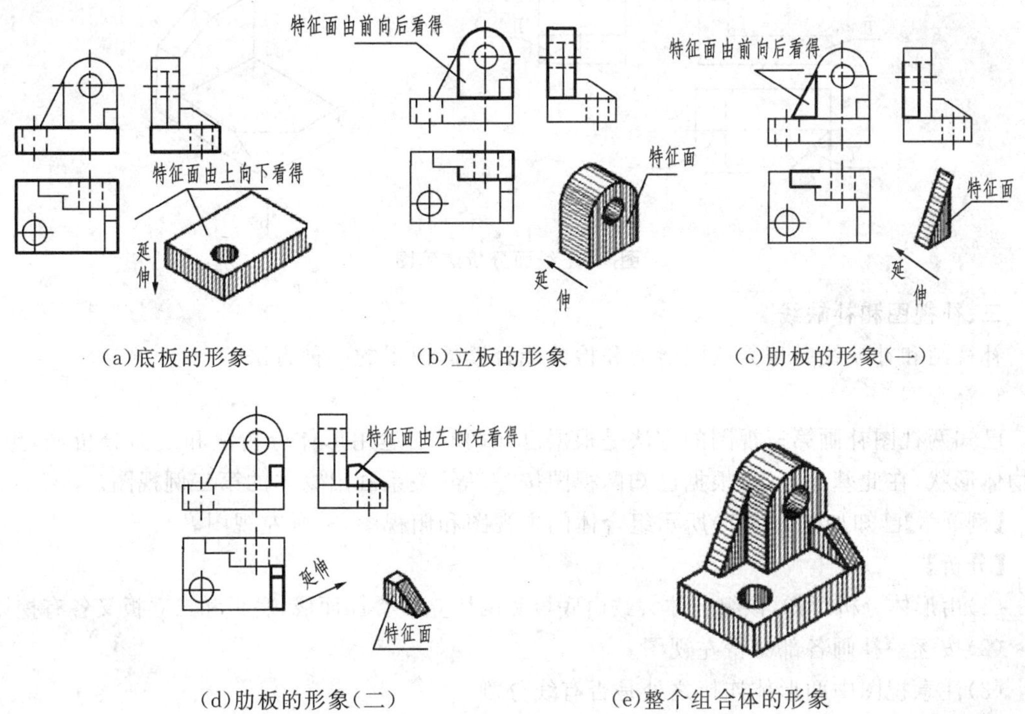

图 9-6 用形体分析法看图

如图 9-6(a)所示，底板Ⅰ是长方体，其上钻有一个圆孔。如图 9-6(b)所示，立板Ⅱ是由一长方体和半圆柱体组成的，其上钻有一圆孔。如图 9-6(c)所示，肋板Ⅲ为三角块。如图 9-6(d)所示，肋板Ⅳ为一长方体截切去一块三棱柱体。

3. 合起来，想整体

在看清每个形体的基础上，再根据整体的三视图，找出它们之间的相对位置关系，逐步想出支架的整体形状。

从图 9-5 的主视图和俯视图中可清楚地看到，立板Ⅱ在底板Ⅰ的上面并靠右后角；肋板Ⅲ在底板Ⅰ的上面靠后边并与立板Ⅱ相连。肋板Ⅳ在底板Ⅰ的上面靠右边并与立板Ⅱ相连。这样综合起来就想象出支架的整体形状，如图 9-6(e)。

二、线面分析法

【例 9-2】识读如图 9-7(a)所示组合体的三视图。

【分析】组合体读图应以形体分析法为主，但有时图形的某些部分难以看懂，可对这些部分作线面分析。

运用线面分析法读图，就是运用投影规律，通过分析形体上的线、面等几何要素的形状和空间位置，最终想象出形体的形状。对于挖切为主的组合体，常用此种方法。

【读图】

(1)如图 9-7(a)所示物体，通过形体分析可知，它由底板和直立板堆积形成。

(2)利用线面分析法可知,俯视图上长方形线框Ⅰ对应的正面、侧面投影为长方形线框Ⅰ′和斜线Ⅰ″,是在立板的前上角截切去一个斜角(三棱柱体)。

(3)利用线面分析法可知,俯视图上三角形线框Ⅱ对应的正面、侧面投影,均为三角形线框Ⅱ′和Ⅱ″,见它表示的是在底板上用一般位置平面Ⅱ切去一斜角,如图 9-7(b)所示。

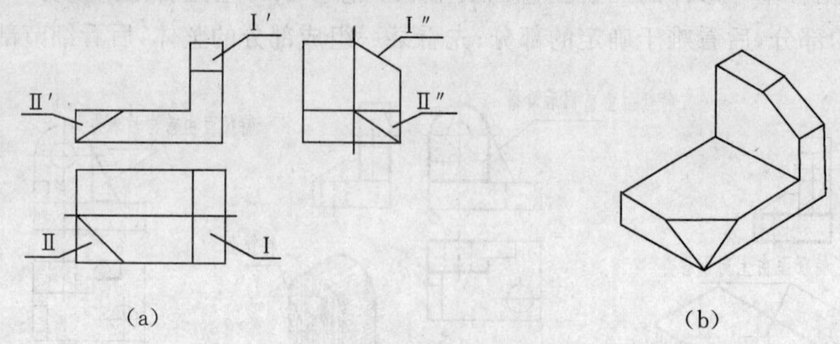

图 9-7 线面分析法读图

三、补视图和补缺线

补视图和补缺线是培养读图能力和检验能否读懂视图的一种方法。

1.补视图

已知两视图补画第三视图的方法是根据已知两视图运用形体分析法和线面分析法,想象出物体形状,在此基础上,再根据已知两视图按“三等”关系画出物体的第三例视图。

【例 9-3】已知如图 9-8(a)所示组合体的主视图和俯视图,补画左视图。

【分析】

(1)由形体分析可知,该组合体大致由底板和两块立板叠加而成,底板和二立板又各有挖切。

(2)按逐一补画各部分得左视图。

(3)注意视图中两形体连接之处是否有线分割。

【作图】

(1)画底板左视图,如图 9-8(b)所示;

(2)画立板左视图,如图 9-8(c)所示;

(3)画前台左视图,如图 9-8(d)所示;

(4)画孔和前方缺口左视图,完成作图,如图 9-8(e)和(f)所示。

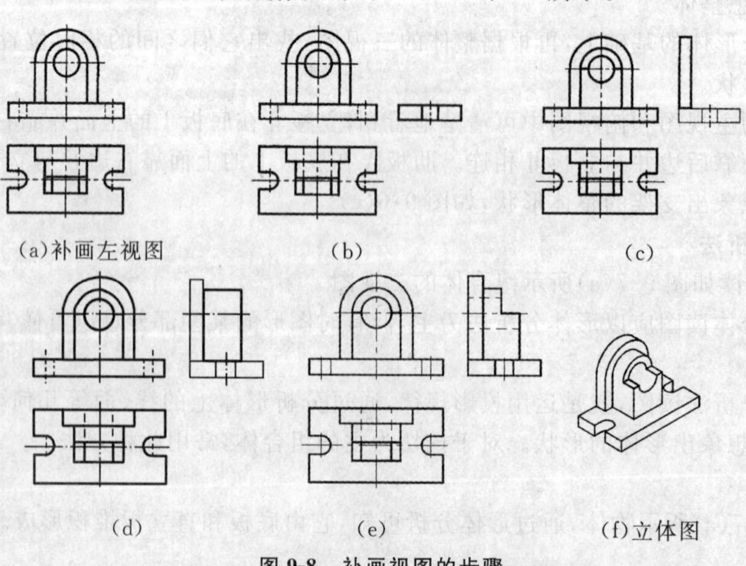

图 9-8 补画视图的步骤

2. 补缺线

【例 9-4】读如图 9-9(a)所示组合体的三视图，补画视图中所缺的图线。

【分析】画物体的视图时必须做到完整准确，不多线也不漏线。补缺线就是补出在视图上漏画的图线。补缺线可采用形体分析和“对投影”的方法，即根据已知视图初步想象形体，检查形体上每一部分在三个视图中的投影是否遗漏，补画所缺的图线。

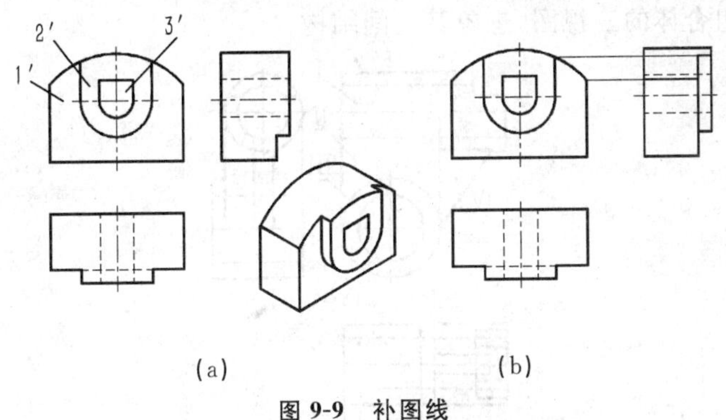

图 9-9　补图线

【作图】

(1)由给定视图想立体形状：主视图上的三个线框Ⅰ，Ⅱ，Ⅲ分别表示两个实体和一个孔的形状(特征形状)，由此可想出该物体的立体形状，如图 9-9(a)所示。

(2)补图线：重点在两实体、两孔或一实体与一孔相连接之处补线，或形体被切割后的切口部位补线，如图 9-9(b)所示。

【读图指导】

1. 看图步骤

阅读组合图的三视图，想象所表达的物体的空间形状，一般采用两种方式：形体分析法和线面分析法。

(1)形体分析法读图的步骤如下：

1)看视图，分部分。先应在位置特征明显的视图上划分组合体的各部分，划分时应参看其他视图，以排除可能的孔洞结构。

2)对投影，想形状。将各部分的投影对照出来后，应抓住其特征形状，将其按看图方向延伸后，就可想象出该部分的立体形状。

3)综合起来想形体。在想象出各部分的基础上，再按它们各自的相互位置(前后、左右和上下位置)组合起来，综合想象出组合体的立体形状。

(2)线面分析法读图的步骤如下：

1)按三个视图的粗略轮廓想象出基本形体。

2)从实线线框最少的视图开始，逐一分析各表面的形状和空间位置(包括可见面和不可见面)。

3)在分析出各表面的形状和空间位置后，将它们按顺序连接起来，综合起来想象出组合体的立体形状。

2. 注意事项

(1)读组合体三视图应以形体分析法为主。若视图中(一般在主视图中)具有多个位置特征明显的线框，表明该组合体由多个基本体组成，分析三视图时应使用形体分析法。

(2)若三视图中视图粗略轮廓简单，线框间没有明显位置特征，表明该组合体由单一基本体经平面切割而来。分析这类三视图，应使用线面分析法。

(3)组合体的各部分大都类似于柱体，每一部分都有两个相互平行的平面，其形状多变。这些平面反映了该部分的形状，称为特征形状。要想象出该部分的立体形状，只要将特征形状沿看图方向延伸即可。

【实训作图】

(1)阅读下列组合体的三视图，想象其空间结构。

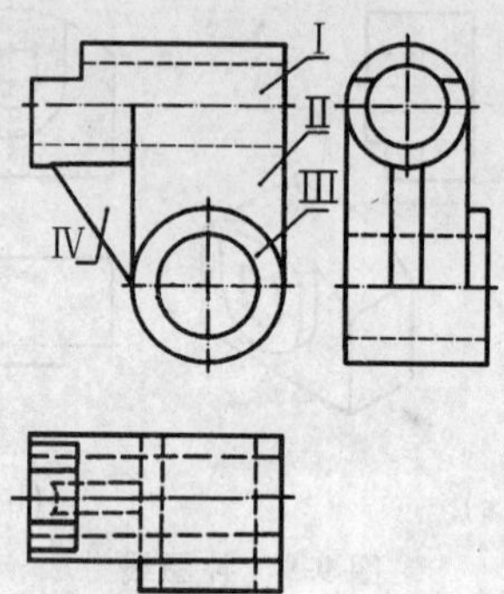

(2)根据所给的主视图和俯视图，找出正确的左视图。

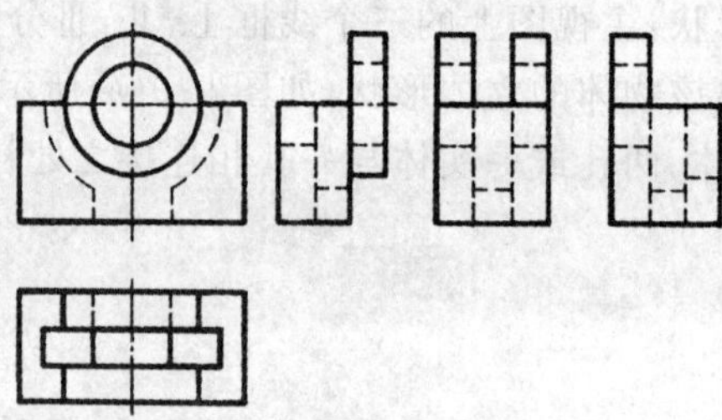

(3)根据所给的主视图和俯视图，找出正确的左视图。

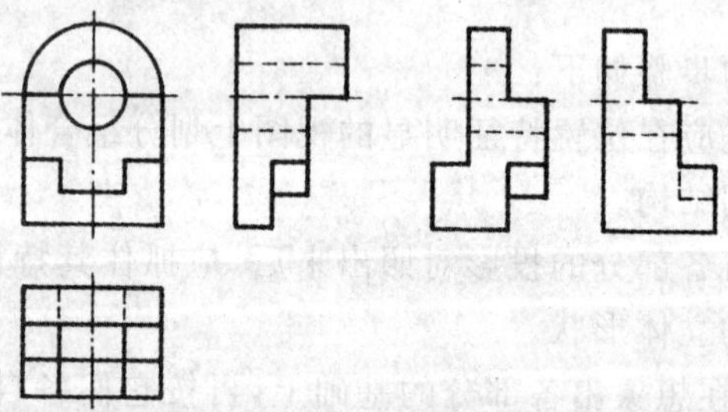

(4)根据所给出的主视图想象物体形象，画出俯视图。

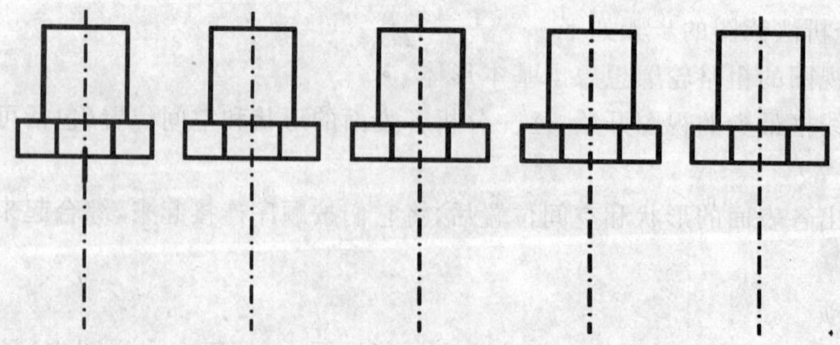

项目三　机件图样的表达方式

【项目描述】

在实际生产中机件的结构是多种多样的，既有外部性状也有内部结构，还有断面结构。本项目就是学习如何将机件的内、外部形状以及断面形状表达清楚。

【学习目标】

通过学习和实训掌握各种视图、剖视图、断面图的绘制方法和表达特点。

【能力目标】

能综合运用各种表达方法合理表达中等复杂程度机件的结构和形状。

任务10　机件外部形状的表达

【学习目标】

(1)掌握六个基本视图的名称、配置位置和三等关系；

(2)掌握向视图、局部视图和斜视图的画法及标注方法；

(3)能针对不同形体选择适当的表达方法表达机件的外部形状。

【学习内容】

根据给定轴承座的模型，分析其形状结构，并将其外形表达清楚。

【任务分析】

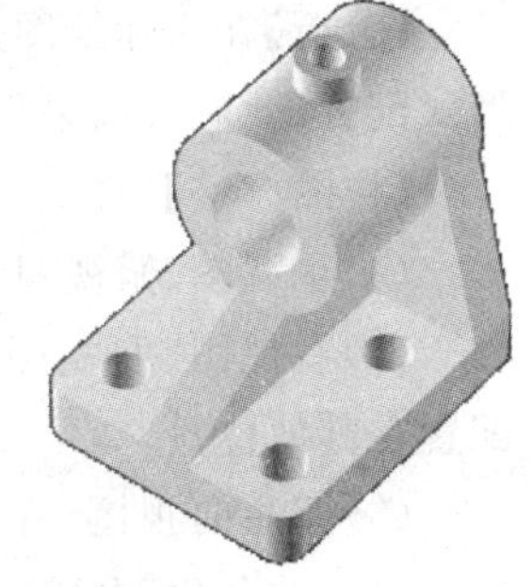

此任务给出的轴承座外形较复杂且具有倾斜部分，用前面所学的三视图知识不能将它表达清楚。要完成此任务，需掌握基本视图、向视图、局部视图和斜视图的画法及标注方法；能够针对轴承座的形体特点选择适当的表达方法表达其外部形状。

【相关知识】

10-1　机件基本视图的配置

【例10-1】绘制图10-1所示机件的基本视图。

【分析】对于本机件，如果仅仅使用三视图是无法完整、清晰地表达清楚的。为此，在原有三个投影面(V,H,W面)的基础上各增加一个与之平行的投影面，构成一个正六面体，这六个面称为基本投影面。机件向基本投影面投射所得的视图称为基本视图。

以正六面体的六个面作为基本投影面，将机件置于六面体中，分别向六个基本投影面投射，得到六个基本视图：主视图、俯视图、左视图、后视图(自后向前投射)、仰视图(自下向上投射)和右视图(自右向左投射)。

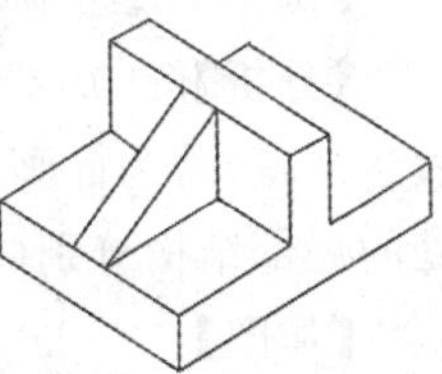
图10-1　机件的立体图

基本投影面的展开方法：正投影面(主视图)不动，俯视图向下旋转

90°，左视图向后旋转 90°，右视图向后旋转 90°，仰视图向上旋转 90°，后视图排布在左视图的左边。

六个基本视图仍遵循“三等”规律，即主、俯、仰视图长对正，主视图、左视图、右视图、后视图高平齐，俯视图、左视图、仰视图、右视图宽相等。对于方位关系，应注意俯视图、左视图、仰视图、右视图都反映形体的前后关系，远离主视图的一侧为形体的前面，靠近主视图的一侧为形体的后面；后视图反映左右关系，但其左边为形体的右面，右边为形体的左面。

当基本视图按投影关系配置，一律不注视图的名称。

【作图方法】

(1)绘制主视图；

(2)绘制俯视图；

(3)绘制左视图；

(4)绘制右视图；

(5)绘制仰视图；

(6)绘制后视图；

(7)各种视图的配置如图 10-2 所示。

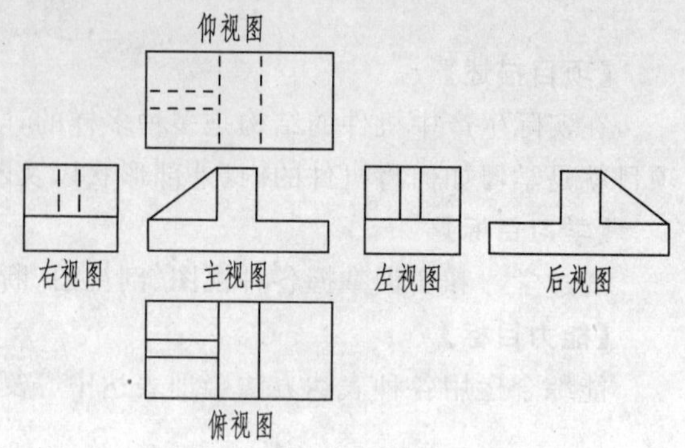

图 10-2　六个基本视图的配置

10-2　机件向视图的配置

向视图是指可自由配置的基本视图。

【例 10-2】绘制如图 10-1 所示机件的向视图。

【分析】在实际绘图过程中，有时难以将六个基本视图按如图 10-2 所示的投影关系的正常形式配置，此时可以采用向视图形式自由配置。

【作图方法】

(1)主视图、俯视图和左视图的位置不可更改；

(2)右视图、仰视图和后视图的位置可以自由地配置在其他位置；

(3)标注向视图，在向视图的上方用大写的字母标注视图的名称，在相应视图附近用箭头指明投射方向，并标注相同的字母，如图 10-3 所示。

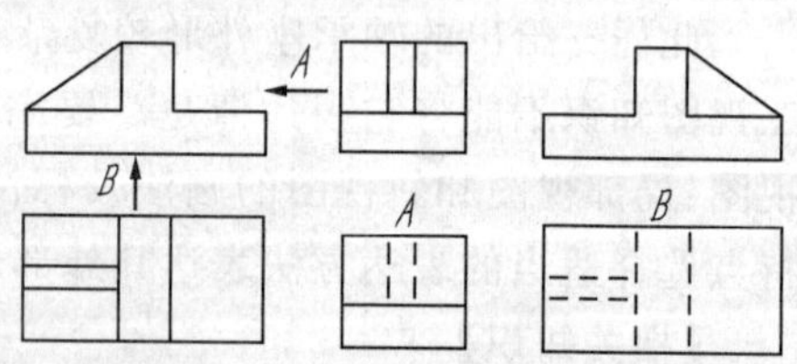

图 10-3　向视图的配置和标注

10-3　机件局部视图的绘制与配置

将机件的某一部分向基本投影面投射所得的视图称为局部视图。

【例 10-3】绘制如图 10-4 所示机件的局部视图。

【分析】图 10-4 所示的机件，主视图和俯视图没有把圆筒上左侧凸台和右侧拱形槽的形状表达清楚，若为此画出左视图和右视图，则大部分表达内容是重复的，因此，可只将凸台及开槽处的局部结构分别向基本投影面投射，即得两个局部视图。

【作图】

(1)在主视图上标注投影方向 A；

(2)绘制局部视图；

(3)在局部视图的断裂边界绘制波浪线(或双折线)。当所表示的局部视图的外形轮廓成封闭时，则不必画出其断裂边界线，如图 10-4 所示。

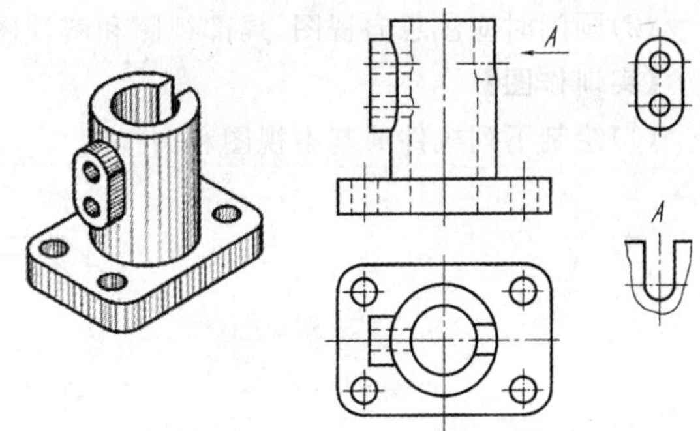

图 10-4　局部视图的画法和标注

(4)在局部视图上方标注相同的字母，如图 10-4 中的局部视图 A。当局部视图按基本视图的配置形式配置，中间又没有其他图形隔开时，可省略标注，如图 10-4 中表示左侧凸台的局部视图。

10-4　机件斜视图的绘制

机件向不平行于基本投影面的平面投射所得的视图称为斜视图。如图 10-5 所示，机件右侧的倾斜结构在各基本投影面上都不能反映其实形，为此，可增设一个与倾斜部分平行的正垂面作为辅助投影面，将倾斜结构向辅助投影面投射，即可得到反映该部分实形的视图，即斜视图。

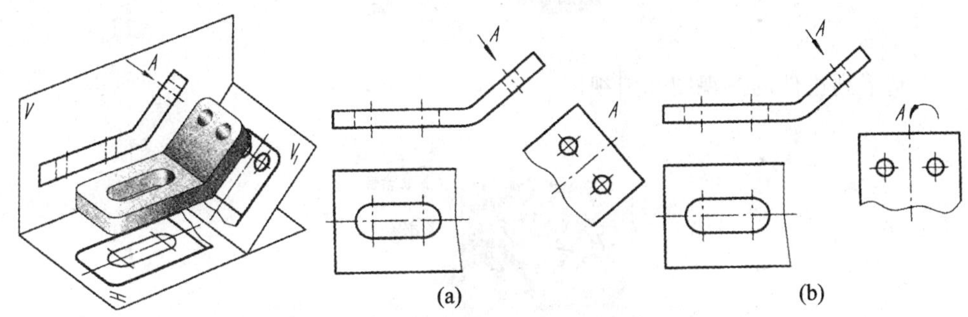

图 10-5　斜视图的形成　　　图 10-6　斜视图的画法和标注

图 10-6(a)所示为该机件的一组视图，在主视图基础上，采用斜视图清楚地表达出了其倾斜部分的实形，同时，采用局部视图代替俯视图，避免了倾斜结构在俯视图上的复杂投影。

斜视图断裂边界的画法与局部视图相同。斜视图通常按向视图的配置形式配置并标注，如图 10-6(a)所示。必要时，允许将斜视图旋转配置(将图形转正)，但须标上旋转符号，且视图名称的大写字母应靠近旋转符号的箭头端，箭头所指方向应与实际旋转方向一致，如图 10-6(b)所示。也允许将旋转角度标注在字母之后。

【作图指导】

1. 作图步骤

(1)分析机件的结构，选择表达方法；

(2)确定表达方案。

2. 注意事项

(1)三视图是表达机件形状的基本方法，而不是唯一的方法。有时由于机件形状复杂，需增加视图数量；有时为了画图和看图方便，需采用各种辅助视图。机件的表达方案有很多种，应尽可能采用最简单的视图将机件完整、清晰地表达出来。

(2)画图时应注意向视图、局部视图和斜视图的配置及标注。

【实训作图】

(1)绘制下列机件的基本视图和向视图。

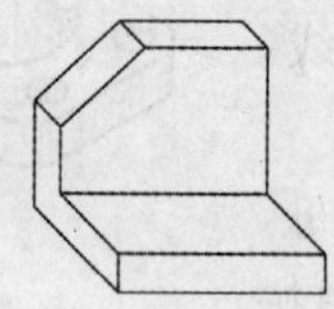

(2)绘制下列机件的基本视图和局部视图。

(3)绘制下列机件的三视图和斜视图。

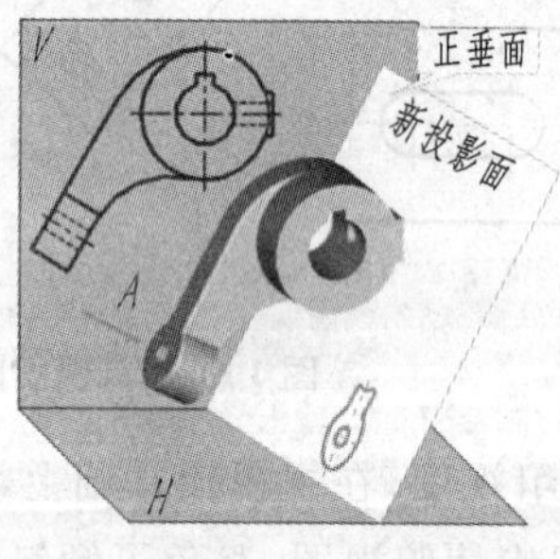

任务 11　机件内部形状的表达

【学习目标】

(1)理解各种剖视图和各种剖切方法的概念及特点；

(2)掌握各种剖视画法、适用场合及标注方法；

(3)能针对不同形体选择适当的剖视表达方法。

【学习内容】

(1)根据给定的视图，分析机件的内外结构形状。

(2)选择适当的表达方法，将机件的内外形状表达清楚，并标注尺寸。

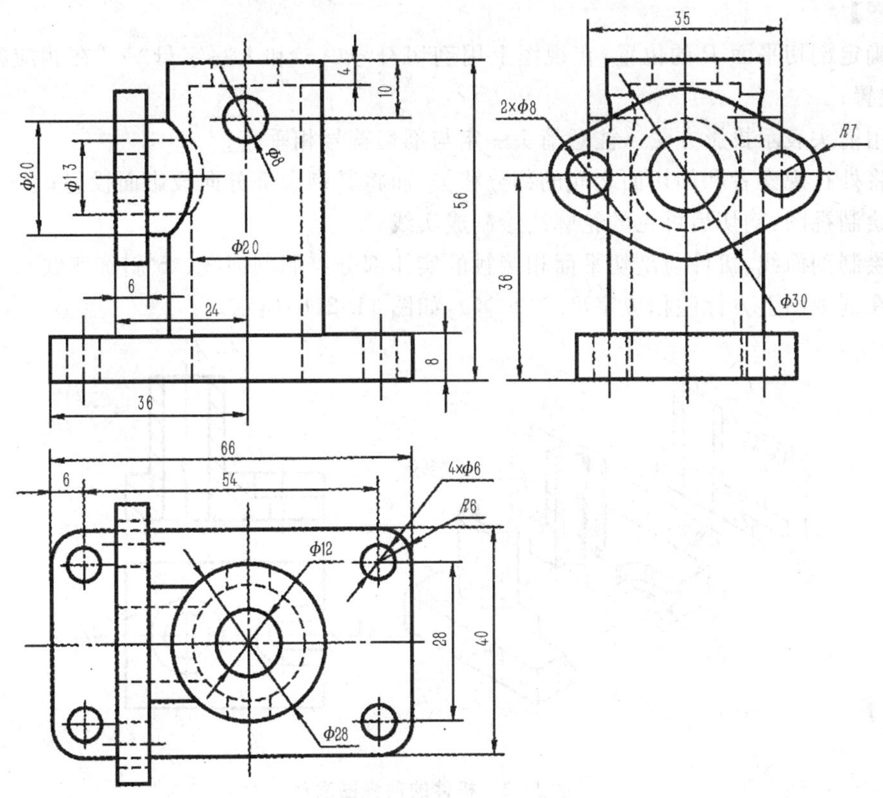

【任务分析】

本任务给出的视图，无法将机件的内部结构形状表达清楚，图中的虚线表达不利于看图及尺寸标注。要完成该任务，在原来已学的视图知识的基础上，需掌握剖视图的基本概念、剖切面的数量和剖切方法、各类剖视图的画法、标注及识读方法。

【相关知识】

11-1　剖视图的表达方法

假想用一剖切平面剖开机件，将处在观察者和剖切面之间的部分移去，而将其剩余部分向投影面投射所得的图形称为剖视图。

一、剖视图的表达方法

【例 11-1】如何表达如图 11-1(a)所示机件的内部结构。

【分析】当机件的内部结构较复杂时，如果绘制一般的视图时，视图中就会出现很多虚线，如图 11-1(b)所示的视图表达方案，则其上的孔、槽结构在主视图中均为虚线，这给画图、读图及标注尺寸增加了困难。

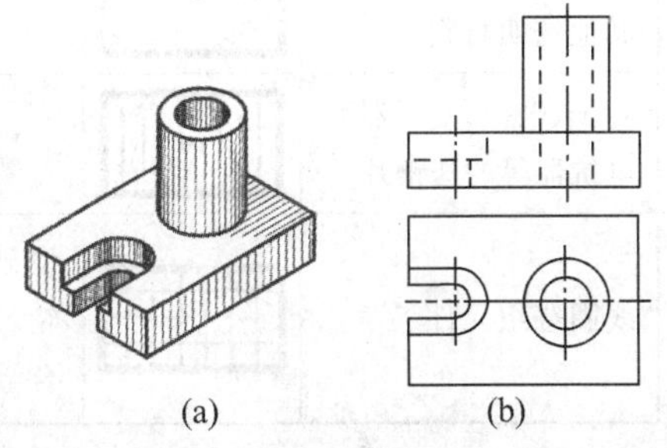
(a)　　(b)

图 11-1　机件的视图表达

如果采用剖视的方法，即用过机件前后对称面的剖切面 P 剖开机件，将其前半部分移去，并将后半部分向 V 面投射如图 11-2(a)所示。这样，不可见的孔和槽变为了可见的，视图上的虚线在剖视图中变为了实线，如图 11-2(b)所示。

【作图】

(1)确定剖切平面 P 的位置:在视图上用剖切符号(—)和大写字母“×”在相应视图中表示剖切位置;

(2)用箭头表示投影方法。注意箭头一定与剖切符号相垂直;

(3)将处在观察者和剖切面之间的部分移去,而将其剩余部分向投影面投射;

(4)绘制视图:剖切后可见的轮廓线绘制成实线;

(5)绘制剖面线:机件与剖切平面相接触的实体部分绘制剖面线(45°斜细实线);

(6)在剖视图上方标注相应字母(×—×),如图 11-2(b)所示。

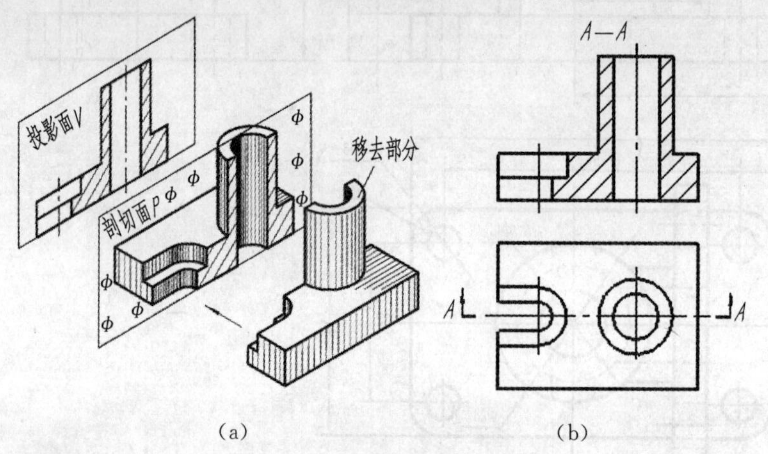

图 11-2 机件的剖视图表达

二、剖面区域的表示法

假想用剖切面剖开机件,剖切面与机件的接触部分称为剖面区域。不需在剖面区域中表示材料的类别时,可采用通用剖面线表示。

若需在剖面区域中表示材料的类别时,应采用特定的剖面符号表示。各种材料的剖面符号如表 11-1 所示。

表 11-1 常见材料的剖面符号

材料	剖面符号	材料	剖面符号	材料		剖面符号
金属材料(已有规定剖面符号者除外)		砖		木材	纵断面	
非金属材料(已有规定剖面符号者除外)		混凝土			横断面	
玻璃及供观察用的其他透明材料		钢筋混凝土		液体		
转子、电枢、变压器和电抗器等的迭钢片		基础周围的泥土		木质胶合板(不分层数)		
线圈绕组元件		型砂、粉末冶金、砂轮、陶瓷刀片、硬质合金刀片等		格网(筛网、过滤网等)		

金属材料的剖面符号和不指明材料的通用剖面符号,用一组间隔相等的平行细实线画出,称为剖面线。剖面线的倾斜方向,应与机件的主要轮廓或剖面区域的对称线成 45°角,左、右

倾斜均可，见图 11-2 所示。在同一张图样上，相同机件的剖面线方向和间隔都应相同。

当机件主要轮廓与水平方向成 45°角时，剖面线的倾斜角度应改为 30°或者 60°，而倾斜方向与间隔仍保持不变，如图 11-3 所示。

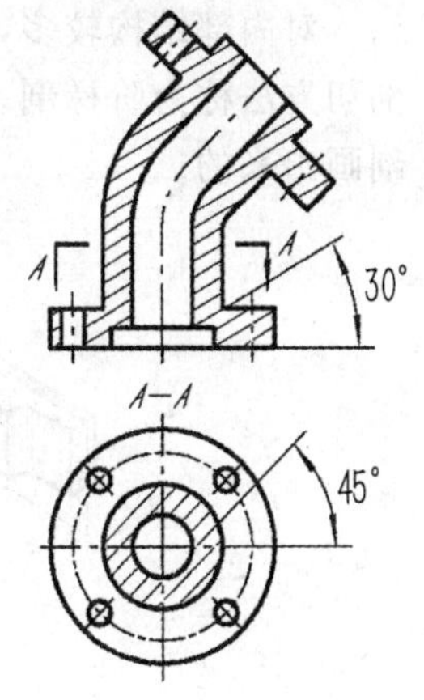

图 11-3　剖面线的方向

画剖视图要注意的问题：

(1)剖视图剖开机件是假想的。当机件的一个视图画成剖视图后，其他视图不受影响。

(2)选择剖切面的位置时，应通过相应内部结构的轴线或对称平面，以完整地反映它的实形。剖切面可以是平面，也可以是曲面(圆柱面)，还可以是多个面的组合。但应用最多的是采用与基本投影面平行的平面作为剖切面。

(3)作图时须分清机件的移去部分和剩余部分，仅画剩余部分；还须分清机件被剖切部位的实体部分和空心部分，剖面线仅在实体部分，即剖面区域画出。

(4)剖视图是机件被剖切后剩余部分的完整投影，所以，凡是剖切后的可见轮廓线应全部画出，不得遗漏。而剖切面后的不可见轮廓，若已在其他视图中表示清楚时，图中的虚线应省略不画。还需注意的是，剖面区域内部不会有粗实线存在。

11-2　机件的剖切方式

根据机件的结构特点，可选择不同的剖切方式。

一、单一剖

这是最常用的一种剖切方法，用一个剖切平面将机件进行剖切。剖切平面可与基本投影面平行(图 11-2 所示即属于平行于基本投影面的单一剖)，也可不平行于任何基本投影面。用不平行于任何基本投影面的平面剖开机件的剖切方法，称为斜剖。如图 11-4 所示，剖视图“B—B”就是按斜剖画出的。斜剖所画的剖视图一般按投影关系配置，也可按需要将图形旋转摆正放置，但标注时应加旋转符号“↶”。

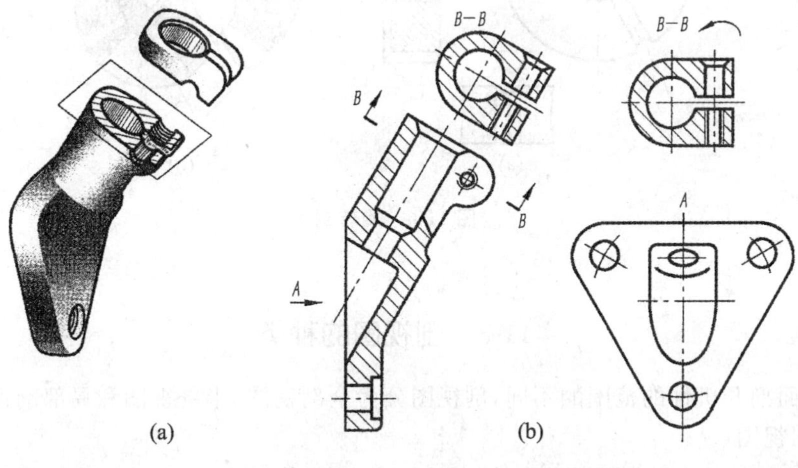

图 11-4　斜剖

二、几个平行的剖切平面——阶梯剖

对内部结构较多，轴线又不位于同一平面的机件，可用几个平行的剖切面剖开机件，这种剖切方法称为阶梯剖。如图 11-5 所示，剖视图“A—A”就是用三个相互平行的剖切面作阶梯剖画出来的。

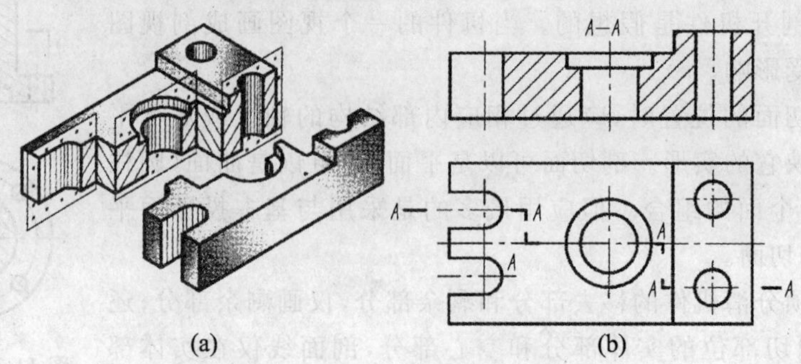

图 11-5　阶梯剖

对于几个平行的剖切平面的转折，应注意在剖视图中不应画出转折平面的投影；不应在图形的轮廓线处转折；转折平面应与剖切平面垂直；应避免不完整的要素。

三、几个相交的剖切面（交线垂直于某一投影面）——旋转剖

对整体或局部有回转轴线的机件，可采用几个相交的剖切面剖切剖开机件，把剖到的有关结构旋转到与基本投影面平行的位置后再投射，即“先剖，后转，再投射”，这种剖切方法称为旋转剖。如图 11-6 所示，剖视图“A—A”采用的就是旋转剖。

标注几个相交的剖切面的剖切位置时，在剖切面的起、迄、相交和转折处均应画出剖切符号并标注字母。相交或转折处的位置狭小时，字母可省略。

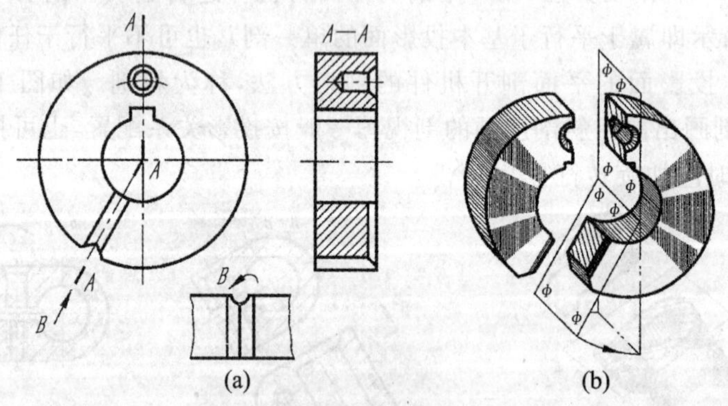

图 11-6　旋转剖

11-3　剖视图的种类

按剖切面剖开机件的范围的不同，剖视图分为全剖视图、半剖视图和局部剖视图。

一、全剖视图

用剖切面将机件完全剖开后画出的剖视图，称为全剖视图。在全剖视图中，零件朝向观察者的外形轮廓被剖去，剖视图中不再存在，所以全剖视图用于外形简单或外形不必保留的机件。

如图 11-7 所示的机件，内部结构需要表达。因左面外形简单，故左视图画成全剖视，它由单一剖切面经机件左右对称面剖切，国家标准规定省略标注。在俯视图中，由于上部圆筒已在主视图和左视图中表达清楚，所以也画成全剖视图"A—A"。

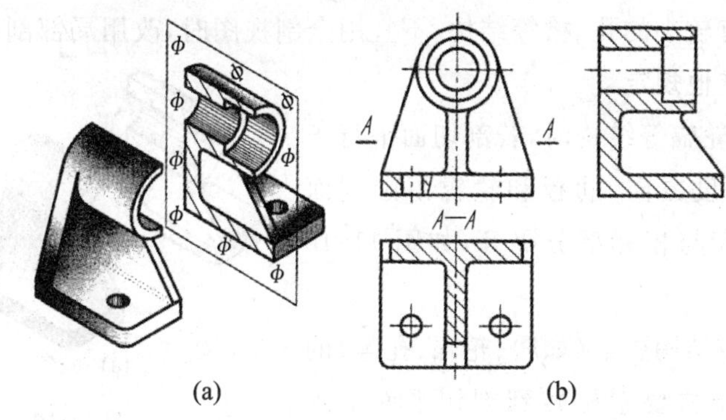

图 11-7　全剖视图

二、半剖视图

当机件对称或基本对称时，可以对称面为界，将视图的一半画成剖视图，另一半画成视图，得到的图形称为半剖视图。半剖视图中的剖视图与视图仍以细点画线为界。

半剖视图适应于内、外形状均需表达并对称(或基本对称)的机件。如图 11-8 所示，在主视图中，机件前面的凸台外形要保留，在俯视图中，顶板的形状要表达，两个视图都对称，又都要表达内部的孔，故画成半剖视图。

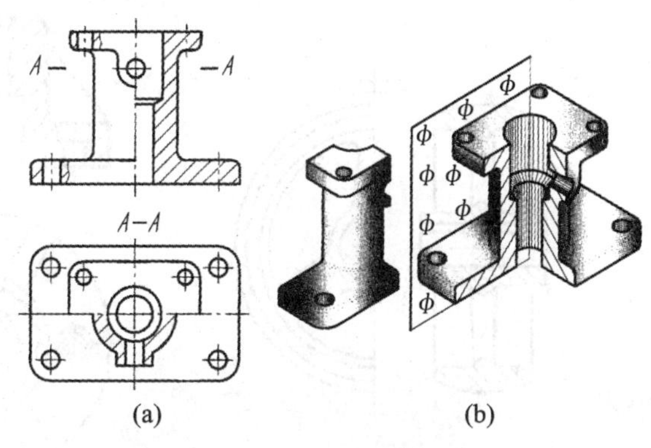

图 11-8　半剖视图

看半剖视图时，要利用对称关系，根据剖视的一半想象出机件的内部结构，根据视图的一半想象出外形。

半剖视图中，视图与剖视图的分界线应是细点画线而不应画成粗实线。由于图形对称，机件的内部结构已在半个剖视图中表达清楚，因此，另一半视图中，表达内部结构的虚线应省略不画。

半剖视图的标注方法与全剖视图相同。在图 11-8(a)中，由于剖得主视图的剖切平面与机件的前后对称面重合，故可省略标注。而剖得俯视图的剖切平面不是机件的对称面，故需标出剖切符号和字母，但可省略箭头。

三、局部剖视图

用剖切面局部地剖开机件所画出的剖视图，称为局部剖视图。局部剖视图中用波浪线分开剖视图与视图两个部分，看图时，可根据剖视部分想象出机件局部的内部结构，根据视图部分想象出机件的外形。

局部剖视不受机件是否对称的限制，剖切位置与剖切范

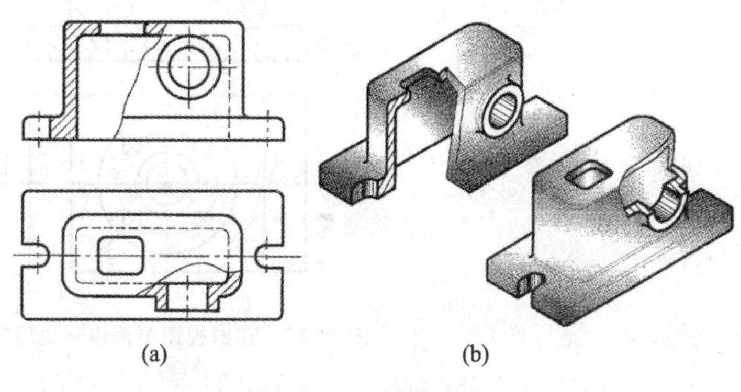

图 11-9　局部剖视图

围较灵活，一般用于下列情况：

(1)不对称机件的内外形状均需表达，如图 11-9 所示。

(2)机件的局部有较小的孔、槽等结构，不宜用全剖视图时，改用局部剖视图表达。

四、画剖视图的其他规定

(1)在剖切肋板、轮辐等结构时，若剖切面平行于肋板特征面或轮辐长度方向，肋板和轮辐不画剖面线，而用粗实线将它们与相邻部分隔开，如图 11-10 所示。

(2)带有规则发布结构要素(如肋、轮辐、孔等)的回转零件，可将这些结构要素旋转到剖切平面上画出，如图 11-11 所示。

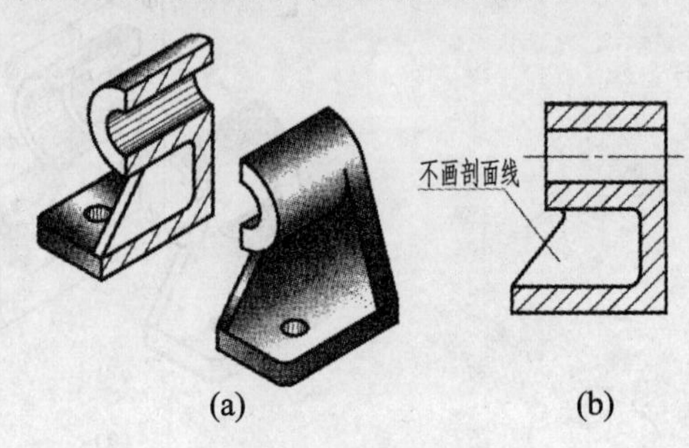

图 11-10 剖切肋板

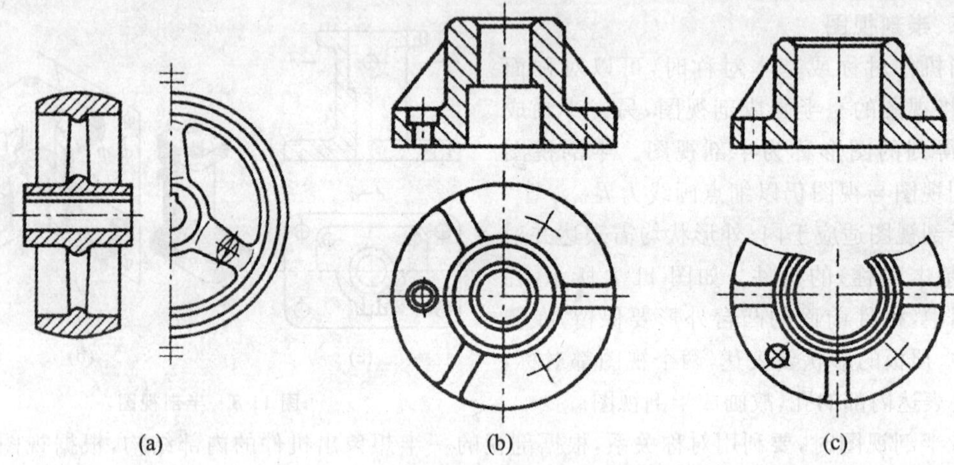

图 11-11 规则发布结构要素的旋转画法

(3)必要时，在剖视图的剖面中可再作一次局部剖。采用这种方法表达时，两个剖面区域的剖面线应同方向、同间隔，但要相互错开，并用引出线标注其名称，如图 11-12 所示。

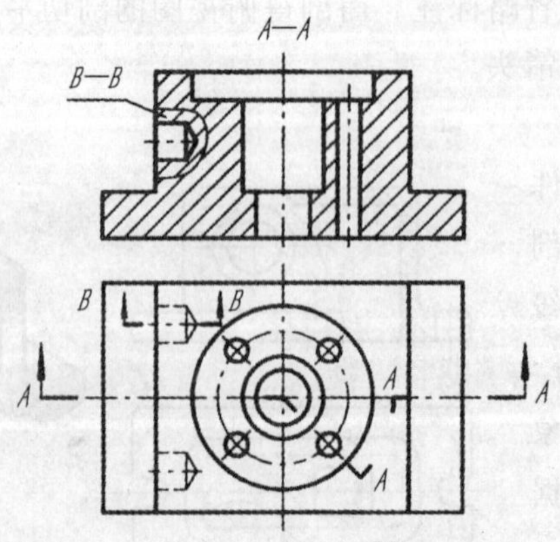

图 11-12 在剖视图中再作一次局部剖

11-4　剖视图的识读

识读剖视图，最终目的是要读懂机件的内外结构。

【例 11-2】分析和识读如图 11-13 所示剖视图，想象机件的形状。

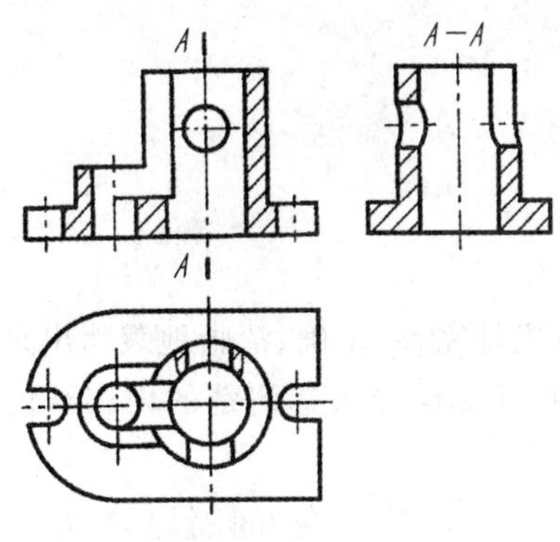

图 11-13　看剖视图示例一

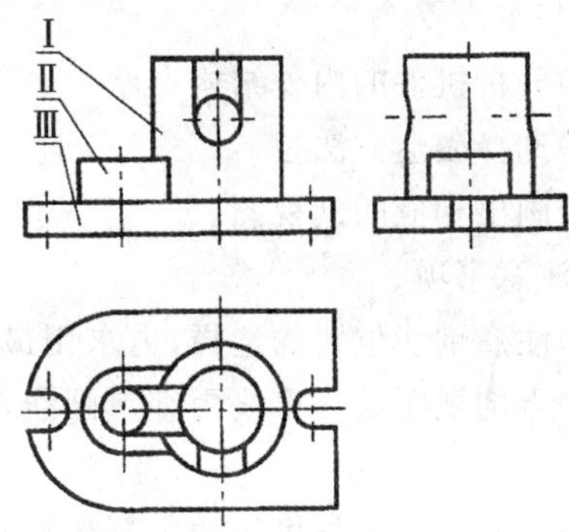

图 11-14　形体分析

【读图】

1. 分析视图表达特点

图中采用三个视图：主视图用全剖视，剖切面过前后对称面，前半部分被剖去，不作标注；A—A 也是全剖视，剖切面过圆柱轴线，左边被剖去；俯视图中有一处局部剖视，剖切面过圆筒后部的小孔轴线。

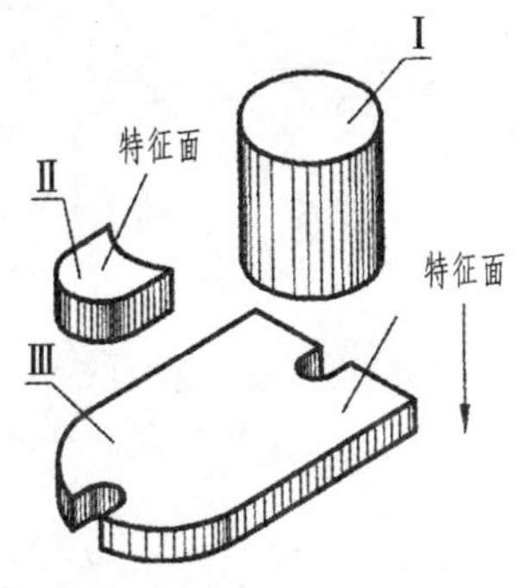

图 11-15　各部分的外形

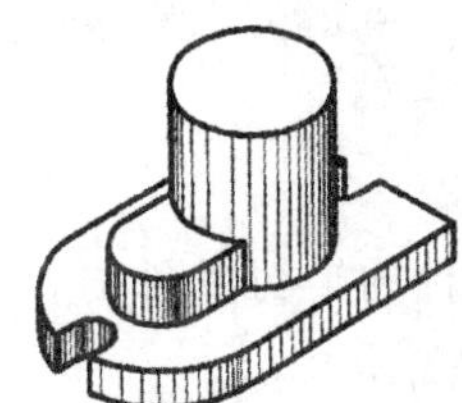

图 11-16　整体外形

2. 想外形

根据给定视图，想象剖去部分的外形轮廓，用形体分析法分析零件的外部空间形状。改画后的视图如图 11-14 所示，零件分三部分：Ⅰ为圆柱，Ⅱ和Ⅲ可用特征面延伸法，将它们在俯视图中显示的特征面沿竖直方向延伸得到各自的立体形状，如图 11-15 所示。机件的整体外形如图 11-16 所示。

3. 分析内部形状

根据剖视部分，分析机件内部结构被完全剖开后的轮廓，想象出内部结构，如图 11-17(a)所示。由主视图结合俯视图可知，Ⅰ中间有一上下贯通的竖直孔，后有一贯通的小孔。从剖视图 A—A 看，Ⅰ前面有一处空结构，与后面小孔相贯线比较，可看出这一结构是下部为

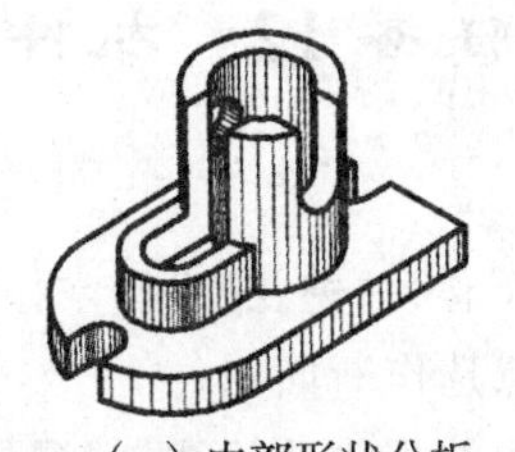

(a) 内部形状分析

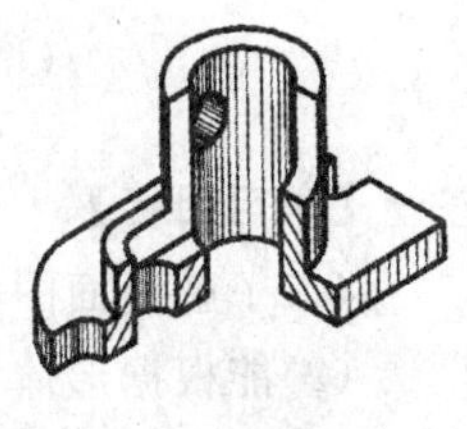

(b) 零件整体分析

图 11-17　分析内部结构和整体形状

半圆形的槽。Ⅰ左部有一槽，连至Ⅱ的小孔上，槽宽与孔径相同。Ⅱ上的小孔上下贯通。

4. 综合起来想形状

通过上面的分析，可总结归纳出零件的形状，如图 11-17(b)所示。

【作图指导】

1. 基本步骤

(1)分析机件的内外结构形状；

(2)选择表达方法；

(3)画出相应的剖视图。

2. 注意事项

(1)注意剖切位置的选择，力求用最简单的图形将机件完整、正确、清晰地表达出来。

(2)半剖视图的分界线用细点画线，在半剖视图中，凡是已经表达清楚的内部结构虚线可省略。

(3)剖面线应为与机件的主要轮廓或剖面区域的对称线成 45°角、间隔均匀、互相平行的一组细实线，同一机件在不同视图中剖面线应一致。

【实训作图】

(1)绘制下列机件的全剖视图。

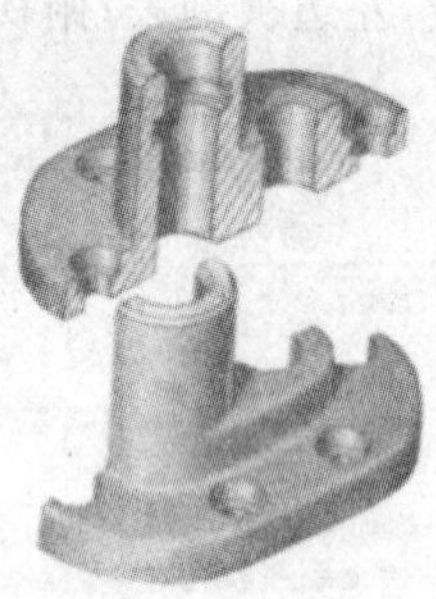

(2)绘制下列机件的半剖视图。

任务 12 机件断面形状的表达

【学习目标】

(1)了解断面图的概念、种类及应用，掌握断面图画法及标注方法；

(2)能根据形体特点选作断面图；

(3)掌握局部放大图的画法及标注；掌握机件常用的简化画法。

【学习内容】

(1)根据给定的模型，分析轴的形状结构。

(2)选择适当的表达方法，将给定轴的结构形状表达清楚。

【任务分析】

此轴的基本结构为阶梯圆柱，其上有键槽、退刀槽、中心孔等结构。用前面所学的视图、剖视图知识无法将轴的内外结构形状表达清楚，为此需掌握断面图、局部放大图的画法、标注以及常用的简化画法。

【相关知识】

12-1　机件断面形状的了解

假想用剖切面将机件的某处切断，仅画出该剖切面与机件接触部分的图形称为断面图。

断面图图形简洁，重点突出，常用来表达轴上的键槽、销孔等结构，还可用来表达机件的肋、轮辐以及型材、杆件的断面形状。如图 12-1 所示，采用断面图简洁、清楚地表达了轴上键槽的断面形状。

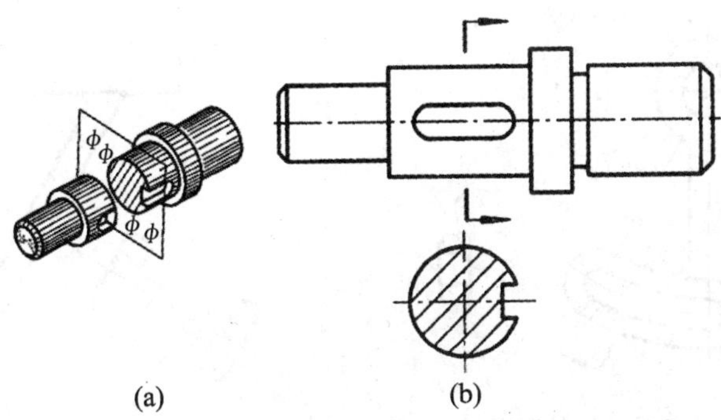

图 12-1　断面图的概念

按绘制位置的不同，断面图分为移出断面图和重合断面图。

12-2　移出断面图

画在视图轮廓之外的断面图称为移出断面图。

移出断面图的轮廓线用粗实线绘制，通常配置在剖切线的延长线上，如图 12-1(b)以及图 12-2(b)、(c)所示；也可配置在其他适当的位置，如图 12-2(a)和(d)所示。当断面图形对称时，可画在视图的中断处，如图 12-3 所示。

移出断面图的一般标注方法和剖视图相同，如图 12-2(d)所示。

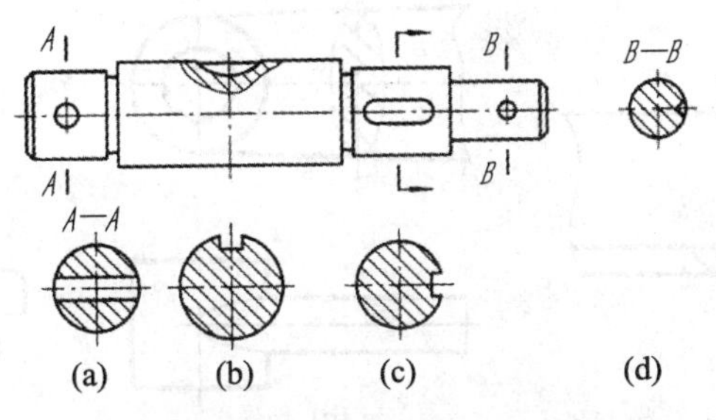

图 12-2　移出断面图

但当移出断面图配置在剖切线的延长线上时,可省略字母,如图 12-1 及图 12-2(b)和(c)所示。当移出断面图形对于剖切线对称或按投影关系配置时可省略箭头,如图 12-2(a)和(d)所示。对称的移出断面画在剖切线的延长线上时,只需用细点画线画出剖切线表示剖切位置,如图 12-2(b)所示。配置在视图中断处的对称移出断面不必标注,如图 12-3 所示。

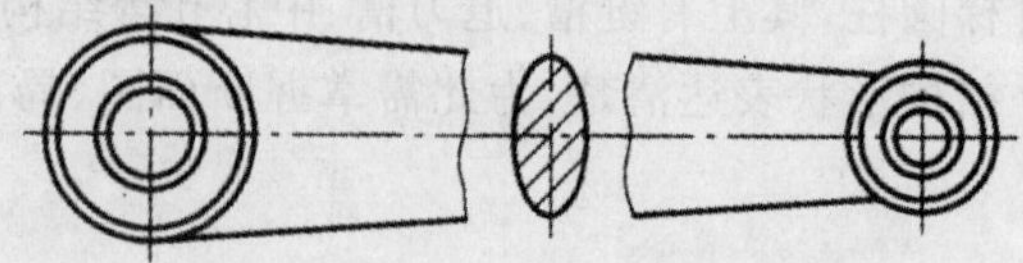

图 12-3　画在视图中断处的移出断面图

画移出断面图时要注意以下几个问题:

(1)当剖切平面通过回转面形成的孔或凹坑的轴线时,这些结构要按剖视图要求绘制,如图 12-2(a)和(d)所示,图中应将孔(或坑)口画成封闭。

(2)当剖切平面通过非圆孔,会导致出现完全分离的两个断面时,这些结构应按剖视图要求绘制,如图 12-4 所示。

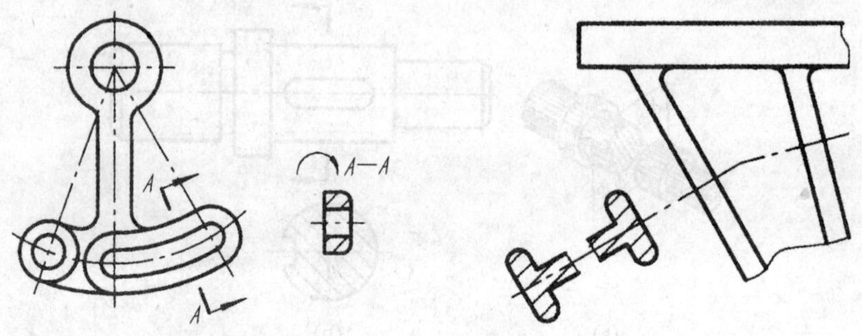

图 12-4　按剖视绘制的断面图　　**图 12-5　两相交平面切得的断面图**

(3)由两个或多个相交的剖切平面剖切得出的移出断面,中间一般应断开,如图 12-5 所示。

12-3　重合断面图

重合断面图画在视图轮廓线内,轮廓线用细实线绘制,如图 12-6 所示。当视图中的轮廓线与重合断面的图形重叠时,视图中的轮廓线仍应连续画出,不可间断,如图 12-6(a)所示。

配置在剖切符号上的不对称重合断面应标注剖切符号和箭头,如图 12-6(a)所示。对称重合断面不必标注,如图 12-6(b)和(c)所示。

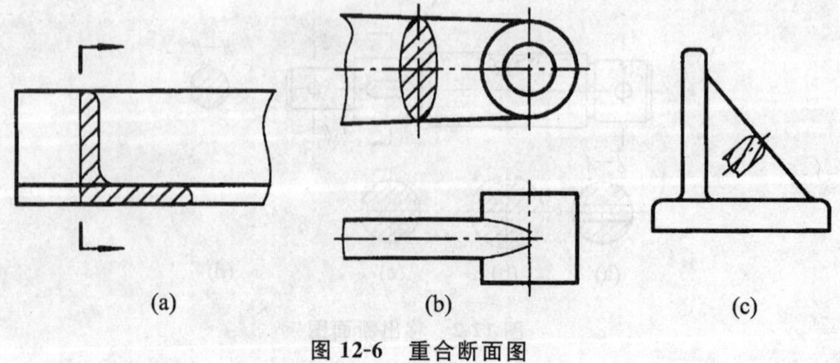

(a)　　(b)　　(c)

图 12-6　重合断面图

12-4　局部放大图

将机件的部分结构，用大于原图形所采用的比例画出的图形称为局部放大图。局部放大可画成视图，也可画成剖视图、断面图，它与被放大部分的表示方式无关，如图 12-7 所示。局部放大图应尽量配置在被放大部位附近。

画局部放大图时，用细实线圈出被放大部位。当同一机件上有几个被放大的部分时，应用罗马数字依次标明被放大的部位，并在局部放大图上方标注出相应的罗马数字和所采用的比例，如图 12-7 所示。局部放大图的比例，是指该图形中机件要素的线性尺寸与实际机件相应要素的线性尺寸之比，而与原图形所采用的比例无关。

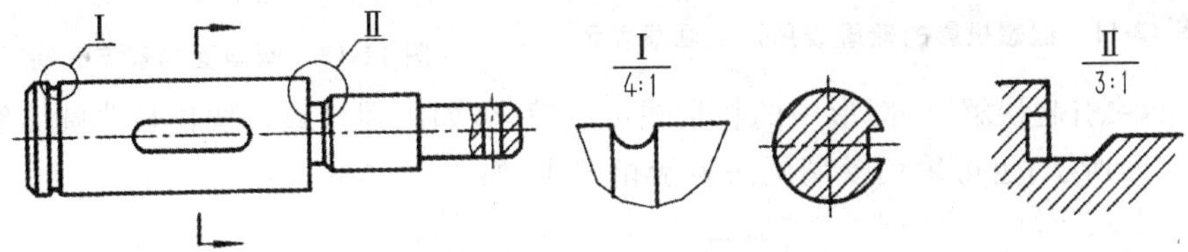

图 12-7　局部放大图

12-5　视图的简化画法

为方便读图和绘图，GB/T 16675.1—1996 规定了视图、剖视图、断面图及局部放大图中的简化画法。

(1)机件上对称结构的局部视图，可按图 12-8 所示的方法绘制。

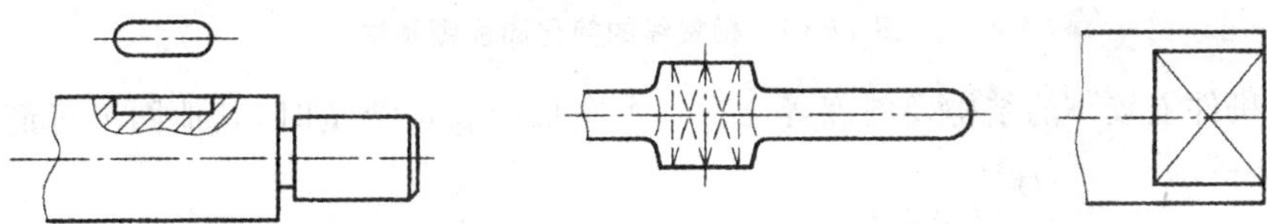

图 12-8　对称结构的局部视图　　图 12-9　回转体机件上的平面的表达

(2)当回转体机件上的平面在图形中不能充分表达时，可用两条相交的细线表示这些平面，如图 12-9 所示。

(3)在不致引起误解的情况下，剖视图和断面图中的剖面符号可省略，如图 12-10 所示。

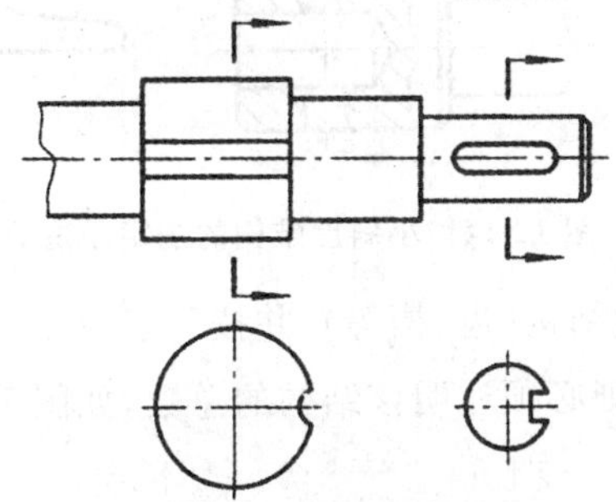

图 12-10　剖视图和断面图中的剖面符号的省略表示

(4)在需要表示位于剖切平面前的结构时，这些结构按假想投影的轮廓线即用双点画线绘制，如图 12-11 所示。

(5)与投影面倾斜角度小于或等于 30°的圆或圆弧，其投影可用圆或圆弧代替，如图 12-12 所示。

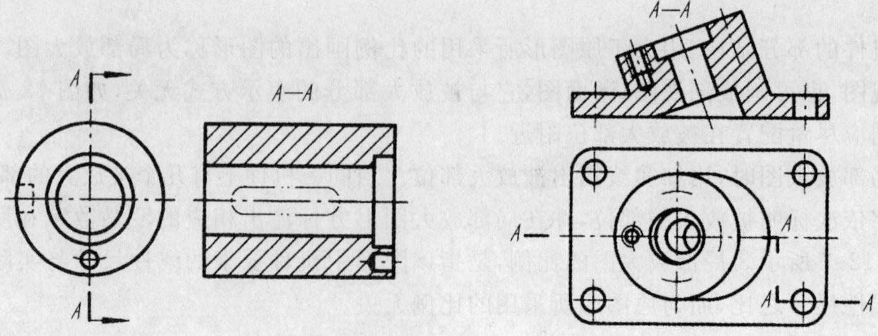

图 12-11　假想投影的轮廓线用双点画线表示

图 12-12　倾斜圆的规定画法

(6)在不致引起误解时，图形中的相贯线可以简化，如用圆弧或直线代替非圆曲线的投影，如图 12-13(a)所示；也可采用模糊画法表示相贯线，如图 12-13(b)所示。

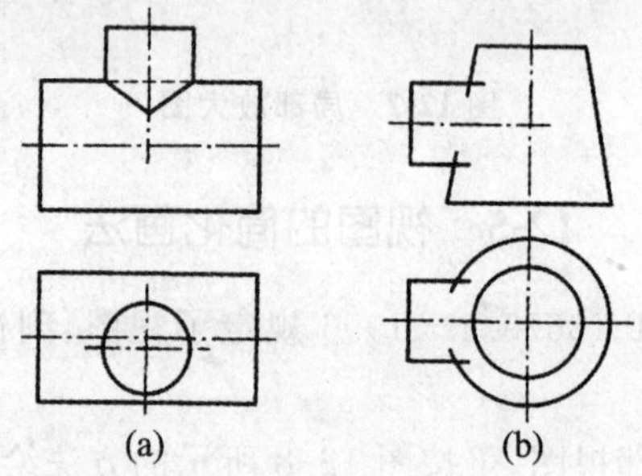

图 12-13　相贯线的简化和模糊画法

(7)当机件上较小的结构及斜度等已在一个图形中表达清楚时，其他图形可简化或省略，如图 12-14 所示。

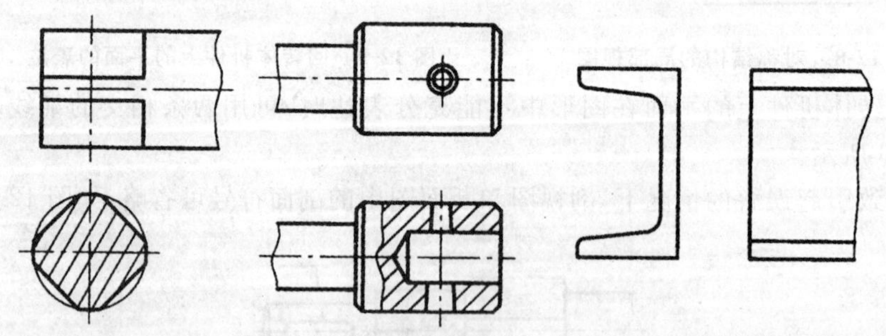

图 12-14　小斜度结构的规定画法

(8)当机件具有若干相同的结构(齿、槽等)，并按一定规律分布时，只需画出几个完整的结构，其余用细实线连接，在图中则必须注明该结构的总数，如图 12-15 所示。

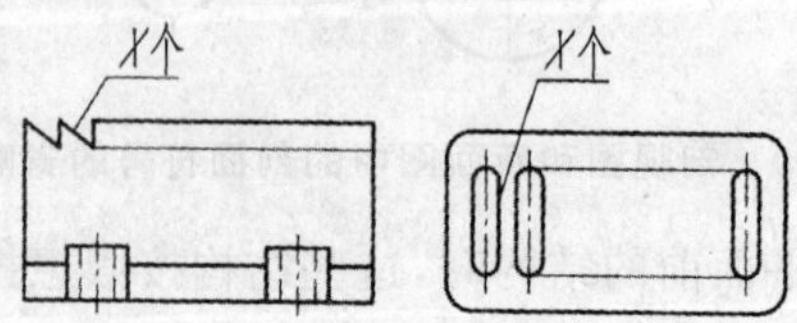

图 12-15　相同结构的简化画法

(9)较长的机件(轴、杆、型材、连杆等)沿长度方向的形状一致或按一定规律变化时,可断开后缩短绘制,如图 12-16 所示。

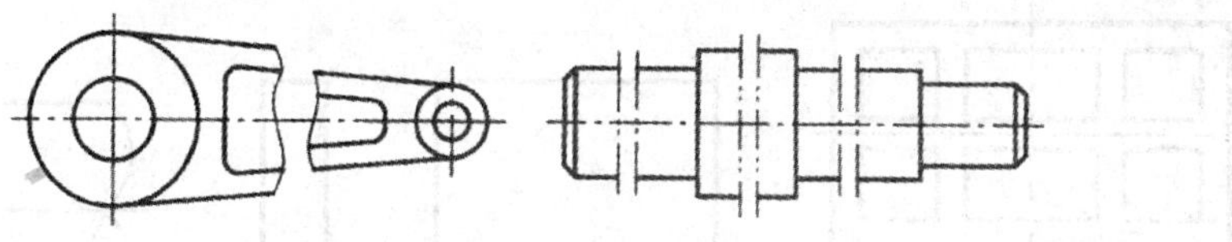

图 12-16　折断的规定画法

(10)若干直径相同且成规律分布的孔(圆孔、螺孔、沉孔等),可以仅画出一个或少量几个,其余只需用细点画线表示其中心位置,如图 12-17 所示。

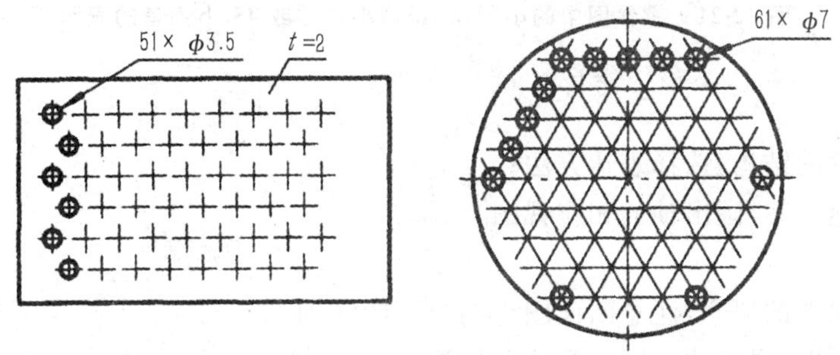

图 12-17　相同要素的简化画法

(11)圆柱法兰和类似零件上均匀分布的孔,可按上图所示的方法表示其分布情况,如图 12-18所示。

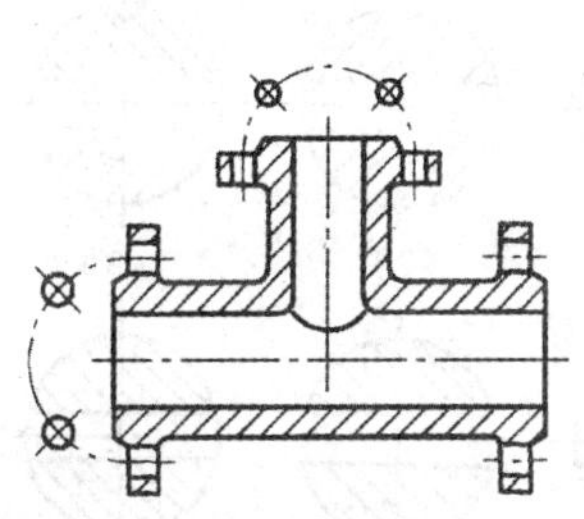

图 12-18　均布的孔的简化画法

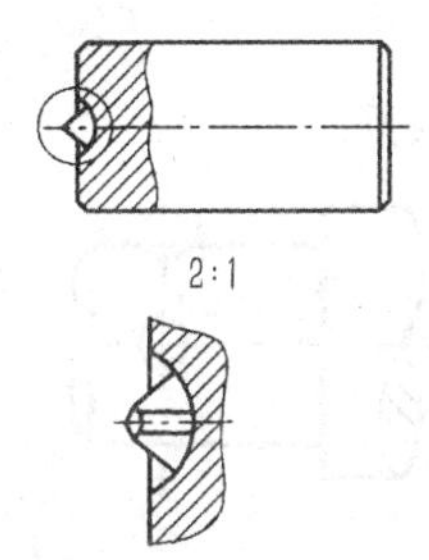

图 12-19　局部放大的画法

(12)在局部放大图表达完整的前提下,允许在原视图中简化被放大部位的图形,如图 12-19 所示。

(13)网状物、编制物或机件上的滚花部分,一般可在轮廓线附近用细实线局部示意画出,也可省略不画,在零件图上或技术要求中应注明这些结构的具体要求,如图 12-20 所示。

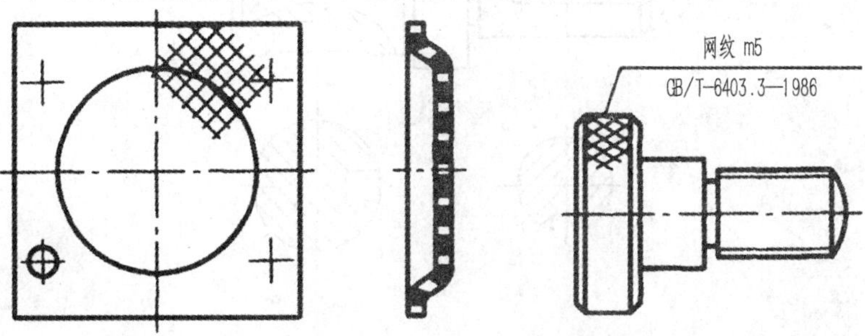

图 12-20　网状物及滚花的示意画法

(14)在不致引起误解时,零件图中的小圆角、锐边小倒圆或 45°小倒角允许省略不画,但须注明尺寸或在技术要求中加以说明,如图 12-21 所示。

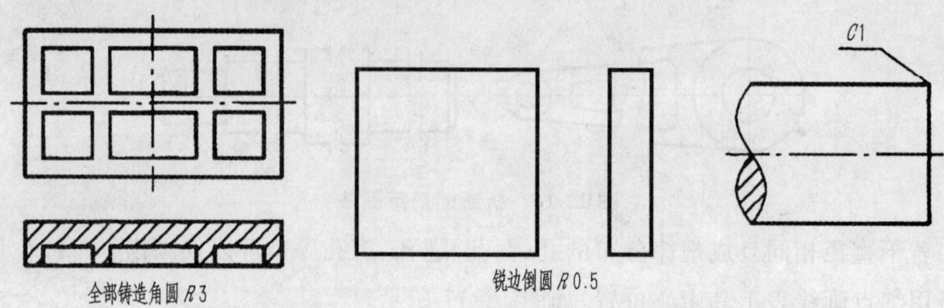

图 12-21 零件图中的小圆角、锐边小倒圆或 45°小倒角的表示

【作图指导】

1. 作图步骤

(1)分析机件的结构,选择表达方法;

(2)确定表达方案,画出轴的相应视图。

2. 注意事项

(1)理解断面图的概念,注意断面图与剖视图的区别。

(2)注意断面图、局部放大图的画法及标注。

(3)根据机件结构灵活选用简化画法。

【实训作图】

(1)在给出的 6 个图形中找出正确的 A—A 断面图。

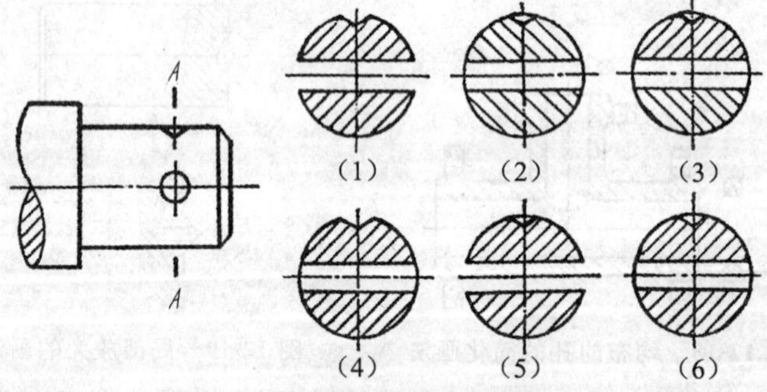

(2)分析并找出断面图中的错误,画出正确断面图。

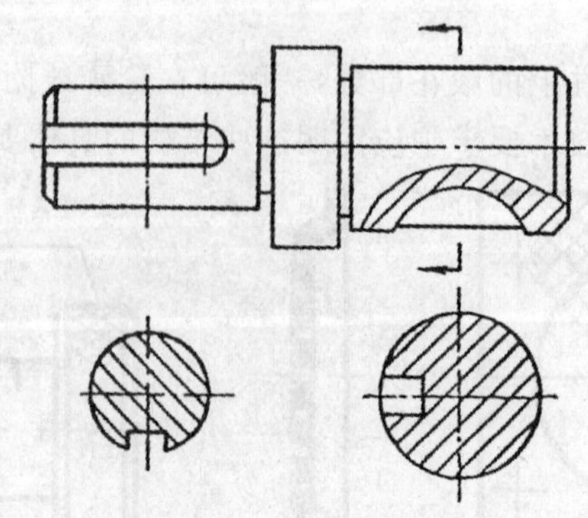

(3)分析并找出剖视图中的错误,画出正确主视图。

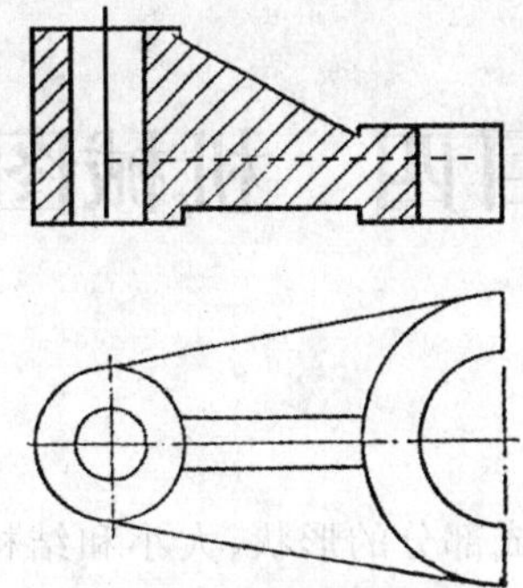

(4)分析并找出剖视图中的错误,画出正确主视图。

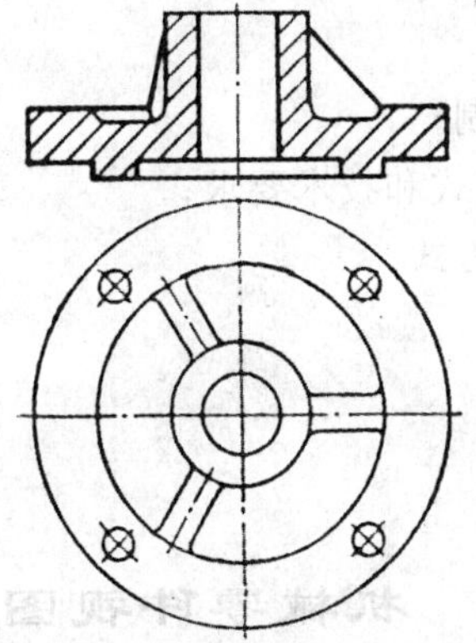

项目四　机械图样

【项目描述】

表示机器、设备以及它们的组成部分的形状、大小和结构的图样称为机械图样，机械图样是工程界重要的技术文件。识读机械图样是机械制造、检验、安装、调试等工程人员必备的一项技能。

【学习目标】

(1)掌握标准件和常用件的绘制；

(2)掌握零件图的内容、表达方式和技术要求；

(3)掌握装配图的内容和表达方式。

【能力目标】

(1)能够读懂机械的零件图；

(2)能够读懂机械的装配图。

任务13　机械零件视图的表达

【学习目标】

掌握各种机械零件的视图表达方法和标记。

【学习内容】

(1)选择合适的螺栓、螺母、垫圈连接如下图所示的两零件。已知被连接件厚 $\delta_1=20$ mm，$\delta_2=25$ mm，孔径为 $\phi13$，按比例画法，完成三视图(用1∶1比例，主视图为全剖视，俯、左视图为外形视图)；并参照标准件的标记示例写出选定的螺栓、螺母、垫圈的标记。

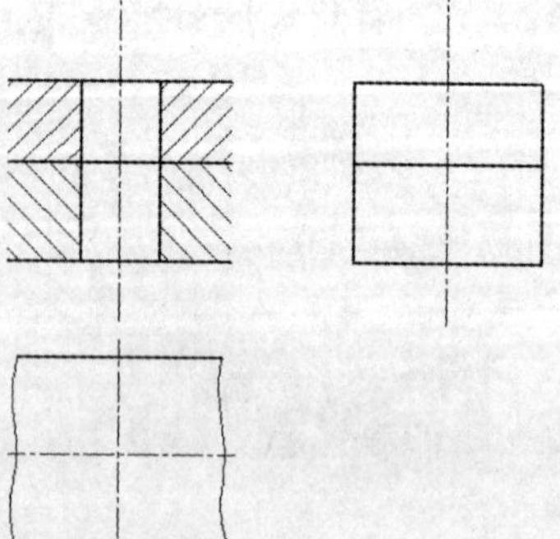

标记：

螺栓　GB/T 5782—2000

螺母　GB/T 41—2000

垫圈　GB/T 97.1—2002

(2)根据下图给定的模型，画出齿轮啮合图。

【任务分析】

(1)螺栓、螺母、垫圈属于标准件,由于标准件的形状和结构都已标准化,国家标准规定了相应的画法。要完成此课题,需掌握螺纹、螺纹紧固件、螺纹紧固件连接的规定画法及查阅螺纹紧固件参数的方法。

(2)齿轮传动是机器中常见的传动形式,齿轮的轮齿形状复杂,作图困难,因此,国家标准规定了其画法。在画连接图时,要熟练查出其相关的参数。熟练掌握齿轮啮合图的绘制,对今后学习绘制装配图有很大的帮助作用。

【相关知识】

13-1　标准件

在机械设备中广泛使用的螺栓、螺母、螺钉、垫圈、键、销、滚动轴承等,其结构和尺寸都已全部标准化,这样的零部件称为标准件;而齿轮、弹簧等,部分结构和尺寸标准化的零部件称为常用件。

一、螺纹

1.螺纹的形成

螺纹是在圆柱或圆锥面上,沿着螺旋线形成的具有特定断面形状(如三角形、梯形、锯齿形等)的连续凸起和沟槽。加工在圆柱或圆锥外表面上的螺纹称为外螺纹;加工在圆柱或圆锥孔上的螺纹称为内螺纹,如图 13-1 所示。

在零件上加工形成螺纹的方法有许多种,常见的有车床车削和丝锥攻丝两种。

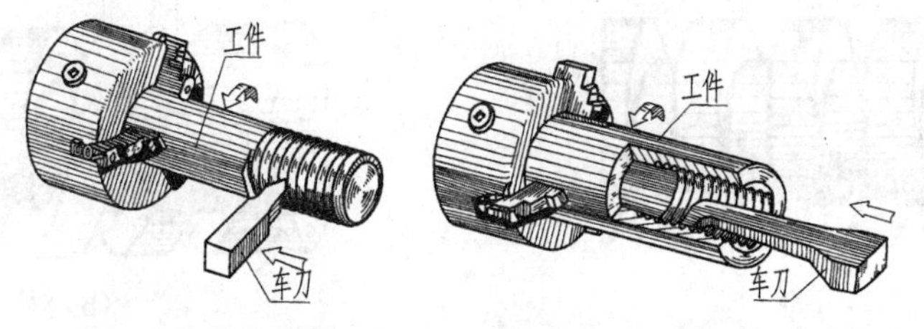

(a) 加工外螺纹　　(b) 加工内螺纹

图 13-1　加工螺纹

2.螺纹要素

螺纹的基本要素包括牙型、公称直径、旋向、线数、螺距和导程等。

(1)牙型:在通过螺纹轴线的断面上,螺纹牙齿的轮廓形状称为牙型,常见的螺纹牙型有三角形、矩形、梯形和锯齿形等,如图 13-2 所示。

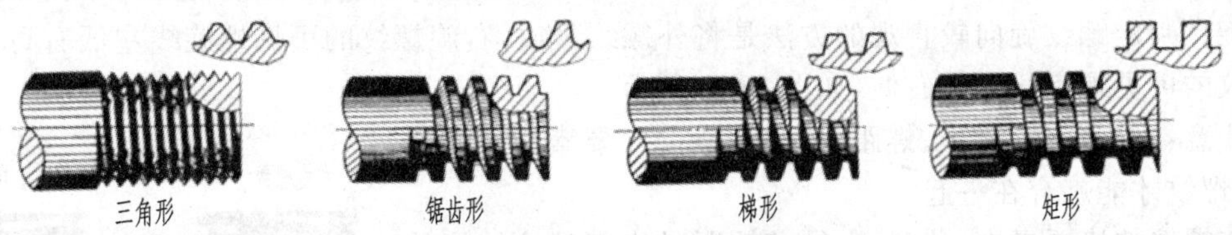

图 13-2　螺纹牙型的种类

牙型上向外凸起的尖端称为牙顶,向里凹进的槽底称为牙底,如图 13-3 所示。

(2)直径:如图 13-3 所示。螺纹直径有大径、中径和小径之分。

大径是指与外螺纹牙顶或内螺纹牙底相切的假想圆柱或圆锥的直径。外螺纹大径用 d 表示,内螺纹的大径用 D 表示,螺纹的大径称为公称直径。

小径是指与外螺纹牙底或内螺纹牙顶相切的假想圆柱或圆锥的直径。外螺纹小径用 d_1

表示；内螺纹小径用 D_1 表示。

中径是指一个假想圆柱或圆锥的直径，该圆柱或圆锥的母线通过牙型上沟槽和凸起宽度相等的地方。外螺纹的中径用 d_2 表示；内螺纹中径用 D_2 表示。

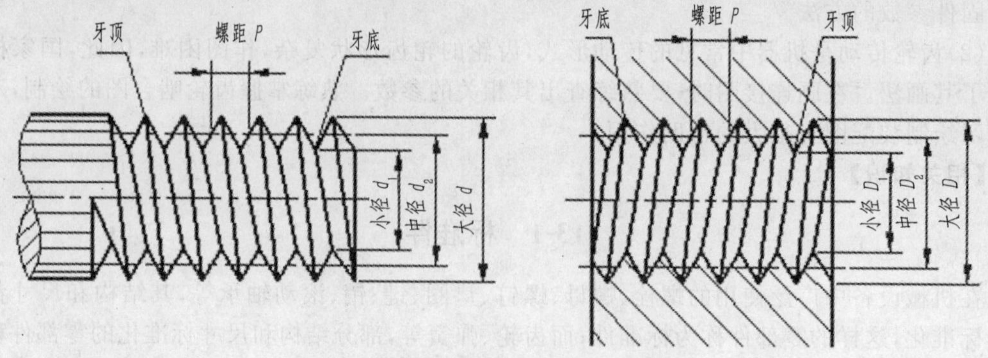

图 13-3　螺纹的结构名称及基本要素

(3)线数(n)：形成螺纹的螺旋线条数称为线数。螺纹有单线和多线之分，沿一条螺旋线形成的螺纹为单线螺纹，如图 13-4(a)所示；沿两条或两条以上且在轴向等距分布的螺旋线形成的螺纹为多线螺纹，如图 13-4(b)所示。从螺纹零件的端部看，线数多于一的螺纹，每条螺纹的开始位置不同，由螺纹的头数可看出螺纹的线数多少。

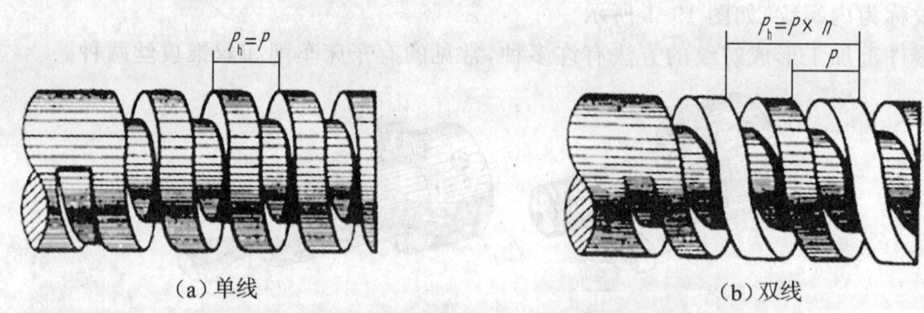

(a) 单线　(b) 双线

图 13-4　线数、导程与螺距

(4)螺距与导程：螺纹上相邻两牙对应两点间的轴向距离称为螺距(用 P 表示)。同一条螺纹上相邻两牙对应两点间的轴向距离称为导程(P_h)，参见图 13-4。导程与螺距、线数三者的关系是

$$P_h = P \cdot n$$

(5)旋向：螺纹的旋向有左旋和右旋两种。顺时针旋进的螺纹为右旋，逆时针旋进的螺纹为左旋。判定螺纹旋向较直观的方法是将外螺纹竖放，右旋螺纹的可见螺旋线左低右高，而左旋螺纹的可见螺旋线左高右低，如图 13-5 所示。

注意：只有牙型、大径、螺距、线数和旋向等要素都相同的内、外螺纹才能旋合在一起。

在螺纹的诸要素中，牙型、大径和螺距是决定螺纹结构的最基本的要素，称为螺纹三要素。凡螺纹三要素符合国家标准的，称为标准螺纹；仅牙型符合国家标准的，称为特殊螺纹；连牙型也不符合国家标准的，称为非标准螺纹。

只有当外螺纹和内螺纹的上述五个结构要素完全相同时，内外螺纹才能旋合在一起。

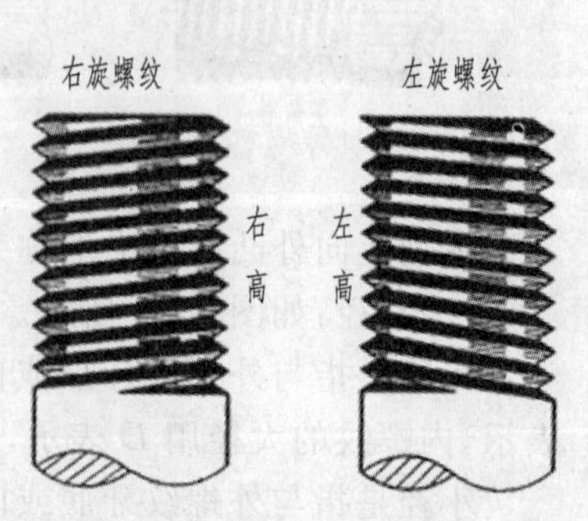

图 13-5　螺纹旋向的判定

3.螺纹的规定画法

由于螺纹的真实投影难以画出,国家标准(GB/T4459.1—1995)规定了螺纹的简化画法:

(1)牙顶圆的投影用粗实线表示;

(2)牙底圆的投影用细实线表示,在垂直于螺纹轴线的投影面的视图中,表示牙底圆的细实线只画约 3/4 圈;

(3)螺纹终止线用粗实线表示;

(4)在剖视图或断面图中,剖面线一律画到粗实线。

【例 13-1】绘制外螺纹视图。

【分析】外螺纹是在圆柱体(或圆锥)外表面沿着螺旋线形成的具有相同断面形状的连续凸起和沟槽,由于其形状较复杂,真实投影不易画出。因此,只能采用简化方式绘制。

【作图】

(1)绘制对称轴和对称中心线;

(2)用粗实线绘制螺纹大径(牙顶线);

(3)用粗实线绘制倒角(或倒圆)部分,倒角的角度一般是 45°;

(4)用粗实线绘制螺纹终止线;

(5)用细实线绘制小径(牙底线),小径通常按大径的 0.85 倍绘制;

(6)螺尾部分一般不必画出,当需要表示螺尾时,该部分用与轴线成 30°的细实线画出;

(7)在圆的视图中,用粗实线画整圆表示牙顶线,用细实线画 3/4 圆表示牙底线,倒角的投影省略不画,如图 13-6 所示。

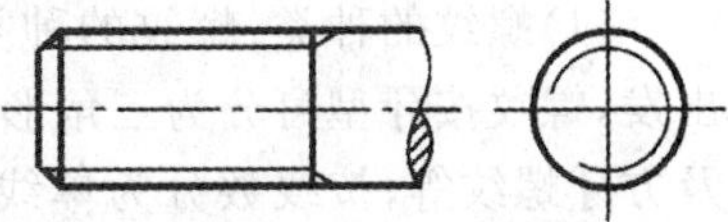

图 13-6　外螺纹的画法

【例 13-2】绘制内螺纹的视图。

【分析】内螺纹是在圆筒体(或圆锥孔)内表面沿着螺旋线形成的具有相同断面形状的连续凸起和沟槽。类似于外螺纹,采用简化方式绘制。

【作图】

(1)绘制对称轴和对称中心线;

(2)用粗实线绘制螺纹小径(牙顶线),小径通常按大径的 0.85 倍绘制;

(3)用粗实线绘制倒角(或倒圆)部分,倒角的角度一般是 45°;

(4)用粗实线绘制螺纹终止线;

(5)用细实线绘制大径(牙底线);

(6)螺尾部分一般不必画出,当需要表示螺尾时,该部分用与轴线成 30°的细实线画出;

(7)在圆的视图中,用粗实线画整圆表示牙顶线,用细实线画 3/4 圆表示牙底线,倒角的投影省略不画;

(8)在剖视图中,剖面线一定画到牙顶线上,如图 13-7 所示。

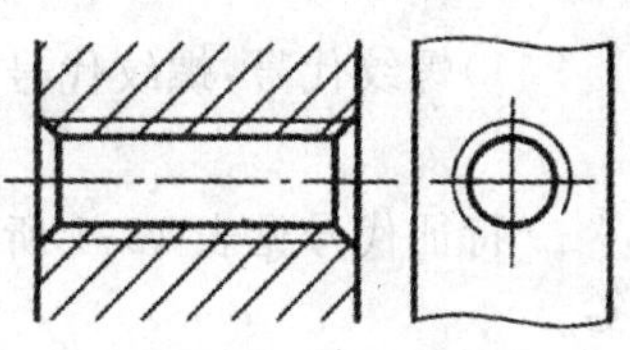

图 13-7　内螺纹的画法

【例 13-3】绘制不通螺纹的视图。

【分析】不通螺孔是先钻孔后攻丝形成的,因此一般应将钻孔深度与螺纹部分的深度分别画出,底部的锥顶角应画成 120°。

【作图】

(1)绘制机件的剖视图;

(2)用粗实线绘制牙顶线;

(3)用粗实线绘制锥顶角；

(4)用细实线绘制牙底线；

(5)用细实线绘制剖面线(注意：剖面线一定绘制到牙顶线上)；

(6)在圆的视图上，用粗实线绘制整圆表示牙顶线，用细实线绘制 3/4 圆表示牙底线，如图 13-8 所示。

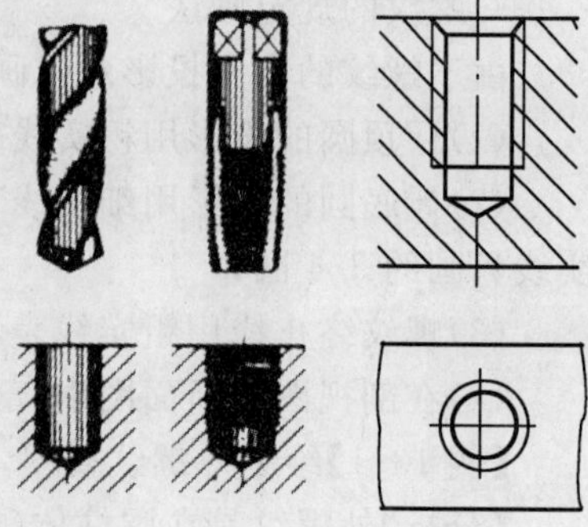

图 13-8　不通螺纹的画法

【例 13-4】绘制螺纹连接视图。

【分析】绘制螺纹连接时，以剖视图表示内螺纹，以视图表示外螺纹，内外螺纹连接时，其旋合部分应按外螺纹的画法绘制(注意：表示内外螺纹牙底和牙顶的粗、细线必须对齐)。

【作图】

(1)绘制内螺纹视图；

(2)绘制外螺纹视图；

(3)绘制内外螺纹旋合部分视图，如图 13-9 所示。

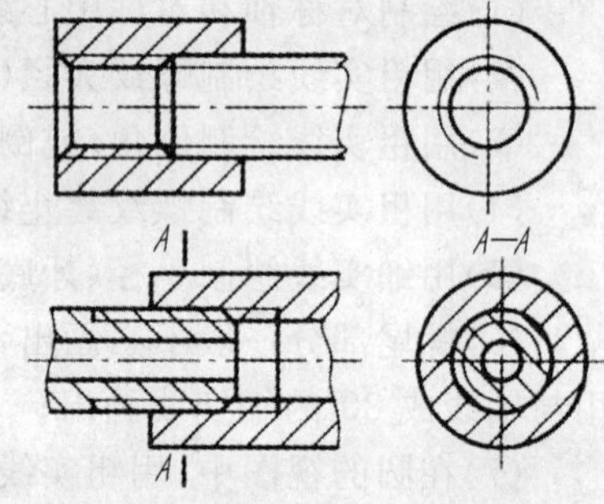

图 13-9　螺纹连接的画法

4. 螺纹的种类及标注

(1)螺纹的种类：螺纹的种类很多。从螺纹的结构要素出发，螺纹按牙型可分为三角形螺纹、梯形螺纹、锯齿形螺纹及方牙螺纹等；按线数分为单线螺纹和多线螺纹；按旋向分为右旋螺纹和左旋螺纹。

从螺纹的功用出发，可把螺纹分为连接螺纹和传动螺纹。一般地，连接螺纹用于两零件间的可拆连接，牙型一般为三角形，尺寸相对较小；传动螺纹用于传递运动或动力，牙型多用梯形、锯齿形和方形，尺寸相对较大。

从螺纹的结构要素是否符合国家标准来分，可把螺纹分为标准螺纹、非标准螺纹和特殊螺纹。

(2)标准螺纹的规定标记：由于螺纹都采用的是规定画法，它不能表示出螺纹的基本要素和种类，这就需要通过螺纹的标注来区分，国家标准规定了螺纹的标记和标注方法。

一个完整螺纹的标记由三部分组成：螺纹代号、螺纹公差带代号和旋合长度代号。其标记格式如下：

螺纹代号—公差带代号—旋合长度代号

1)螺纹代号：螺纹代号的内容及格式为

特征代号—尺寸代号—旋向

特征代号见表 13-1 所示，如普通螺纹的特征代号为 M，非螺纹密封的管螺纹特征代号为 G。

单线螺纹的尺寸代号为：公称直径×螺距。

多线螺纹的尺寸代号为：公称直径×导程(*P* 螺距)。

米制螺纹以螺纹大径为公称直径；管螺纹以管子的公称通径为尺寸代号，单位为英寸。

旋向：左旋螺纹用代号“LH”表示，而右旋螺纹应用最多，不标旋向代号。

2)公差带代号：由公差等级(用数字表示)和基本偏差(用字母表示)组成。表示基本偏差的字母，内螺纹为大写，如 6H；外螺纹为小写，如 5 g、6 g。管螺纹只有一种公差带，故不注公差带代号。

3)旋合长度代号:旋合长度有长、中、短三种规格,分别用代号 L,N,S 表示,中等旋合长度应用最多,在标记中可省略 N。

(3)螺纹的标注:

1)米制螺纹的标注:按一般尺寸标注的方式,把螺纹标记直接标注在尺寸线或其引出线上。注意,不论是内螺纹还是外螺纹,尺寸界线均应从大径引出。

2)管螺纹的标注:标注管螺纹时,应先从管螺纹的大径线、尺寸线或尺寸界线处画引出线,然后将螺纹的标记注写在引出线的水平线上。

标准螺纹的种类与标注,见表 13-1。

表 13-1　常用标准螺纹的种类及标记

<table>
<tr><th colspan="4">螺纹种类</th><th>特征代号</th><th>标记示例</th><th>说明</th></tr>
<tr><td rowspan="6">连接螺纹</td><td rowspan="2">普通螺纹</td><td colspan="2">粗牙</td><td rowspan="2">M</td><td>M10－5g6g－S</td><td>公称直径为 10 mm 的粗牙普通外螺纹,右旋,中径、大径公差带代号分别为 5 g、6 g,短旋合长度</td></tr>
<tr><td colspan="2">细牙</td><td>M20×2LH－6H</td><td>公称直径为 20 mm,螺距为 1.5 mm 的左旋细牙普通内螺纹,中径和大径的公差带代号均为 6H,中等旋合长度</td></tr>
<tr><td rowspan="4">管螺纹</td><td colspan="2">非螺纹密封的管螺纹</td><td>G</td><td>G1/2A</td><td>管螺纹,公称直径为 1/2″
外螺纹公差分 A、B 两级;内螺纹公差带只有一种</td></tr>
<tr><td rowspan="3">用螺纹密封的管螺纹</td><td>圆锥外螺纹</td><td>R</td><td>R1/2－LH</td><td>圆锥外螺纹,尺寸代号为1/2″,左旋</td></tr>
<tr><td>圆锥内螺纹</td><td>R_c</td><td>R_c1/2</td><td>圆锥内螺纹,尺寸代号为 1/2″,右旋</td></tr>
<tr><td>圆柱内螺纹</td><td>R_p</td><td>R_p1/2</td><td>用螺纹密封的圆柱内螺纹,尺寸代号为 1/2″,右旋</td></tr>
<tr><td rowspan="4">传动螺纹</td><td colspan="3" rowspan="2">梯形螺纹</td><td rowspan="2">Tr</td><td>Tr40×7－7H</td><td>公称直径为 40 mm,螺距为 7 mm 的单线梯形内螺纹,右旋,中径公差带代号为 7H,中等旋合长度</td></tr>
<tr><td>Tr40×14(P7)LH－7e</td><td>公称直径为 40 mm,导程为 14 mm,螺距为 7 mm 的双线梯形外螺纹,左旋,中径公差带代号为 7e,中等旋合长度</td></tr>
<tr><td colspan="3" rowspan="2">锯齿形螺纹</td><td rowspan="2">B</td><td>B40×7－7A</td><td>公称直径为 40 mm,螺距为 7 mm 的单线锯齿形内螺纹,右旋,中径公差带代号为 7A,中等旋合长度</td></tr>
<tr><td>B40×14(P7)LH－8c－L</td><td>公称直径为 40 mm,导程为 14 mm,螺距为 7 mm 的双线锯齿形外螺纹,左旋,中径公差带代号为 8c,长旋合长度</td></tr>
</table>

3)非标准螺纹的标注:非标准螺纹的牙型数据没有资料可查,因此,在图样上除了按标准螺纹的画法画出非标准螺纹外,还必须另外用较大的比例画出牙型的放大图,并按一般零件的尺寸标注方法,详细地标注出有关尺寸,如图 13-10 所示。

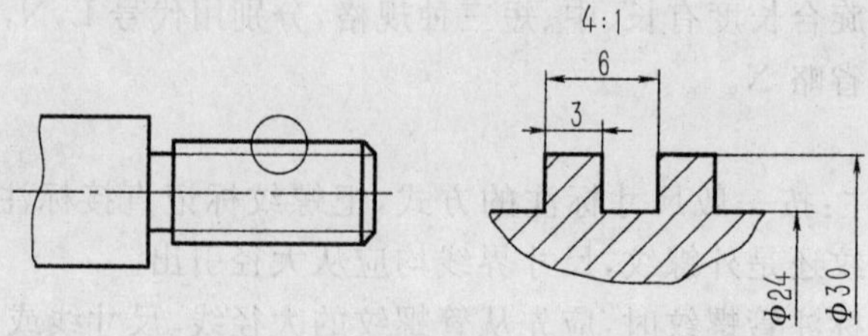

图 13-10 非标准螺纹的标注

(4)螺纹的标注方法：米制螺纹的标注如图 13-11 所示。对于普通螺纹、梯形螺纹和锯齿形螺纹，将螺纹的标记直接注在大径的尺寸线或其引出线上，如图 13-11(a)所示。

对于不通螺孔，还需注出螺纹深度，钻孔深度仅在需要时注出，如图 13-11(b)所示。也可采用旁注法引出标注，如图 13-11(c)所示。

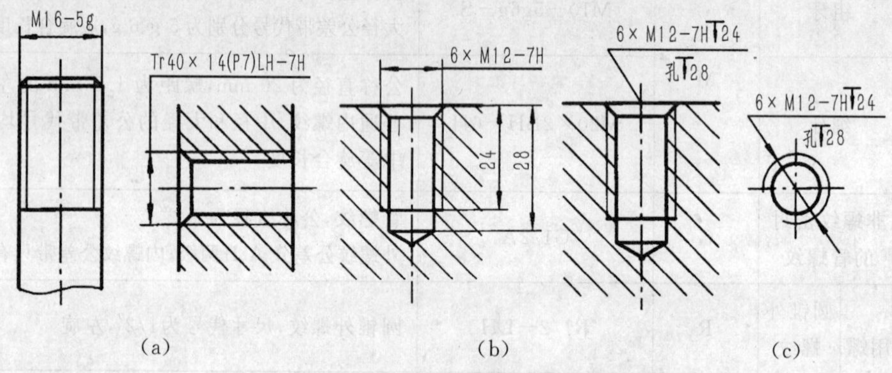

图 13-11 米制螺纹的标注

对于管螺纹，其标记一律注在引出线上，引出线应由大径处引出或由对称中心线处引出，如图 13-12 所示。

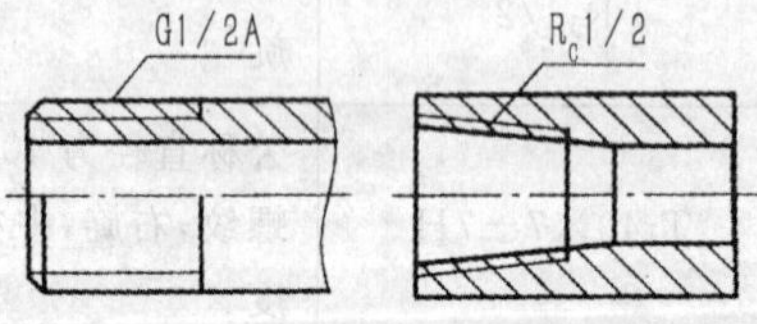

图 13-12 管螺纹的标注

二、螺纹连接

螺纹连接是最为常见的一种连接形式。常用的螺纹连接件有螺栓、螺柱、螺钉、螺母等(见图 13-13)，这些零件都属于标准件，它们的结构和尺寸可在有关的标准手册中查到。

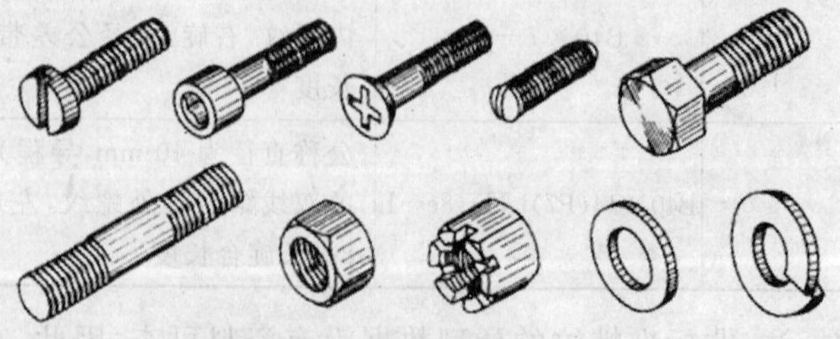

图 13-13 常见螺纹连接标准件

1. 螺纹标记

标准件的标记格式一般为

名称—标准号—规格

其中，规格由能够代表该标准件大小及形式的代号和尺寸组成。常用螺纹连接标准件及标记如下：

(1)六角头螺栓(如图 13-14 所示)：

标记：螺栓 GB/T5782－2000　M10×40

说明：螺纹规格 $d=10$ mm，公称长度 $l=40$ mm，性能等级为 8.8 级，表面氧化的 A 级六角头螺栓。

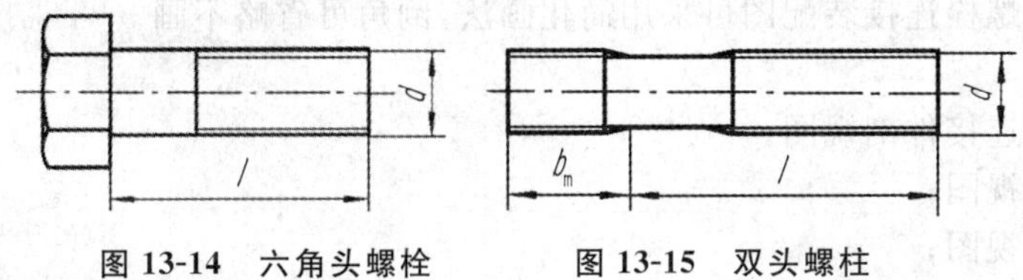

图 13-14　六角头螺栓　　图 13-15　双头螺柱

(2)双头螺柱(如图 13-15 所示)：

标记：螺柱 GB/T897－1988 M12×50

说明：两端均为粗牙普通螺纹，螺纹规格 $d=12$ mm，$l=50$ mm，性能等级为 4.8 级，不经表面处理 B 型，旋入机体长度 $b_m=1.5d=12$ mm。

(3)六角螺母(如图 13-16 所示)：

标记：螺母 GB/T6170－2000 M8

说明：螺纹规格 $d=8$ mm，性能等级为 10 级，不经表面处理，A 级 Ⅰ 型。

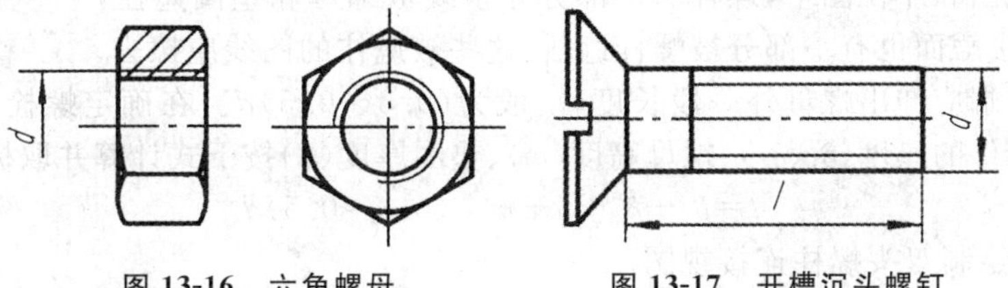

图 13-16　六角螺母　　图 13-17　开槽沉头螺钉

(4)开槽沉头螺钉(如图 13-17 所示)：

标记：螺钉 GB/T67－2000 M10×30

说明：螺纹规格 $d=10$ mm，$l=30$ mm，性能等级为 4.8 级，不经表面处理的开槽盘头螺钉。

(5)平垫圈(如图 13-18 所示)

标记：垫圈 GB/T97.1＝2002　8－140*HV*

说明：螺纹规格 $d=8$ mm(螺杆大径)，性能等级为 140HV 级，不经表面处理，A 级平垫圈。

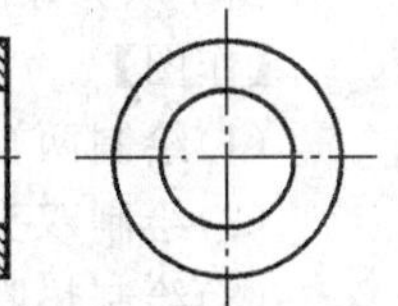

图 13-18　平垫圈

根据所给定的标准件的标记可以在对应的标准中查出其所有尺寸。

2. 螺纹连接视图的绘制

常见螺纹连接的形式有螺栓连接、螺柱连接和螺钉连接，下面分别介绍它们的画法。

【例 13-5】绘制螺栓连接的视图。

【分析】螺栓连接是将螺栓穿入两个被连接件的光孔，套上垫圈，旋紧螺母。垫圈的作用是为了防止零件表面受损。这种连接方式适合于连接两个不太厚并允许钻成通孔的零件，如图 13-19 所示。

画螺纹连接装配图时，各连接件的尺寸可根据其标记查表得到。但为提高作图效率，通常采用近似画法，即根据公称尺寸(螺纹大径 d)按比例大致确定其他各尺寸，而不必查表。螺栓连接中常用的标准件各结构

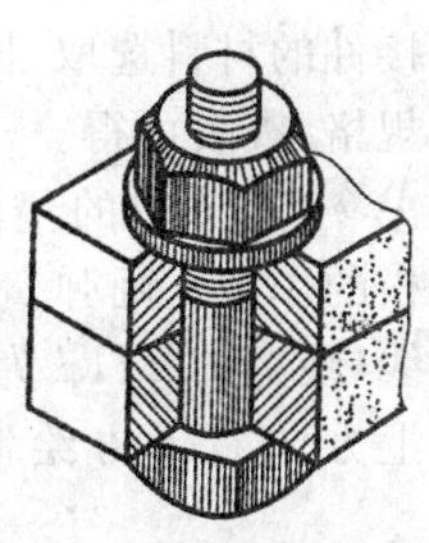

图 13-19　螺栓连接

尺寸与螺纹大径之间的近似比例关系见表 13-2。

表 13-2 螺栓连接的各部分比例关系式

紧固件名称	螺栓	螺母	平垫圈
尺寸比率	$b=2d$ $k=0.7d$ $c\approx0.15d$	$M=0.8d$	$h=0.15d$ $D=2.2d$
	$e=2d$ $R=1.5d$ $R_1=d$ r、s 由作图决定		

为简化作图，螺栓连接装配图可采用简化画法，倒角可省略不画。

【作图】

(1)绘制两被连接件剖视图；

(2)绘制螺栓视图；

(3)绘制垫圈视图；

(4)绘制螺母视图，如图 13-20 所示。

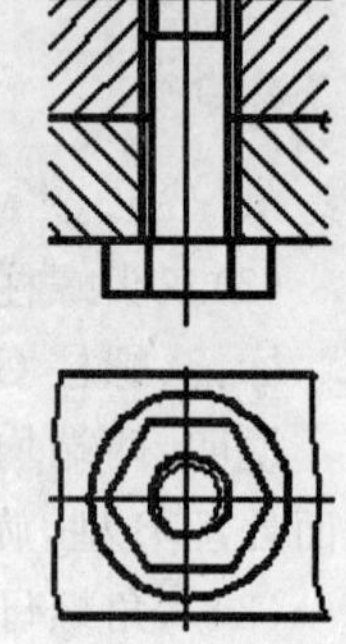

图 13-20 常用螺栓的简化连接装配图

画螺栓连接图时，应按各个标准件的装配顺序依次画出，作图时还应注意：

(1)在主视图和左视图中，剖切面过轴线剖切标准件，图中的螺栓、螺母和垫圈按不剖画出。

(2)被连接件的光孔(直径 d_0)与螺杆之间为非接触面，应画出间隙(可近似取 $d_0=1.1\,d$)。

(3)在主视图和左视图中，螺杆的一部分牙顶线被螺母和垫圈遮住，两被连接件的接触面也有一部分被螺杆遮住，这些被遮住的图线应擦去。

(4)螺栓末端应伸出螺母外一段长度，一般为$(0.3\sim0.5)d$。在确定螺栓长度(l)的数值时，需由被连接件的厚度(δ_1、δ_2)、螺母高度(m)、垫圈厚度(h)按下式计算并取标准值：

$$l=\delta_1+\delta_2+h+m+(0.3\sim0.5)d$$

【例 13-6】绘制双头螺柱连接视图。

【分析】双头螺柱连接主要用于被连接件之一较厚或不允许钻成通孔而难于采用螺栓连接的场合。双头螺柱两端均制有螺纹，一端直接旋入较厚的被连接件的螺孔内(称为旋入端)，另一端则穿过较薄零件的光孔，套上垫圈，用螺母旋紧，如图 13-21(a)所示。

由于双头螺柱旋入端应全部旋入螺孔，画图时旋入端的螺纹终止线需与两零件的结合面平齐。

【作图】

(1)绘制两被连接件的剖视图；

(2)绘制双头螺栓的视图；

(3)绘制垫圈的视图；

(4)绘制螺母视图，如图 13-21(b)所示。

画图时应注意以下几点：

(1)螺柱的旋入端长度 b_m 按被连接件的材料选取，国家标准规定了四种规格，查表可得。

(2)图中的垫圈为弹簧垫圈，有防松的作用。画弹簧垫圈时，开口采用粗线(线宽约 $2d$，d 为粗实线的宽度)从左上方向右下方绘制，与水平成 60°角。

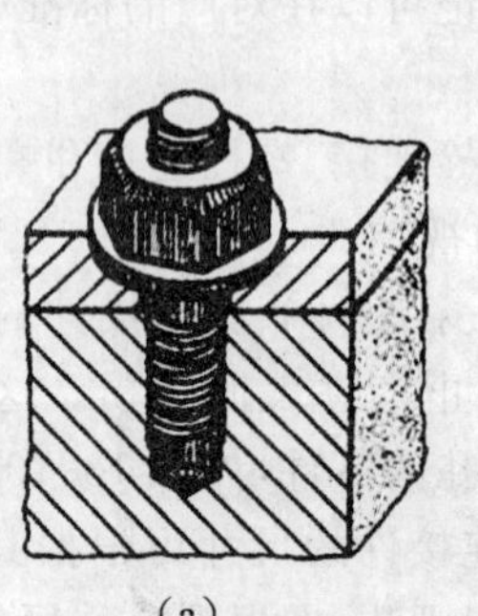

(a)

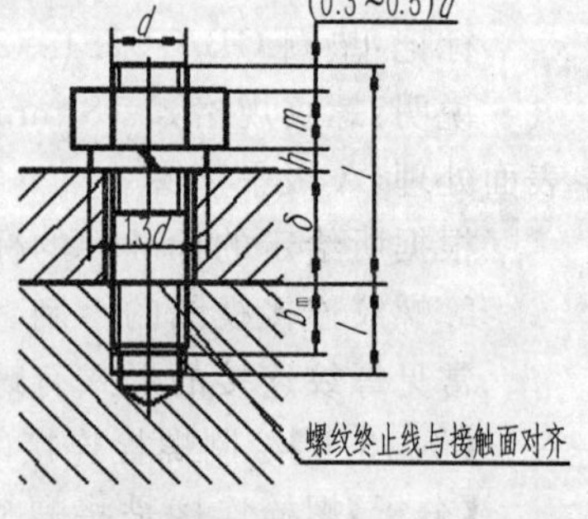

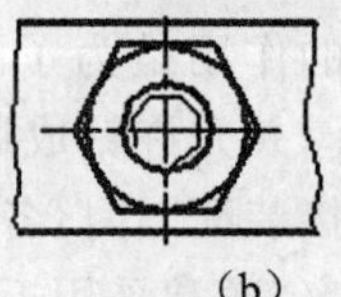

(b)

图 13-21 双头螺柱连接

比例关系为：$h=0.2d$，$D=1.3d$。

(3)旋入端的螺纹终止线应与接触面对齐，表示旋入端的螺纹全部旋入螺孔中。

(4)为保证旋入端的螺纹能够全部旋入螺孔，被连接件上的螺孔深度应大于螺柱旋入端的长度，螺孔深取 $b_m+0.5d$，孔深取 b_m+d。

(5)双头螺柱的公称长度按下式计算后再标准化：

$$l=\delta+h+m+(0.3\sim0.5)d$$

(6)采用近似比例作图时，双头螺柱拧螺母端的螺纹部分长度约取 $2d$。螺母与螺栓连接中的画法相同。

【例 13-7】绘制螺钉连接视图。

【分析】螺钉连接是将螺钉穿过一厚度不大零件的光孔，并旋入另一个零件的螺孔中，将两个零件固定在一起。螺钉连接主要用于受力不大且不经常拆卸的两零件间的连接，如图13-22(a)所示。

螺钉按用途可分为连接螺钉和紧钉螺钉两类。

【作图】

(1)绘制两被连接件的剖视图；

(2)绘制螺钉的视图，如图 13-22(b)所示。

注意以下几个问题：

(1)螺钉上的螺纹终止线应高于两零件的接触面，以保证两个被连接的零件能够被旋紧。

(2)螺钉头部的开槽用粗线(宽约 $2d$，d 为粗实线线宽)表示，在垂直于螺钉轴线的视图中一律向右倾斜 45°画出。

(3)被连接件上螺孔部分的画法与双头螺柱相同。

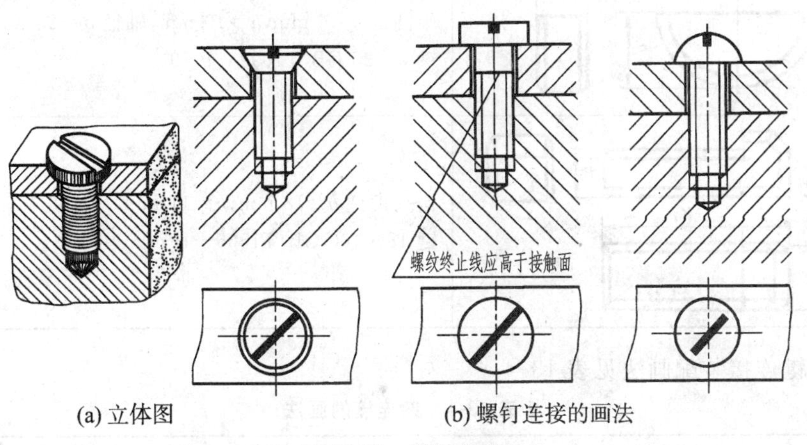

(a) 立体图　(b) 螺钉连接的画法

图 13-22　螺钉连接

13-2　常用件

一、键、销

1. 键

键常用来连接轴和轮，以在两者之间传递运动或动力，如图 13-23 所示。

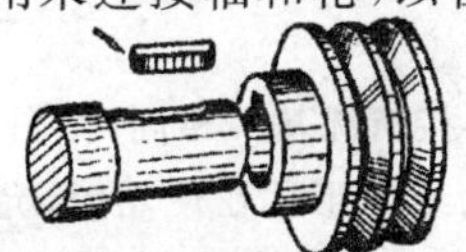

(a)普通平键连接

(b)半圆键连接

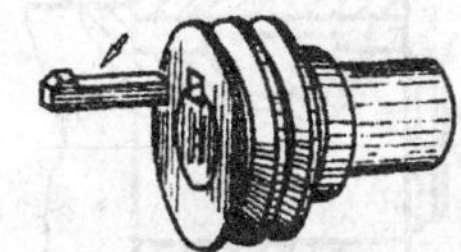

(c)钩头楔键连接

图 13-23　键连接

键是标准件，其形式有许多，常用的有普通平键、半圆键和钩头键，如图 13-24 所示。

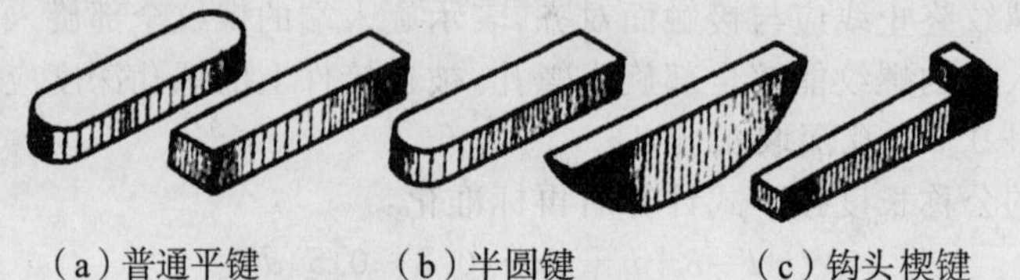

（a）普通平键　（b）半圆键　（c）钩头楔键

图 13-24　键的形式

普通平键应用最广，按形状分为 A 型（两端为圆头）、B 型（两端为平头）和 C 型（一端为圆头，另一端为平头）三种。

普通平键、半圆键和钩头楔键的画法与标记见表 13-3。

表 13-3　常用键的形式、画法与标记

名称	图例	标记
普通平键		圆头普通平键（A 型）$b=8$ mm，$h=7$ mm，$l=25$ mm： 键 8×25 GB/T1096－1979 平头普通平键（B 型）$b=16$ mm，$h=10$ mm，$l=100$ mm： 键 B16×100 GB/T1096－1979
半圆键		半圆键 $b=6$ mm，$h=10$ mm，轴径 $d=25$ mm： 键 6×25 GB/T1099－1979
钩头楔键		钩头楔键 $b=18$ mm，$h=11$ mm，$l=100$mm： 键 18×100 GB/T1565－1979

常见的键连接装配画法见表 13-4。

表 13-4　键连接的画法

名称	连接图画法	说明
普通平键连接		键的两侧工作时受力，与键槽侧面之间为接触面，只画一条线；键顶面与轮毂上的键槽顶面之间有间隙，作图时应绘出两条线。 沿键长度方向剖切时，键按不剖绘制。 键上的倒圆、倒角省略不画。
半圆键连接		与普通平键连接情况基本相同，作图也一样，只是键的形状为半圆形。在使用时，允许轴与轮毂轴线之间有少许倾斜。

（续表）

名称	连接图画法	说明
钩头楔键连接	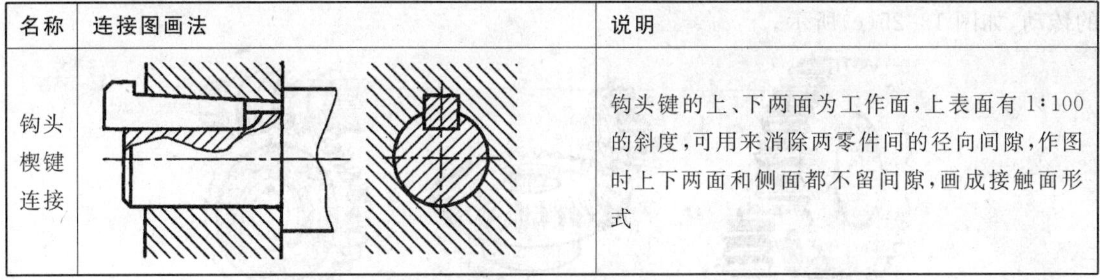	钩头键的上、下两面为工作面，上表面有 1∶100 的斜度，可用来消除两零件间的径向间隙，作图时上下两面和侧面都不留间隙，画成接触面形式

键和键槽的尺寸是根据被连接的轴或孔的直径确定的，可通过有关手册查得。例如，要用 A 型普通平键连接直径为 40 mm 的轴和孔，可查得键宽 12 mm，键高 8 mm，公称长度按轮毂长度在 28～140 mm 之间选取，并要符合规定的长度系列。

2. 销

销属于标准件，多用于两零件间的定位，也可用于受力不大的连接和锁定。销常见的形式有圆柱销、圆锥销和开口销。

圆柱销用于定位和连接，工件需要配作铰孔，可传递的载荷较小；圆锥销用于定位和连接，圆锥销制成 1∶50 的锥度，安装、拆卸方便，定位精度高；开口销与槽形螺母配合使用，用于锁定其他零件，拆卸方便、工作可靠。

销连接的画法和标记见表 13-5。

表 13-5　销的标记和连接画法

名称	图例	连接画法	标记
圆柱销			公称直径为 $d=8$ mm，公称长度 $l=32$ mm，材料为 35 号钢，热处理硬度为 28～38HRC、表面氧化处理的 A 型圆柱销： 销 GB/T 119－2000　A8×32
圆锥销			公称直径为 $d=5$ mm，公称长度 $l=32$ mm，材料为 35 钢，热处理硬度为 28～38HRC，表面氧化处理的 A 型圆锥销： 销 GB/T 117－2000　5×32
开口销			公称规格为 $d=5$ mm，公称长度 $l=50$ mm，材料为 Q215，不经表面处理的开口销： 销 GB/T91－2000　5×50

二、齿轮

齿轮用于两轴间传递运动或动力，属于常用件，只有部分结构和参数进行了标准化。

常用的齿轮传动有三大类：圆柱齿轮传动，用于平行两轴间的传动，如图 13-25(a)所示；

圆锥齿轮传动，用于相交两轴间的传动，如图 13-25(b)所示；蜗轮蜗杆传动，用于交叉两轴间的传动，如图 13-25(c)所示。

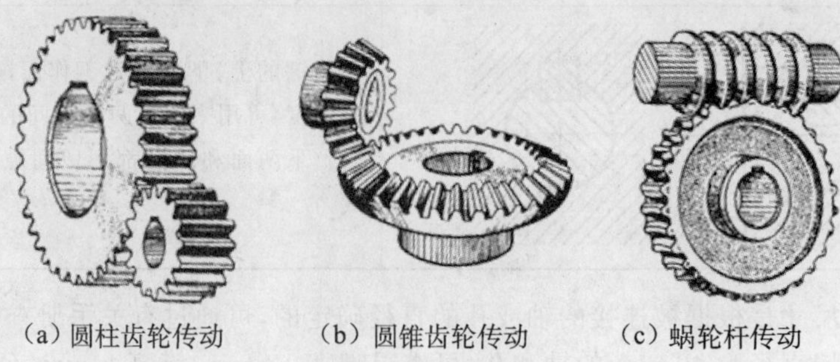

(a) 圆柱齿轮传动　(b) 圆锥齿轮传动　(c) 蜗轮杆传动

图 13-25　齿轮传动

1. 圆柱齿轮的轮齿结构和主要参数

圆柱齿轮的外形为圆柱，有直齿、斜齿和人字齿三种，如图 13-26 所示。齿廓曲线有渐开线、摆线和圆弧，一般为渐开线。以下介绍直齿圆柱齿轮。

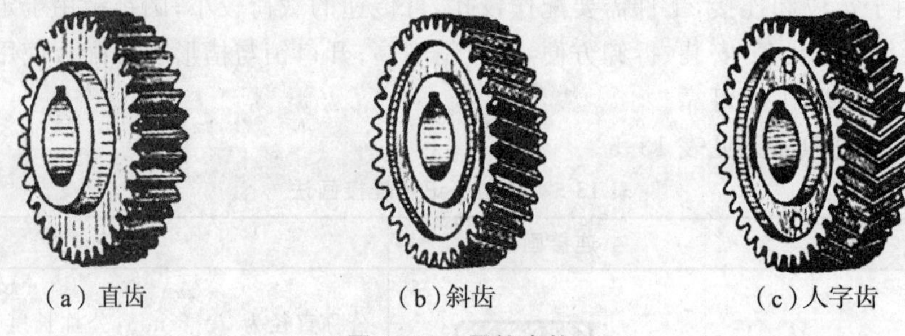

(a) 直齿　(b) 斜齿　(c) 人字齿

图 13-26　圆柱齿轮

直齿圆柱齿轮的轮齿结构和主要参数如图 13-27 所示。

(1) 齿顶圆和齿根圆：用一假想的圆通过齿轮各轮齿顶部，该圆称为齿顶圆，直径用 d_a 表示；用一假想的圆通过齿轮各轮齿根部，该圆称为齿根圆，直径用 d_f 表示。

(2) 节圆（直径 d'）和分度圆（直径 d）：在两齿轮啮合时，过齿轮中心连线上的啮合点所作的两个相切的假想圆称为节圆，直径用 d' 表示。在齿顶圆与齿根圆之间，用一假想的圆切割轮齿，若切得的齿隙弧长与齿厚弧长相等，这一假想的圆称为分度圆。加工齿轮时，分度圆作为轮齿分度使用。标准齿轮的节圆和分度圆直径相等。

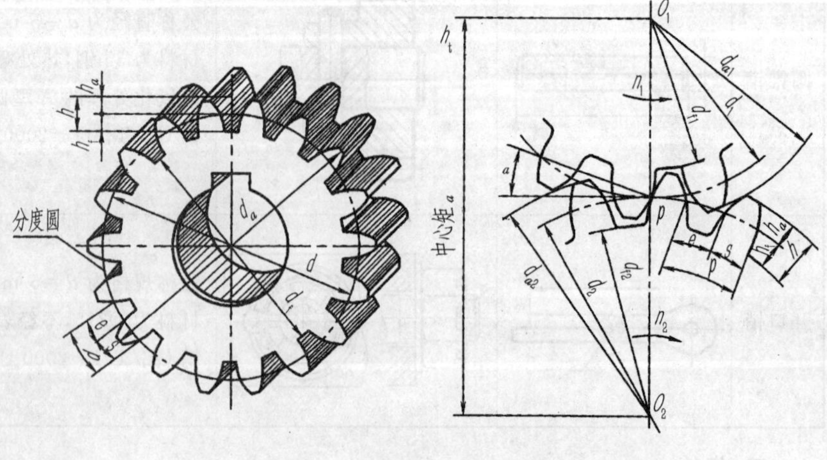

图 13-27　直齿圆柱齿轮的轮齿结构和主要参数

(3) 齿距 p：分度

圆上相邻两齿同侧齿廓间的弧长称为齿距，用 p 表示，包括齿厚(s)和槽宽(e)。

对于标准齿轮：$s=e=\frac{p}{2}$，$p=s+e$

(4)模数 m：分度圆的周长$=\pi d=pz$，$d=\frac{p}{\pi}=mz$，其中 $m=\frac{p}{\pi}$称为模数，为齿轮的标准参数，见表 13-6。

表 13-6　渐开线圆柱齿轮的标准模数系列(mm)(摘自 GB/T1357－1987)

第一系列	1，1.25，1.5，2，2.5，3，4，5，6，8，10，12，16，20，25，32，40，50
第二系列	1.75，2.25，2.75，(3.25)，3.5，(3.75)，4.5，5.5，(6.5)，7，9，(11)，14，18

注：优先选用第一系列，其次是第二系列，括号内的模数尽可能不用

(5)齿形角 α：一对齿轮啮合时，齿廓在啮合点处的受力方向与该点瞬时速度方向所夹的锐角 α 称为齿形角，见图 13-27(b)所示，标准齿轮的齿形角 $\alpha=20°$。

一对相互啮合的标准直齿圆柱齿轮，模数和齿形角必须相等。若已知它们模数和齿数，则可以计算出轮齿的其他尺寸，计算公式见表 13-7。

表 13-7　标准直齿圆柱齿轮的尺寸计算

基本参数	名称及符号	计算公式
模数 m	齿顶圆直径(d_a)	$d_a=m(z+2)$
	分度圆直径(d)	$d=mz$
齿数 z	齿根圆直径(d_f)	$d_f=m(z-2.5)$
	齿顶高(h_a)	$h_a=m$
	齿根高(h_f)	$h_f=1.25m$
	齿高(h)	$h=h_a+h_f=2.25m$
	模数(m)	$m=p/\pi$
	中心距(a)	$a=(d_1+d_2)/2=m(z_1+z_2)/2$

2. 圆柱齿轮的规定画法

【例 13-8】绘制单个齿轮的视图。

【作图】

(1)用粗实线绘制齿顶圆和齿顶线；

(2)用细点画线绘制分度圆与分度线；

(3)用细实线绘制齿根圆和齿根线，也可省略不画；

(4)在剖视图中，当剖切平面通过齿轮轴线时，轮齿一律按不剖绘制，这时用粗实线绘制齿根线，如图 13-28 所示。

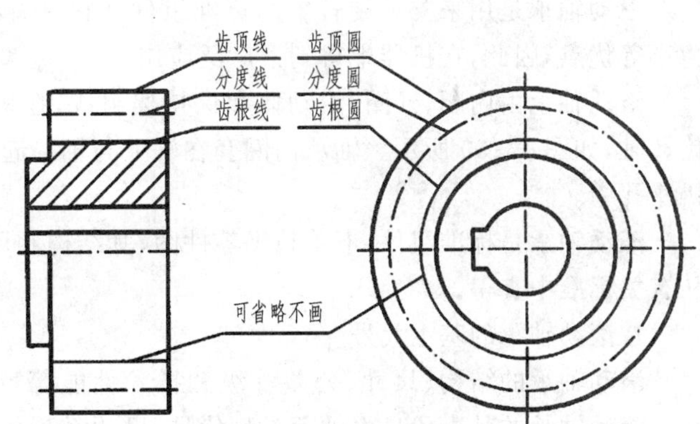

图 13-28　圆柱齿轮的画法

【例 13-9】绘制两齿轮啮合视图。

【分析】两齿轮啮合时，除啮合区外，其余的画法与单个齿轮相同。

【作图】

(1)绘制对称轴；

(2)绘制上面的齿轮视图；

(3)绘制下面的齿轮视图；

(4)绘制啮合区；

(5)在垂直于齿轮轴线的投影面的视图中，用粗实线绘制齿顶圆，也可将啮合区内齿顶圆省略不画；

(6)在平行于齿轮轴线的投影面的视图中，当通过两齿轮的轴线剖切时，在啮合区内用粗实线绘制将一个齿轮的轮齿，用虚线绘制另一个齿轮的轮齿被遮的部分，虚线也可省略不画，如图 13-29(a)所示；

(7)当不采用剖视时，啮合区画法如图 13-29(b)所示。

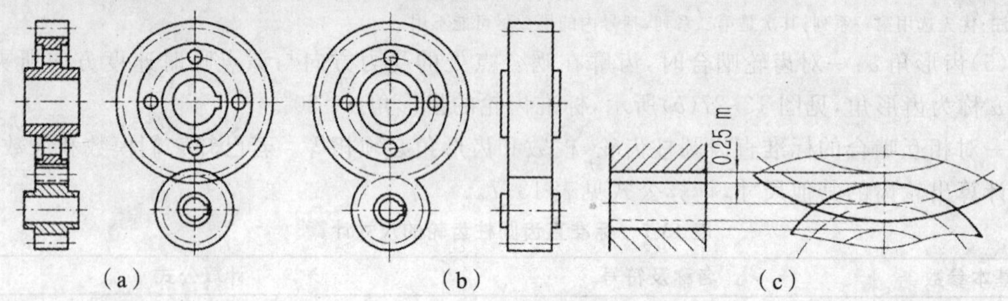

图 13-29 圆柱齿轮的啮合画法

必须注意如下几点：

(1)两个标准齿轮啮合，两分度圆相切，两分度线重合。

(2)两个齿轮啮合，它们的模数相同，因而齿顶高和齿根高也分别对应相等。由于 $h_a = m$，而 $h_f = 1.25$ m，所以存在径向间隙(0.25 m)，如图 13-29(c)所示。间隙太小不易画出时，应采用夸大画法表示。

三、滚动轴承

滚动轴承是用来支承旋转轴的标准组件。它具有结构紧凑、摩擦力小等优点，因此，在机器中得到了广泛应用。

滚动轴承由内圈、外圈、滚动体和保持架组成，在机器中用于支撑旋转轴，如图 13-30 所示。轴承内圈套在轴上与轴一起转动，外圈装在机座孔中。

滚动轴承是标准组件，不单独画零件图，其结构和尺寸可根据代号从有关标准中查得。

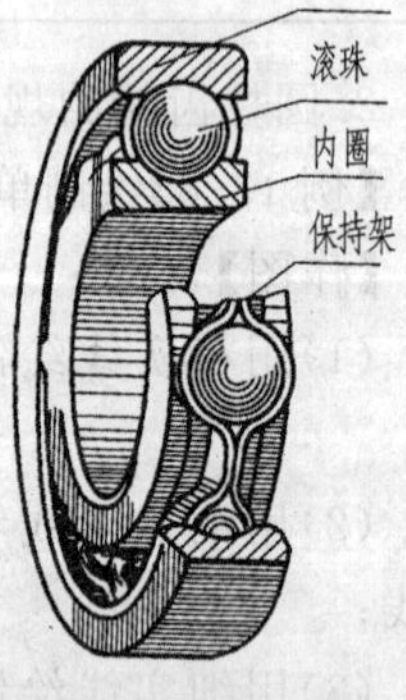

图 13-30 滚动轴承的结构

1.滚动轴承的基本代号

滚动轴承的结构、尺寸、公差等级和技术性能等特征可用代号表示。滚动轴承的基本代号由轴承类型代号、尺寸系列代号和内径代号三部分构成。它表示轴承的基本类型、结构和尺寸大小。

(1)类型代号：轴承类型代号用数字或字母表示，见表 13-8。

表 13-8 轴承类型代号(摘自 GB/T272—1993)

代号	轴承类型	代号	轴承类型
0	双列角接触球轴承	6	深沟球轴承
1	调心球轴承	7	角接触球轴承

（续表）

代号	轴承类型	代号	轴承类型
2	调力心调滚心子滚轴子承轴和承推	8	推力圆柱滚子轴承
3	圆锥滚子轴承	N	圆柱滚子轴承
4	双列深沟球轴承	U	外球面球轴承
5	推力球轴承	QL	四点接触球轴承

(2)尺寸系列代号：尺寸系列代号由轴承的宽(高)度系列代号和直径系列代号组成，用两位阿拉伯数字表示。

(3)内径代号(d)：表示轴承的公称内径，通常用两位数字表示，一般情况下，代号数字为00，01，02，03的轴承，内孔直径分别为10，12，15，17 mm；代号数字为04～96的轴承，内孔直径可用代号数乘以5计算得到。所对应轴承内径大小为代号数字乘以5的积。例如，

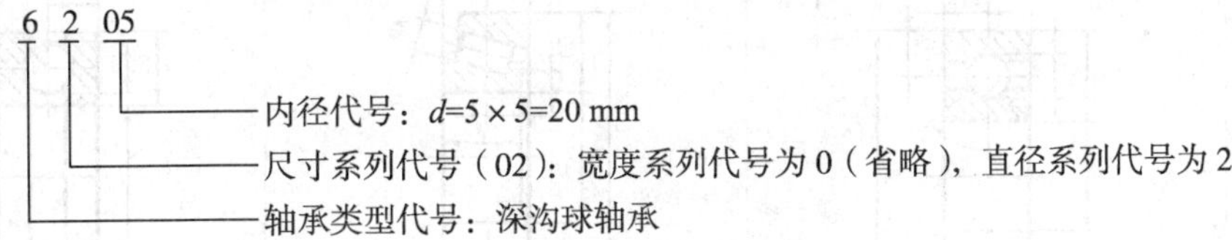

根据滚动轴承代号可从标准中查出其有关尺寸。例如，代号为6205的滚动轴承，可查得其内径 $d=25$ mm，外径 $D=52$ mm，宽度 $B=15$ mm。

2.滚动轴承的画法

国家标准对滚动轴承的画法作了规定，分为简化画法和规定画法两种，其中简化画法又分为通用画法和特征画法。

滚动轴承的代号和画法见表13-9。滚动轴承在装配图中的画法如图13-31所示。

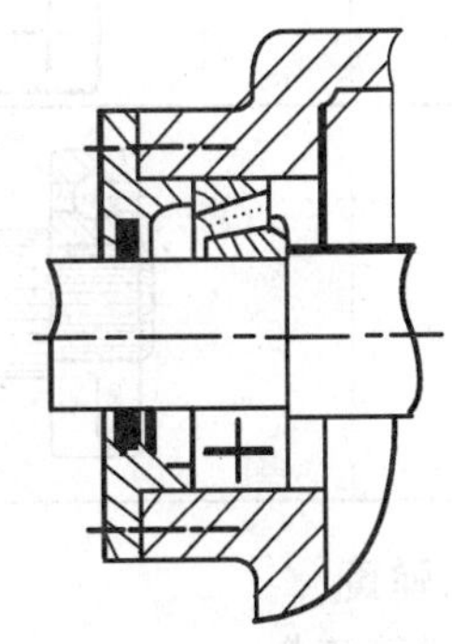

图 13-31　装配图中轴承的规定画法

表 13-9　滚动轴承的代号和画法

轴承类型		深沟球轴承 (GB/T276—1993)	圆锥滚子轴承 (GB/T297—1993)	推力球轴承 (GB/T301—1993)
轴承结构				
简化画法	通用画法	B A d D 2A/3 2B/3	B B/3 A d D 外圈有挡边	B A B/6 d D 内圈有单挡边

（续表）

轴承类型	深沟球轴承 （GB/T276－1993）	圆锥滚子轴承 （GB/T297－1993）	推力球轴承 （GB/T301－1993）
特征画法	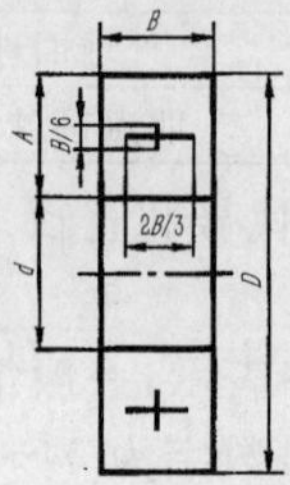	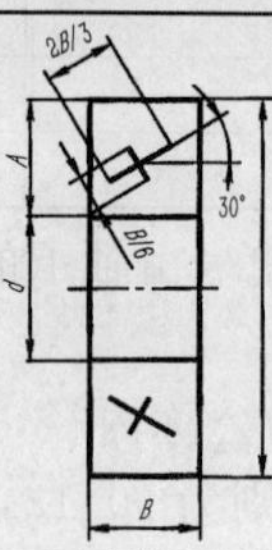	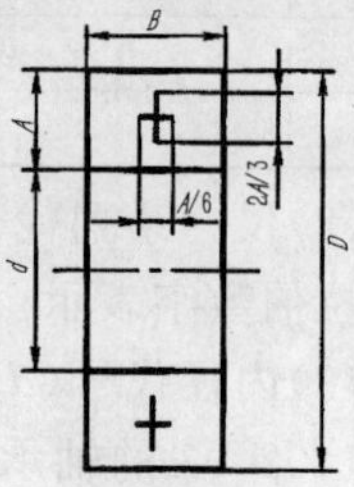
规定画法	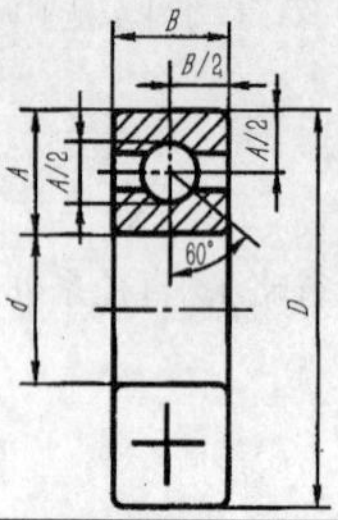	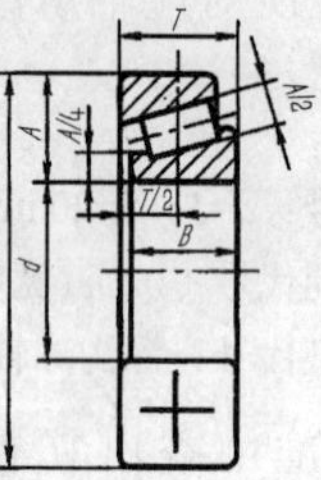	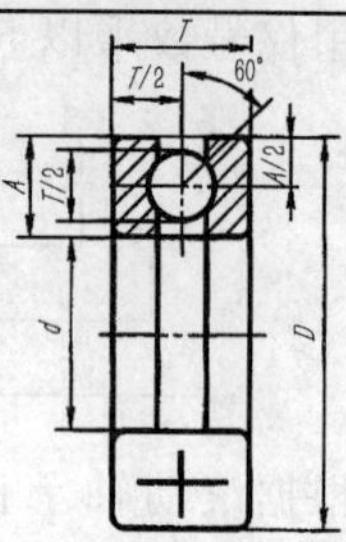
装配示意图	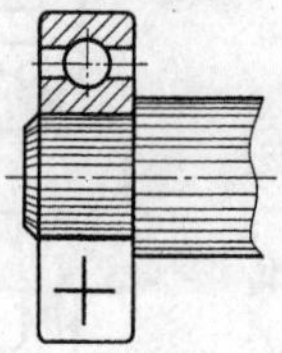	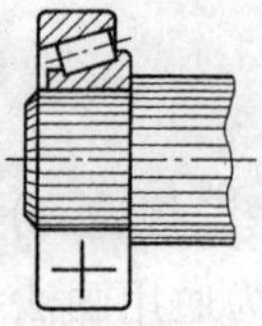	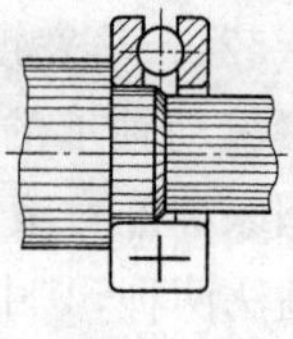

四、弹簧

1. 弹簧简介

弹簧是一种储能元件，广泛用于减振、测力、夹紧等。弹簧的类型有螺旋弹簧、蜗卷弹簧、板弹簧等，以螺旋弹簧最为常见。如图 13-32 所示为圆柱螺旋弹簧，圆柱螺旋弹簧按承受载荷的不同分为压力弹簧、拉力弹簧和扭力弹簧。

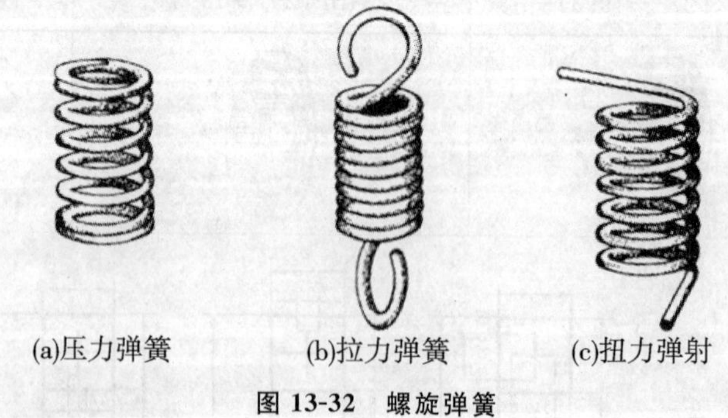

(a)压力弹簧　(b)拉力弹簧　(c)扭力弹射

图 13-32　螺旋弹簧

2. 弹簧的主要参数

以圆柱螺旋压缩弹簧为例，主要参数如图 13-33 所示。

（1）簧丝直径 d：制造弹簧所用钢丝的直径。

（2）弹簧外径 D：弹簧的最大直径。

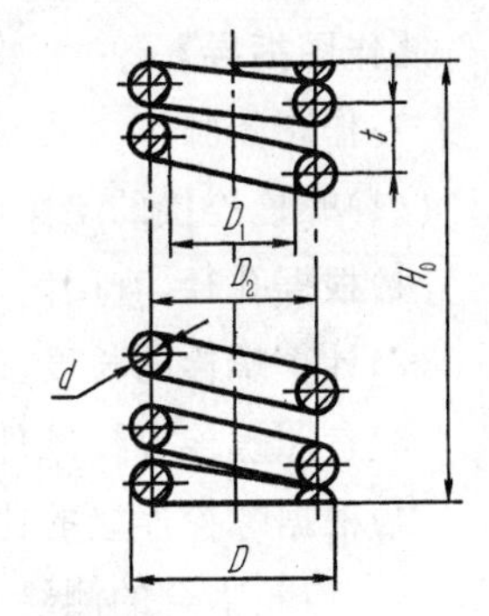

图 13-33　弹簧的主要参数

(3)弹簧内径 D_1:弹簧的最小直径。

(4)弹簧中径 D_2:过簧丝中心假想圆柱面的直径,$D_2=D-d$。

(5)节距 t:相邻两有效圈上对应点间的轴向距离。

(6)圈数:弹簧中间节距相同的部分圈数称为有效圈数(n);为使弹簧平衡、端面受力均匀,弹簧两端应磨平并紧,磨平并紧部分的圈数称为支承圈数(n_2),有 1.5,2 及 2.5 圈三种。

弹簧的总圈数 $n_1=n+n_2$。

(7)自由高度 H_0:在弹簧不受力的情况,弹簧的高度。

$$H_0=nt+(n_2-0.5)d$$

(8)弹簧展开长度 L:制造弹簧用的簧丝长度,可按螺旋线展开。

$$L\approx n_1\sqrt{(\pi D_2)^2+t^2}$$

(9)旋向:分为左旋和右旋两种。

3. 弹簧的画法

国家标准(GB/T4459.4—1984)对弹簧的画法进行了规定。圆柱螺旋弹簧按需要可画成视图、剖视图及示意图。

【例 13-10】绘制压缩弹簧的视图。

【作图】

(1)绘制弹簧对称轴和簧丝断面轴线;

(2)在两端一边画一整圆,另一边画半圆作为支撑圈;

(3)在两端各画两整圆,中间断开省略不画;

(4)向同一方向相切连接两圆,如图 13-34 所示。

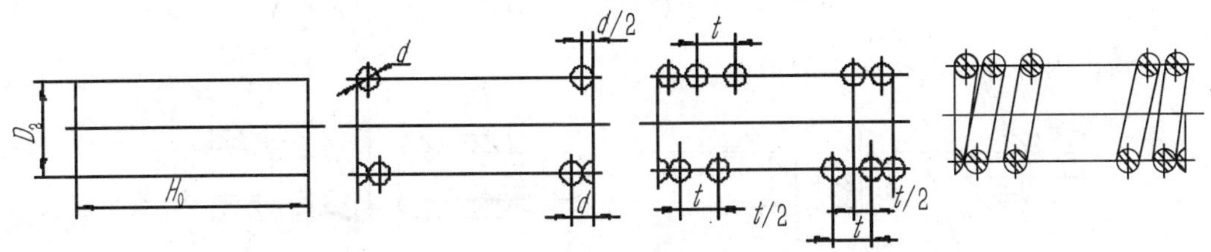

图 13-34　弹簧的画图步骤

【例 13-11】装配图中弹簧的表示方法。

装配图中弹簧的画法如图 13-35 所示。画图时应注意以下几点:

(1)在装配图中,将弹簧看成一个实体,被弹簧挡住的结构不画出,如图 13-35(a)所示。

(2)在剖视图中,若被剖切的弹簧簧丝断面直径在图中小于或等于 2 mm 时,断面不画剖面线,而将其涂黑表示,如图 13-35(b)所示。

(3)簧丝直径或厚度在图形上小于或等于 2 mm 时,允许用单线(粗实线)示意画出,如图 13-35(c)所示。

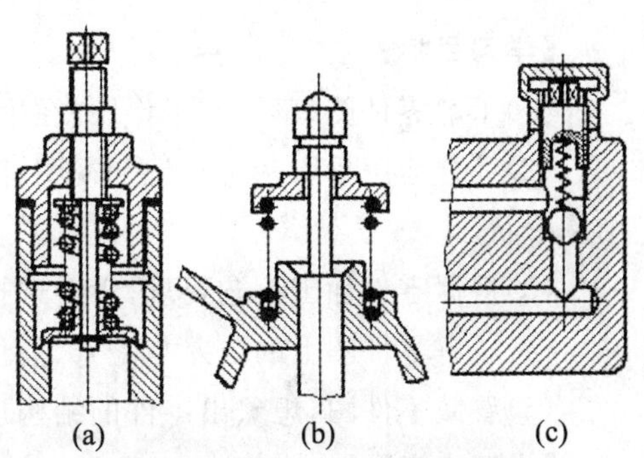

图 13-35　装配图中弹簧的画法

【作图指导】

1. 作图步骤

(1)螺栓连接的绘图步骤：

1)根据孔径，查阅附表，选择合适的螺纹公称直径。

2)计算螺栓的长度。

3)参照螺栓等标准件的标记示例写出选定的螺栓、螺母、垫圈的标记。

4)根据螺栓连接的比例画法，完成用螺栓、螺母和垫圈连接两块板的三视图。

(2)齿轮啮合的测绘

1)数出齿数 Z，测出齿顶圆直径 d_a，求出模数后与标准模数核对，选取接近的标准模数；

2)计算轮齿各部分尺寸。

3)测量并计算齿轮的其他部分尺寸。

4)绘制齿轮啮合图及键连接图

2. 注意事项

1)齿轮测绘时，应特别注意偶数齿和奇数齿齿轮的齿顶圆直径 d_a 的测量方法。

2)计算后的模数应标准化。

3)画键连接时，应注意键的顶面与键槽的底面并未接触，要画两条线。

【实训作图】

(1)指出内、外螺纹图中的错误。

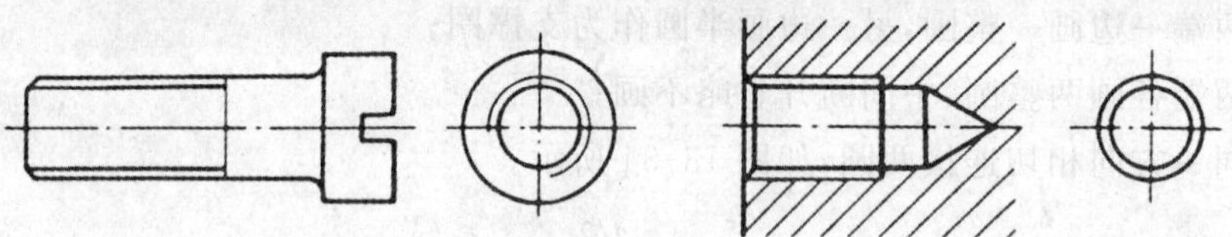

(2)指出内外螺纹连接图中的错误。

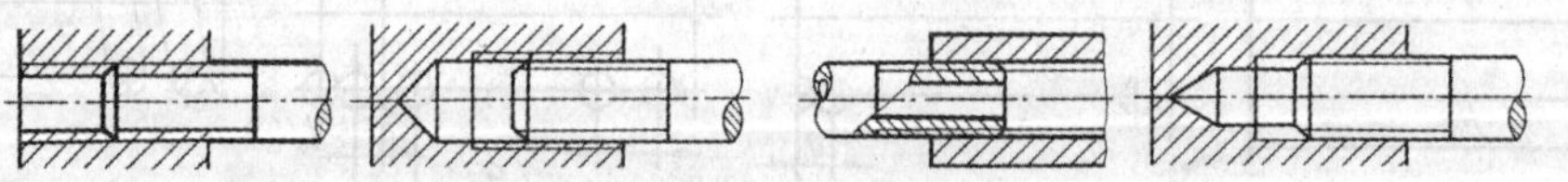

任务 14 零件图的识读

【学习目标】

(1)了解零件图(草图和工作图)在生产中的作用、内容和要求。

(2)综合运用投影基础知识和视图、剖视图、断面图及其他表达方法，准确地表达出零件的结构形状。

(3)根据零件加工工艺要求，学会选择基准，完整、清晰、合理地标注零件的尺寸。

(4)了解零件图上的公差与配合、形位公差、表面粗糙度及其他有关技术要求。

(5)看懂零件图，想象出零件的结构形状。

【学习内容】

阅读架体的零件图。

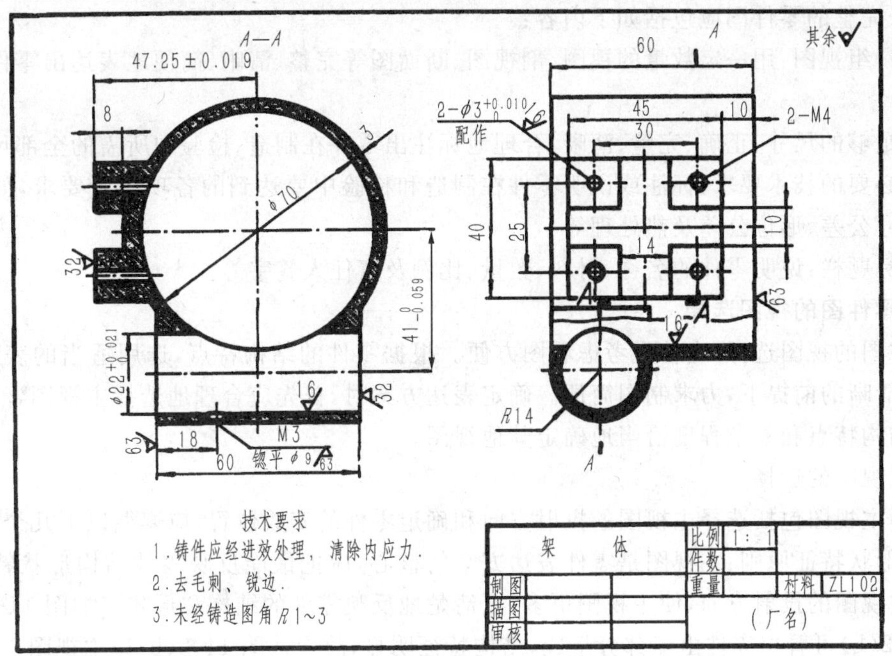

【任务分析】

零件是化工生产设备的基本单元，因此零件图上应清楚地表达出该零件的结构形状、大小以及加工要求。识读零件图，主要是了解零件图的作用与内容、图示方法、尺寸的标注、技术要求。

【相关知识】

14-1 零件图

表示零件结构、大小和技术要求的图样称为零件图。零件图用于指导零件的加工制造和检验，是生产中的重要技术文件之一。

一、零件图的内容

图 14-1 所示为铣刀头上座体的零件图，它表示了座体的结构形状、大小和要达到的技术要求。制造该零件时要经过铸造、切削及热处理等加工过程，每道工序中都要依据该零件图进行，最后还要依据零件图对零件进行质量检验。因此，零件图应反映零件在生产过程中的全部要求。

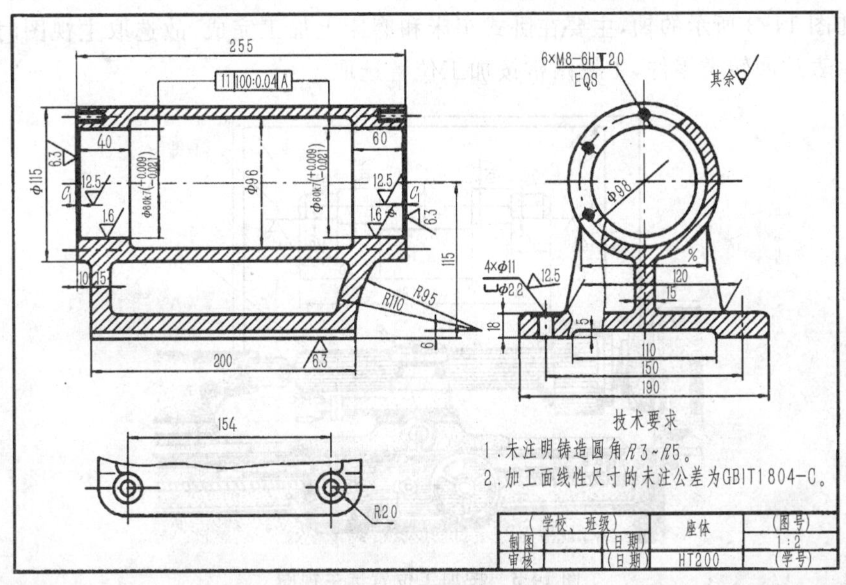

图 14-1 座体的零件图

一张完整的零件图应包括如下内容：

(1)一组视图：用一定数量的视图、剖视图、断面图等完整、清晰、简便地表达出零件的结构和形状。

(2)足够的尺寸：正确、完整、清晰、合理地标注出零件在制造、检验中所需的全部尺寸。

(3)必要的技术要求：标注或说明零件在制造和检验中要达到的各项质量要求，如表面粗糙度、尺寸公差、形位公差及热处理等。

(4)标题栏：说明零件的名称、材料、数量、比例及责任人签字等。

二、零件图的视图选择

零件图的视图选择，应首先考虑看图方便。根据零件的结构特点，选用适当的表示方法。在完整、清晰的前提下，力求制图简便。确定表达方案时，首先应合理地选择主视图，然后根据零件的结构特点和复杂程度恰当地确定其他视图。

1. 主视图的选择

选择主视图包括选择主视图的投射方向和确定零件的安放位置，应遵循以下几个原则：

(1)形状特征原则：主视图是零件表达方案的核心，应把最能反映零件结构形状特征的方向作为主视图的投射方向，使主视图更多、更清楚地反映零件的结构和形状。如图 14-2 所示，从图 14-2(b)可看出零件由三部分组成，结构特征明显，故应选图 14-2(b)作主视图。

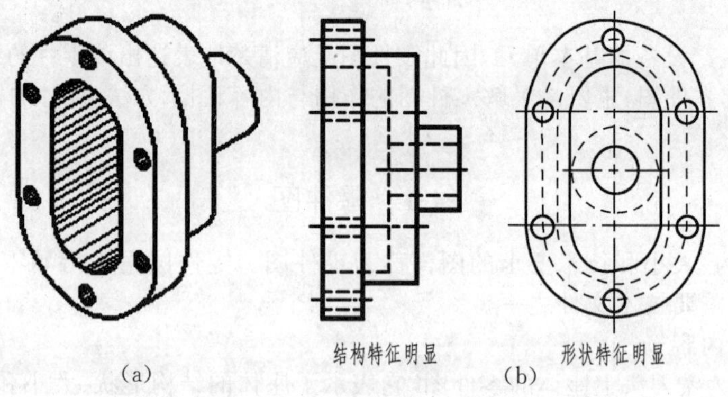

图 14-2　按结构特征选主视图

(2)加工位置原则：主视图应尽量与零件的主要加工位置一致，以便于加工、测量时进行图物对照。如图 14-3 所示的轴，主要在卧式车床和磨床上加工完成，故选取主视图时应将轴线水平放置。表达回转类零件，主视图常按加工位置选取。

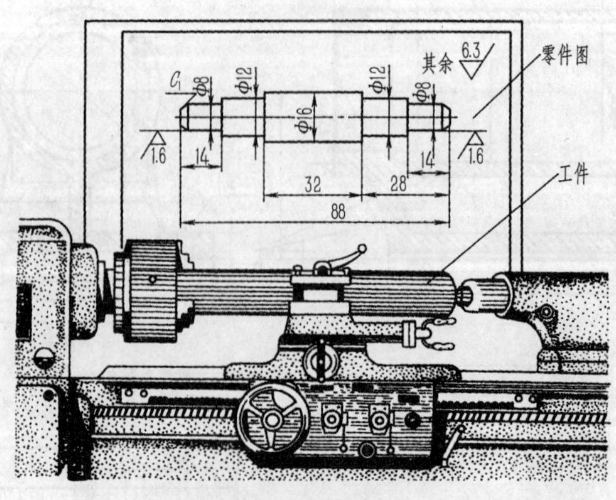

图 14-3　按加工位置选主视图

(3)工作位置原则:主视图应尽量与零件在机器中的工作位置一致,这样容易将图、物联系起来,想象出零件的工作情况。对于工序复杂的零件,如拨叉、支架、箱体等,主视图一般用这种方法选取。如图 14-4 所示的起重机吊钩,主视图就是参考其工作位置选取的。

要注意的是,主视图的选取,往往综合考虑上述三个原则。例如在图 14-4 中,起重机吊钩主视图不仅与工作位置一致,也反映了形状特征。

选择主视图时,还应考虑便于选择其他视图,便于图面布局。

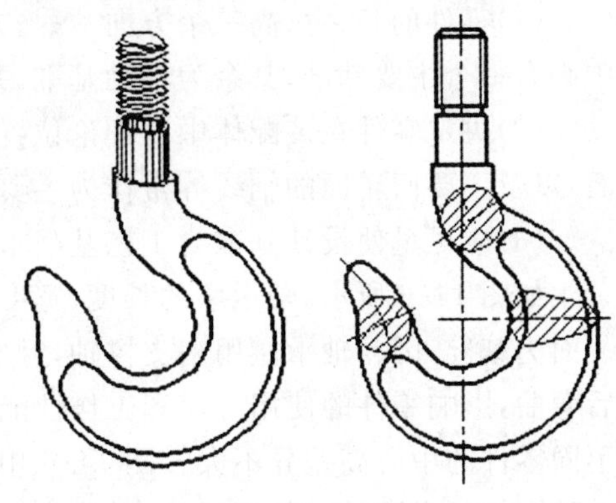

图 14-4　按工作位置选主视图

2. 其他视图的选取

一个零件,仅有一个主视图而不附加任何说明是不可能确切表达其结构形状的。零件形状通常需要通过一组视图来表达。因此,主视图确定后,要分析该零件还有哪些形状结构没有表达完全,还需要增加哪些视图。对每一视图,还要根据其表达重点,确定是否采用剖视或其他表达方法。

表达零件的原则是完整、简洁、清晰。如图 14-5 所示,按结构特征和工作位置选定主视图后,由于大圆筒和底板的特征视图,选用俯视图,可清楚看出。选择主、俯视图后,该零件的主体结构已基本表达清楚,仅剩下左边腰圆凸台的形状没有表达出来,使用"A"局部视图即可。

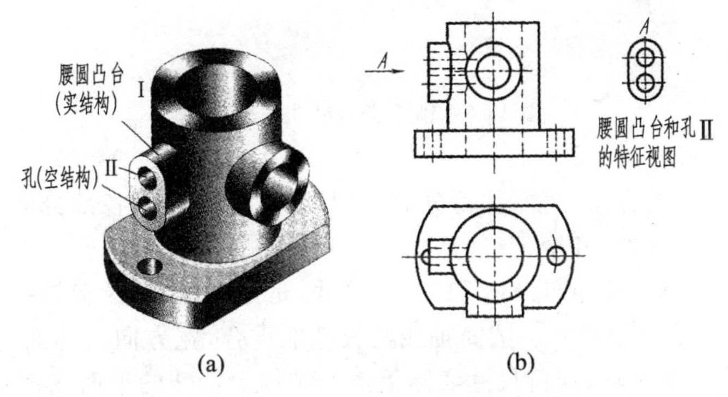

图 14-5　其他视图的选取

三、零件图的尺寸标注

零件图上的尺寸是零件加工、检验时的重要依据,是零件图主要内容之一。在零件图上标注尺寸的基本要求是正确、完整、清晰、合理。在标注或识读零件图上的尺寸时,必须注意以下问题。

1. 正确选择尺寸基准

尺寸基准是标注和度量尺寸的起始点,根据零件结构的设计要求,用以确定零件在装配体中的理论位置而选定的基准称为设计基准。从设计基准出发标注尺寸,反映了设计要求,从而保证了零件在装配体中的工作性能。

根据零件加工、测量的要求而选定的基准称为工艺基准。从工艺基准出发标注尺寸,能把尺寸标注与零件的加工制造联系起来,使零件便于制造、加工和测量。选择尺寸基准,应把握以下几点:

(1)零件的长、宽、高三个方向，每一方向至少应有一个尺寸基准。若有几个尺寸基准，其中必有一个主要基准，其余为辅助基准，并注意主要基准和辅助基准之间要有一个联系尺寸。

(2)决定零件在装配体中的理论位置，且首先加工或画线确定的对称面、装配面(底面、端面)以及主要回转面的轴线等常作为主要基准。

(3)应尽量使设计基准与工艺基准重合，以减少因基准不一致而产生的误差。

如图 14-6 所示，轴承座的长度、宽度方向的尺寸以对称面为基准，高度方向必须以底板安装面为基准，因为轴承座用来支撑轴，且成对使用，两个轴承座的中心高差异太大，会使轴安装后弯曲，影响零件的使用寿命和工作性能。若以底面为基准直接标出中心高，加工时就会保证不同零件的中心高差异不大。图 14-6 中螺孔深度 6 mm，是以凸台顶面为基准进行测量的，这种在加工和测量时使用的基准，称为工艺基准或辅助基准。

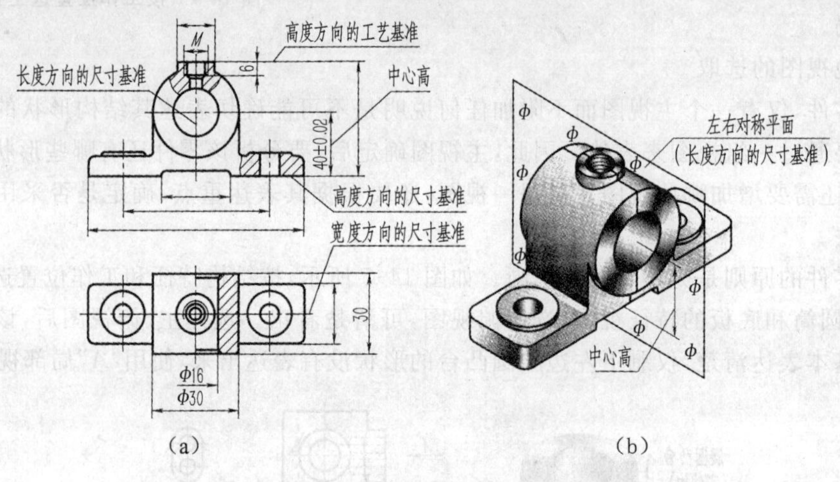

图 14-6 轴承座的尺寸基准

2. 使用形体分析方法分析尺寸

看图时，按形体分析的方法，将零件拆分成不同部分，逐一分析各部分的定形尺寸和定位尺寸，检查尺寸标注是否清晰、齐全、合理。

如图 14-6 所示，大圆筒由 ϕ16、ϕ30 和 30 等尺寸，是定形尺寸；圆筒轴线到高基准的距离为 40±0.02(中心高)，是定位尺寸。圆筒轴线与长基准重合，宽方向对称面与宽基准重合，不需要标注定位尺寸。不难理解，定位尺寸实际上就是结构上特殊的平面或直线，在长度、宽度、高度三个方向上相对于基准的距离。

3. 标注尺寸的注意事项

(1)重要尺寸应从主要基准直接注出：图 14-7 中，轴承孔的高度 a 是影响轴承座工作性能的主要尺寸，加工时必须保证其加工精度，应直接以底面为基准标注出来，而不能将其代之为 b 和 c。因为在加工零件过程中，尺寸总会有误差，如果注写 b 和 c，就会有积累误差，难以保证设计要求。同理轴承座底板上二螺栓孔的中心距 l 应直接标注出，而不应标注尺寸 e。

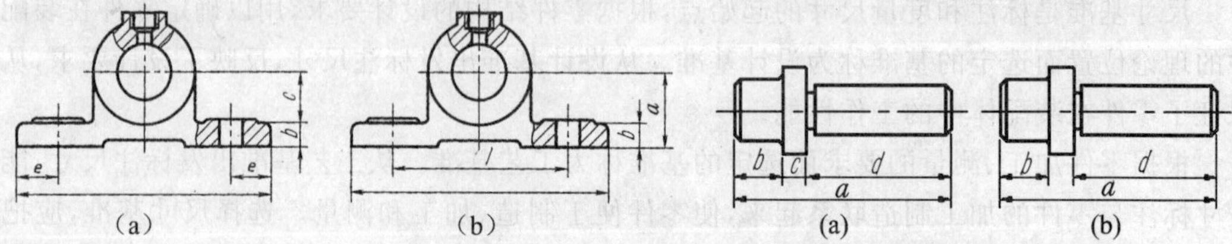

图 14-7 重要尺寸应从主要基准直接注出

图 14-8 避免将尺寸注成封闭的形式

(2)避免将尺寸注成封闭的形式:图 14-8 所示阶梯轴,长度方向的尺寸 a,b,c,d 首尾相接,构成一个封闭的尺寸链,这种情况应避免。因为封闭尺寸链中的每一尺寸的尺寸精度,都将受尺寸链中其他尺寸误差的影响,这样在加工时就很难保证总体尺寸的尺寸精度。

所以,在这种情况下,应当挑选一个最不重要的尺寸空出不注,以使所有的尺寸误差都积累在此处,阶梯轴凸肩宽度尺寸 c 属于非主要尺寸,故断开不注。

(3)标注尺寸要考虑工艺要求:如果没有特殊要求,标注尺寸应考虑便于加工便于测量,如图 14-9、图 14-10 所示。

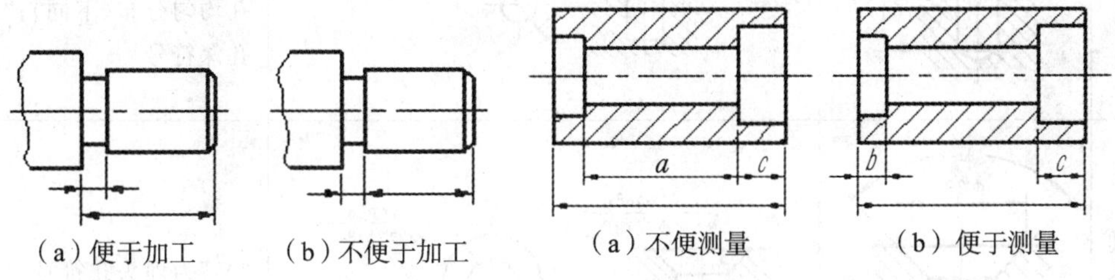

(a)便于加工　(b)不便于加工

图 14-9　标注尺寸便于加工

(a)不便测量　(b)便于测量

图 14-10　标注尺寸便于测量

4.零件上的常见结构及其尺寸注法

(1)倒角与倒圆:如图 14-11 所示,为便于装配和操作安全,在轴或孔的端部常作倒角;为避免应力集中而产生裂纹,在轴肩处常以圆角过渡,称为倒圆。当倒角为 45°时,可简化标注,如图 14-11 中的“C1.5”。

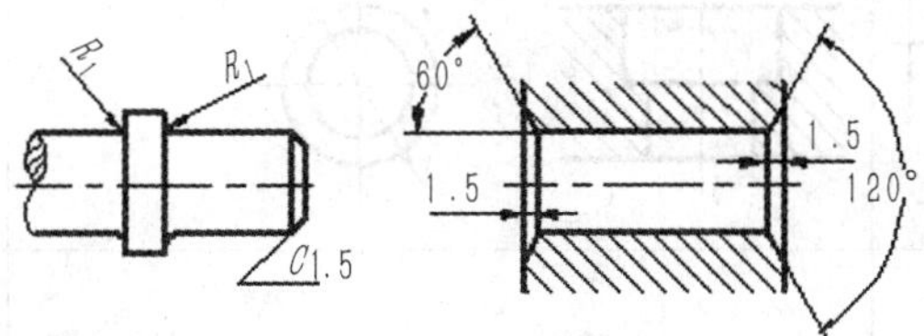

图 14-11　倒角与倒圆

(2)退刀槽:为使加工到位并便于退出刀具,常在待加工表面的轴肩处预先加工出退刀槽,退刀槽的标注用“槽宽×槽深”或“槽宽×直径”的形式,如图 14-12 所示。

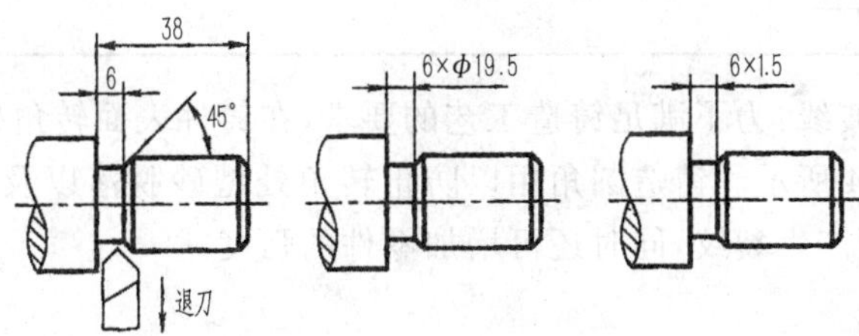

图 14-12　退刀槽

(3)凸台与凹坑:零件在装配时,为保证表面接触良好,并减少加工面积,常在零件中做出凸台或凹坑,如图 14-13 所示。

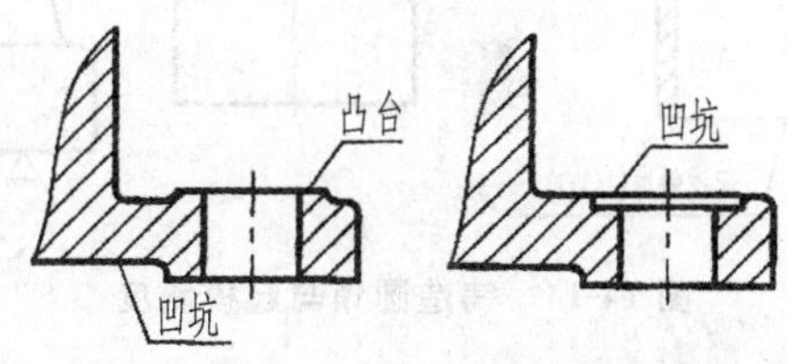

图 14-13　凸台与凹坑

(4)光孔和沉孔:光孔和沉孔在零件图上的尺寸标注分为直接注法和旁注法两种。孔深、沉孔、锪平孔及埋头孔用规定的符号来表示,见表 14-1。

表 14-1 光孔、沉孔的尺寸注法

类型		普通注法	旁注法	说明
光孔		4×φ4 10	4×φ4↧10 4×φ4↧10	孔底部圆锥角不用注出;"4×φ4"表示 4 个相同的孔均匀分布(下同);"↧"为孔深符号
沉孔	埋头孔	90° φ12.8 6×φ6.6	4×φ6.6 ⌵φ12.8×90° 4×φ6.6 ⌵φ12.8×90°	"⌵"为埋头孔符号
	沉孔	φ11 4.7 4×φ6.6	4×φ6.6 ⌴φ11↧4.7 4×φ6.6 ⌴φ11↧4.7	"⌴"为沉孔或锪平符号
	锪平孔	φ13 4×φ6.6	4×φ6.6 ⌴φ13 4×φ6.6 ⌴φ13	锪平深度不需注出,加工时锪平到不存在毛面即可

(5)铸造圆角和过渡线:为了满足铸造工艺的要求,在铸件表面转角处应做成圆角过渡,称为铸造圆角,如图 14-14 所示。铸造圆角用以防止转角处型砂脱落以及铸件在冷却收缩时产生缩孔或因应力集中而产生裂纹,同时还可增加零件的强度。

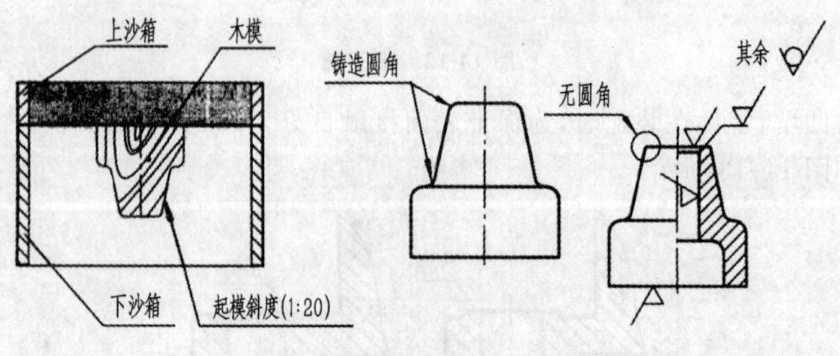

图 14-14 铸造圆角与起模斜度

圆角尺寸通常较小，一般为 $R2$～5 mm，尺规作图时可徒手勾画，也可省略不画。圆角尺寸常在技术要求中统一说明，如“全部圆角 $R3$”或“未注圆角 $R4$”等，而不必一一注出。

由于铸造圆角的存在，使零件上两表面的交线不太明显了。为了区分不同表面，规定在相交处用细实线画出理论上的交线，且两端不与轮廓线接触，此线称为过渡线。

图 14-15(a)所示为两圆柱面相交的过渡线画法。图 14-15(b)所示平面与平面相交时过渡线的画法。

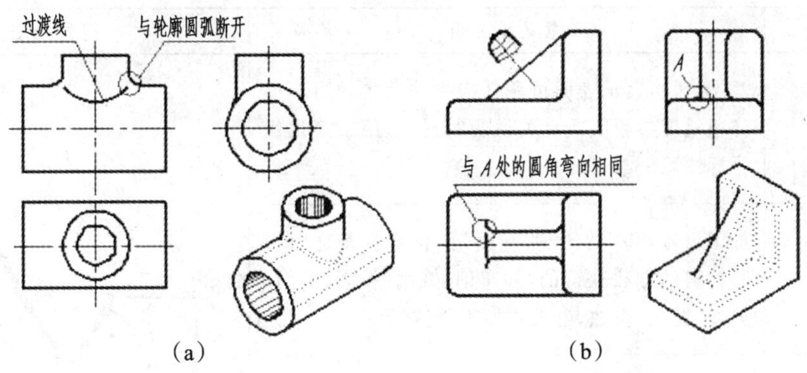

图 14-15　过渡线画法

四、画零件图的步骤

(1)形体分析，了解零件的功用及结构特点；

(2)确定主视图的投射方向，选择适当的表达方案；

(3)选比例，定图幅，布图；

(4)画作图基准线，绘制草图；

(5)检查、描深；

(6)标注尺寸及技术要求。

14-2　零件图上的技术要求

零件图除了有表达零件结构形状与大小的一组视图和尺寸外，还应该表示出该零件或装配体在制造和检验中的技术要求，主要包括表面粗糙度、极限与配合、形状和位置公差等。它们有的用符号、代号标注在图中，有的用文字加以说明。

一、表面粗糙度

1. 表面粗糙度的概念

零件表面的微观不平程度称为表面粗糙度，它是衡量零件表面质量的重要指标。表面粗糙度要求越高，加工成本也相应提高。因此，要使加工经济，必须根据零件的使用要求，给定每个表面合理的表面粗糙度值。零件上凡是有相对运动的表面、配合面，对表面粗糙度的要求就高一些。表面粗糙度用代号在零件图中标出。

2. 表面粗糙度的代号

表面粗糙度以代号形式在零件图上标注，其代号由符号和在符号上标注的参数及说明组成。表面粗糙度常用的基本符号及其含义见表 14-2。

在符号中标注表面粗糙度数值及其有关的规定，组成表面粗糙度代号。通常，表面粗糙度代号只将轮廓算术平均偏差 R_a 的上限值，以μm为单位，注在符号上方。例如，

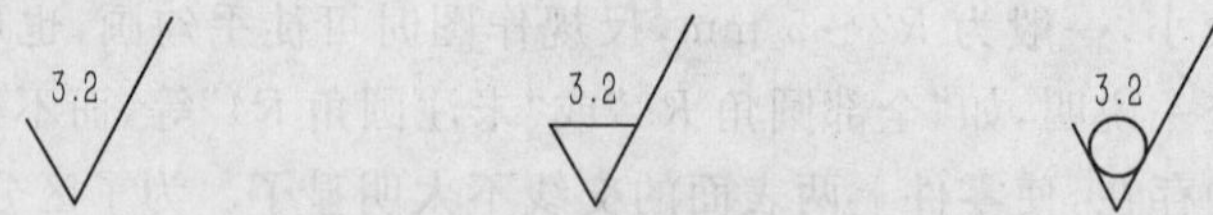

轮廓算术平均偏差 R_a 反映了对零件表面的质量要求，其数值越小，零件表面越光滑，但加工工艺越复杂，成本越高。

表 14-2　表面粗糙度符号的意义和画法

符号	意义及说明	符号画法
	基本符号，表示表面可用任何方法获得。当不加注粗糙度参数值或有关说明时，仅适用于简化代号标注	$H_1 \approx 1.4h$；$H_2 \approx 3h$；$d' = h/10$ （h 为字体高度）
	加工符号，基本符号加一短划，表示表面是用去除材料的方法获得的，如车削、铣削、钻削、磨削、剪切、抛光、腐蚀、电火花加工、气割等	
	毛坯符号，基本符号加一小圆，表示表面是用不去除材料的方法获得的，如铸、锻、冲压变形、热轧、冷轧、粉末冶金等或者是用于保持原供应状况的表面（包括保持上道工序的状况）	

3. 表面粗糙度的标注方法

表面粗糙度代号一般注在可见轮廓线、尺寸界线、引出线或它们的延长线上。符号的尖端必须从材料外指向零件表面，如图 14-16(a)所示。代号中符号和数字的方向须按图 14-16(b)所示方式标注。

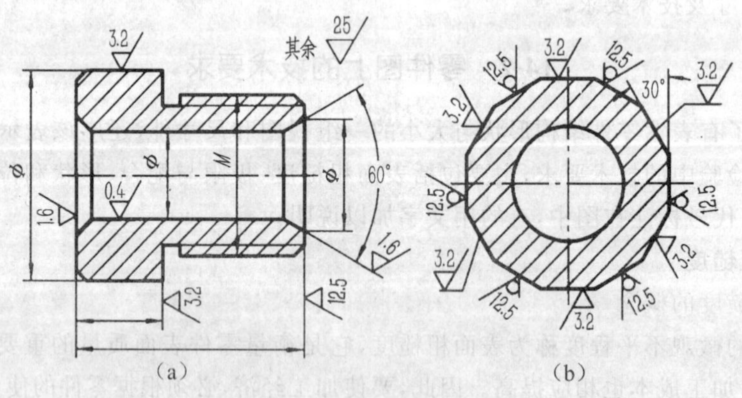

图 14-16　表面粗糙度基本注法

零件的所有表面都应有确定的表面粗糙度要求，但可采用统一说明的方法简化标注。统一标注的代号和文字大小应为图中代号和文字的 1.4 倍。

可以将使用较多的一种代号统一注在图样右上角，并加注“其余”两字。如图 14-17(*a*)所示，仅将加工面的粗糙度在图中直接注出，而将所有毛坯面统一说明。这里的粗糙度代号只有符号，没有数值，表示铸造表面经表面清整，对 R_a 值不作要求。

当所有表面具有相同的表面粗糙度时，其代号可在图样右上角统一标注，如图 14-17(*b*)

或图 14-17(c)所示。

不便直接标注的较小结构的表面粗糙度代号,允许简化标注在尺寸线或引出线上,如图 14-17(a)所示。

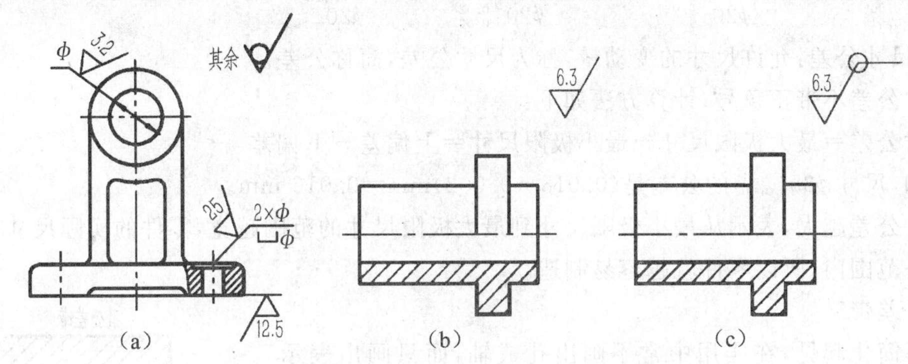

图 14-17 表面粗糙度统一注法

二、极限与配合

零件在加工过程中,对图样上标注的基本尺寸不可能做到绝对准确,总会存在一定偏差。但为了保证零件的精度,必须将偏差限制在一定的范围内。对于相互结合的零件,这个范围既要保证相互结合的尺寸之间形成一定的关系,以满足不同的使用要求,又要在制造上是经济合理的。极限与配合国家标准则是用来保证零件组合时相互之间的关系,并协调机器零件使用要求与制造经济性之间的矛盾。

现代机械制造要求零件具有互换性,即从一批相同的零件中任取一件,不经修配地装到机器中,并能达到使用要求,零件所具有的这种性质称为互换性。互换性要求相同零件的尺寸、形状和几何要素间的相对位置保持一致。

1. 尺寸公差

要使零件具有互换性,并不要求一批零件的同一尺寸绝对准确,而只要求在一个合理的范围之内。为了表示尺寸的这一合理范围,在零件图上的尺寸之后,加注带正负号的小数或零,如 $\phi35^{+0.018}_{\ \ 0.002}$,$\phi35^{+0.025}_{\ \ 0}$,$\phi35\pm0.012$。

下面介绍几个常用术语:

(1)基本尺寸、实际尺寸和极限尺寸:

基本尺寸是在设计时计算或选定的尺寸,如前面三个尺寸中的 $\phi35$。实际尺寸是零件制造出来后,通过测量获得的尺寸。测量一批相同的零件,各零件的实际尺寸可能不同。极限尺寸是允许的两个极端尺寸,一个称为最大极限尺寸,另一个称为最小极限尺寸。实际尺寸必须在两个极限尺寸之间,零件才是合格的。

如 $\phi35^{+0.018}_{+0.002}$的两个极限尺寸:最大极限尺寸=(35+0.018)=35.018(mm);最小极限尺寸=(35+0.002)=35.002(mm)

(2)尺寸偏差:某一尺寸减去其基本尺寸所得的代数差,称为尺寸偏差。

最大极限尺寸减去基本尺寸所得的代数差称为上偏差,如 $\phi35^{+0.018}_{+0.002}$中的+0.018。

最小极限尺寸减去基本尺寸所得的代数差称为下偏差,如 $\phi35^{+0.018}_{+0.002}$中的+0.002。

上偏差和下偏差统称为极限偏差,它们必须按规定写在基本尺寸之后。上、下偏差数值相等,符号相反时,采用对称标注,如 $\phi35\pm0.012$。

在图中标注极限偏差时，采用小一号字体，上偏差注在基本尺寸右上方，下偏差应与基本尺寸注在同一底线上。上、下偏差的小数点必须对齐，小数点后的位数也必须相等。当某一偏差为零时，数字"0"应与另一偏差的小数点前的个位数对齐。例如，

$\phi20^{+0.006}_{-0.015}$　　$\phi20^{+0.021}_{0}$　　$\phi20^{+0.028}_{+0.007}$　　$\phi20^{-0.007}_{-.028}$

(3)尺寸公差：允许尺寸的变动量，称为尺寸公差，简称公差。

尺寸公差不带正负号，计算方法如下：

尺寸公差＝最大极限尺寸－最小极限尺寸＝上偏差－下偏差

例如，尺寸 $\phi35^{+0.018}_{+0.002}$ 的公差是(0.018－0.002)mm＝0.016 mm。

尺寸公差越大，表示从最小极限尺寸到最大极限尺寸的范围越宽，零件的实际尺寸就越容易在这一范围内，所以零件就越容易制造。

2.公差带

为了简化起见，在实用中常不画出孔或轴，而只画出表示基本尺寸的零线和上、下偏差，称为公差带图解，如图 14-18 所示。在公差带图解中，由代表上、下偏差的两条直线所限定的一个区域称为公差带。

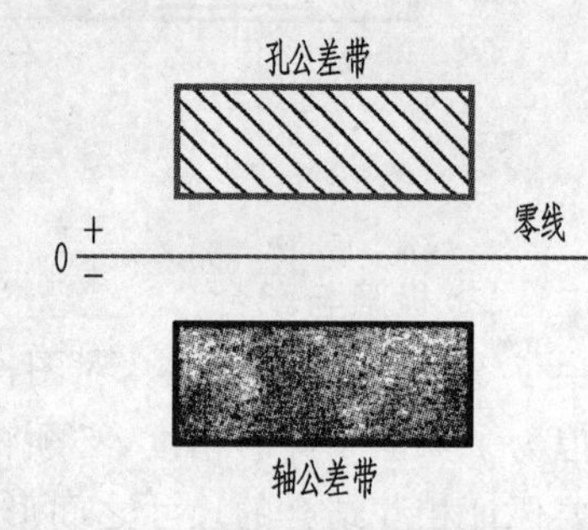

图 14-18　公差带图解

公差带包含两个要素：公差带大小和公差带位置。图 14-19 画出了四个公差带，它们的公差带大小相同，但公差带相对零线的位置不同，所以上、下偏差不同。

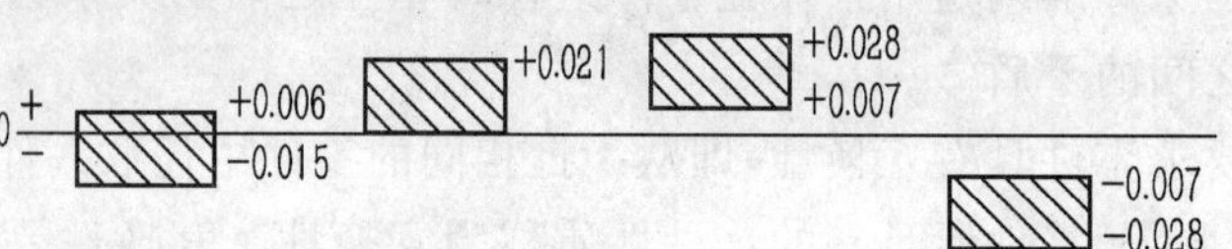

图 14-19　公差带示例

3.标准公差和极限偏差

国家标准规定了标准公差和基本偏差来分别确定公差带大小和相对零线的位置。

(1)标准公差：国家标准规定的标准公差分为 20 个等级，表示为 IT01，IT0，IT1，…，IT18。其中 IT01 公差值最小，尺寸精度最高；从 IT0 到 IT18，数字越大，公差值越大，尺寸精度越低。

公差值大小还与尺寸大小有关，同一公差等级下，尺寸越大，公差值越大。如基本尺寸为 20、公差等级为 IT7 的公差值为 0.021 mm。

(2)基本偏差：公差大小确定以后，还不能确定上、下偏差。如图 14-19 所示四个公差带的公差均为 0.021，但上、下偏差不同。

为了确定公差带相对零线的位置，将上、下偏差中的某一偏差规定为基本偏差，一般为靠近零线的那个偏差。当公差带位于零线上方时，基本偏差为下偏差；当公差带位于零线下方时，基本偏差为上偏差，如图 14-20 所示。

国家标准对孔和轴分别规定了 28 种基本偏差，用拉丁字母表示，大写字母表示孔，小写字母表示轴。

孔的基本偏差代号有：A，B，C，CD，D，E，EF，F，FG，G，H，J，JS，K，M，N，P，R，S，T，U，V，X，Y，Z，ZA，ZB，ZC。其中，代号为"H"的孔以下偏差为基本偏差且等于零，称为基准孔。

轴的基本偏差代号有：a，b，c，cd，d，e，ef，f，fg，g，h，j，js，k，m，n，p，r，s，t，u，v，x，y，z，za，zb，zc。其中，代号为"h"的轴以上偏差为基本偏差且等于零，称为基准轴。

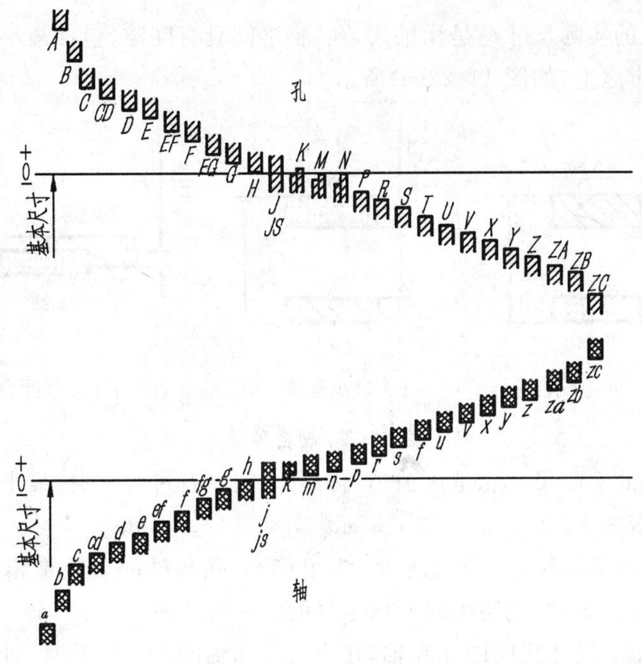

图 14-20　基本偏差系列示意图

(3)公差带代号及极限偏差的确定：公差带代号由其基本偏差代号(字母)和标准公差等级(数字)组成，如 H8，f7。

由基本尺寸和公差带代号可查表确定其极限偏差。例如，由 ϕ20H8 查孔极限偏差表可得，其上偏差为+0.033，下偏差为 0；由 ϕ20f7 查轴极限偏差表，其上偏差为−0.020，下偏差为−0.041。

4. 配合

(1)配合：基本尺寸相同的、相互结合的孔和轴公差带之间的关系，称为配合。如图 14-21(a)是孔与轴形成配合的示意图，图中代表上、下偏差的两条直线之间的区域称为公差带。常用零线代表基本尺寸，仅画出代表上、下偏差的两条直线，得到的图形称为公差带图，如图 14-21(b)所示。

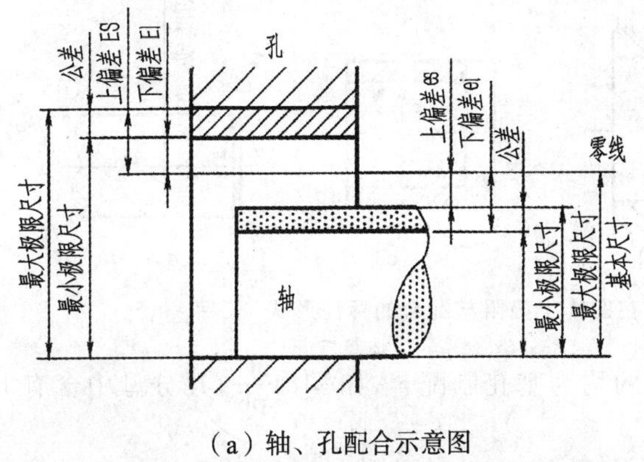

(a) 轴、孔配合示意图

孔公差带
基本尺寸
轴公差带

(b) 轴、孔的公差带图

图 14-21　公差与配合示意图

(2)配合种类：

1)间隙配合：孔的实际尺寸总是比轴大，孔、轴之间具有间隙(包括最小间隙等于零)，孔的公差带在轴的公差带之上，如图 14-22(a)所示。

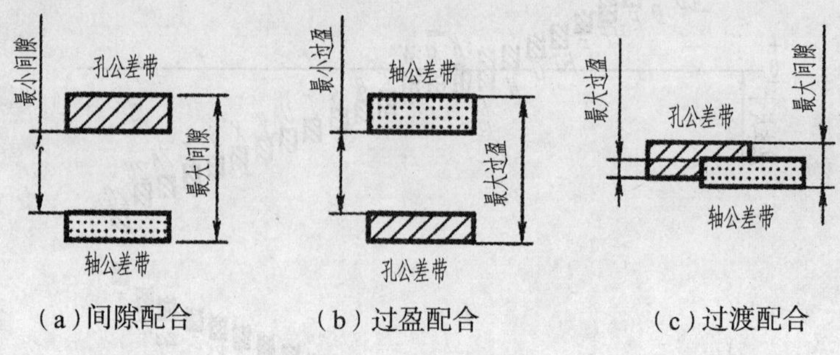

(a)间隙配合　(b)过盈配合　(c)过渡配合

图 14-22　配合种类

2)过盈配合：孔的实际尺寸总是比轴小，孔、轴之间具有过盈(包括最小过盈等于零)，孔的公差带在轴的公差带之下，如图 14-22(b)所示。

3)过渡配合：孔的实际尺寸可能比轴大，也可能小，孔与轴的公差带相互交叠，孔、轴之间到底是具有间隙还是过盈，要视装配时所取零件的实际尺寸而定，如图 14-22(c)所示。

(3)配合制度：基本尺寸相同的孔和轴，在改变孔和轴的基本偏差时，可形成多种配合。为便于设计和制造，应减少配合数量，为此国家标准规定了两种配合制，即基孔制与基轴制。

1)基孔制：基孔制配合是基本偏差为一定的孔的公差带，与不同基本偏差的轴的公差带形成各种配合的一种制度。基孔制以孔为基准孔，基本偏差为下偏差，并等于零，用代号 H 表示。

2)基轴制：基轴制配合是基本偏差为一定的轴的公差带，与不同基本偏差的孔的公差带形成各种配合的一种制度。基轴制以轴为基准轴，基本偏差为上偏差，且等于零，用符号 h 表示。

(4)极限与配合的标注与查表：

1)在装配图上的标注：在装配图上应标注配合代号。配合代号写成分数形式，分子为孔的公差带代号，分母为轴的公差带代号。标注时，应在基本尺寸之后写出配合代号，如图 14-23(a)中 $\phi 18\ \frac{H7}{p6}$，$\phi 14\ \frac{F8}{h7}$，也可写作 ϕ18H7/p6，ϕ14F8/h7。

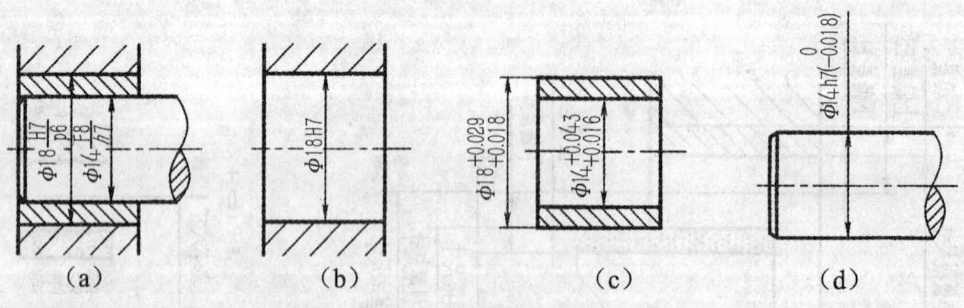

(a)　(b)　(c)　(d)

图 14-23　在图样上极限与配合的标注形式

在配合代号中，凡是分子含有 H 的均为基孔制配合，如 $\phi 18\ \frac{H7}{p6}$；凡分母中含有 h 的均为基轴制配合，如 $\phi 14\ \frac{F8}{h7}$。

2)在零件图上的标注：在零件上标注公差有三种形式：①在孔或轴的基本尺寸后面，注出基本偏差代号和公差等级，用同号字体书写，如图 14-23(b)中 $\phi18H7$ 的，这种形式用于成批生产的零件图上。②在孔或轴的基本尺寸后面，注出偏差数值。上偏差注写在基本尺寸的右上方，下偏差注写在基本尺寸的同一底线上，偏差值的字体比基本尺寸数字的字体小一号。如图 14-23(c)中 $\phi18^{+0.029}_{+0.018}$的。这种形式用于单件或小批量生产的零件图上。③在孔或轴的基本尺寸后面，既注出基本偏差代号和公差等级，又同时注出偏差数值(偏差数值加括号)，如图 14-23(d)中 $\phi14H17(^{\ 0}_{-0.018})$的。这种形式用于生产批量不定的零件图上。

3)查表方法：互相配合的轴和孔，按基本尺寸和公差带代号可通过查表获得极限偏差数值。查表的步骤一般是先查出轴和孔的标准公差，然后查出轴和孔的基本偏差，最后由配合件的标准公差和基本偏差的关系，算出另一个偏差。如轴 $\phi35s6$，可由轴的极限偏差表查得上偏差＋59 μm，下偏差为＋43 μm，故极限偏差形式为 $\phi35^{+0.059}_{+0.043}$。再如 $\phi35H7$ 孔，可查孔的极限偏差得上偏差＋25 μm，下偏差为 0，极限偏差形式为 $\phi35^{+0.025}_{0}$。

配合代号的识读示例见表 14-3 所示。

表 14-3　配合代号识读示例

配合代号	极限偏差		公差带图解	解释
	孔	轴		
$\phi20H8/f7$	$\phi20^{+0.033}_{0}$	$\phi20^{-0.020}_{-0.041}$	+ 0 − 孔 +0.033 轴 −0.020 −0.041	基孔制间隙配合 最小间隙：0－(－0,020)＝＋0.020 最大间隙：0.033－(－0.041)＝＋0.074
$\phi20H7/s6$	$\phi20^{+0.021}_{0}$	$\phi20^{+0.048}_{+0.035}$	轴 +0.048 +0.035 + 0 − 孔 +0.021	基孔制过盈配合 最小过盈：0.021－0.035＝－0.014 最大过盈：0－0.048＝－0.048
$\phi20K7/h6$	$\phi20^{+0.006}_{-0.015}$	$\phi20^{\ 0}_{-0.013}$	+ 0 − +0.006 孔 轴 −0.013 −0.015	基轴制过渡配合 最小间隙：0.006－(－0.013)＝＋0.019 最大间隙：－0.015－0＝－0.015

三、其他技术要求

制造零件的材料，应填写在零件图的标题栏中。

热处理是对金属零件按一定要求进行加热、保温及冷却，从而改变金属的内部组织，提高材料机械性能的工艺，如淬火、退火、回火、正火和调质等。表面处理是为了改善零件表面材料性能，提高零件表面硬度、耐磨性、抗蚀性等而采用的加工工艺，如渗碳、表面淬火、表面涂层等。对零件的热处理及表面处理的方法和要求一般用文字注写在技术要求中。

14-3　零件图的识读

一、读零件图的方法和步骤

在生产实践中经常要读零件图。读零件图，一方面要看懂视图，想象出零件的结构形状；另一方面还要看懂尺寸和技术要求等内容，以便在制造零件时能正确地采用相应的加工方法，来达到图样上的设计要求。

下面以图 14-24 所示零件图为例，说明读图的一般方法和步骤。

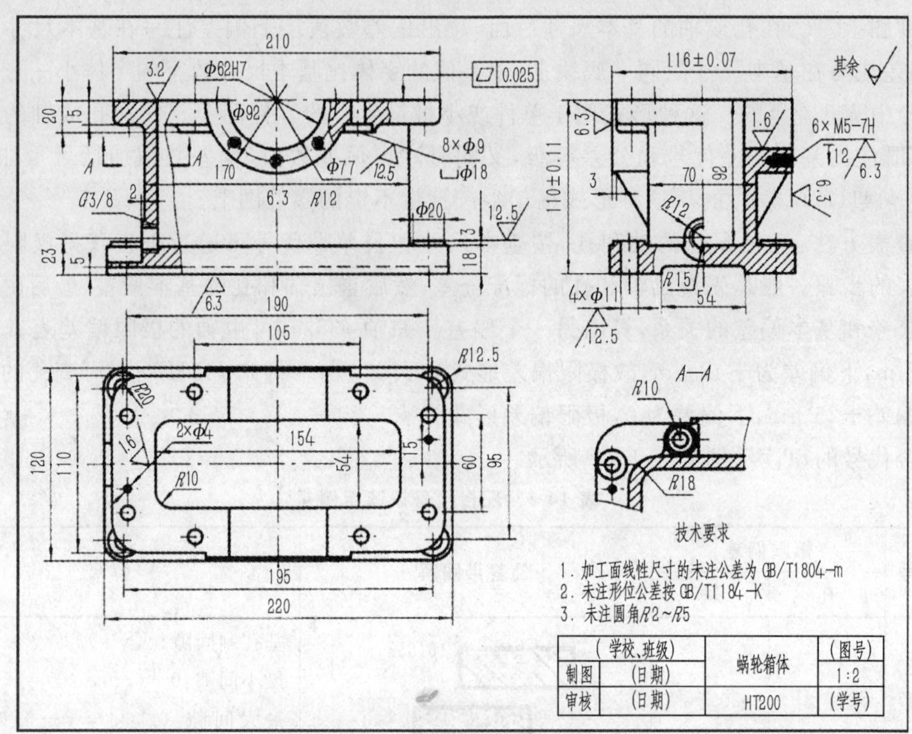

图 14-24 蜗轮箱体零件图

1. 概括了解

读零件图时首先从标题栏了解零件的名称、材料、画图比例等，并粗看视图，大致了解该零件的结构特点和大小。

图 14-24 所示为蜗轮箱体的零件图，蜗轮箱体是蜗轮减速器的主体，起支承和包容轴承、轴和齿轮等零件的作用，有支承、包容、安装等结构，属箱体类零件，形状中等复杂。其材料为铸铁，比例为 1 ∶ 2。

2. 分析表达方案，搞清视图间的关系

要读懂零件图，想出零件形状，必须把表达零件的一组视图看懂。这包括：一组视图中选用了几个视图，哪个是主视图，哪些是基本视图，哪些不是基本视图，各视图之间的投影关系如何。对于常采用的局部视图、斜视图、断面图及局部放大图等非基本视图，要根据其标注找出它们的表达部位和投射方向。对于剖视图要搞清楚其剖切位置、剖切面形式和剖开后的投射方向。

图 14-24 所示蜗轮箱体零件图共采用了四个视图，即主视图、俯视图、左视图和 A—A 局部剖视图。三个基本视图表达了箱体的外形结构，主视图的两处局部剖、左视图的半剖和局部剖以及 A—A 剖视，表达了箱体内腔壁厚和螺栓孔、放油孔等的结构形状。A—A 局部剖视图同时表明凸台形状。通过上述分析，对箱体的形状有了初步概念。

3. 分析零件结构，想象整体形状

在看懂视图关系的基础上，运用形体分析法和线面分析法分析零件的结构形状，并注意分析各结构的功用。

对蜗轮箱体进行形体分析，大致可分为底板、箱壁、支承和连接板四部分。箱壁基本形状是中空的长方体，前后两箱壁的上方开了一对半圆柱孔，用于支承轴承，是箱体的工作部分；底板是箱体的安装部分，基本形状也是长方体，比箱壁宽，为了减少加工面积，底面由左到右从中间挖一空槽，其上四个通孔用来安装地脚螺栓；为了在支承孔内装滚动轴承和端盖等零件，增加了支承孔的宽度并且下面设有肋板，以加强凸缘的刚度；连接板上加工有螺栓孔和销孔用于和箱盖装配时的连接和定位。通过对各部分的具体形状和相对位置进行深入分析，最后可想象出蜗轮箱体的整体形状，蜗轮箱体的轴测图如图 14-25 所示。

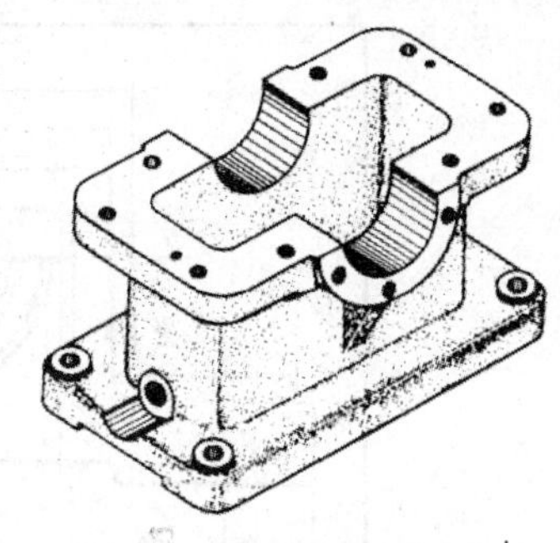

图 14-25　蜗轮箱体的轴测图

4. 分析尺寸和技术要求

分析尺寸时，先分析零件长、宽、高三个方向上尺寸的主要基准。然后从基准出发，找出各组成部分的定位尺寸和定形尺寸，搞清哪些是功能尺寸。

从图 14-25 中可以看出，蜗轮箱体长度方向以 ϕ62H7 的中心线为基准，宽度方向的尺寸基准是箱体前后对称平面。箱体的上表面既是箱体与箱盖的装配基准面，又是箱体轴承孔加工时的测量基准面，所以，它是箱体高度方向的主要基准，而放油孔高度方向的定位尺寸是从下底面出发标注的，因此下底面是高度方向上的辅助基准。箱体的高度 110、宽度 116 等是影响工作性能的重要尺寸，轴承孔径 ϕ62H7 是配合尺寸，它们是蜗轮箱体的主要尺寸，注出了尺寸公差要求。各组成部分的定形、定位尺寸可自行分析。

对零件图上标注的各项技术要求，如表面粗糙度、尺寸公差、形位公差、热处理等要逐项识读。从所注表面粗糙度看出，轴承孔、销孔和上表面要求较高，属重要配合面、装配面，R_a 的上限值分别为 1.6 μm 和 3.2 μm；而前后端面、底面的 R_a 的上限值为 6.3 μm；一般加工面为 12.5 μm。其余表面由于不与其他零件表面接触，属于自由表面，所以保持铸造毛坯面，未进行切削加工。从尺寸公差要求看，重要的尺寸在图中直接注出了公差要求，其他加工面的线性尺寸公差按“GB/T1804-m”，即为中等级一般公差。图中箱体的上表面注有形位公差，要求其平面度公差为 0.025 mm，未注形位公差按“GB/T1184-K”加工。

5. 归纳总结

在以上分析的基础上，对零件的形状、大小和质量要求进行综合归纳，形成一个清晰的认识。有条件时还应参考有关资料和图样，如产品说明书、装配图和相关零件图等，以对零件的作用、工作情况及加工工艺作进一步了解。

【读图指导】

(1)概括了解；

(2)分析表达方案，搞清视图间的关系；

(3)分析零件结构，想象整体形状；

(4)分析尺寸和技术要求；

(5)归纳总结。

【实训作图】

(1)识读轴承座零件图。

其余
A—A
技术要求
图中未注明的圆角半径R=2~3。
轴承座
比例 1:2
数量 1
重量
材料 MI50
n7-12
制图
描图
审核
(厂名)

(2)识读泵体零件图。

其余
2-M10-7H
通孔
技术要求
未注圆角R3
铸件表面清砂喷防锈漆
制图 (日期)
校核 (日期)
泵 体
(图号)
1:1
清华大学
HT15-33
(学号)

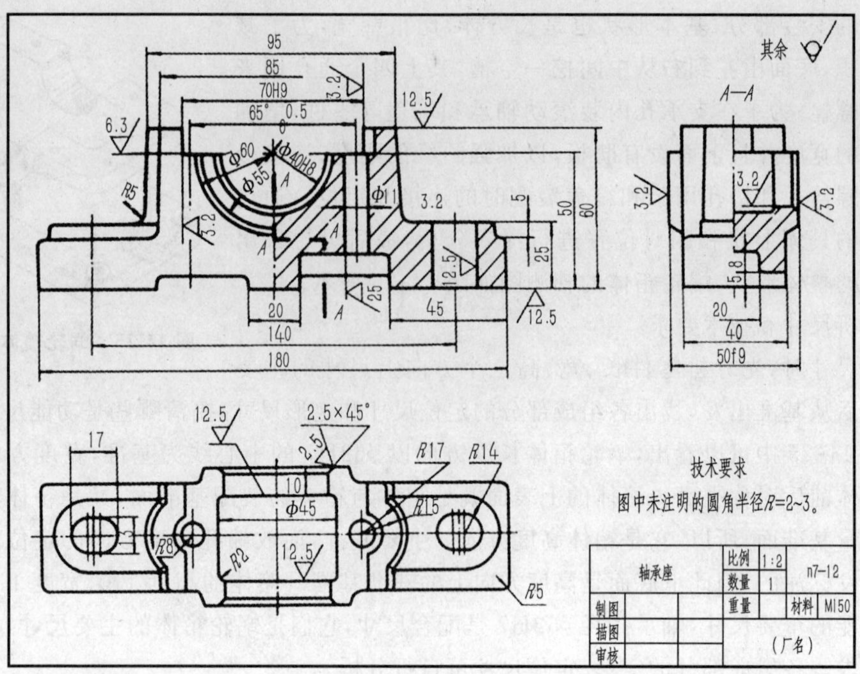

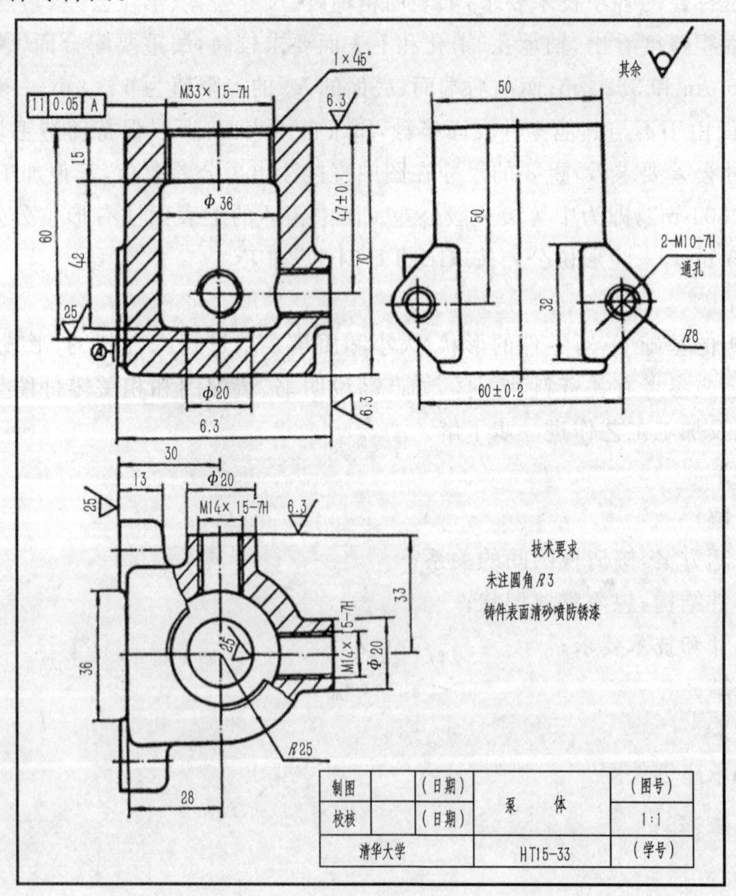

(3)识读泵轴零件图。

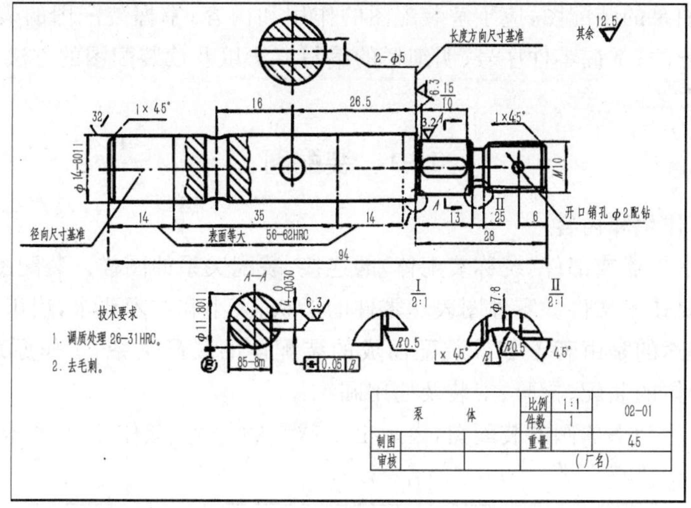

任务15　装配图的识读

【学习目标】

(1)了解装配图的作用和内容；

(2)掌握装配图的表达方法；

(3)掌握装配图的尺寸标注方法、掌握零件序号、明细栏的编写方法；

(4)能够读懂简单的装配图。

【学习内容】

阅读如下图所示齿轮油泵的装配图。

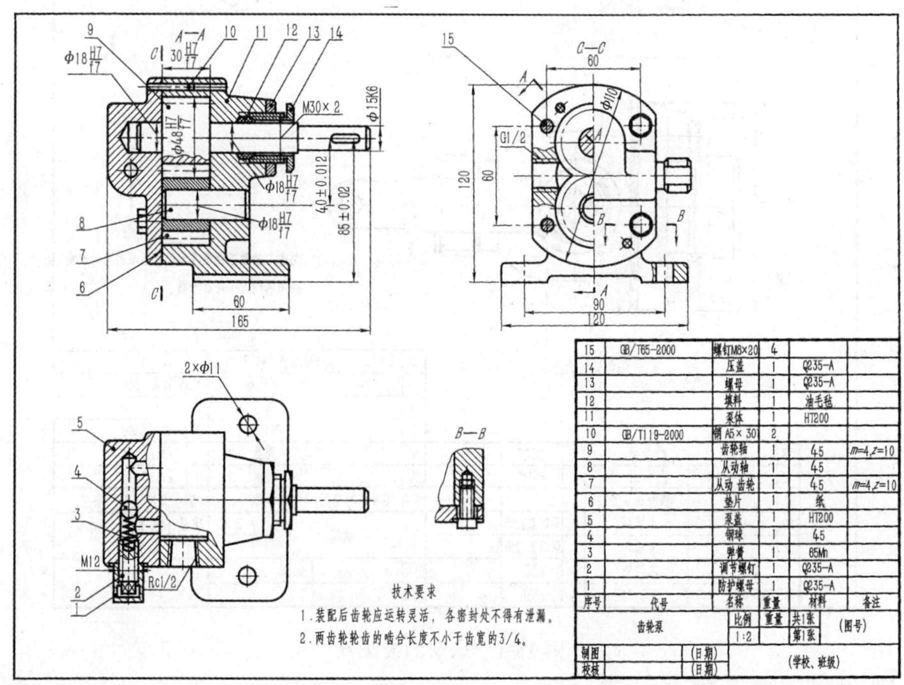

序号	代号	名称	重量	材料	备注
15	GB/T65-2000	螺钉M8×20	4		
14		压盖	1	Q235-A	
13		螺母	1	Q235-A	
12		填料	1	油毛毡	
11		泵体	1	HT200	
10	GB/T119-2000	销 A5×30	2		
9		齿轮轴	1	45	$m=4, z=10$
8		从动轴	1	45	
7		从动齿轮	1	45	$m=4, z=10$
6		垫片	1	纸	
5		泵盖	1	HT200	
4		钢球	1	45	
3		弹簧	1	65Mn	
2		调节螺钉	1	Q235-A	
1		防护螺母	1	Q235-A	

齿轮泵	比例	重量	共1张	(图号)
	1:2		第1张	
制图	(日期)	(学校、班级)		
校核	(日期)			

【任务分析】

要读懂齿轮油泵的装配图，应了解装配图的作用和内容；掌握装配图的表达方法；掌握装配图的尺寸标注方法；掌握零件序号、明细栏的编写方法以及读装配图的方法和步骤。

【相关知识】

15-1　装配图

一、装配图的作用和内容

装配图是表示机器或部件（统称装配体）的连接、装配关系的图样。装配图和零件图一样，都是生产中的重要技术文件。零件图表达零件的形状、大小和技术要求，用于指导零件的制造加工；而装配图表达的是由若干零件装配而成的装配体的装配关系、工作原理及基本结构形状，用于指导装配体的装配、检验、安装及使用和维修。

如图 15-1 所示为一球阀的装配图，表示出了球阀的构造、工作原理、结构特点、装配关系及有关技术要求。

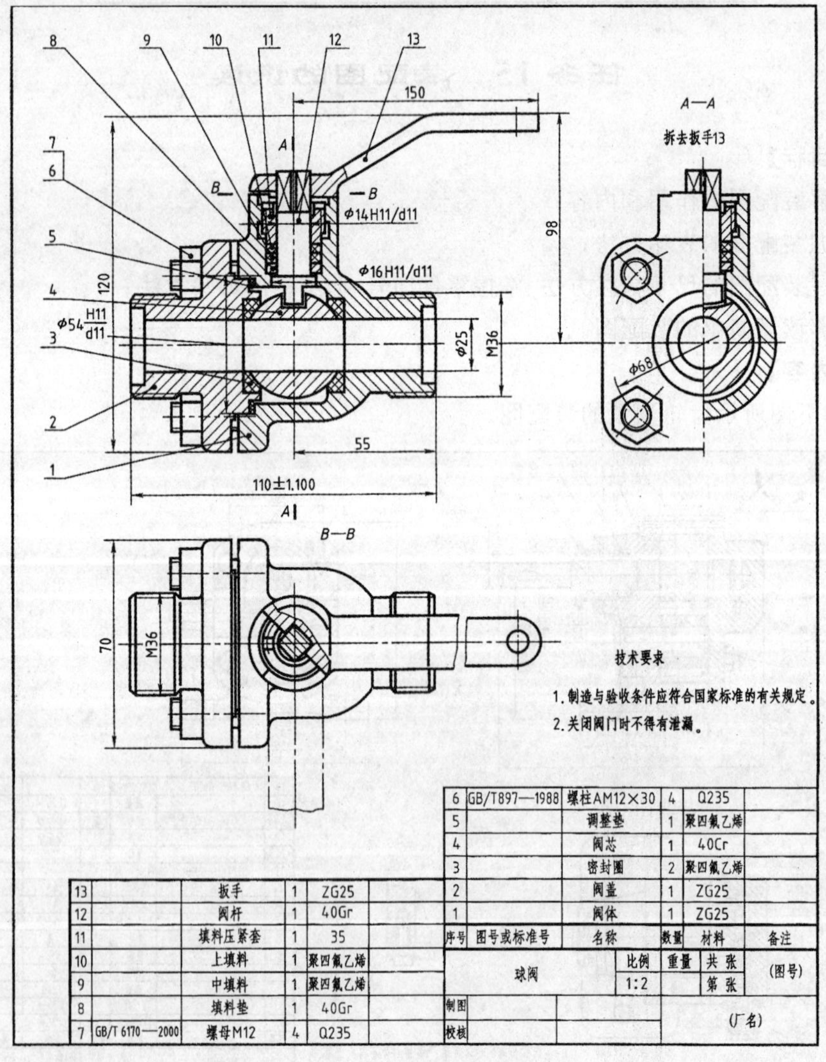

序号	图号或标准号	名称	数量	材料	备注
13		扳手	1	ZG25	
12		阀杆	1	40Gr	
11		填料压紧套	1	35	
10		上填料	1	聚四氟乙烯	
9		中填料	1	聚四氟乙烯	
8		填料垫	1	40Gr	
7	GB/T 6170—2000	螺母M12	4	Q235	
6	GB/T897—1988	螺柱AM12×30	4	Q235	
5		调整垫	1	聚四氟乙烯	
4		阀芯	1	40Cr	
3		密封圈	2	聚四氟乙烯	
2		阀盖	1	ZG25	
1		阀体	1	ZG25	

图 15-1　球阀的装配图

一张完整的装配图，一般应具有以下五个方面的内容：

(1)一组视图：表达机器或部件的工作原理、各零件之间的装配连接关系和零件的主要结构形状。

(2)必要的尺寸：主要包括机器或部件的规格尺寸、装配尺寸、安装尺寸、外形尺寸及其他重要尺寸。

(3)技术要求：用文字或代号说明与机器或部件有关的性能、装配、检验、安装、调试和使用等方面的要求和指标。

(4)零件序号、明细栏：对装配体上的每一种零件，按顺序用数字编写序号。明细栏用来说明各零件的序号、名称、数量、材料和备注等。

(5)标题栏：填写机器或部件的名称、图号、绘图比例以及责任人签名和日期等。

二、装配图的表达方法

装配图的表达方法，除了可用前面介绍的视图、剖视图、断面图等各种表达方法外，还可针对装配图的特点，使用下面的表达方法。

1. 装配图的规定画法

(1)相邻两零件的接触面或配合面只画一条线。而非接触、非配合的两个表面，不论其间隙多小，都必须画出两条线，如图 15-1 所示。

(2)相邻两零件的剖面线，其倾斜方向应相反或间隔不同；同一零件在不同视图上的剖面线，其倾斜方向及间隔应保持一致，如图 15-1 中的件 1 与件 2，件 1 与件 13。

(3)剖切面通过标准件、实心件的基本轴线或对称平面时，在剖视图中这些零件应按不剖处理。如图 15-1 所示，主视图中的阀杆就是按不剖绘制的。这些零件上的孔、键槽可采用局部剖视表达。

2. 装配图的特殊表达方法

(1)拆卸画法：为了使装配体中被挡部分能表达清楚，或者为避免重复，可假想将某些零件拆卸后再投影，如图 15-1 中的左视图，就是拆去零件 13 后绘制的。采用拆卸画法时，应在视图的上方注写“拆去件××”字样。

(2)沿零件的结合面剖切：在装配图中，可假想沿某些零件的结合面选取剖切平面进行剖切，如图 15-2 所示中的 C—C 剖视图，就是沿泵盖结合面剖切后画出的。图中结合面上不画剖面线，但螺钉被截断，应画出剖面线。

(3)假想画法：为了表示运动零件的极限位置或部件与相邻零件(或部件)的相互关系，可用双点画线画出其轮廓，如图 15-1 中的俯视图，其扳手的一个极限位置就是采用假想画法表示。

(4)夸大画法：按实际尺寸难以画出的薄片零件、细丝弹簧、微小间隙等，可不按比例而适当夸大画出，或直接涂黑表示，见图 15-2 中的件 6。

(5)简化画法：在装配图中，零件的工艺结构(圆角、倒角、退刀槽等)可不画出，如图 15-3 所示。相同的零件组(如螺栓连接组件等)可详细画出一组或几组，其余的用点画线表示，如图 15-3 中下部的螺钉。

三、装配图上的尺寸标注

装配图和零件图的功能不同，对尺寸标注的要求也不同。在装配图中，一般只需标注下列几种尺寸。

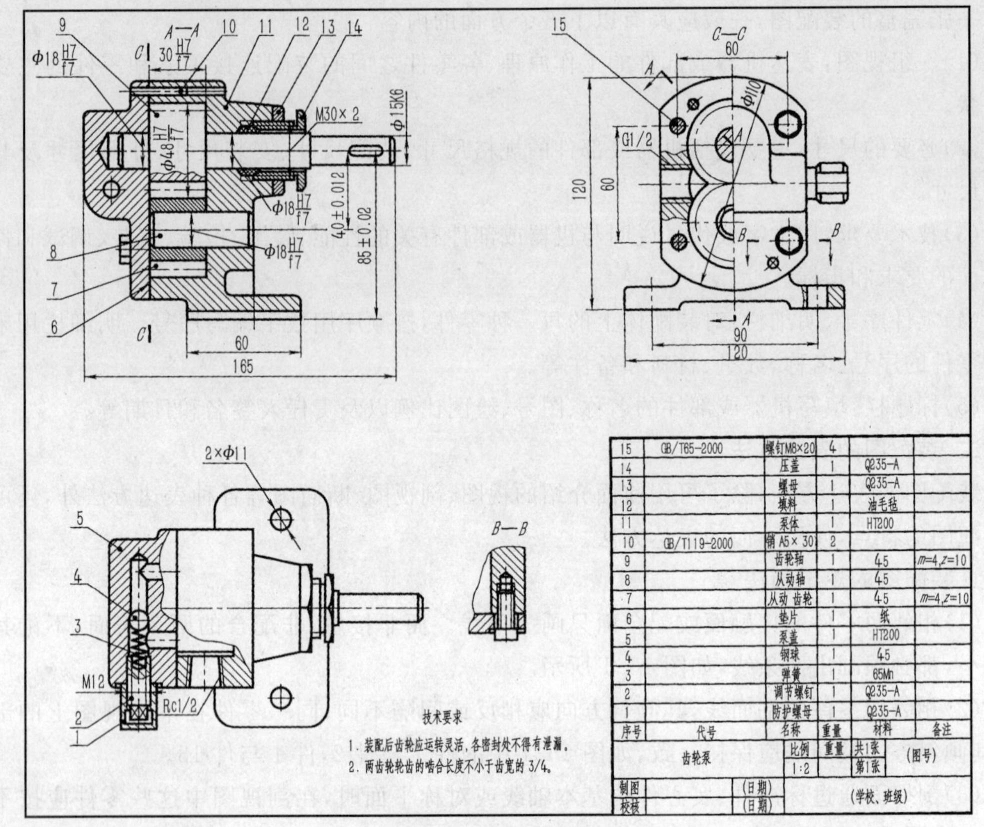

15	GB/T65-2000	螺钉M8×20	4		
14		压盖	1	Q235-A	
13		螺母	1	Q235-A	
12		填料	1	油毛毡	
11		泵体	1	HT200	
10	GB/T119-2000	销 A5×30	2		
9		齿轮轴	1	45	$m=4,z=10$
8		从动轴	1	45	
7		从动 齿轮	1	45	$m=4,z=10$
6		垫片	1	纸	
5		泵盖	1	HT200	
4		钢球	1	45	
3		弹簧	1	65Mn	
2		调节螺钉	1	Q235-A	
1		防护螺母	1	Q235-A	
序号	代号	名称	重量	材料	备注

齿轮泵	比例	重量	共1张	(图号)
	1:2		第1张	
制图 (日期)	(学校、班级)			
校核 (日期)				

图 15-2　齿轮油泵的装配图

1. 规格尺寸

规格尺寸是表明机器（或部件）的规格或性能的尺寸，是设计和用户选用该产品的主要根据，如图 15-1 中球阀孔径 φ25，由该尺寸可计算出球阀流量的大小。

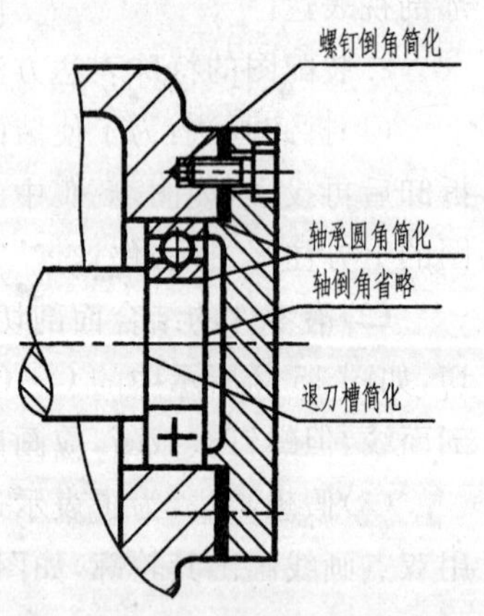

图 15-3　简化画法

2. 装配尺寸

装配尺寸是表明机器（或部件）中有关零件之间配合性质和主要相对位置的尺寸，如图 15-2 中齿轮轴与泵盖、泵体的配合尺寸 φ18H7/f7 等。

3. 安装尺寸

安装尺寸是机器（或部件）安装时所需要的尺寸，如图 15-2 中的 90，2×φ11 等。

4. 外形尺寸

外形尺寸是表明机器（或部件）外形大小的尺寸，即总长、总宽、总高尺寸。它为包装、运输和安装所占空间的大小提供了依据。如图 15-2 中的尺寸 165、120、120 分别表示齿轮泵的总长、总宽和总高。

5. 其他重要尺寸

其他重要尺寸是指在设计中确定的而又未包括在上述几类尺寸中的一些重要尺寸，如图 15-2 中两齿轮的中心距 40±0.012。

需要说明的是，并不是每一张装配图都标注有上述五种尺寸，有的尺寸还可能同时具有多种作用，因此，分析装配图上标注的尺寸，要视具体情况而定。

四、装配图中的序号和明细栏

为了便于看图和图样管理，对装配图中所有零、部件都必须编写序号。同时在标题栏上方的明细栏中与图中序号一一对应地予以列出。

1. 序号的编写方法

(1)每种零件只编写一次序号(数量在明细栏内填明)。

(2)编写序号的形式：指引线(细实线)应自所指零件的可见轮廓内画一圆点后引出，在指引线的另一端画水平细实线或圆，填写序号，如图 15-4 所示。序号字高应比图上尺寸数字大一号或大两号，如图 15-4(a)所示，也可以直接注写在指引线附近，如图 15-4(b)所示。零件很薄或断面涂黑时，可用箭头指向轮廓线代替圆点，如图 15-4(c)所示。

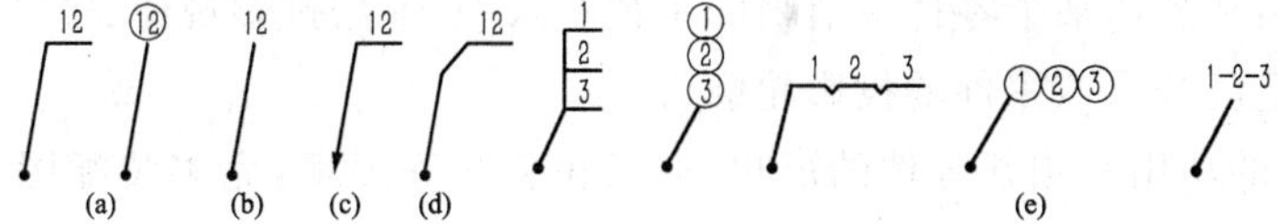

图 15-4 序号的编写方法

(3)零件序号应沿水平或垂直方向按顺时针(或逆时针)方向顺序排列整齐，并尽可能均匀分布，如图 15-1 所示。

(4)指引线互相不能相交，当它通过剖面区域时，不得与剖面线平行；必要时，可将指引线画成一次折线，如图 15-4(d)所示。

(5)一组紧固件或装配关系明显的零件组，可采用公共指引线，如图 15-4(e)所示。

2. 明细栏

明细栏可按国家标准中推荐使用的格式绘制。

明细栏中包括序号、代号、名称、数量、材料、重量、备注等内容。通常画在标题栏上方，应自下而上顺序填写。如位置不够时，可紧靠在标题栏的左边自下而上延续，如图 15-2 所示。在特殊情况下，明细栏可作为装配图的续页按 A4 幅面单独制表。

15-2 装配图的阅读

一、识读装配图要达到的要求

识读装配图因工种不同而各有侧重，总的要求是通过看图了解各零件的相互位置、零件的连接和固定方法、哪些零件可以转动或移动、配合的松紧程度以及装拆顺序如何、装配时有些什么技术要求等。同时要结合读者的生产实践经验，全面了解机器或部件的性能、功用、工作原理、传动路线以及使用特点等。

二、识读装配图的方法和步骤

1. 概括了解

由标题栏可了解装配体的名称、大致用途；由外形尺寸可了解装配体的大小；由零件序号及明细栏可了解零件数量和标准件的数量，估计装配体的复杂程度。

2. 分析视图

了解视图的数量，弄清视图间的投影关系，以及各视图采用的表达方法，为进一步深入读图作准备。

3.分析传动路线及工作原理

一般情况下可从图样上直接分析装配体的传动路线及工作原理，装配体比较复杂时，需参考产品说明书。

4.分析装配关系

从图 15-2 可以看出，泵盖与泵体分别用两个圆柱销定位，4 个螺钉紧固连接在一起。两齿轮轴与泵盖孔之间为间隙配合（ϕ18H7/f7），为了防漏，在泵体与泵盖的结合面处垫入了垫片 6；齿轮轴 9 的伸出端用填料 12 密封，压紧力是由压盖施加给填料的。

5.分析零件结构形状

分析步骤如下：

(1)分离视图：从表达某个零件最清晰的主视图入手，依据投影规律、序号、剖面线，借助尺规等在各个视图上区分出该零件的投影轮廓。

(2)结合零件的功用及相邻零件的形状、加工和装配等因素，完善装配图上表达不完整的结构。

(3)依据视图，想象出零件完整的结构形状。

6.归纳总结

通过上述分析，最后综合归纳，对装配体的工作原理、装配关系及主要零件的结构形状、尺寸、作用等形成一个完整、清晰的认识，想象出整个装配体的形状和结构。

【例 15-1】阅读 15-2 所示齿轮油泵装配图。

1.概括了解

由标题栏可了解装配体的名称、大致用途；由外形尺寸可了解装配体的大小；由零件序号及明细栏可了解零件数量和标准件的数量，估计装配体的复杂程度。

如图 15-2 所示的装配体是齿轮油泵，用于输送润滑油。齿轮油泵的外形尺寸是165 mm、120 mm、120 mm，据此可知它的体积大小。该油泵共有 15 种零件，其中有 2 种标准件，属于较简单的部件。

2.分析视图

了解视图的数量，弄清视图间的投影关系，以及各视图采用的表达方法，为进一步深入读图作准备。

齿轮油泵采用四个视图，分别是主视图、俯视图和左视图。主视图采用全剖视，表达齿轮油泵的主要装配关系；左视图采用半剖视，剖切面通过左泵盖 5 和泵体 11 的结合面剖切，可清楚地反映出油泵的外形和一对齿轮的啮合情况；左视图还采用了局部剖视，以表达进、出油孔的结构；俯视图采用局部剖视图，可看清泵盖内安全装置的管路通道；采用 B—B 局部剖视图将泵体与泵盖之间的螺钉连接表达清楚。

3.分析传动路线及工作原理

一般情况下可从图样上直接分析装配体的传动路线及工作原理，装配体比较复杂时，需参考产品说明书。

齿轮油泵的工作原理如图 15-5 所示。当齿轮的啮合齿逐渐分开时，右侧进油口容积增大，压力降低，油被吸入泵内，随着齿轮的转动，齿槽内的油便被不断送到出油口。

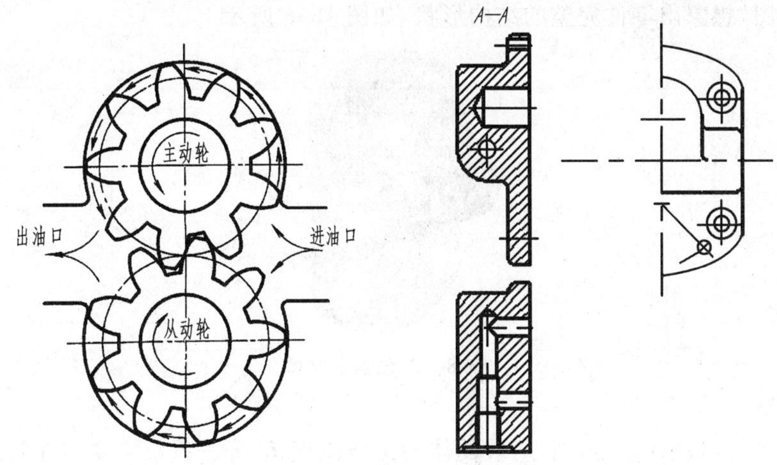

图 15-5　齿轮泵的工作原理　　图 15-6　左泵盖的结构分析

4. 分析装配关系

从图 15-2 可以看出，泵盖与泵体分别用两个圆柱销定位，4 个螺钉紧固连接在一起。

两齿轮轴与泵盖孔之间为间隙配合(ϕ18H7/f7)，为了防漏，在泵体与泵盖的结合面处垫入了垫片 6；齿轮轴 9 的伸出端用填料 12 密封，压紧力是由压盖施加给填料的。

5. 分析零件结构形状

以泵盖 5 为例，分析步骤如下：

(1)分离视图：从表达泵盖 5 最清晰的主视图入手，依据投影规律、序号、剖面线，借助尺规等在各个视图上区分出左泵盖 5 的投影轮廓，如图 15-6 所示。

(2)结合零件的功用及相邻零件的形状、加工和装配等因素，完善装配图上表达不完整的结构，如图 15-7 所示。

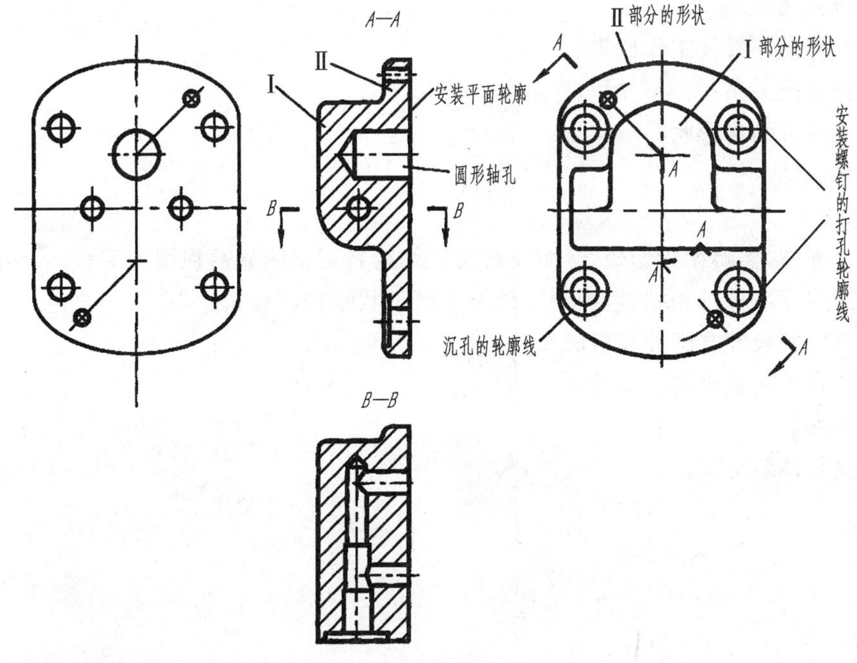

图 15-7　左泵盖的结构分析

③依据视图，想象出零件完整的结构形状，如图 15-8 所示。

15-8 左泵盖的结构

6. 归纳总结

通过上述分析，最后综合归纳，对装配体的工作原理、装配关系及主要零件的结构形状、尺寸、作用等形成一个完整、清晰的认识，想象出整个装配体的形状和结构，见图 15-9 所示。

图 15-9 齿轮泵的轴测图

【读图指导】

1. 读图步骤

(1)概括了解；

(2)分析视图；

(3)分析传动路线及工作原理；

(4)分析装配关系；

(5)分析零件结构形状；

(6)归纳总结。

2. 注意事项

(1)读装配图，需遵循投影规律，由反映装配结构特征最明显的视图入手；

(2)注意与读零件图相结合，弄清零件的主要形状结构特征；

(3)注意各种尺寸之间的有机联系；

(4)注意技术要求中的相关提示。

【实训作图】

(1)识读箱体装配图。

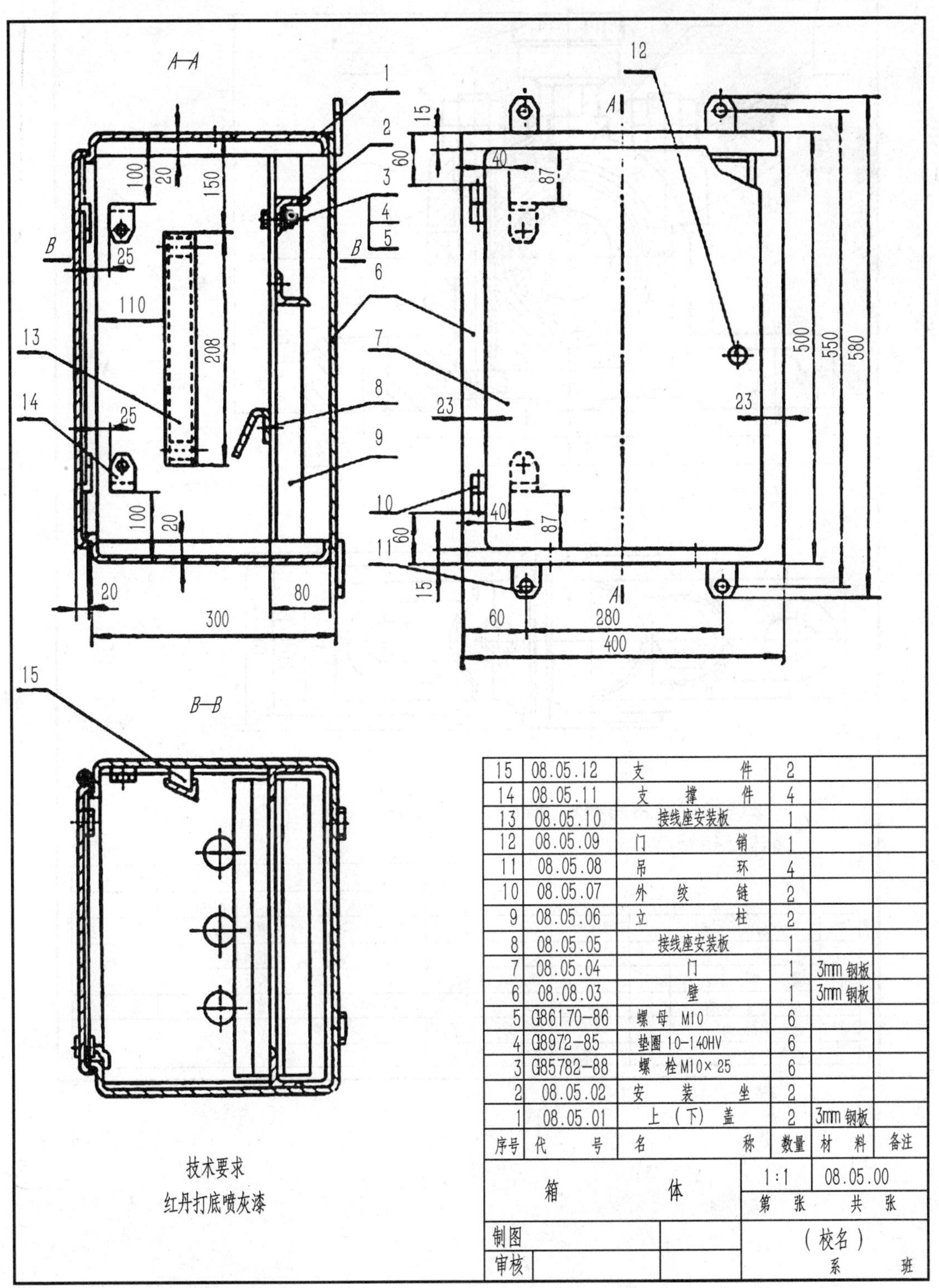

序号	代号	名称	数量	材料	备注
15	08.05.12	支件	2		
14	08.05.11	支撑件	4		
13	08.05.10	接线座安装板	1		
12	08.05.09	门销	1		
11	08.05.08	吊环	4		
10	08.05.07	外绞链	2		
9	08.05.06	立柱	2		
8	08.05.05	接线座安装板	1		
7	08.05.04	门	1	3mm 钢板	
6	08.08.03	壁	1	3mm 钢板	
5	G86170-86	螺母 M10	6		
4	G8972-85	垫圈 10-140HV	6		
3	G85782-88	螺栓 M10×25	6		
2	08.05.02	安装坐	2		
1	08.05.01	上（下）盖	2	3mm 钢板	

箱体		1:1	08.05.00
		第　张	共　张
制图		（校名）	
审核		系　班	

(2)识读滑动轴承装配图。

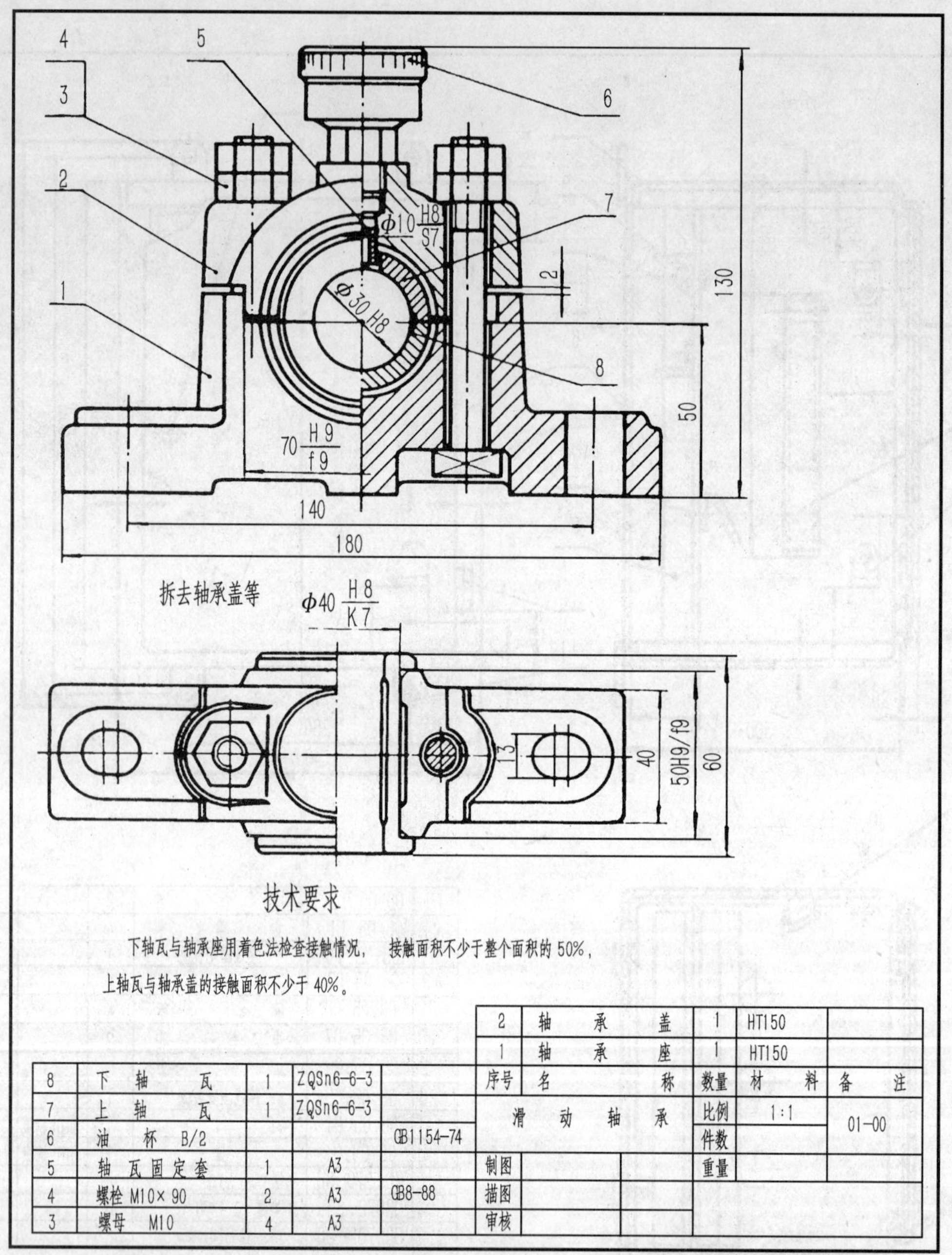

4
5
3
6
2
7
1
8
Φ10 H8/S7
Φ30 H8
2
130
50
70 H9/f9
140
180
拆去轴承盖等
Φ40 H8/K7
13
40
50H9/f9
60
技术要求
下轴瓦与轴承座用着色法检查接触情况， 接触面积不少于整个面积的 50%，
上轴瓦与轴承盖的接触面积不少于 40%。
2 轴承盖 1 HT150
1 轴承座 1 HT150
序号 名称 数量 材料 备注
8 下轴瓦 1 ZQSn6-6-3
7 上轴瓦 1 ZQSn6-6-3
6 油杯 B/2 GB1154-74
5 轴瓦固定套 1 A3
4 螺栓 M10×90 2 A3 GB8-88
3 螺母 M10 4 A3
滑动轴承
比例 1:1
件数
重量
01-00
制图
描图
审核

项目五　化工图样

【项目描述】

化工图样是化工行业必备的重要技术文件，是化工企业进行厂房建设设计、设备与管路安装、生产工艺流程和生产控制的重要参考。作为化工从业人员来说，必须要掌握化工图样。

【学习目标】

(1)熟悉和掌握化工设备图的绘制与识读；

(2)掌握化工工艺图的识读；

(3)了解化工设备布置图；

(4)了解化工管路布置图。

【能力目标】

(1)能够读懂化工设备图；

(2)能够通过化工工艺流程图，了解化工生产过程。

任务16　化工设备图的绘制

【学习目标】

(1)了解化工设备的类型及结构特点；

(2)掌握化工设备图的内容与要求；

(3)学会查阅化工设备标准零部件的相关资料；

(4)掌握画化工设备图的步骤。

【学习内容】

(1)从相关资料查出如图所示反应罐中标准件的尺寸。

(2)按示意图画出该设备的装配图。

(3)标注必要的尺寸。

管口表

符号	公称尺寸	连接面形式	公称压力	用途	备注
a	*DN*40	平面	*PN*0.6	出料口	
b	*DN*25	平面	*PN*0.6	冷冻水进口	
c	400×300	—	*PN*0.6	人孔	
d	*DN*125	—	*PN*0.6	视镜	
e	*DN*25	平面	*PN*0.6	冷冻水进口	
f	*DN*25	平面	*PN*0.6	备用口	
g	*DN*40	平面	*PN*0.6	进料口	
h	*DN*25	平面	*PN*0.6	备用口	
i	*DN*25	平面	*PN*0.6	温度计接口	

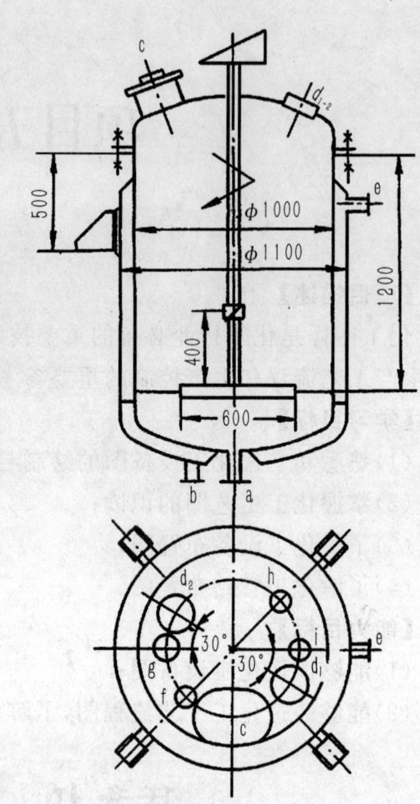

【任务分析】

该任务题中给定了示意图及管口表，没有给出相关零件图。由于化工设备的零部件大都已经标准化，因此，画图时要根据相关手册查阅这些零部件的具体结构和尺寸大小。另外，典型化工设备的表达方法及化工设备图图面的布局也相对较为固定，这些都是我们在完成本任务题时应该注意和掌握的要点。

【相关知识】

16-1　化工设备图的内容

化工设备是化工生产的重要技术装备。图16-1所示为常用的四类较典型的化工设备。

表示化工设备的形状、结构、大小、性能和制造安装等技术要求的图样，称为化工设备图。化工设备图也是按“正投影法”原理和国家标准《技术制图》《机械制图》的规定绘制的。因此，前面所介绍的机械图的各种表达方法都适用于化工设备图。但由于化工生产的特殊要求，化工设备的结构、形状具有某些特点。因此，化工设备图除了采用机械图的表达方法外，还采用了一些特殊的表达方法。

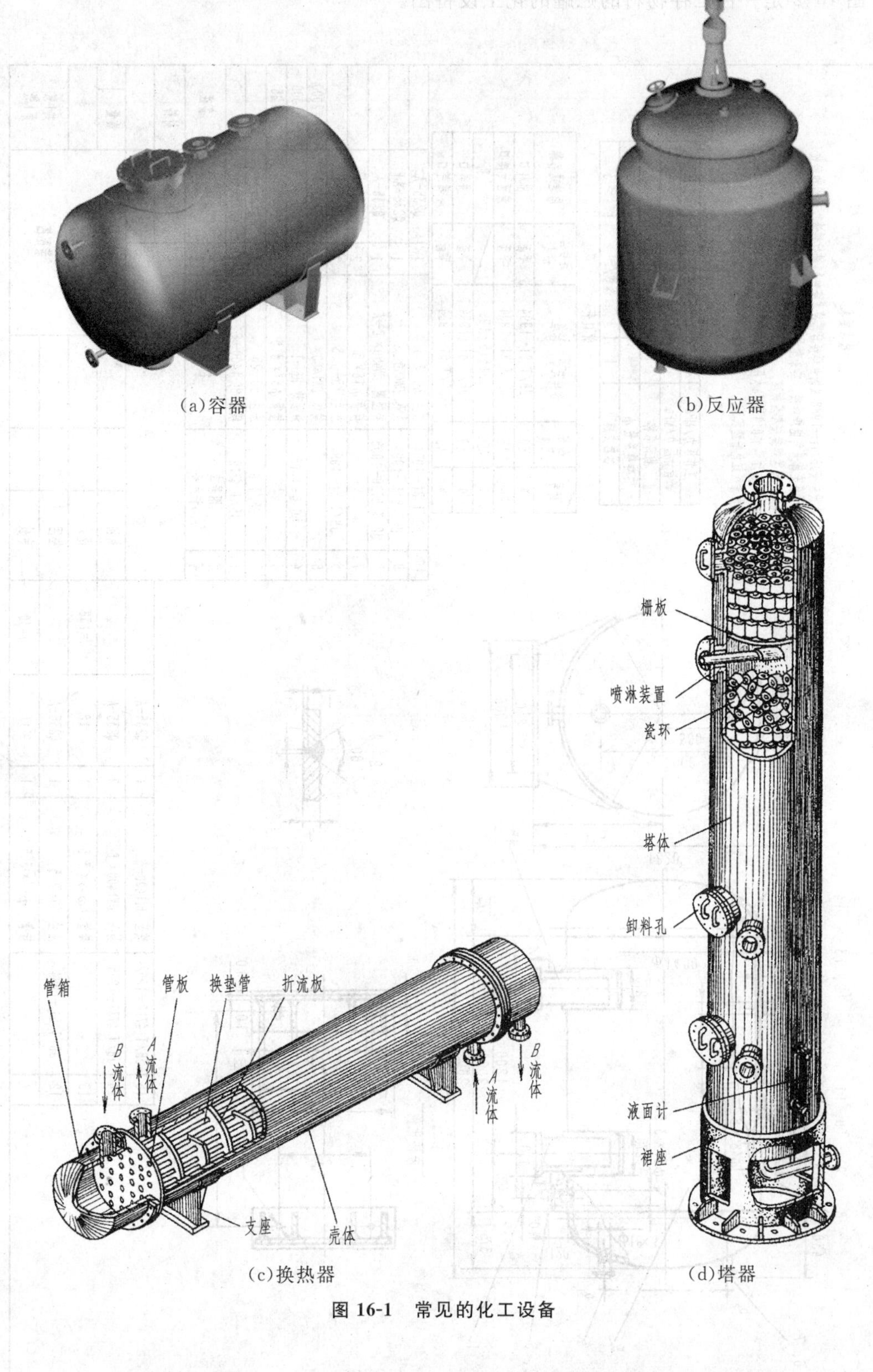

(a)容器　(b)反应器　(c)换热器　(d)塔器

图 16-1　常见的化工设备

图 16-2 是一台贮存物料的贮罐的化工设备图。

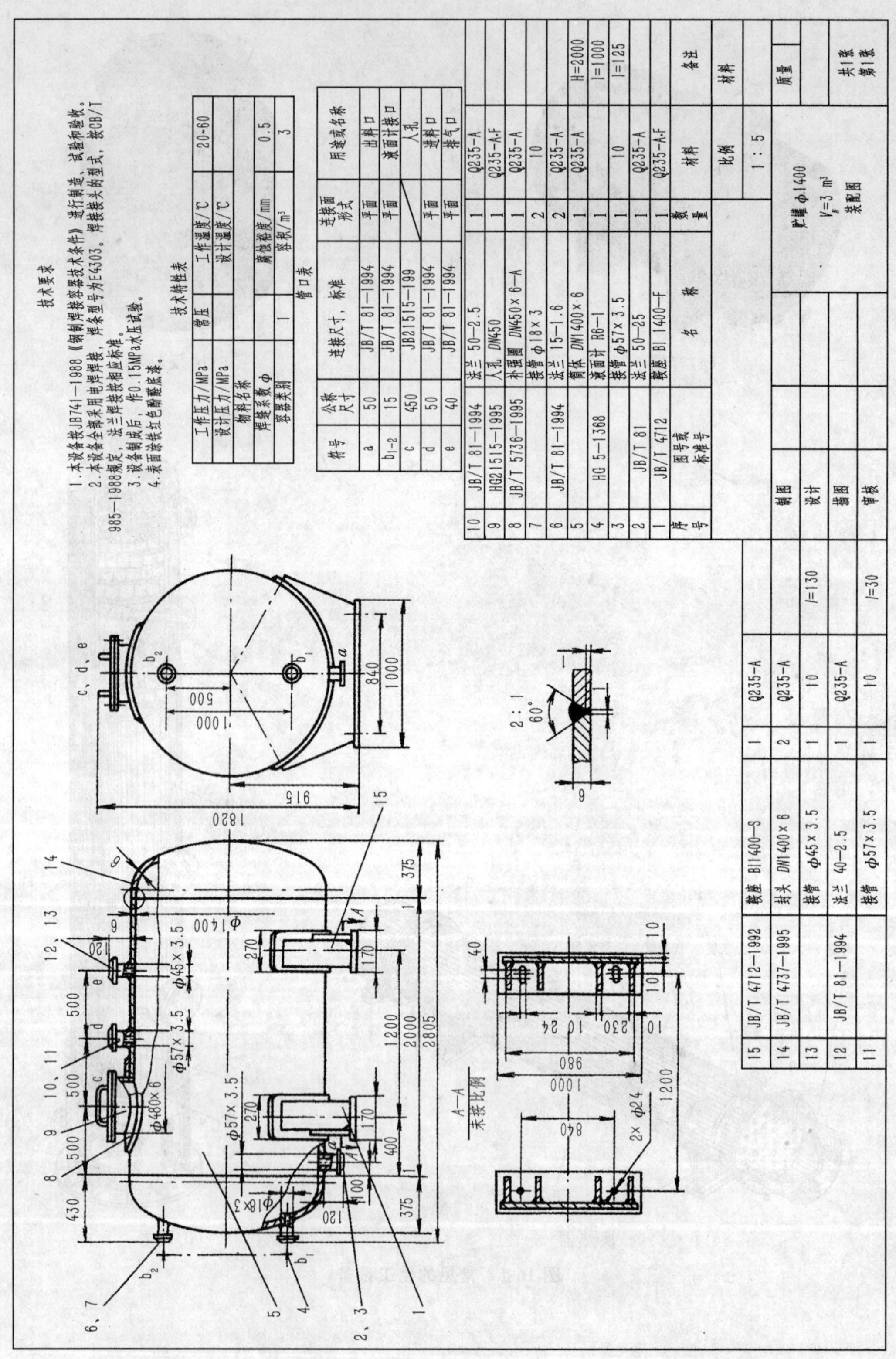

图 16-2　贮　罐

从图中可以看出,一张完整的化工设备图包括以下基本内容。

一、一组视图

一组视图是用以表达化工设备的工作原理、各部件间的装配关系和相对位置,以及主要零件的基本形状。图 16-2 采用两个基本视图,比较清晰地表达了贮罐的工作原理、结构形状以及各零部件间的装配关系。

二、必要的尺寸

化工设备图上的尺寸,是制造、装配、安装和检验设备的重要依据。标注尺寸应完整、清晰、合理,以满足化工设备制造、检验和安装的要求。

1. 尺寸种类

化工设备图主要用来表达设备的工作原理、各零部件间的装配关系。因此,化工设备图主要包括以下几类尺寸:

(1)特性尺寸:反映化工设备的主要性能、规格的尺寸,如图 16-2 中的筒体内径 ϕ1400、筒体长度 2000 等。

(2)装配尺寸:表示零部件之间装配关系和相对位置的尺寸,如图 16-2 中 500 表明人孔与进料口的相对位置。

(3)安装尺寸:表明设备安装在基础上或其他支架上所需的尺寸,如图 16-2 中的 1200、840 等。

(4)外形(总体)尺寸:表示设备总长、总高、总宽(或外径)的尺寸,以确定该设备所占的空间,如容器的总长 2807、总高 1820、总宽(简体的外径)1412。

(5)其他尺寸:一般包括标准零部件的规格尺寸(图 16-2 中人孔的规格尺寸 $\phi480\times6$),经设计计算确定的重要尺寸(如筒体壁厚 6),焊缝结构形式尺寸以及不另行绘图的零件的有关尺寸。

2. 尺寸基准

(1)尺寸基准选择:要使标注的尺寸满足制造、检验、安装的需要,必须合理选择尺寸基准。化工设备图中常用的尺寸基准有下列几种(图 16-3):①设备筒体和封头的中心线;②设备筒体和封头焊接时的环焊缝;③设备容器法兰的端面;④设备支座的底面;⑤管口的轴线与壳体表面的交线等。

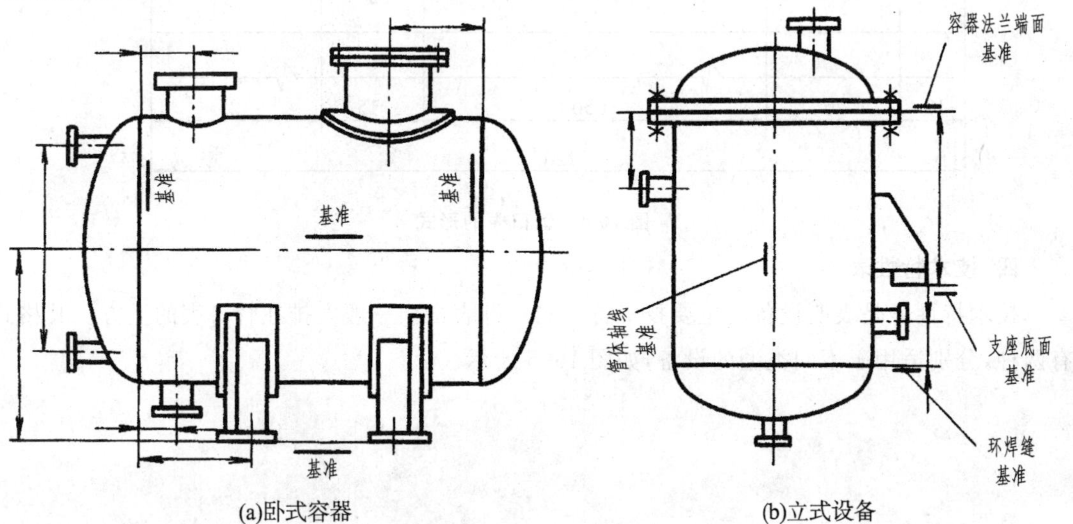

(a)卧式容器 (b)立式设备

图 16-3 化工设备常用尺寸基准

(2)几种典型结构的尺寸注法：

1)筒体：一般标注内径、壁厚和高度(或长度)；若用无缝钢管作筒体，则标注外径、壁厚和高度(或长度)。图 16-2 标出筒体内径(ϕ1400)、壁厚(6)及长度(2000)。

2)封头：标注壁厚和封头高(包括直边高度)。

3)接管：标注管口内径和壁厚；接管为无缝钢管时，则标注"外径×壁厚"。

在化工设备图中，由于零件的制造精度不高，故允许在图上将同方向(轴向)的尺寸注成封闭形式，对于某些总长(或总高)或次要尺寸，通常将这些尺寸数字加注圆括号"()"或在数字前加"≈"，以示参考之意。

三、管口表

管口表是说明设备上所有管口的用途、规格、连接面形式等内容的一种表格，供备料、制造、检验或使用时参考。管口表一般画在明细栏的上方。管口表的格式如图 16-4 所示。

填写管口表的内容时应注意：

(1)管口表"符号"栏内的字母应与图中管口的符号一一对应，按 a，b，c……顺序，自上而下填写。当管口规格、用途及连接面形式完全相同时，可合并成一项填写，如 $b_{1\sim2}$。

(2)"公称尺寸"栏内填写管口的公称直径。无公称直径的管口，则按管口实际内径填写。

(3)"连接尺寸、标准"栏内填写对外连接管口的有关尺寸和标准；不对外连接的管口(如人孔、视镜等)，则不填写具体内容(图 16-4)；螺纹连接管口填写螺纹规格。

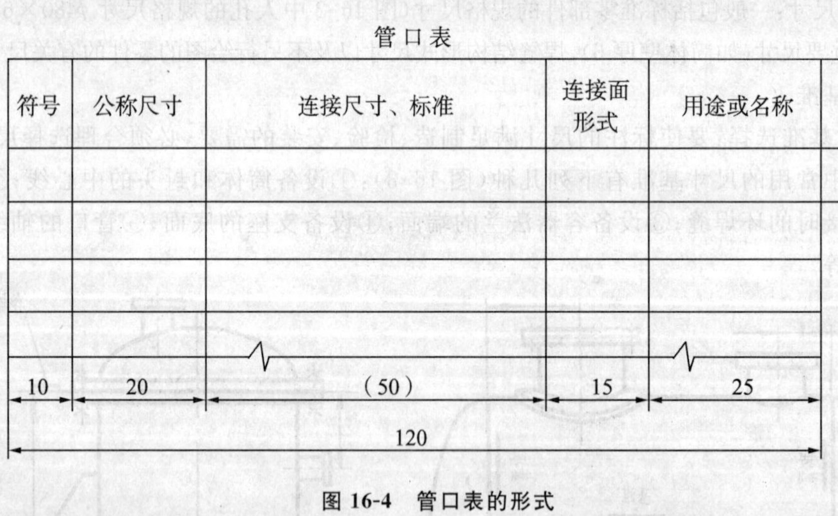

管口表

符号	公称尺寸	连接尺寸、标准	连接面形式	用途或名称
10	20	(50)	15	25

120（总宽）；12（表头行高）；8（行高）

图 16-4 管口表的形式

四、技术特性表

技术特性表是表明设备的主要技术特性的一种表格。一般安排在管口表的上方。其格式有两种，分别适用于不同类型的设备，如图 16-5 所示。

技术特性表

内容	管程	壳程
工作压力/MPa 设计压力/MPa		
物料名称		
换热面积/m²		
40	(40)	40
120		

图 16-5　技术特性表的格式

技术特性表的内容包括：工作压力、工作温度、设计压力、设计温度、物料名称等。对于不同类型的设备，需增加相关内容。如容器类，增加全容积(m^3)；反应器类，增加全容积和搅拌转速等；换热器类，增加换热面积等；塔器类，增加设计风压与地震烈度等内容。

五、技术要求

技术要求是用文字说明在图中不能(或没有)表示出来的内容，包括设备在制造、试验和验收时应遵循的标准、规范或规定，以及对于材料、表面处理及涂饰、润滑、包装、运输等方面的特殊要求，作为制造、装配、验收等过程中的技术依据。

技术要求通常包括以下几方面内容。

1. 通用技术条件

通用技术条件是同类化工设备在制造、装配、检验等诸方面的技术规范，已形成标准，在技术条件中可直接引用。

2. 焊接要求

焊接工艺在化工设备制造中应用广泛。在技术要求中，通常对焊接方法、焊条、焊剂等提出要求。

3. 设备的检验

一般对主体设备进行水压和气密性试验，对焊缝进行探伤等。

4. 其他要求

其他要求是指设备在机械加工、装配、保温、防腐、运输、安装等方面的要求。

六、零部件序号、明细栏和标题栏

零部件序号、明细栏和标题栏的内容、形式与机械装配图的内容形式基本一致，这里不再重复。

16-2　化工设备图的表达

化工设备图的表达方法应与化工设备的结构特点相适应。

一、化工设备的基本结构及其特点

1. 化工设备的种类

化工设备的种类很多，且应用很广。较典型的化工设备有以下几种：

(1)容器：主要用来贮存原料、中间产品和成品等。按形状分有圆柱形、球形等，而以圆柱形容器应用最广，图 16-1(a)即为一圆柱形容器。

(2)换热器：主要用来使两种不同温度的物料进行热量交换，以达到加热或冷却之目的，换热器的基本形状如图 16-1(b)所示。

(3)反应器：主要用来使物料在其中间进行化学反应，生成新的物质，或者使物料进行搅拌、沉降等单元操作。图 16-1(c)即为一种较常用的反应器。

(4)塔器：用于吸收、洗涤、精馏、萃取等化工单元操作。塔器多为立式设备，其断面一般为圆形。塔器的高度和直径之比，一般相差较大。其基本形状如图 16-1(d)所示。

2. 化工设备的结构特点

各种化工设备由于化工工艺要求不同，其结构形式、形状大小和安装方式各有差异。从上述四类典型设备的分析中，可以归纳出结构上的一些共同点：

(1)设备的主体结构(壳体)，一般为钢板卷制成形的回转体。如图 16-2 贮罐中的筒体，就是用钢板卷制成形的回转体。

(2)尺寸相差悬殊，设备的总体尺寸与某些局部结构(如壁厚、管口等)尺寸，往往相差很悬殊。如图 16-2 中贮罐的总长为“2805”，直径为“1400”，但筒体壁厚只有“6”。

(3)由于化工工艺的需要，壳体上有较多的开孔和接管口，用以安装各零部件和连接各种管道。如图 16-2 所示的贮罐，其上部就有一个人孔(件 9)和两个接管口(件 11、13)。

(4)大量采用焊接结构。如图 16-2 中，封头(件 14)与筒体(件 5)就是焊接而成的。

(5)广泛采用标准化零部件。设备上一些常用的零部件，绝大多数已经标准化、系列化。如图 16-2 中的管法兰(件 6)、人孔(件 9)、液面计(件 4)、支座(件 1)等，都是标准化的零部件。

二、化工设备图的表达特点

1. 视图的配置灵活

化工设备图的视图配置灵活，其俯(左)视图可以配置在图面上任何适当的位置，但必须注明“俯(左)视图”的字样。

当设备结构复杂，所需视图较多时，允许将部分视图画在数张图纸上。但主视图及该设备的明细栏、管口表、技术特性表、技术要求等内容，均应安排在第一张图样上。

当化工设备结构比较简单，且多为标准件时，允许将零件图与装配图画在同一张图样上。如果设备图已经表达清楚，也可以不画零件图。

2. 多次旋转的表达方法

由于设备壳体四周分布有各种管口和零部件，为了在主视图上清楚地表达它们的形状和轴向位置，主视图可采用多次旋转的画法。即假想将设备上不同方位的管口和零部件，分别旋转到与主视图所在的投影面平行的位置，然后进行投射，以表示这些结构的形状、装配关系和轴向位置。如图 16-6 所示，人孔是按逆时针方向(从俯视图看)，假想旋转 45°之后，在主视图上画出其投影图的，液面计则是按顺时针方向旋转 45°后，在主视图上画出的。

采用多次旋转的表达方法时，一般不作标注。但这些结构的周向方位以管口方位图(或俯、左视图)为准。

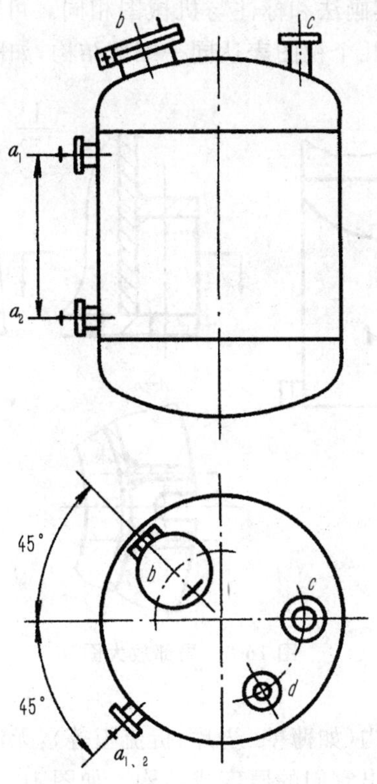

图 16-6 多次旋转的表达方法

3.管口方位的表达方法

化工设备上的接管口和附件较多，其方位在设备制造、安装和使用时都很重要，必须在图样中表达清楚。

管口在设备上的分布方位，可用管口方位图表示。方位图中仅以中心线表明管口的方位，用单线（粗实线）示意画出设备管口，如图 16-7 所示。需注意：同一管口，在主视图和方位图上必须标注相同的小写字母。

当俯（左）视图必须画出，而管口方位在俯（左）视图上已表达清楚时，可不必画出管口方位图。

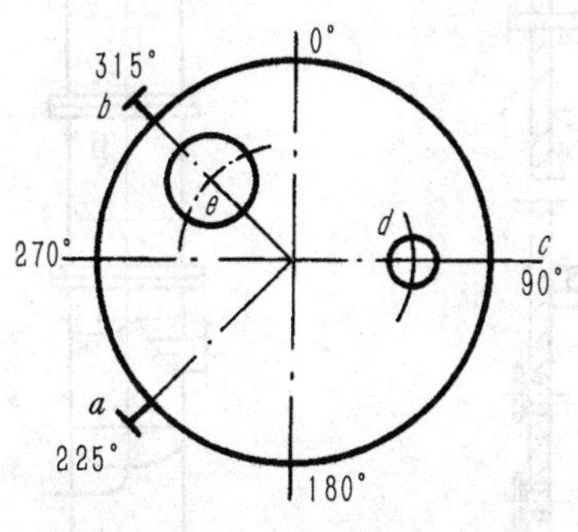

图 16-7 管口方位图

4.局部结构的表达方法

对于设备上某些细小的结构，按总体尺寸所选定的绘图比例无法表达清楚时，可采用局部放大的画法，如图 16-2 中焊接结构的局部放大图。

局部放大图又称节点图，其画法和标注与机械图相同。可根据需要采用视图、剖视、断面等表达方法，必要时，还可采用几个视图表达同一细部结构，如图 16-8 所示。

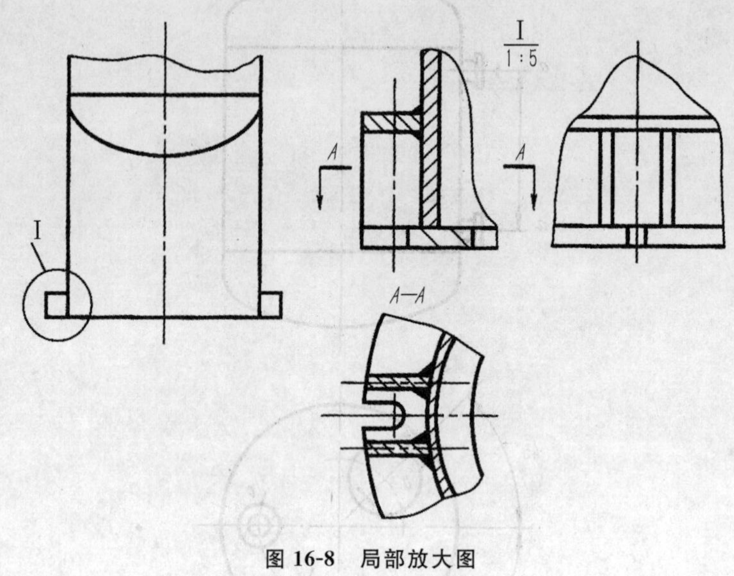

图 16-8 局部放大图

5. 夸大的表达方法

对于设备中尺寸过小的结构(如薄壁、垫片、折流板等)，无法按比例画出时，可采用夸大画法，即不按比例、适当地夸大画出它们的厚度或结构。如图 16-2 中的筒体壁厚，就是未按比例而夸大画出的。

6. 断开和分段(层)的表达方法

当设备总体尺寸很大，又有相当部分的结构形状相同(或按规律变化)时，可采用断开画法。如图 16-9 所示的填料塔设备，采用了断开画法，图中断开省略部分是填料层(用符号简化表示)，该部分的形状、结构完全相同。

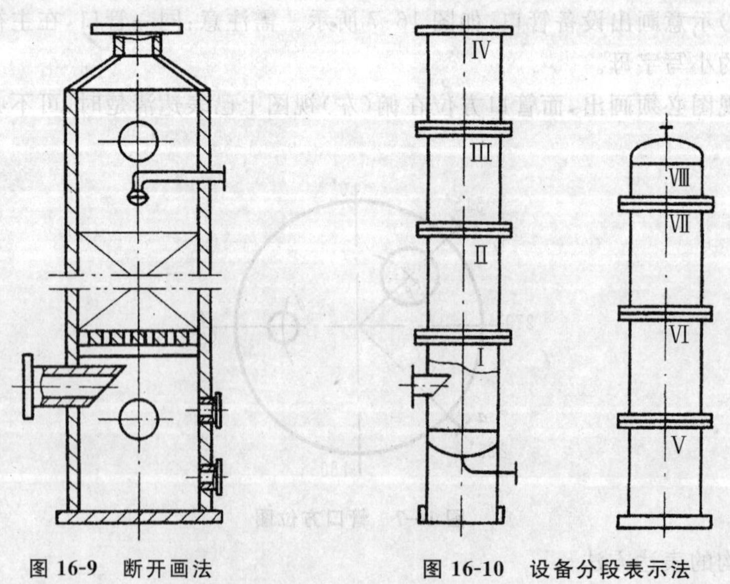

图 16-9 断开画法　　图 16-10 设备分段表示法

有些设备(如塔器)形体较长，又不适于用断开画法，为了合理选用比例和充分利用图纸，可把整个设备分成若干段(层)画出，如图 16-10 所示。

7. 化工设备图中的简化画法

(1)单线示意画法：设备上某些结构已有零部件图，或另外用剖视、断面、局部放大图等方法已表示清楚时，设备图上允许用单线(粗实线)表示。如图 16-11 所示列管式换热器，其中用指引线说明的零部件，均采用单线示意画法，而其他零部件仍按装配图的要求画出。

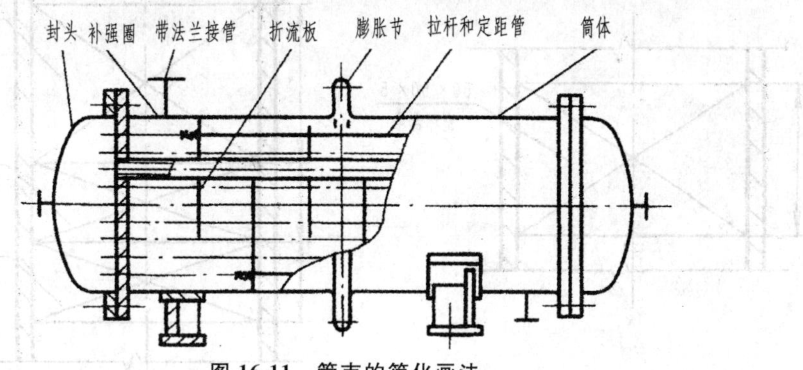

图 16-11　管束的简化画法

(2)管法兰的简化画法：化工设备图中，不论法兰的连接面是什么形式(平面、凹凸面、榫槽面)，管法兰的画法均可简化成图 16-12 所示的形式。

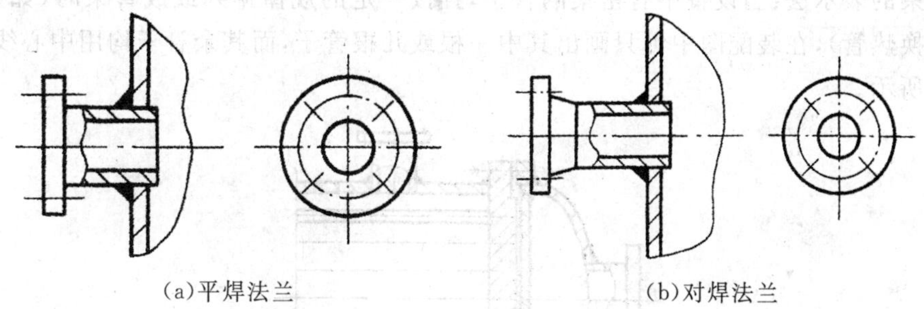

(a)平焊法兰　　(b)对焊法兰

图 16-12　管法兰的简化画法

(3)重复结构的简化画法：

1)螺栓孔和螺栓连接的简化画法：螺栓孔可用中心线和轴线表示，而圆孔的投影则可省略不画，如图 16-13(a)所示。装配图中的螺栓连接可用符号"×"(粗实线)表示，若数量较多，且均匀分布时，可以只画出几个符号表示其分布方位，如图 16-13(b)所示。

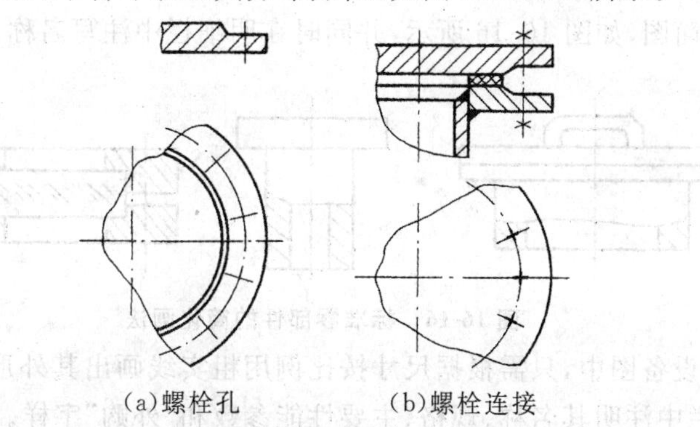

(a)螺栓孔　　(b)螺栓连接

图 16-13　螺栓孔和螺栓连接的简化画法

2)填充物的表示法：当设备中装有同一规格的材料和同一堆放方法的填充物时，在剖视图中，可用交叉的细实线表示，同时注写有关的尺寸和文字说明(规格和堆放方法)，如图 16-14

(a)所示；对装有不同规格的材料或不同堆放方法的填充物，必须分层表示，并分别注明填充物的规格和堆放方法，如图 16-14(b)所示。

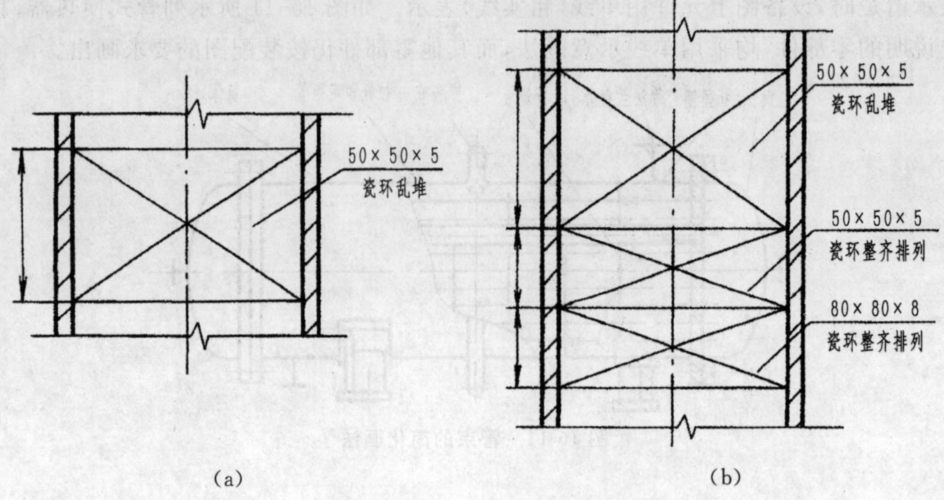

图 16-14　填充物的简化画法

3)管束的表示法：当设备中有密集的管子，且按一定的规律排列或成管束时(如列管式换热器中的换热管)，在装配图中可只画出其中一根或几根管子，而其余管子均用中心线表示，如图 16-15 所示。

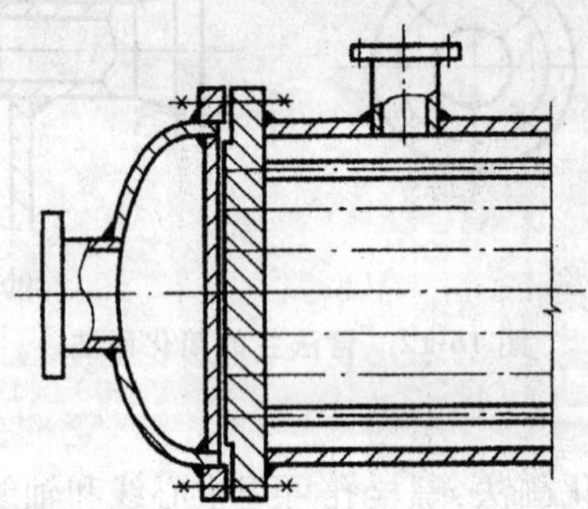

图 16-15　密集管子的简化画法

4)标准零部件和外购零部件的简化画法：标准零部件在设备图中不必详细画出，可按比例画出其外形特征的简图，如图 16-16 所示，并同时在明细栏中注写名称、规格、标准号等。

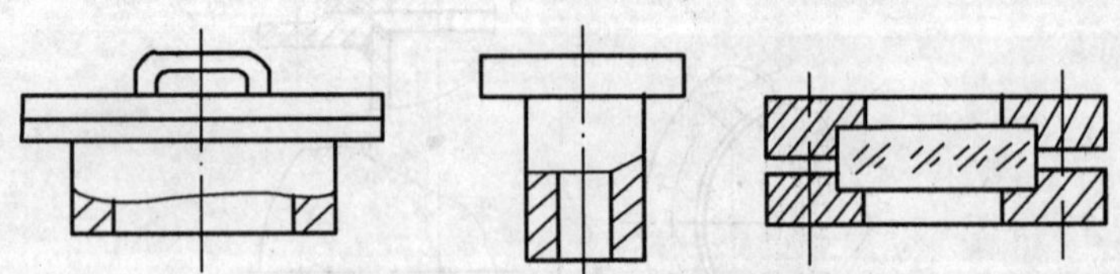

图 16-16　标准零部件的简化画法

外购零部件在设备图中，只需根据尺寸按比例用粗实线画出其外形轮廓简图，如图 16-17 所示，同时在明细栏中注明其名称、规格、主要性能参数和“外购”字样。

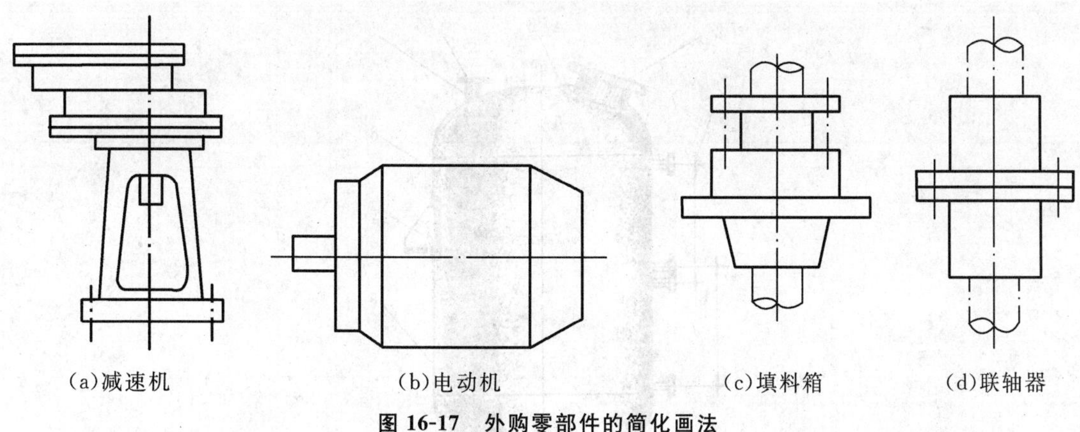
(a)减速机　(b)电动机　(c)填料箱　(d)联轴器

图 16-17　外购零部件的简化画法

5)液面计的简化画法:在设备图中,带有两个接管的玻璃管液面计,可用细点画线和符号"+"(粗实线)简化表示,如图 16-18 所示。

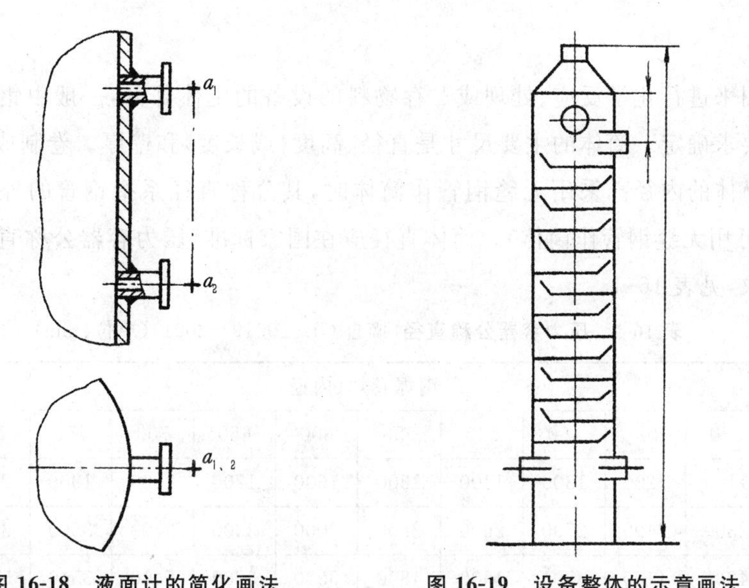

图 16-18　液面计的简化画法　　**图 16-19　设备整体的示意画法**

8. 设备整体的示意画法

为了表达设备的完整形状、有关结构的相对位置和尺寸,可采用设备整体的示意画法,即按比例用单线(粗实线)画出设备外形和必要的设备内件,并标注设备的总体尺寸、接管口、人(手)孔的位置等尺寸,如图 16-19 所示。

16-3　化工设备常用的标准化零部件

化工设备的结构形状虽然各有差异,但是往往有许多作用相同的零部件,如设备的支座、人孔、连接管口的各种法兰等,如图 16-20 所示。这些零部件大都已经标准化。下面分别介绍几种常用的标准件的有关知识。

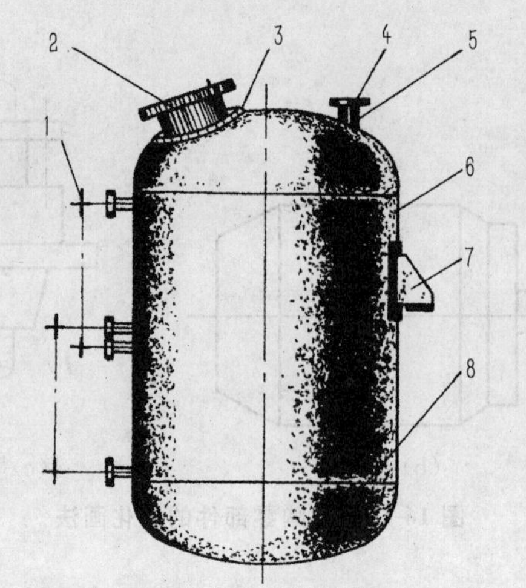

1—液面计　2—人孔　3—补强圈　4—管法兰
5—接管　6—筒体　7—支座　8—封头

图 16-20　容器的组成

一、筒体

筒体是用来进行化学反应、处理或贮存物料的设备的主体部分，一般由钢板卷焊成形，其大小由工艺要求确定。筒体的主要尺寸是直径、高度(或长度)和壁厚。卷制成形的筒体，其公称直径系指筒体的内径。采用无缝钢管作筒体时，其公称直径系指钢管的外径(当直径小于500 mm 时，可用无缝钢管作筒体)。筒体直径应在国家标准《压力容器公称直径》所规定的尺寸系列中选取，见表 16-1。

表 16-1　压力容器公称直径(摘自 GB/T9019—2001)(单位：mm)

钢焊卷焊(内径)											
300	350	400	450	500	550	600	650	700	750	800	900
1000	1100	1200	1300	1400	1500	1600	1700	1800	1900	2000	2100
2200	2300	2400	2500	2600	2800	3000	3200	3400	3500	3600	3800
4000	4200	4400	4500	4600	4800	5000	5200	5400	5500	5600	5800
6000	—	—	—	—	—	—	—	—	—	—	—
无缝钢管(外径)											
159		219		273		325		337		426	

对于一般中、低压设备的筒体，在已知公称直径和公称压力的条件下，筒体的壁厚有经验数据可供选用，见附录表。

标记示例：筒体　GB/T9019—2001　*DN* 1000，表示容器的公称直径为 1000。

在明细栏中，一般采用“*DN*1000×12，*H*(*L*)＝2000”来表示内径为 1000、壁厚 12、高或长为 2000 的筒体。

二、封头

封头与筒体一起构成设备的壳体，参见图 16-21。

封头与筒体可直接焊接，也可分别焊上容器法兰，再用螺栓、螺母等连接。封头有椭圆形、锥形等多种，其中常用的是椭圆形封头，如图 16-21(a)所示。

封头一般与筒体配套使用，当筒体由钢板卷焊成形时，筒体所对应的封头，其公称直径为内径，如图 16-21(b)所示；当采用无缝钢管作筒体时，筒体所对应的封头，其公称直径为外径，如图 16-21(c)所示。

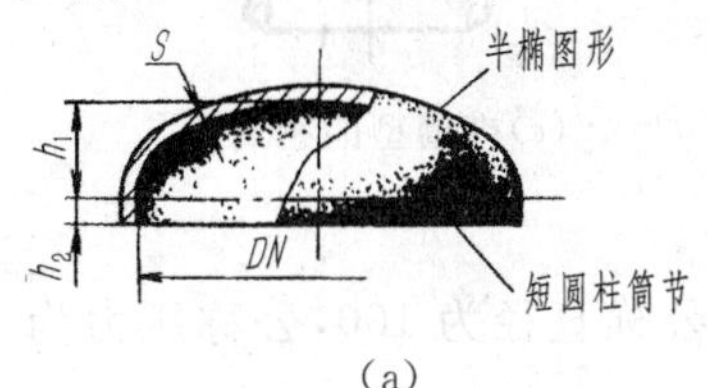

(a)

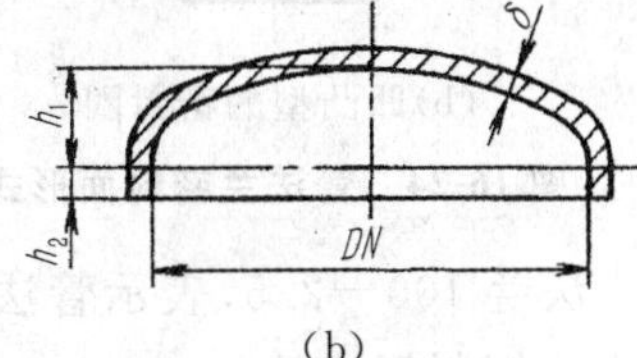

(b)

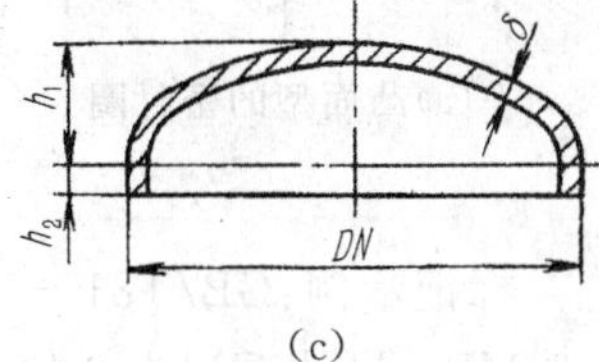

(c)

图 16-21 椭圆形封头

标记示例：椭圆形封头 GB/T4737-1995 *DN*1200×12－16MnR，表示内径为 1200，名义厚度 12，材质为 16MnR 的椭圆形封头。

标准椭圆形封头的规格和尺寸系列，参见附录表。

三、法兰

法兰连接属于可拆连接。化工用的标准法兰有管法兰和压力容器法兰（又称设备法兰）两大类。前者用于管道的连接，后者用于设备筒体与封头的连接，如图 16-22 所示。

标准法兰的主要参数是公称直径（*DN*）和公称压力（*PN*），管法兰的公称直径为所连接管子的外径，压力容器法兰的公称直径为所连接的筒体（或封头）的内径。

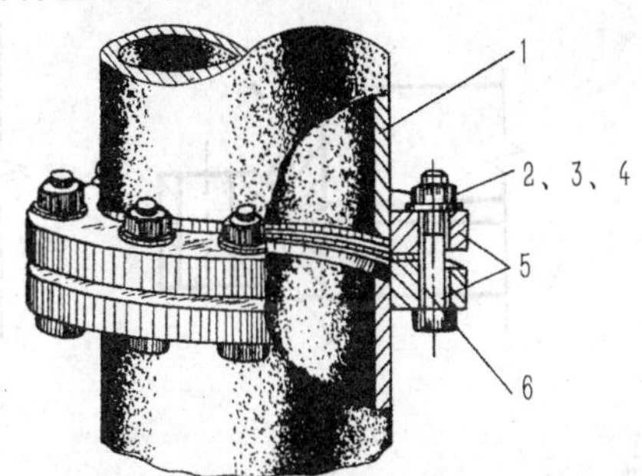

1一筒体(接管) 2一螺栓 3一螺母

4一垫圈 5一法兰 6一垫片

图 16-22 法兰连接

1. 管法兰

管法兰主要用于管道的连接。按其与管子的连接方式分为板式平焊法兰、对焊法兰、整体法兰和法兰盖等，如图 16-23 所示。

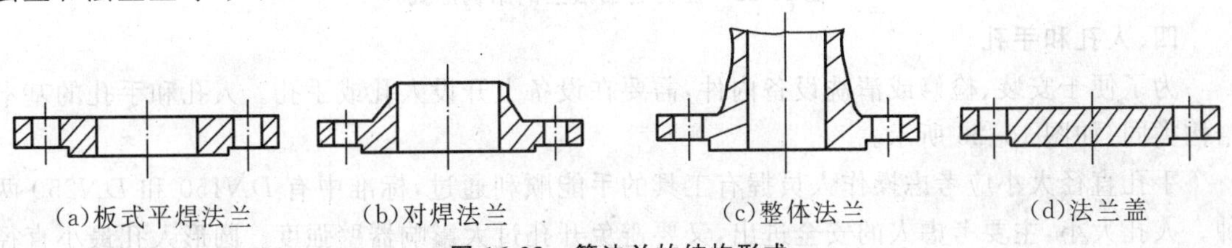

(a)板式平焊法兰 (b)对焊法兰 (c)整体法兰 (d)法兰盖

图 16-23 管法兰的结构形式

法兰密封面形式主要有凸面、凹凸面和榫槽面三种，如图 16-24 所示。

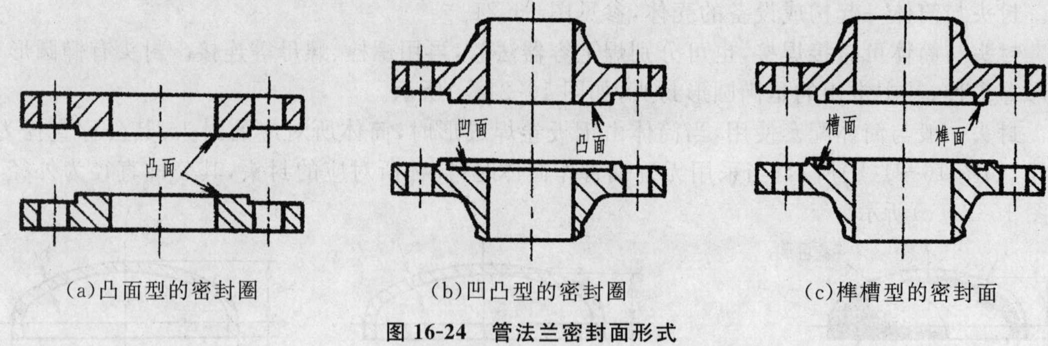

图 16-24　管法兰密封面形式

标记示例：GB/T81－1984　法兰 100－2.5，表示管法兰的公称直径为 100，公称压力为 2.5 MPa，尺寸系列为 2 的凸面板式钢制管法兰。

凸面板式平焊钢制管法兰规格可参见附表。

2. 压力容器法兰

压力容器法兰用于设备筒体与封头的连接。其结构形式有甲型平焊法兰、乙型平焊法兰和长颈对焊法兰等三种。压力容器法兰的密封面形式有平面密封面（分三种形式，其代号分别为 $P\,\mathrm{I}$，$P\,\mathrm{II}$，$P\,\mathrm{III}$）、榫(S)槽(C)密封面、凹(A)凸(T)密封面等，其密封面结构如图 16-25 所示。

设备法兰尺寸规格可参见附录表。

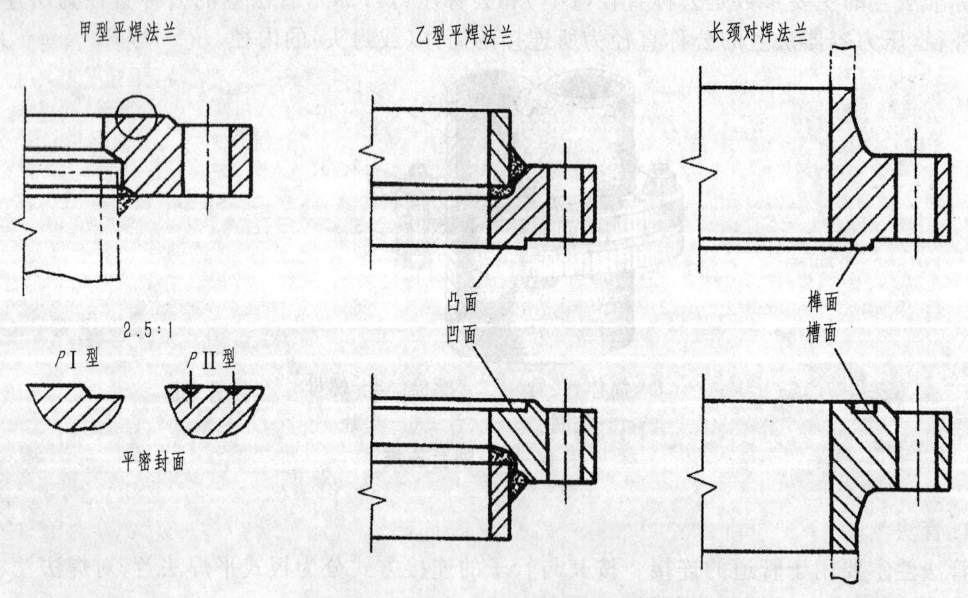

图 16-25　压力容器法兰的结构形式

四、人孔和手孔

为了便于安装、检修或清洗设备内件，需要在设备上开设人孔或手孔。人孔和手孔的基本结构类同，如图 16-26 所示。

手孔直径大小应考虑操作人员握有工具的手能顺利通过，标准中有 $DN150$ 和 $DN250$ 两种。人孔大小，主要考虑人的安全进出，又要避免开孔过大影响器壁强度。圆形人孔最小直径为 400，最大为 600。

当设备的直径超过 900 时，应开设人孔。人(手)孔的结构有多种形式，主要区别在于孔盖的开启方式和安装位置不同，以适应不同工艺和操作条件的需要。人(手)孔的有关尺寸见附录表。

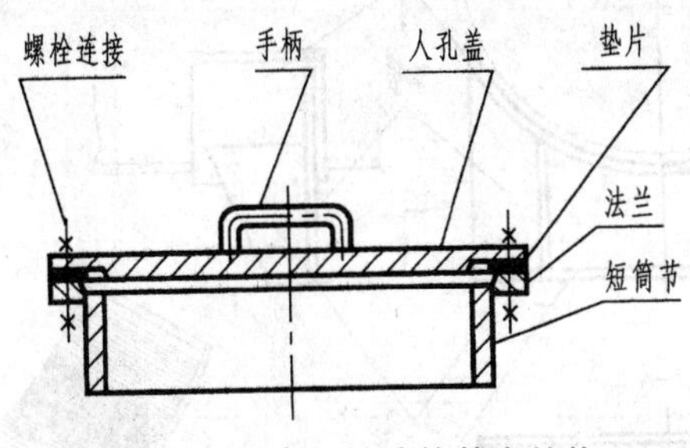

图 16-26　人(手)孔的基本结构

标记示例：

HG21515－1995　人孔(R · A－2707)　450，表示公称直径 *DN*450，采用 2707 耐酸碱橡胶垫片的常压人孔。

HG21529－1995　手孔Ⅱ(A · G)　250－0.6，表示公称压力为 0.6 MPa、公称直径为 250，采用Ⅱ类材料和石棉橡胶板垫片的板式平焊法兰手孔。

五、支座

支座是用来支承设备的质量、固定设备的位置。按设备结构形状、安放的位置、材料和载荷情况的不同而有多种形式。下面介绍两种较常用的典型支座。

1. 耳式支座

耳式支座简称耳座，又称为悬挂式支座，广泛用于立式设备。其结构形状如图 16-27 所示。一般设备筒体四周均匀分布有四个耳座，小型设备也可以有三个或两个耳座。

耳式支座有 A 型、AN 型(不带垫板)、B 型、BN 型(不带垫板)四种形式。A 型、(AN 型)适用于一般立式设备，B 型(BN 型)适用于带保温层的立式设备。耳式支座的结构尺寸见附录表。

标记示例：JB/T4725－1992　耳座 A3，表示 A 型带垫板 3 号耳式支座。

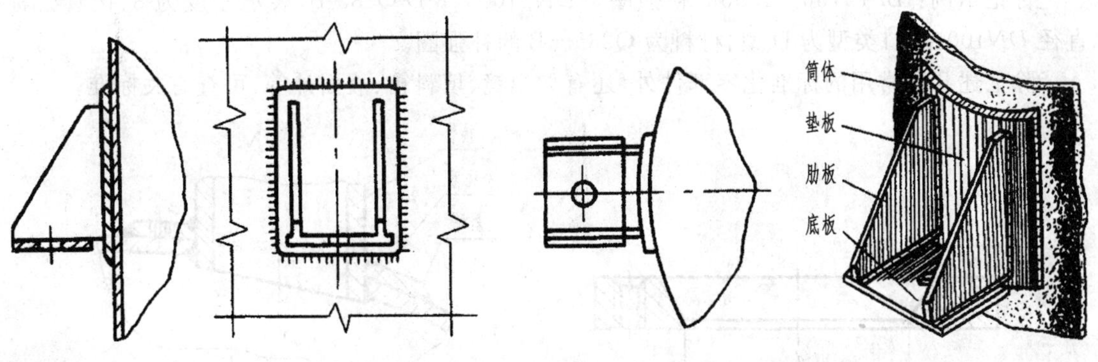

图 16-27　耳式支座

2. 鞍式支座

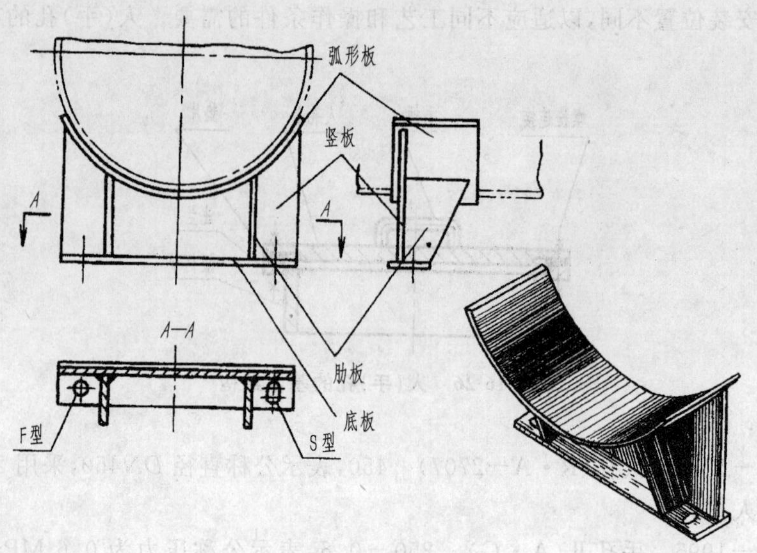

图 16-28　鞍式支座

鞍式支座适用于卧式设备，是应用最广泛的一种支座。其结构如图 16-28 所示。

鞍式支座分为轻型(代号 A)、重型(代号 B)两种类型。重型鞍座又有五种型号，代号为 BI～BV。每种类型的鞍座又分为 F 型(固定式)和 S 型(滑动式)，且 F 型与 S 型配对使用。鞍式支座的结构尺寸，见附录表。

标记示例：JB/T4712－1992　鞍座 B　900－S，表示公称直径为 900、重型带垫板、120°包角的滑动式鞍式支座。

六、补强圈

补强圈用来弥补设备因开孔过大而造成的强度损失，其结构如图 16-29 所示。补强圈的形状应与被补强部分壳体的形状相符(见图 16-30)，使之与设备壳体密切贴合，焊接后能与壳体同时受力。

标记示例：JB/T4736－1995　补强圈　*DN*/100×8-D-Q235-B，表示厚度为 8、接管公称直径 *DN*100、坡口类型为 D 型、材料为 Q235－B 的补强圈。

除上述几种常用的标准化零部件外，还有如视镜、填料箱、液面计等，可查有关标准。

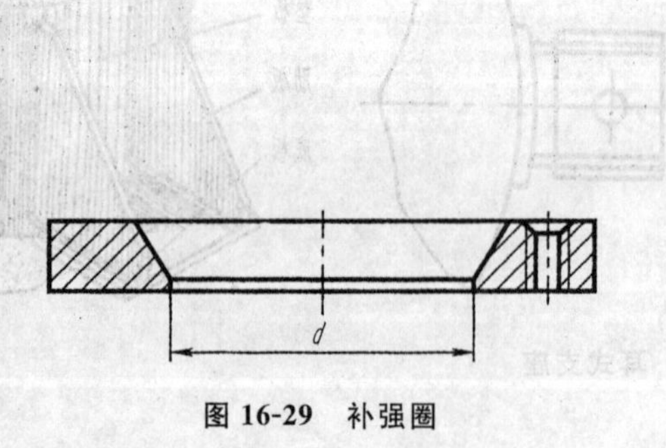

图 16-29　补强圈

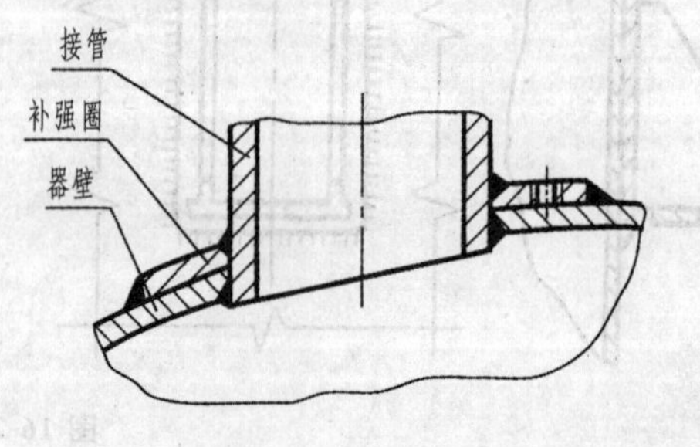

16-30　补强圈与被补强焊接后的形状结构

16-4 化工设备图的画法

绘制化工设备图的方法、步骤与绘制机械装配图大体相同，但因化工设备图的内容和要求有其特殊之处，故它的绘制步骤也有差别。

一、复核资料

在画图之前，首先应对化工工艺所提供的资料，如设备大小、传动功率、接管位置、操作要求、物料种类、工作压力及温度、安装方式等进行一次复核，从设备结构设计的角度考虑能否满足化工工艺所提出的要求。对设备的结构做到心中有数，以便减少画图时的错误。

二、作图

1. 选定视图表达方案

根据所绘化工设备的结构特点选定表达方案。对于一般的化工设备，通常采用两个基本视图（立式设备采用主、俯两个基本视图；卧式设备采用主、左两个基本视图）来表达设备的主体结构和零部件间的装配关系。再配以适当的节点图，补充表达基本视图中尚未表达清楚的部分。不论是立式的或是卧式的设备，其主视图一般都采用全剖视（或者局部剖视）结合将各接管多次旋转的方法画出。

2. 确定视图比例，进行视图布局

表达方案选定以后，要按设备的总体尺寸确定基本视图的比例并选择好图纸的幅面。

进行视图布局时，除了要考虑各视图所占的幅面和其间隔外，还应考虑标注尺寸、零部件编号、明细栏、管口表、技术特性表、技术要求和标题栏所需的幅面，力求将所要画的视图和各种表格等做到既能排得下，又布置得匀称，使图面美观、整齐。一般立式化工设备的视图布局，如图 16-31 所示。卧式化工设备的视图布局，如图 16-32 所示。

3. 画视图底稿和标注尺寸

视图的布局和位置确定以后，就可以开始画视图的底稿。画图时，应根据化工设备的特点确定画图步骤，一般按照“先画主后画俯；先画外件后画内件；先定位后定形；先主体后零部件”的顺序进行。

视图的底稿完成后，即可标注尺寸。

4. 编写各种表格和技术要求

在视图上应编写明细栏、管口表、技术特性表、技术要求和标题栏等项内容。

5. 检查、描深图线

完成上述各项内容后，应对视图底稿、尺寸标注等所有内容进行仔细的全面检查，无误后，再描深图线。到此即完成了全部画图的工作。

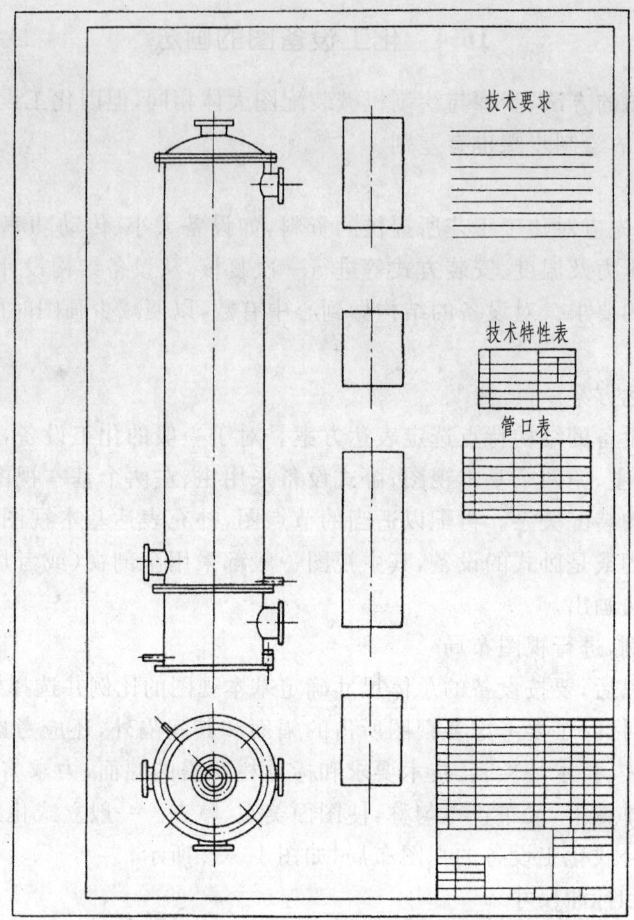

图 16-31　立式设备的图面布置

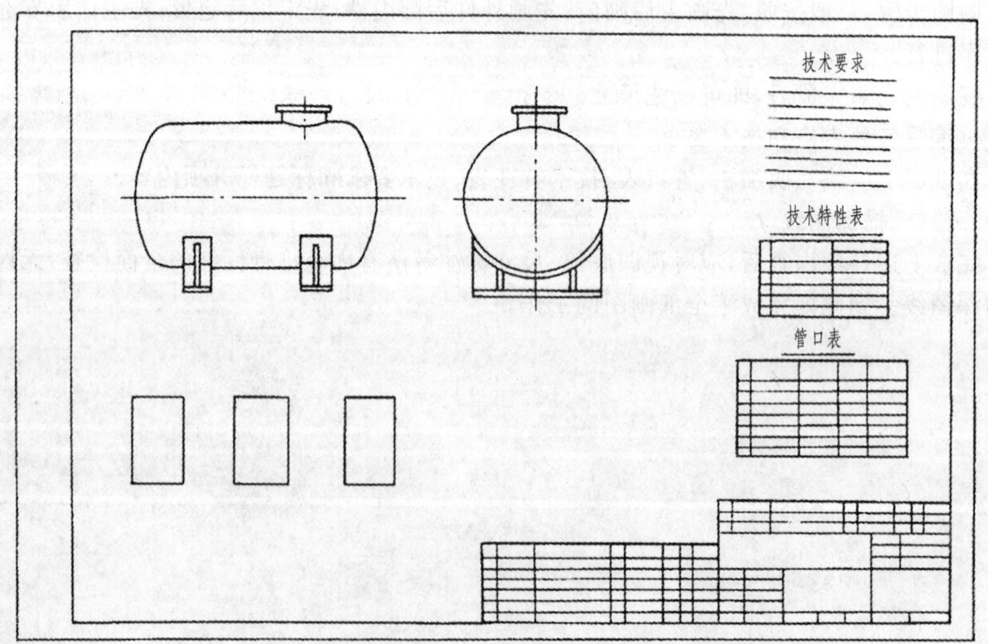

图 16-32　卧式设备的图面布置

【作图指导】

1. 绘图步骤

(1)复核资料：

由工艺人员提供的资料，须复核以下内容：设备示意图、设备容积、工作压力、工作温度、管口表。

(2)具体作图：

1)选择视图表达方案。

2)确定比例、进行视图布局。

3)画视图底稿。

4)检查校核，修正底稿，加深图线，画剖面线。

5)标注尺寸，编写序号，画管口表、技术特性表、标题栏、明细栏，注写技术要求，完成全图。

2. 注意事项

(1)画图前要根据相关资料查出标准件的尺寸并搞清零件的具体结构。

(2)应选定合适的作图比例，并按一般规则进行图面的布局。

(3)作图时必须完全按化工设备图的所有内容和要求作图，即使图线也应尽量画得符合国家标准。

【实训作图】

绘制卧式储罐设备图：

1. 要求

(1)根据示意图和查表所得数据拼画卧式储罐设备图，并标注尺寸。

(2)$A2$ 图纸，横装，绘图比例自定。

(3)图名为“卧式储罐 $V=2.5\ m^3$”。

2. 注意事项

(1)画图前应先看懂设备示意图及有关零部件图，了解设备的工作情况及各零部件的装配连接关系。

(2)可参考教材附图，综合运用化工设备图的表达方法确定表达方案。

(3)要合理布置视图及标题栏、明细表、管口表、技术特性表、技术要求。

(4)画剖视图时，相邻零件的剖面线方向、间隔不能相同，同一零件的剖面线在各剖面区域中应保持一致。

(5)筒体、封头、接管的壁厚可采取夸大画法。

技术特性表

工作压力	常压
工作温度	≤100℃
介质	物料
容积	2.5 m^3
材质	Q235—A

管口表

序号	公称直径	连接尺寸标准	连接面形式	用途或名称
a	50	JB/T81—1994	平面	进料口
b	65	JB/T81—1994	平面	备用口
c	25	JB/T81—1994	平面	压力计口
d	40	JB/T81—1994	平面	排气口
e		G1	螺纹	温度计口
f	450	JB/T577—1979		人孔
g	40	JB/T81—1994	平面	排污口
h	50	JB/T81—1994	平面	放料口
i_1、i_2	15	JB/T81—1994	平面	液面计口

技术要求：

(1)本设备按 GB/T—1980《压力容器安全监察规程》和 JB/T741—1980《钢制焊接容器技术条件》进行制造、试验和验收。

(2)本设备全部采用电焊，焊接接头形式按 GB/T985—1980 规定，对接接头采用Ⅰ型，法兰焊接按相应的标准。

(3)设备制成后，以 0.25 MPa 水压实验后，再以 0.1 MPa 进行气密性试验。

(4)设备外表面涂漆。

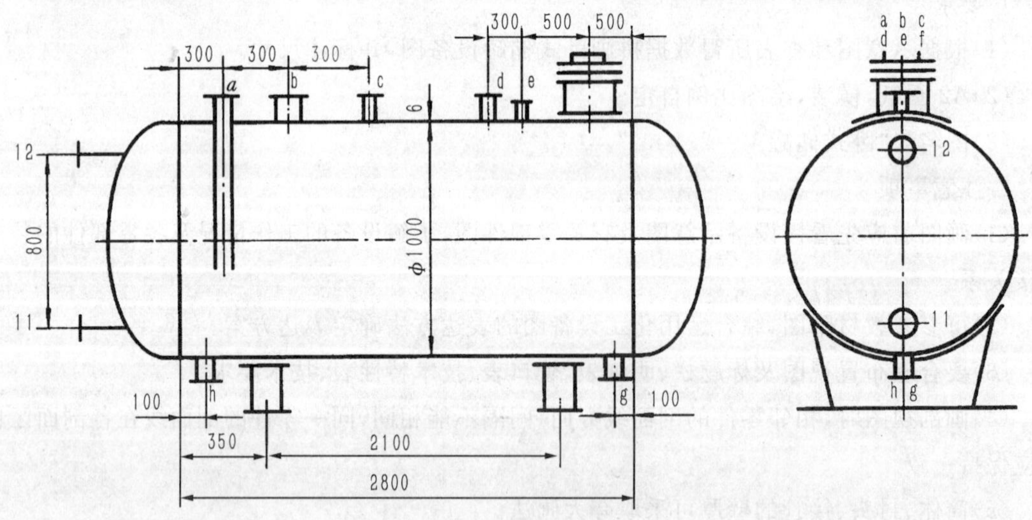

任务 17 化工设备图的阅读

【学习目标】

(1)熟悉阅读化工设备装配图的基本要求和要达到的目的；

(2)掌握阅读化工设备装配图的方法和步骤。

【学习内容】

读懂如下图所示列管式固定管板换热器装配图。

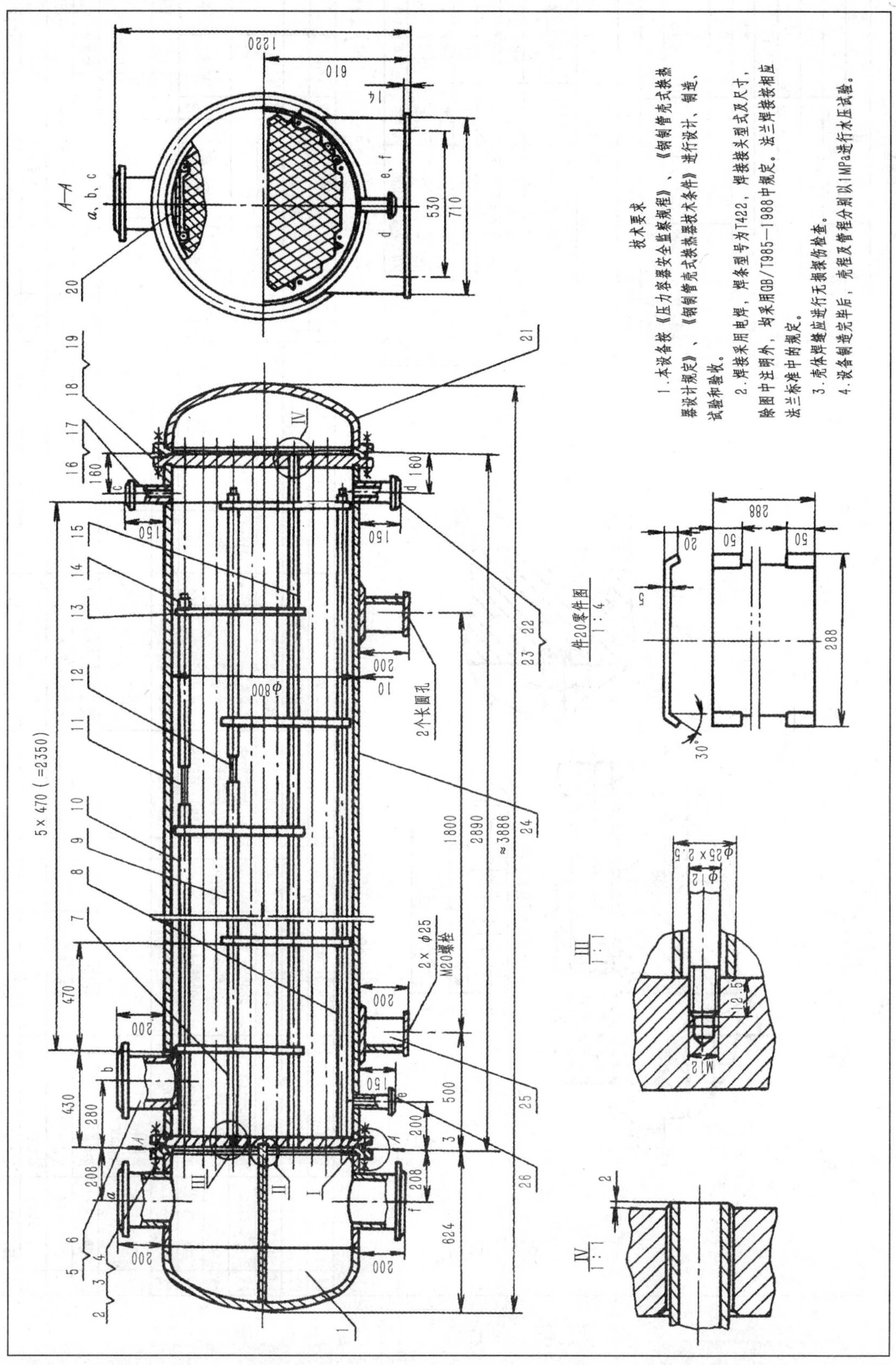

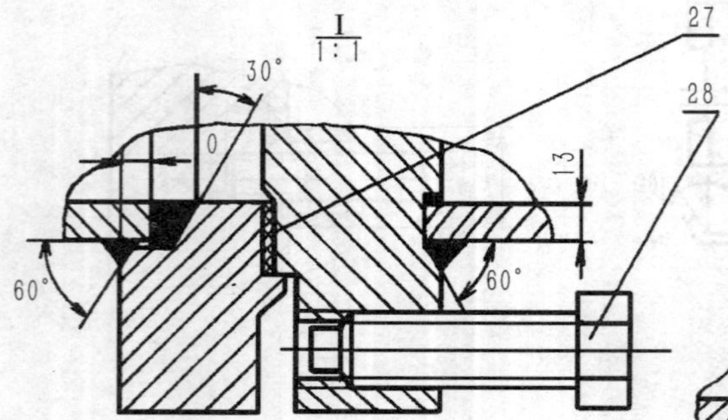

I 1:1

30° 0 60° 60° 13 27 28

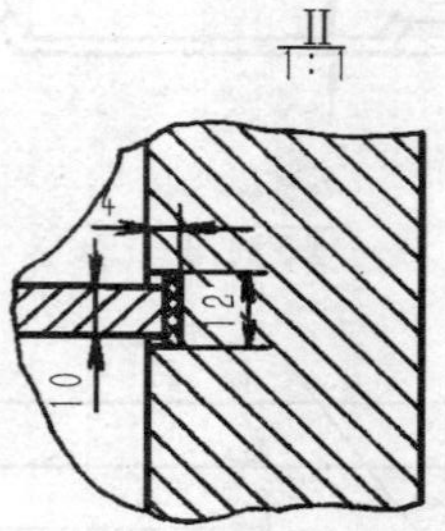

II 1:1

4 12 10

折流板排列水平投影示意图

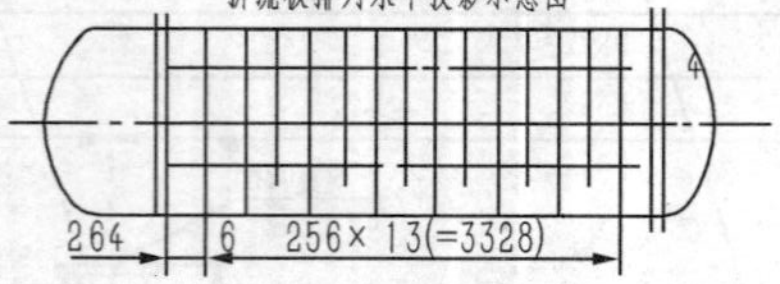

264 6 256×13(=3328)

技术特性表

名称	管程	壳程
设计压力/MPa	0.6	0.6
工作压力/MPa	0.45	0.5
设计温度℃	100	100
操作温度℃	40	67
物料名称	循环水	甲醇
程数	Ⅱ	Ⅰ
腐蚀裕度/mm	1.5	2
焊缝系数 φ	0.85	0.85
容器类别	Ⅰ	
换热面积/m²	107.5	

管口表

符号	公称尺寸	连接尺寸，标准	连接面形式	用途或名称
a	200	*PN*1 *DN*200JB/T 81	平面	冷却水出口
b	200	*PN*1 *DN*200JB/T 81	凹面	甲醇蒸气入口
c	20	*PN*1 *DN*20JB/T 81	凹面	放气口
d	70	*PN*1 *DN*70JB/T 81	凸面	甲醇物料出口
e	20	*PN*1 *DN*20JB/T 81	凸面	排净口
f	200	*PN*1 *DN*200JB/T 81	平面	冷却水入口

设备总质量：3510kg

序号	图号或标准号	名称	数量	材料	备注
28	S20—056—3	顶丝 M20	8	Q235-A	
27	JB/T 4704	垫片 800—0.6	1	耐油橡胶石棉板	
26	JB/T 81	法兰 20—10	1	Q235-A	
25	JB/T 4712	鞍座 BI800-F·S	2	Q235-A·F	
24		筒体 φ800	1	16MnR	l=2908
23	JB/T 81	法兰 70—10	1	Q235-A	
22		接管 φ76×4	1	10	l=157
21	JB/T 4737	椭圆封头 *DN*800×10	1	21 JB/T 4737	
20	S20—056—1	防冲板	1	Q235-A	
19	JB/T 4704	垫片 800—0.6	1	耐油橡胶石棉板	
18	S20—056—2	后管板	1	16MnR	
17	JB/T 81	法兰 20—10	1	Q235-A	
16		接管 φ25×3	2	10	l=155
15		换热管 φ25×2.5	472	10	l=3000
14	GB/T 41	螺母 M12	16		
13	S20—056—3	折流板	14	Q235-A	t=10
12	S20—056—3	拉杆 φ12	6	10	l=2800
11	S20—056—3	拉杆 φ12	2	10	l=2320
10		定距管 φ25×2.5	8	10	l=930
9		定距管 φ25×2.5	20	10	l=460
8		定距管 φ25×2.5	2	10	l=856
7		定距管 φ25×2.5	6	10	l=386
6	JB/T 81	法兰200—10	1	Q235-A	
5		接管 φ219×6	1	10	l=217
4	S20—056—2	前管板	1	16MnR	
3	GB/T 41	螺母 M20	48		
2	GB/T 5780	螺栓M20×40	48		
1	S20—056—2	管箱	1		

(设计单位)		比例	材料
		1:10	
制图			质量
设计		固定管板换热器	S20—056—1
描图		φ800×300	
审核			共3张第1张

【任务分析】

本任务是根据化工设备图，读懂图中所给出的所有相关信息，如零部件的装配连接关系、零件的形状结构、装配尺寸、技术要求等。因此要能够读懂给出的化工设备图，应熟悉和掌握读图的目的、要求及步骤。

【相关知识】

17-1 阅读化工设备图的基本要求

通过对化工设备图的阅读，应达到以下基本要求：

(1)了解设备的用途、工作原理、结构特点和技术特性。

(2)了解设备上各零部之间的装配关系和有关尺寸。

(3)了解设备零部件的结构、形状、规格、材料及作用。

(4)了解设备上的管口数量及方位。

(5)了解设备在制造、检验和安装等方面的标准和技术要求。

17-2 阅读化工设备图的方法和步骤

阅读化工设备图的方法和步骤，一般可按概括了解、详细分析、归纳总结等步骤进行。

一、概括了解

看标题栏，了解设备名称、规格、绘图比例等内容；看明细栏，了解设备各零部件和接管口的名称、数量等内容；概括了解设备的管口表、技术特性表及技术要求等基本情况。

二、详细分析

1. 视图分析

通过视图分析，可以看出设备图上共有多少个视图，哪些是基本视图，还有其他什么视图以及各视图采用了哪些表达方法，并分析采用各种表达方法的目的。

2. 装配连接关系分析

以主视图为主，结合其他视图分析各部件之间的相对位置及装配连接关系。

3. 零部件结构分析

以主视图为主，结合其他视图，对照明细栏中的序号，将零部件逐一从视图中分离出来，分析其结构、形状、尺寸及其与主体或其他零件的装配关系。对标准化零部件，应查阅有关标准，弄清楚其结构。

有图样的零部件，则应查阅相关的零部件图，弄清楚其结构。

4. 了解技术要求

通过技术要求的阅读，了解设备在制造、检验、安装等方面所依据的技术规定和要求，以及焊接方法、装配要求、质量检验等具体要求。

三、归纳总结

通过详细分析后，将各部分内容加以综合归纳，从而得出设备完整的结构形状，进一步了解设备的结构特点、工作特性、物料的流向和操作原理等。

【例 17-1】识读图 17-1 所示的列管式固定管板换热器零件图。

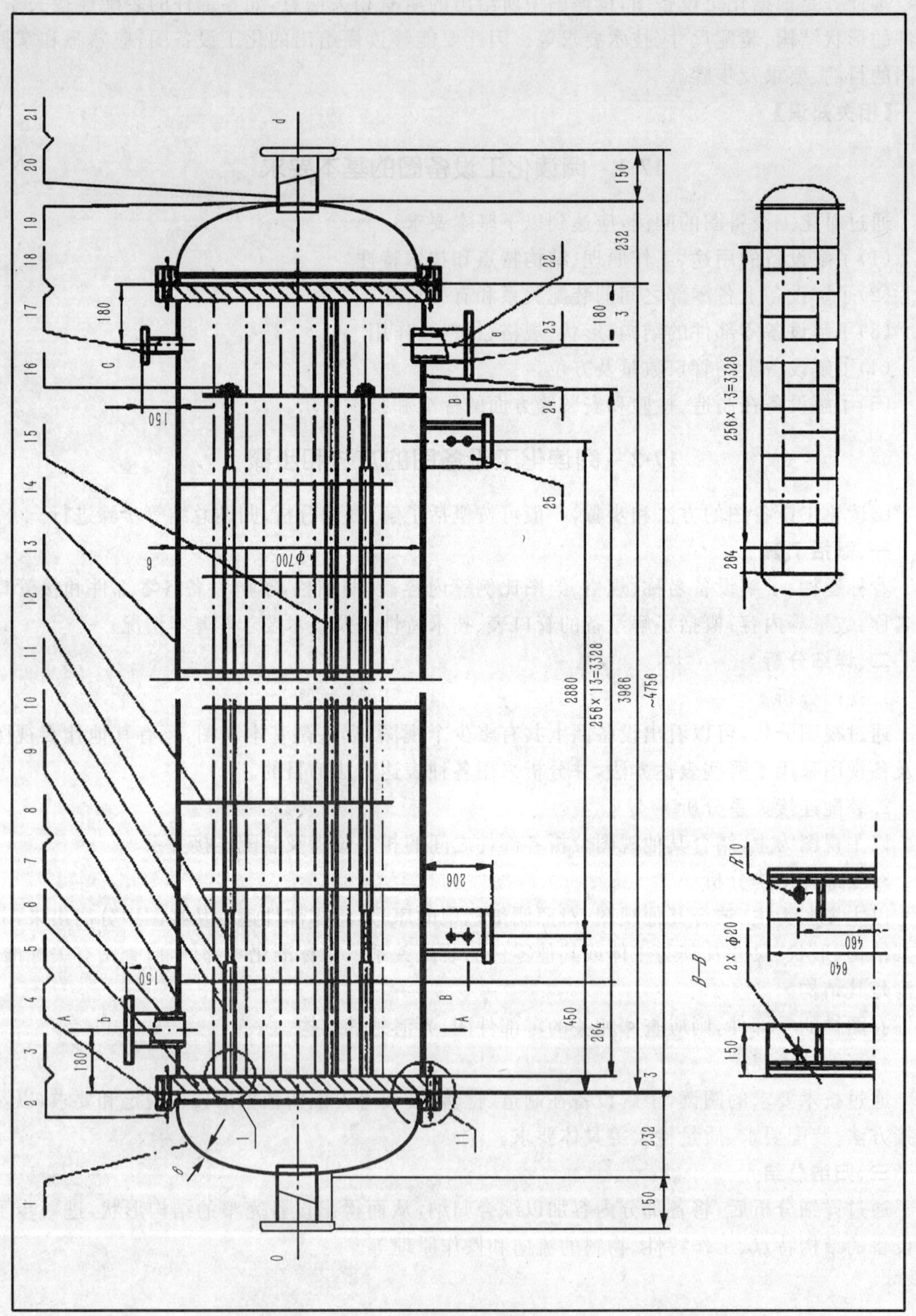

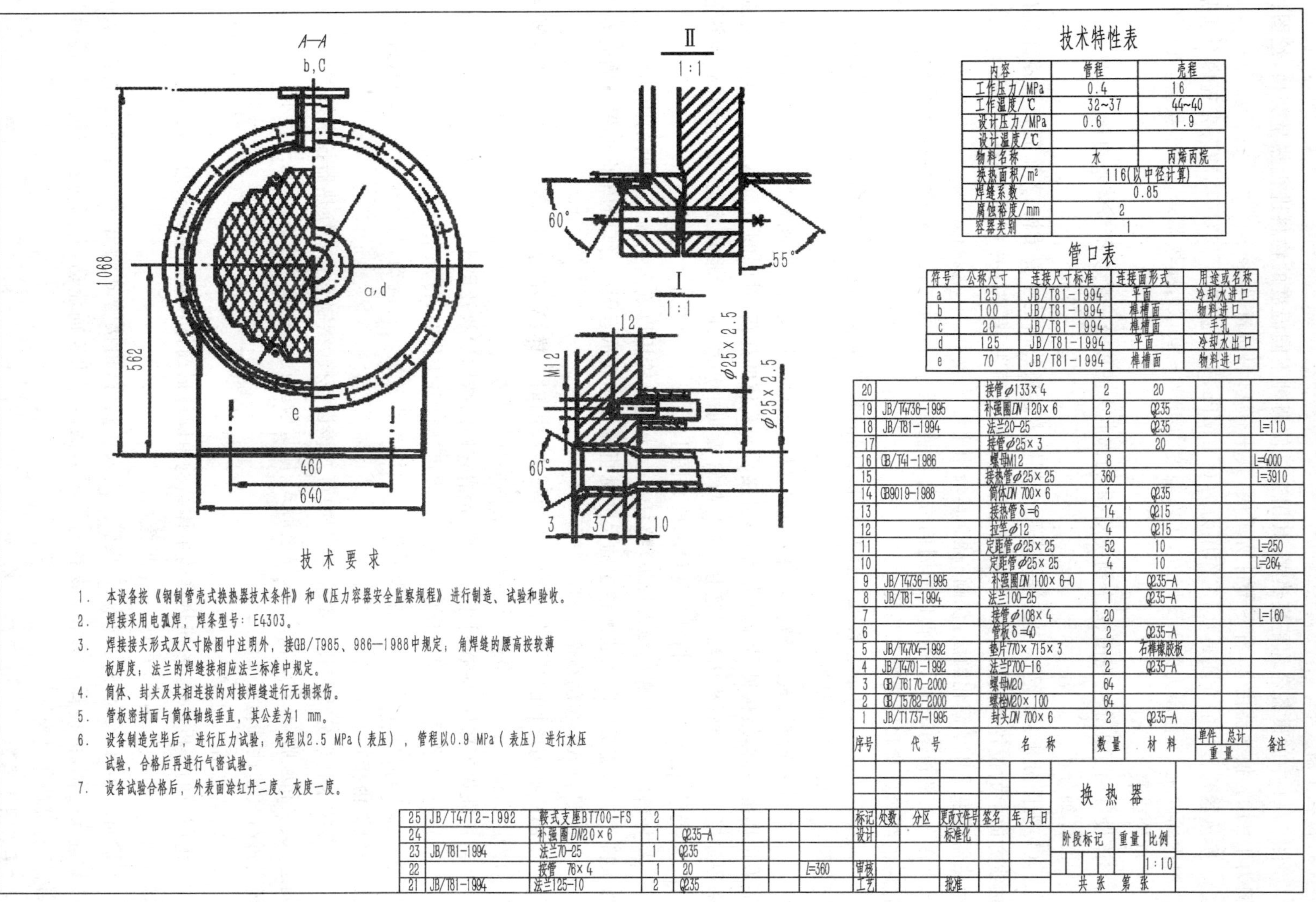

图 17-1　列管式固定管板换热器零件图

1. 概括了解

图 17-1 中的设备名称是换热器，其用途是使两种不同温度的物料进行热量交换，绘图比例为 1∶10。换热器由 25 种零部件所组成，其中有 14 种标准件。

换热器管程内的介质是水，工作压力为 0.4 MPa，工作温度为 32℃～37℃；壳程内介质是物料丙烯丙烷，工作压力为 1.6 MPa，工作温度为 44℃～40 ℃，换热器共有 5 个接管，其用途、尺寸见管口表。

该设备用了 1 个主视图、2 个剖视图、2 局部放大图以及一个设备整体示意图。

2. 详细分析

(1)视图分析：图 17-1 中主视图采用全剖视表达换热器的主要结构、各个管口和零部件在轴线方向上的位置和装配情况；主视图还采用了断开画法，省略了中间重复结构，简化了作图；换热器管束采用了简化画法，仅画一根，其余用中心线表示。

A—A 剖视图表示了各管口的周向方位和换热管的排列方式。B—B 剖视图补充表达了鞍座的结构形状和安装等有关尺寸。

局部放大图Ⅰ、Ⅱ表达管板与有关零件之间的装配连接情况。示意图用来表达折流板在设备轴线方向的排列情况。

(2)零部件分析：该设备筒体(件 14)和管板(件 6) 、封头(件 1)和容器法兰(件 4)的连接都采用焊接，具体结构见局部放大图Ⅱ；各接管与壳体的连接，补强圈与筒体、封头的连接也都采用焊接。封头与管板用法兰连接，法兰与管板间由垫片(件 5)形成密封，防止泄漏，换热管(件 15)与管板的连接采用胀接，见局部放大图Ⅰ。

拉杆(件 12)左端螺纹旋入管板，拉杆上套上定距管用以确定折流板之间的距离，见局部放大图Ⅰ。折流板间距等装配位置的尺寸见折流板排列示意图。管口的轴向位置与周向方位可由主视图和 A—A 剖视图读出。

零部件结构形状的分析与阅读一般机械装配图时一样，应结合明细栏的序号逐个将零部件的投影从视图中分离出来，再弄清其结构形状和大小。

对标准化零部件，应查阅相关标准，弄清它们的结构形状及尺寸。

(3)分析工作原理(管口分析)：从管口表可知设备工作时，冷却水自接管 a 进入换热管，由接管 d 流出；温度高的物料从接管 b 进入壳体，经折流板转折流动，与管程内的冷却水进行热量交换后，由接管 e 流出。

(4)技术特性分析和技术要求：从图中可知该设备按《钢制管壳式换热器技术条件》等进行制造、试验和验收，并对焊接方法、焊接形式、质量检验提了要求，制造完后除进行水压试验外，还需进行气密性试验。

3. 归纳总结

由前面的分析可知，该换热器的主体结构由圆柱形筒体和椭圆形封头通过法兰连接构成，其内部有 360 根换热管，并有 14 个折流板。

设备工作时，冷却水走管程，自接管 a 进入换热管，由接管 d 流出；高温物料走壳程，从接管 b 进入壳体，由接管 e 流出。物料与管程内的冷却水逆向流动，并通过折流板增加接触时间，从而实现热量交换。

【读图指导】

1. 读图步骤

阅读化工设备图的方法和步骤，一般可按概括了解、详细分析、归纳总结等步骤进行。

2.注意事项

(1)看图时应根据读图的基本要求,着重分析化工设备的零部件装配连接关系以及非标准零件的形状结构、尺寸关系以及技术要求。

(2)化工设备中结构较简单的非标准零件往往没有单独的零件图,而是将零件图与装配图画在一张图纸上,这是在看零件结构时应注意的。

(3)应联系实际分析技术要求。技术要求要从化工工艺、设备制造及使用等方面分析。

【实训作图】

阅读下列化工设备图,回答问题:

(1)该设备名称为________,共有零部件________种,其中标准件________种,接管口________个。筒体内径为________ mm,壁厚为________ mm。设备的壳程工作压力________ MPa,壳程工作温度________℃。管程工作压力________ MPa,管程工作温度________℃,搅拌桨转速为________ r/min。

(2)图样上采用了________个基本视图、________个局部放大的剖视图及________个局部放大图。主视图采用了________画法,以表达设备的内、外结构及各零部件间的主要装配关系,俯视图主要用以表达________________。

(3)A—A,B—B,D—D 剖视图分别用以表达基本视图中未表示清楚的________与________的装配连接关系,E—E 剖视图表达了________的装配连接情况,局部放大图表达了________的装配连接情况。

(4)筒体与上、下封头采用________连接,各接管与上封头采用________连接,动力装置的机座通过________与焊接在设备上的底座连接,设备整体用________个________支座支承。

(5)件 11(联轴器)的作用是________________________,零件 8 称为________,其作用是________________________,设备上的人孔用来________________________。

(6)原料由________接管口加入,通过充分搅拌,反应完成后的物料由________接管口排出。设备的加热装置是________,其中心距为________ mm,加热介质为________,由________接管口进入,由________接管口排出。

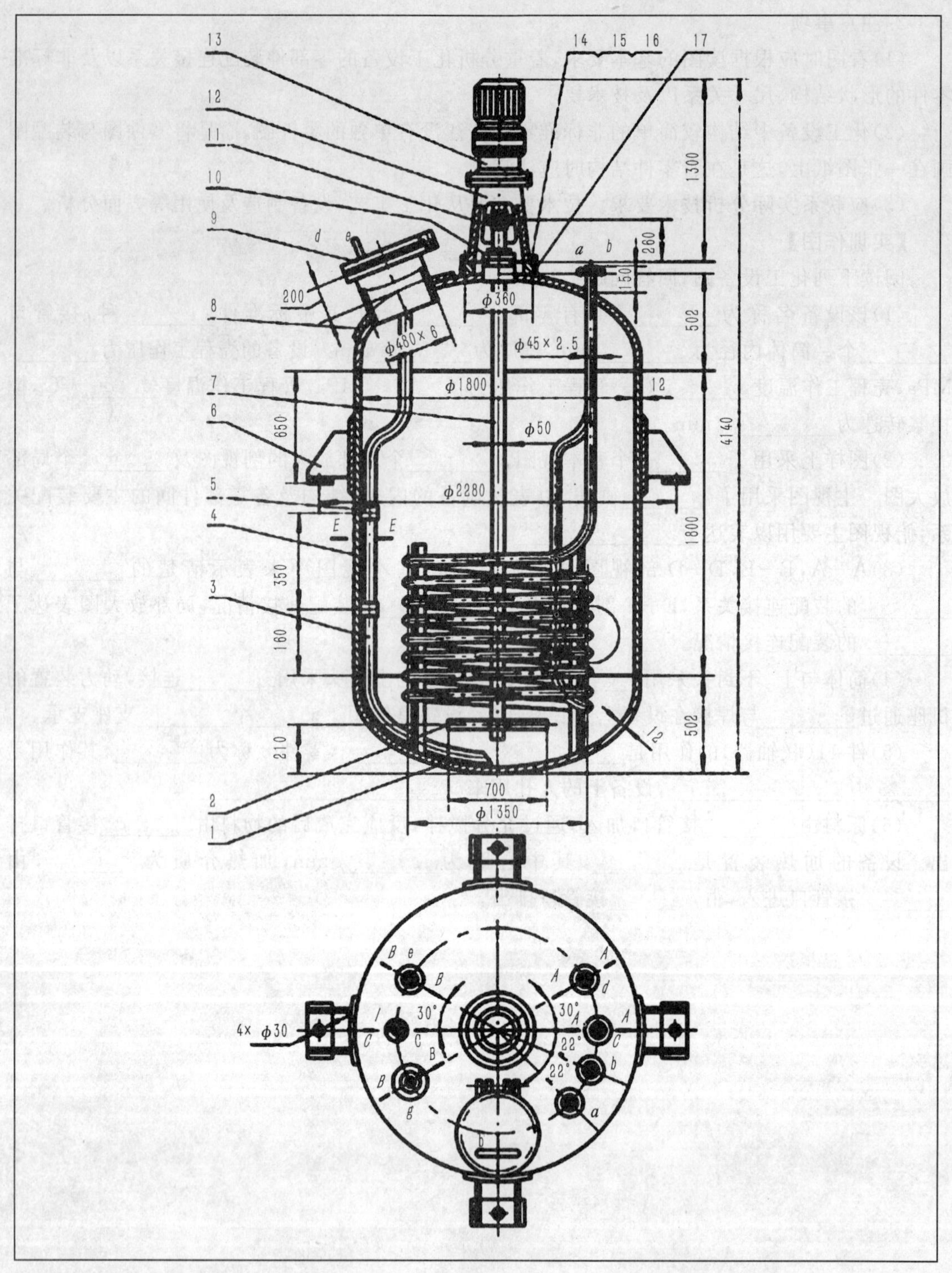
13
14 15 16 17
12
11
10
9
d e
200
8
φ480×6
φ360
a b
1300
260
150
502
φ45×2.5
φ1800
12
7
6
650
φ50
4140
5
φ2280
E E
4
1800
350
3
160
502
210
12
2
1
700
φ1350
4× φ30
B e
A d
30°
30°
A
C
B
22°
22°
b
B
g
a

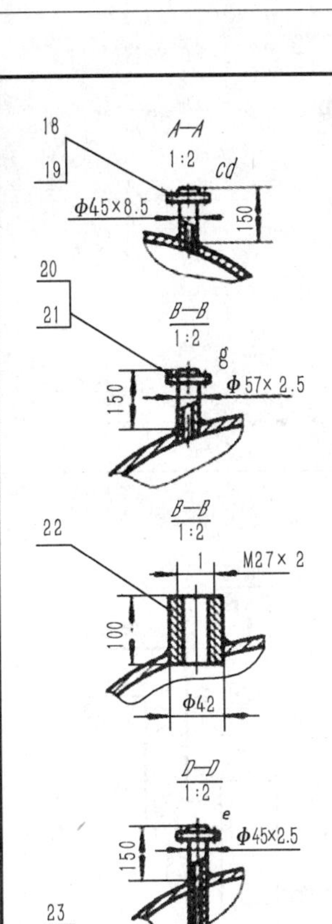

技术要求

1. 本设备按GB/T130-1998钢制压力容器：进行制造检收。
2. 焊接材料，对焊接接头型式尺寸可按JB/T1709-1992中规定。
3. 设备制造完毕后，壳程以1MPa表压进行水压试验，蛇管内以1.2MPa表压进行水压试验，格后再以0.7MPa进行气密性试验。
4. 设备检验合格后，外涂红丹两度。

技术特性表

管程压力/MPa	0.9	管程温度/℃	179
壳程压力/MPa	0.7	壳程温度/℃	168
物料名称	对硝氯笨、碱		
焊缝系数φ	0.8	腐蚀裕度/mm	2
容器类别	1		
全容积/m³	5		
电机功率/kW	5.5		
搅拌轴转速r/min	80		

管口表

符号	公称尺寸	连接尺寸标准	连接面形式	用途或名称
a	40	JB/T81-1994	平面	蒸汽进口
b	40	JB/T81-1994	平面	冷凝水进口
c	40	JB/T81-1994	平面	进料口
d	40	JB/T81-1994	平面	安全阀
e	40	JB/T81-1994	平面	出料口
f	M27×2		螺纹	测温口
g	50	JB/T81-1994	平面	放空口
h	450	JB/T580-1979		人孔

27		蛇管架163×63×6	3	Q235 A			
26	GB/T97.1-2002	垫圈	12	Q235 A			
25	GB/T6170-2000	螺母M10	12	Q235 A			
24		U形螺栓M10	12	Q235 A			
23		蛇管	1	20			
22		温度计接头	1	Q235 A			
21		接管φ57×2.5	1	20			
20	JB/T81-1994	法兰*PN*1*DN*50	1	Q235 A			
19		接管φ15×2.5	2	20			
18	JB/T81-1994	法兰*PN*1*DN*40	1	Q235 A			
17		底座	1	Q235 A			
16	GB/T93-2002	垫圈16	8	65Mn			
15	GB/T6170-2000	螺母M16	8	Q235 A			
14	GB/T898-1998	双头螺柱M16×15	8	Q235 A			
13		减速机	1				组合件
12	JB/T4725-1992	机座	1	HT150			
11		联轴器	1				组合件
10	HG/T5019-1958	填料箱	1				组合件
9	JB/T580-1979	人孔A1*PN*1*DN*450	1				组合件
8	JB/T4736-1995	补强圈*DN*450×6	1	Q235 A			
7		搅拌轴φ50	1	45			
6	JB/T4725-1992	耳式支座B4	4	Q235 A F			
5		管夹	2	Q235 A			
4		筒体*DN*1800×12	1	Q235 A F			
3		出料管φ45×25	1	20			
2		搅拌浆	1				组合件
1	JG/T4737-1995	封头*DN*1800×12	2	Q235 A F			
序号	图号与标准号	名　称	数量	材料	单重	总重	备注

标记	处数	分区	更改文件号	签名	年、月、日				反应器
设计			标准化			阶段标记	重量	比例	
审核									
工艺			批准			共1张		第1张	

任务 18　工艺流程图的识读

【学习目标】

(1)了解工艺流程图的类型及内容；

(2)掌握工艺流程图的画法。

(3)掌握工艺流程图的读图方法。

【学习内容】

识读如下图所示的化工工艺流程图。

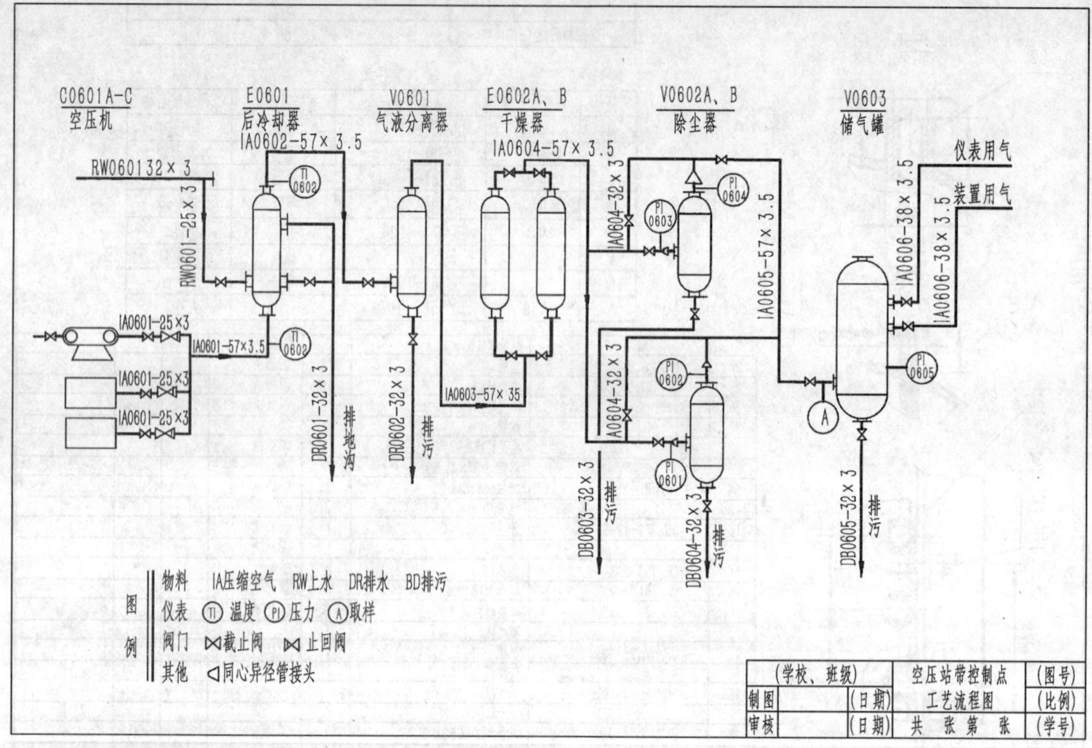

【任务分析】

上图为空压站带控制点的工艺流程图，这种图样是化工生产过程中最常用到的技术文件，是化工工程技术人员必须掌握的交流工具。图中表达了化工生产从原料到成品的整个过程，如物料的来源和去向、采用了哪些生产设备、生产的控制方式等。因此，我们要完成本任务，必须搞清楚如何用流程线和标注表示物料的来源与去向、如何按规定画出生产设备、生产过程用什么方法进行控制并如何在图样中表示等内容，为绘制和读懂工艺流程图作准备。

【相关知识】

用来表达化工生产过程与联系的图样称为化工工艺流程图。化工工艺流程图包括方案流程图和带控制点工艺流程图两种。

18-1　方案流程图

一、方案流程图的内容

方案流程图是在工艺设计之初提出的一种示意性的流程图。它以工艺装置的主项为单元进行绘制，按工艺流程顺序，将设备和工艺流程线从左至右展开画在同一平面上，并附以必要的标注和说明，如图 18-1 所示为某化工厂空压站岗位的工艺方案流程图。

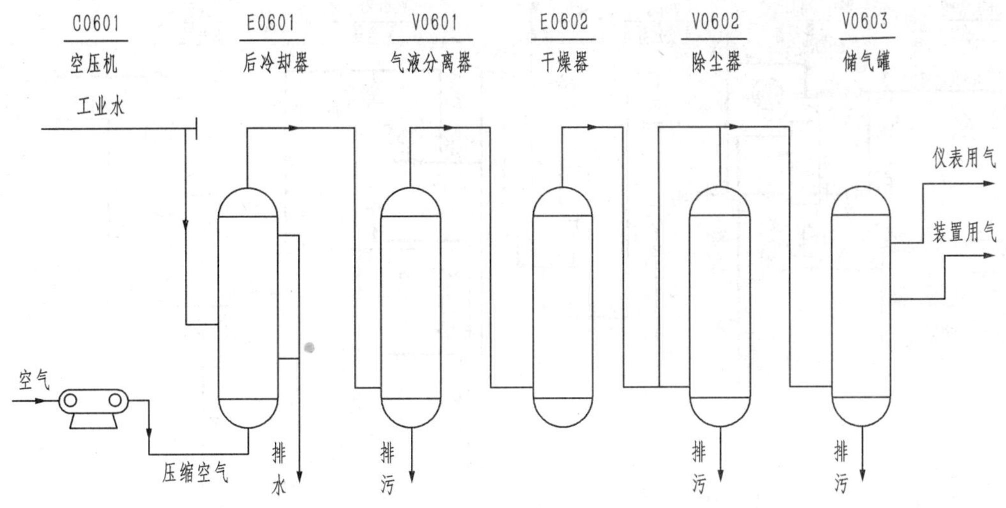

图 18-1　方案流程图

由图 18-1 中可以看出，空气经空压机(C0601)加压进入冷却器(E0601)降温，通过气液分离器(V0601)排去气体中的冷凝杂液，再进入干燥器(E0602)和除尘器(V0602)进一步去除液、固杂质，最后送入储气罐(V0603)，以供应仪表和装置使用。

从图可知，方案流程图是一种示意性的展开图，也可作为一般流程图用，它定性地说明物料的流向程序，其内容包括：①物料(介质)由原料变成半成品或成品的来龙去脉——工艺流程线。②采用的机器和设备的示意图。

二、方案流程图的画法

(1)用细实线从左至右按流程顺序依次画出能反映设备形状、结构特征的轮廓示意图。一般不按比例绘制，但要保持它们的相对大小及高低位置。各设备之间应保留适当的距离，以便布置流程线。给设备由左至右依次编制位号。

(2)大致按实际管道的高低，用粗实线画出主要物料的流程线；用中实线画出其他介质流程线(如水、蒸汽等)，均画上流向箭头，并在流程线的起始与终了处用文字注明物料名称。对于主要物料还应注明物料的来源去向。

(3)两流程线在图上相交(实际不相交)时，相交处应将其中一线断开画出。

(4)在图的上方或下方，列出各设备的位号和名称。

18-2　带控制点工艺流程图

带控制点工艺流程图又称为工艺施工流程图，是在方案流程图的基础上设计绘制的，是设备布置图和管道布置图的设计依据，也是指导化工生产的重要技术资料。

一、带控制点工艺流程图的内容

如图 18-2 所示，此流程图内容详尽，但仍然是一种示意性的展开图。它包括如下内容：

(1)带有设备位号、名称的各种设备示意图。

(2)带有物料代号、管段顺序号、规格和管件、阀门、仪表控制点等符号的各种管路流程线。

(3)表示管件、阀门和控制点(如测温、测压点)等说明的图例和标题栏。

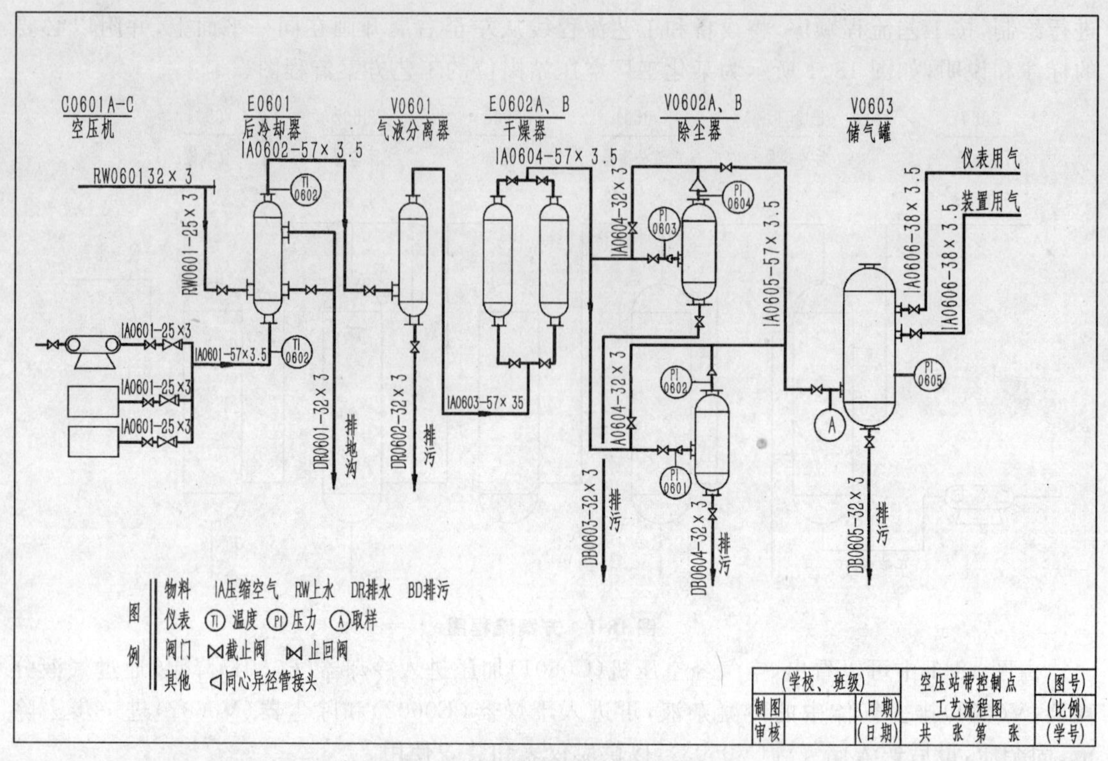

图 18-2　空压站带控制点工艺流程图

二、带控制点工艺流程图的画法

1. 画设备

用细实线根据流程由左向右依次画出设备的简略外形和内部特征（如塔的填充物和塔板、容器的搅拌器等），设备管口不予画出。对于过大、过小的设备可适当缩小、放大。各设备间应留有一定距离，以便布置管道流程线。

设备在流程图上应标注位号和名称。位号的组成如图 18-3 所示。

设备分类代号
车间（工段）号
设备序号
相同设备的序号
C0601A
压缩机
设备名称

图 18-3　设备的标注形式

（1）设备分类代号，如表 18-1 所示。

（2）主项代号，采用两位数字，由工程总负责人给定。

（3）设备顺序号，用两位数字 01,02,03…表示。

（4）对于同一位号的相同设备，用英文大写字母 A,B,C…尾号表示。

表 18-1　设备的分类代号（摘自 HG/T2051.35—1992）

设备类别	代号	设备类别	代号	设备类别	代号	设备类别	代号
塔	T	工业炉	F	反应器	R	压缩机	C
泵	P	换热器	E	起重设备	L	火炬烟囱	S
容器	V	其他机械	M	其他设备	X	计量设备	W

设备的位号、名称一般注写在相应设备的图形的下方或上方，其位置横向排成一行，如图 18-2 所示。

2. 画流程线

用粗实线画主要物料流程线；用中实线画辅助物料流程线。管线的高低位置应近似反映管线的实际位置。图中两线相交时（实际不相交），相交处应有一线断开画出。常见管线的画法如图 18-4 所示。在流程线的适当位置画出流向箭头。

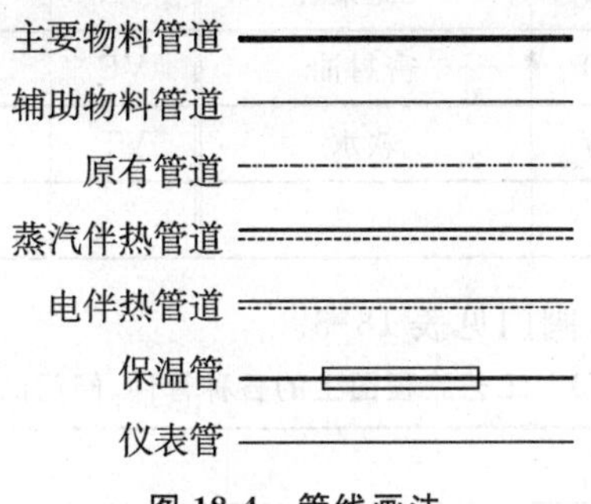

图 18-4　管线画法

流程图上的管道应标注管道号、管径和管道等级三部分。前两部分为一组，其间用短线隔开。一般均标注在管道的上方，如图 18-5 所示。

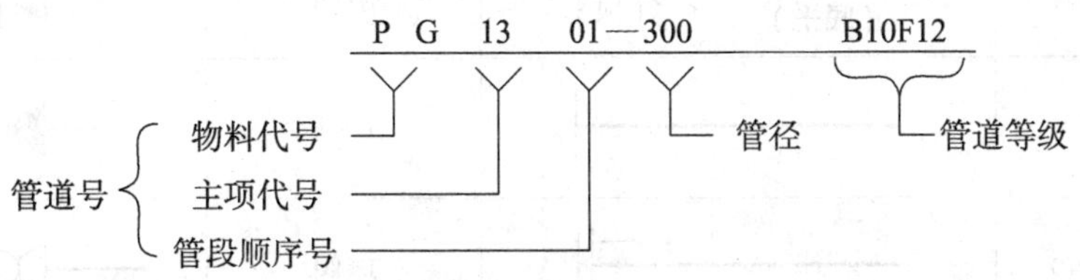

图 18-5　管道的标注

(1)物料代号：如表 18-2 所示。

(2)主项代号：与设备位号规定相同。

(3)管段顺序号：按生产流向依次编号，用两位数字 01,02,03…表示。

(4)管径：一律标公称直径（包括公制管和英制管），但在管道等级与材料选用表尚未实施前，公制管按外径×壁厚标注。

⑤管道等级：一般可以不标注，但对高温、高压易燃易爆的管线一定要标注。

在流程线上画出管件、阀门和仪表控制点等符号与代号；在流程线的起始和终了处注明物料的来向与去向，如图 18-2 中用粗实线画出的各种物料流程线（管线）。

表 18-2　物料代号

代号	物料名称	代号	物料名称	代号	物料名称
A	空气	F	火炬排放气	LO	润滑油
AM	氨	FG	燃料气	LS	低压蒸汽
BD	排污	FO	燃料油	MS	中压蒸汽
BF	锅炉给水	FS	熔盐	NG	天然气
BR	盐水	GO	填料油	N	氮
CS	化学污水	H	氢	O	氧
CW	循环冷却水上水	HM	载热体	PA	工艺空气
DM	脱盐水	HS	高压蒸汽	PG	工艺气体
DR	排液、排水	HW	循环冷却水回水	PL	工艺液体

（续表）

DW	饮用水	IA	仪表空气	PW	工艺水
R	冷冻剂	SL	泥浆	TS	伴热蒸汽
RO	原料油	SO	密封油	VE	真空排放气
RW	原水	SW	软水	VT	放空气
SC	蒸汽冷凝水				

工艺流程图上的各种管件、阀门见表 18-3。

表 18-3 工艺流程图上的各种管件、阀门的图例

管件		阀门	
同心异径管		截止阀	
偏心异径管	（底平） （顶平）	闸阀	
管端盲管		节流阀	
管端法兰（盖）		球阀	
放空管	（帽） （管）	旋塞阀	
漏斗	（敞口） （封闭）	蝶阀	
视镜		止回阀	
圆形盲板	（正常开启） （正常关闭）	角式截止阀	
管帽		三通截止阀	

3. 仪表和取样点的表示

工艺流程图中仪表的符号和表示方法按自控专业的设计规定 CD50A1-80。

符号包括图形符号和字母代号。图形符号和字母代号合起来，表达仪表所处理被测变量的功能，或表示仪表的名称；字母代号和数字编号组合起来组成仪表位号。图形符号如图 18-6 所示。仪表

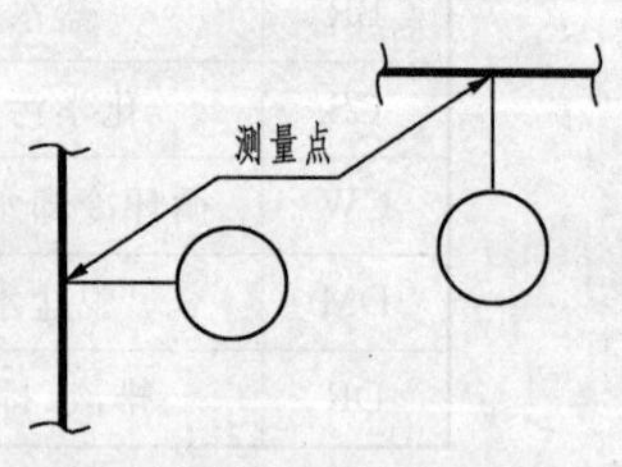

图 18-6 仪表图形符号

安装位置的图形符号见表 18-4，被测变量及仪表功能的字母组合见表 18-5。

仪表图形符号是一直径约为 10 mm 的细实线圆圈，用细实线连到设备轮廓线或工艺管道的测量点上。

表 18-4　仪表安装位置的图形符号(摘自 HGJ/T7—1987)

序号	安装位置	图形符号	备注
1	就地安装仪表		
			嵌在管道中
2	集中仪表盘面安装仪表		
3	就地仪表盘面安装仪表		
4	集中仪表盘面后安装仪表		
5	就地仪表盘面后安装仪表		

表 18-5　被测变量及仪表功能的字母组合

被测度量能	温度 T	温度 TD	压力 P	压差 PD	流量 F	流量比率 FF	分析 A	密度 D	未分类的量 x
指示 I	TI	TDI	PI	PDI	FI	FFI	AI	DI	XI
记录 R	TR	TDR	PR	PDR	FR	FFR	AR	DR	XR
控制 C	TC	TDC	PC	PDC	FC	FFC	AC	DC	XC
变送 T	TT	TDT	PT	PDT	FT	FFT	AT	DT	XT
报警 A	TA	TDA	PA	PDA	FA	FFA	AA	DA	XA
指示、控制	TIC	TDIC	PIC	PDIC	FIC	FFIC	AIC	DIC	XIC
记录、报警	TRA	TDRA	PRA	PDRA	FRA	LRA	ARA	DRA	XCT
控制、变送	TCT	TDCT	PCT	PDCT	FCT	KCT	ACT	DCT	XCT

仪表位号由字母代号组合与阿拉伯数字编号组成，第一位字母表示被测变量，后续字母表示仪表的功能(可一个或多个组合，最多不超过 5 个)，用两位数字表示工段号，用两位数字表示回路顺序号。在施工流程图中，仪表位号中的字母代号填写在圆圈的上半圆

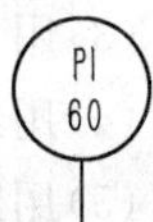

图 18-7　仪表位号及其标注

中，数字编号填写在圆圈的下半圆中，如图 18-7 所示。

4. 编制图例填写标题栏

如图 18-2 所示。

三、带控制点工艺流程图的识读

在了解和掌握其产品的生产操作过程中，首先需要识读系统带控制点工艺流程图。现以图 18-2 为例介绍读图步骤。

1. 看图目的

(1)为选用、设计、制造各种设备提供工艺条件；

(2)可以摸清并熟悉现场流程，掌握开、停工顺序，维护正常生产操作；

(3)判断流程控制操作的合理性，进行工艺改革和设备改造及挖潜；

(4)通过流程图还能提高操作水平和预防、处理事故的能力。

2. 看图步骤

下面以图 18-2 某化工系统空压站带控制点工艺流程图为例，介绍读图的方法和步骤。

(1)掌握设备的数量、名称和位号：该系统的工艺设备共有 10 台。其中有相同型号的空压机三台(C0601A、B、C)，一个后冷却塔(E0601)，一个气液分离器(V0601)，两台相同型号的干燥器(E0602A、B)，两台除尘器(V0602A、B)，一个储气罐(V0603)。

(2)了解主要物料的工艺流程：经空压机得到的压缩空气，经测温点 TI0601 进入到后冷却器。冷却后的压缩空气经测温点 TI0602 进入气液分离器，除去油和水的压缩空气分两路进入干燥器进行干燥，然后分两路经测压点 PI0601，PI0602 进入两台除尘器。除尘后的压缩空气经取样点进入储气罐后，送去外管路供使用。

(3)了解辅助物料流程线：冷却水沿管路 RW0601-25×3 经截止阀进入后冷却器，与温度较高的压缩空气进行换热后，经管路 DR0601-32×3 排入地沟。

(4)了解阀门、仪表控制点的情况：从图中可以看出，主要有 5 个止回阀，分别安装在空压机、干燥器的出口处，其他均是截止阀。

仪表控制点有温度显示仪表 2 个，压力显示仪表 5 个。这些仪表都是就地安装的。

(5)了解故障处理流程线：空气压缩机有三台，其中 1 台备用。假若压缩机 C0601A 出现故障，可先关闭该机的进口阀，再开启备用机 C0601B 的进口阀并启动。此时压缩空气经 C0601B 的出口阀沿管路 IA0601-25×3 进入后冷却器。

(6)在现场对照实况读图时，对各种设备、管线，可利用表面标志颜色进行识别。如红色为消防专用；蓝色为工业空气和仪表空气；黑色为电器电缆；黄色为有毒、腐蚀介质；绿色为水介质；银灰色一般为石化物料或蒸汽；天蓝色是安全变色漆等。

【作图指导】

1. 作图步骤

(1)先用细实线绘制地平线，再按流程顺序用细实线绘制设备基座及设备的简单外形。设备的主要管口要画出。

(2)按物料走向用粗实线画出主要物料的流程线。

(3)用中粗线画出辅助物料的流程线。

(4)用细实线按规定的图形符号画出所有阀门。

(5)用细实线按规定的图形符号画出所有仪表及控制点。

(6)标注设备的位号和名称、流程线和仪表控制点的编号、物料的来源与去向。

(7)填写标题栏。

2.注意事项

(1)设备的大小不必按比例画出,但必须近似反映其相对大小和高低位置。

(2)流程线的长短不反映管路的真实长短,但要近似反映出其高低位置,反映地下的管道应画在地平线之下。

(3)流程线一般不应相交,相交时应尽量断开。

(4)画图时应按流程顺序绘制。

(5)注意用粗实线和中粗线区分主要物料的流程线与辅助物料的流程线。

【实训作图】

阅读醋酐残液蒸馏岗位带控制点工艺流程图,回答以下问题:

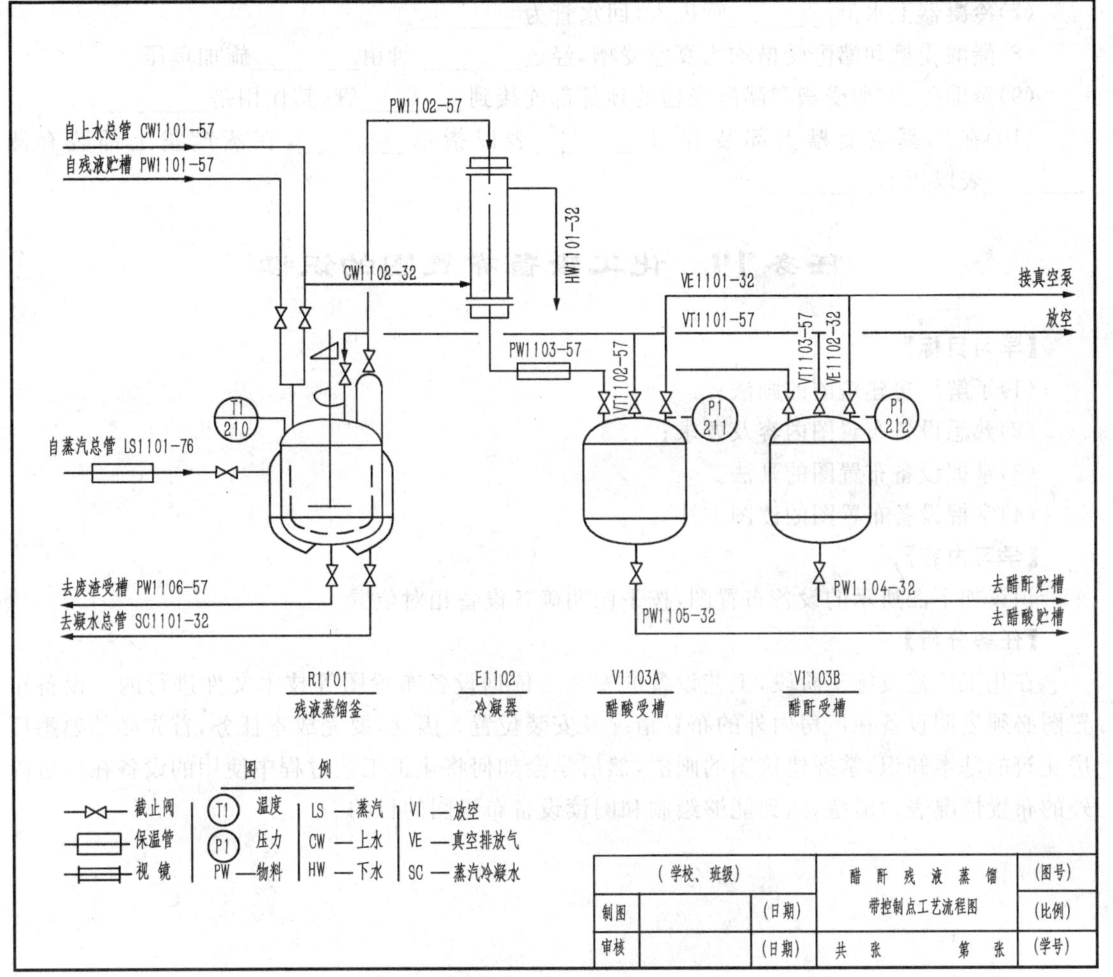

(1)该岗位共有________台设备,分别是____。

(2)来自________的醋酐残液沿管道________进入________加热,使物料中醋酐蒸发变蒸汽。

(3)加热产生的醋酐蒸汽沿________进入________,冷凝后的液态醋酐沿________流入________中,然后沿________管去醋酐贮槽。

(4)蒸馏釜中蒸馏醋酐后的残渣,加水稀释后再继续加热,使之生成醋酸沿________进入________中,然后经________管去醋酸贮槽。

(5)经多次蒸馏,最后蒸馏釜中的废渣沿________去废渣受槽。

(6)蒸馏釜通过________加热,来自蒸汽总管的蒸汽沿________管进入蒸馏釜。经过________管向釜中加水,通过________管排水。

(7)冷凝器上水沿________管进入,回水管为________。

(8)醋酸受槽和醋酐受槽均为真空受槽,经过________管由________施加负压。

(9)蒸馏釜、醋酸受槽和醋酐受槽的顶部都连接到________管,其作用是________。

(10)在二真空受槽上部装有测________表以指示________,在蒸馏釜上部装有测________表以指示________。

任务19　化工设备布置图的识读

【学习目标】

(1)了解厂房建筑图的画法;

(2)熟悉设备布置图内容及要求;

(3)掌握设备布置图的画法。

(4)掌握设备布置图的读图方法。

【学习内容】

识读如下图所示的设备布置图,按下图明确各设备相对位置。

【任务分析】

在化工厂建设施工阶段,工艺设备的安装是依据设备布置图等技术文件进行的。设备布置图必须表明设备在厂房内外的布置情况及安装位置。因此,要完成本任务,首先必须熟悉厂房建筑的基本知识,掌握建筑图的画法,然后学会如何将化工工艺过程中使用的设备在厂房内外的布置情况表达清楚,达到能够绘制和阅读设备布置图的目的。

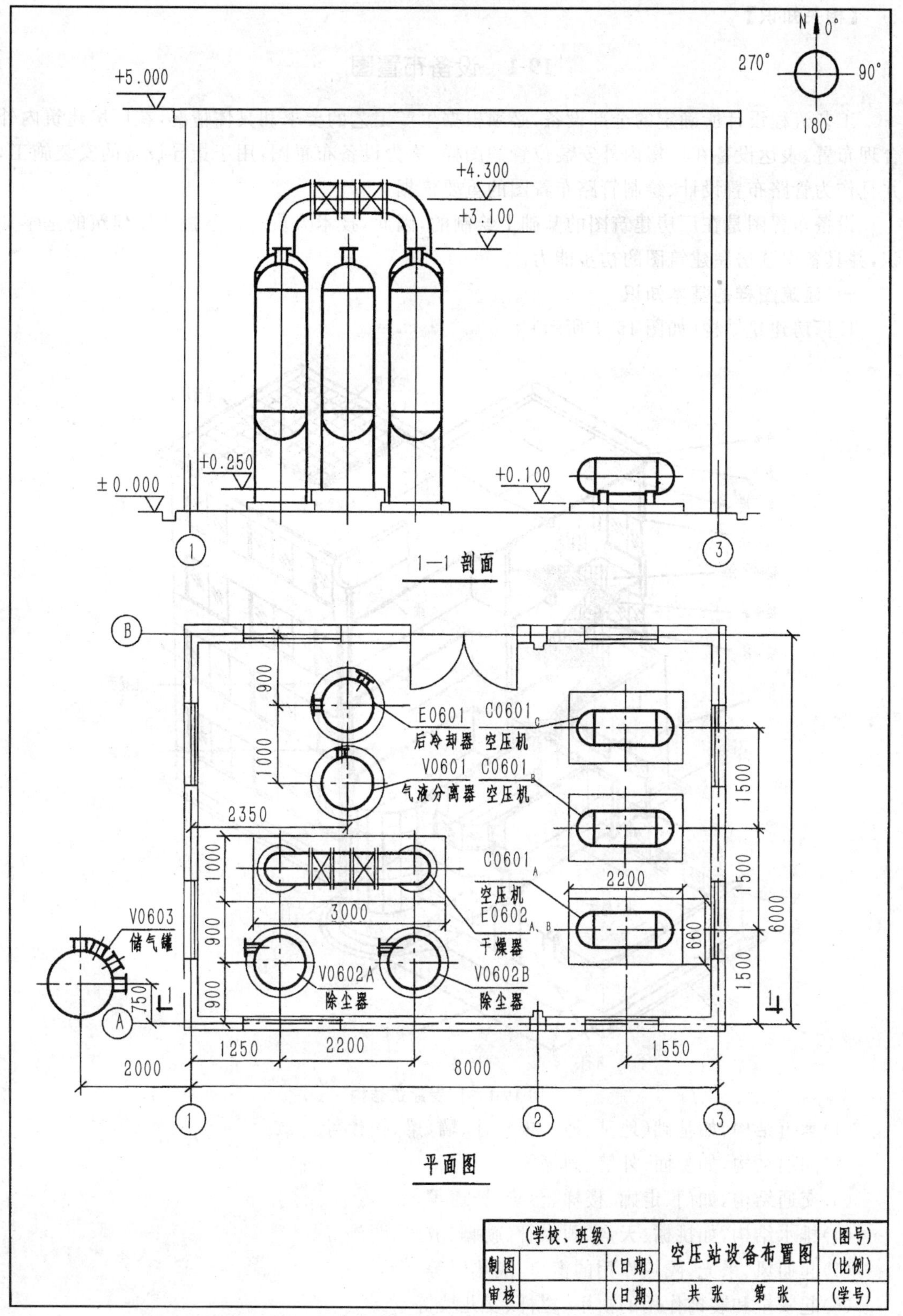

(学校、班级)			空压站设备布置图	(图号)
制图		(日期)		(比例)
审核		(日期)	共 张 第 张	(学号)

【相关知识】

19-1 设备布置图

工艺流程设计所确定的全部设备，必须根据生产工艺的要求和具体情况，在厂房建筑内外合理布置，表达设备在厂房内外安装位置的图样，称为设备布置图，用于指导设备的安装施工，并且作为管路布置设计、绘制管路布置图的重要依据。

设备布置图是在厂房建筑图的基础上绘制的，因此，技术人员应该掌握房屋建筑的基本知识，并具备识读房屋建筑图的初步能力。

一、建筑图样的基本知识

1.厂房建筑结构（如图19-1所示）

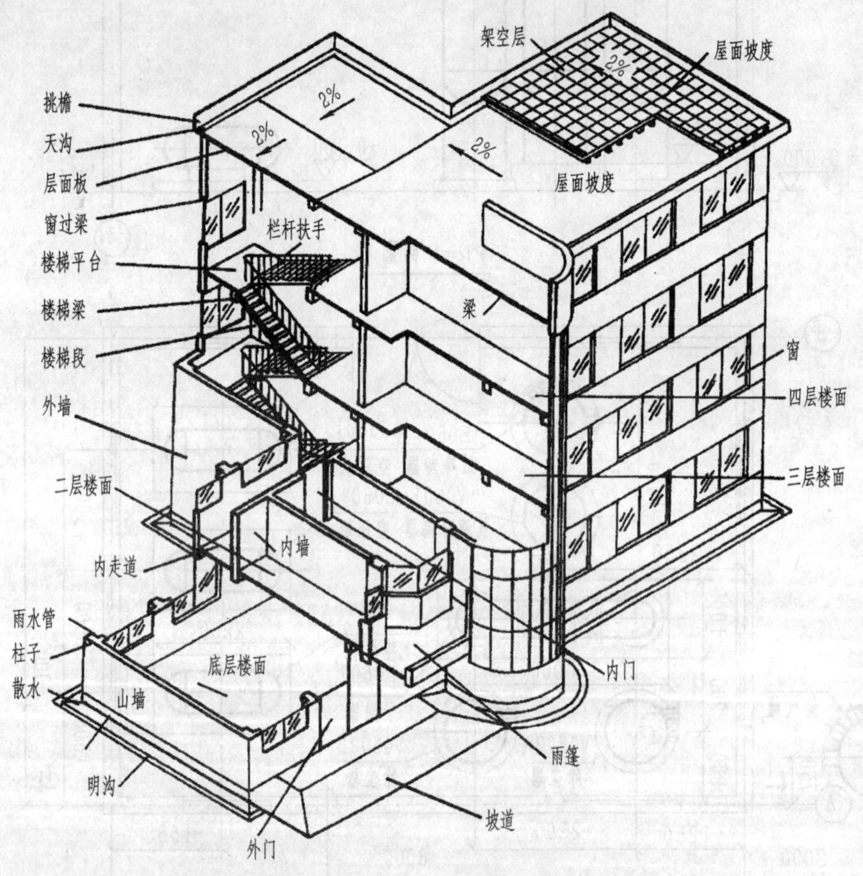

图 19-1 厂房建筑结构

(1)承重结构，如基础（地基、地 板）、柱、墙、梁、楼板等。

(2)围墙结构，如屋面、外墙、雨篷等。

(3)交通结构，如门、走廊、楼梯、台阶、坡道等。

(4)排水结构，如挑檐、天沟、雨水管、勒脚、散水、明沟等。

(5)起通风、采光、隔热作用的窗户、隔热层等。

(6)起安全和装饰作用的扶手、栏杆、女儿墙等。

2.建筑图的视图

用正投影原理绘出用以指导施工的图样称为房屋施工图，常见的是建筑施工图，包括平面图、立面图和剖面图，如图 19-2 所示。

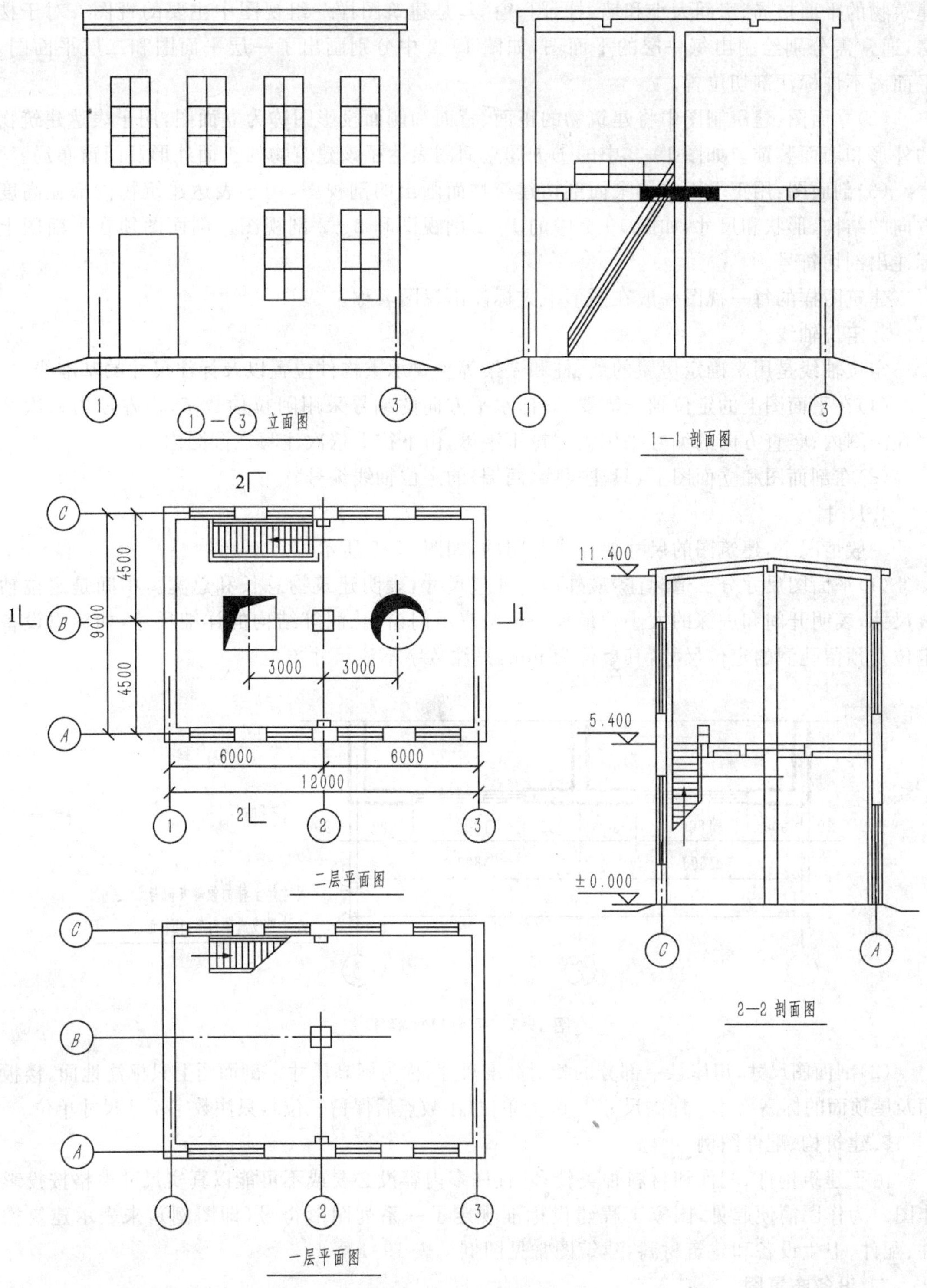

图 19-2　某厂房建筑图

(1)平面图:假想用一水平面沿略高于窗台的位置剖切建筑物而绘制的剖视图,用于反映建筑物的平面格局、房间大小和墙、柱、门、窗等,是建筑图样一组视图中主要的视图。对于楼房,通常需分别绘制出每一层的平面图,如图 19-2 中分别画出了一层平面图和二层平面图。平面图不许标注剖切位置。

(2)立面图:建筑制图中将建筑物的正面、背面和侧面投影图称为立面图,用于表达建筑物的外形和墙面装饰。如图 19-2 中的①—③立面图表达了该建筑物的正面外形及门窗布局。

(3)剖面图:用正平面或侧平面剖切建筑物而画出的剖视图,用于表达建筑物内部在高度方向的结构、形状和尺寸,如图 19-2 中的 1—1 剖视图和 2—2 剖视图。剖面图须在平面图上标注出剖切符号。

建筑图样的每一视图一般在图形下方标注出视图名称。

3.定位轴线

定位轴线是用来确定房屋的墙、柱和屋架等主要承重构件位置以及标注尺寸的基准线。

(1)在平面图上的定位轴线需要编号,水平方向的编号采用阿拉伯数字,由左向右依次填写在圆圈内;竖直方向的编号采用大写拉丁字母,由下往上依次注写在圆圈内。

(2)在剖面图和立面图上,只注写墙(两端)的定位轴线编号。

4.尺寸

一般情况下,建筑图的尺寸要注成封闭的,如图 19-3 所示。

(1)平面图尺寸分三道标注:最外面是外包尺寸,表明建筑物总长和总宽。中间是定位轴线尺寸,表明开间和进深的大小。最里一道是表示门窗、孔洞等结构的详细尺寸,如标出设备定位及预留孔洞的定位尺寸,其单位为 mm,只注数字不注尺寸单位。

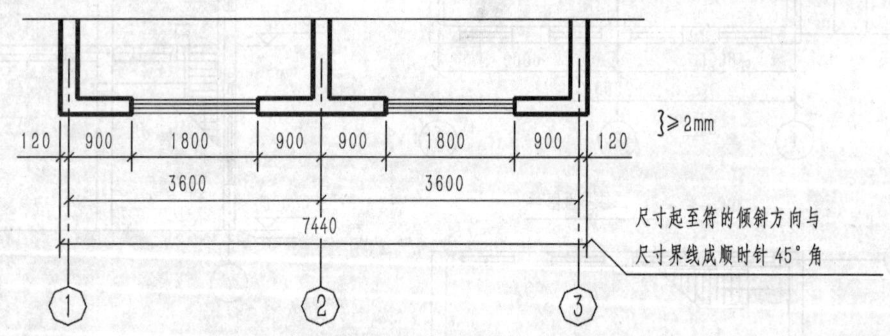

图 19-3　平面尺寸标注

(2)剖面图尺寸:房屋某一部分的相对高度尺寸,称为标高尺寸。剖面图上只标注地面、楼板面及屋顶面的标高尺寸。标高尺寸以 m 为单位(小数点后保留三位),只注数字不注尺寸单位。

5.建筑构、配件图例

由于建筑构件、配件和材料种类较多,且许多内容没必要或不可能以真实尺寸严格按投影作图。为作图简便起见,国家工程建设标准规定了一系列图形符号(即图例),来表示建筑构件、配件、卫生设备和建筑材料,建筑图常见图例见表 19-1。

二、设备布置图

设备布置图实际上是在简化了的厂房建筑图的基础上增加了设备布置的内容。空压站岗位的设备布置图如图 19-4 所示。由于设备布置图的表达重点是设备的布置情况,所以用粗实线表示设备,而厂房建筑的所有内容均用细线表示。

1、设备布置图的内容

从图 19-4 中可以看出，设备布置图包括以下内容：

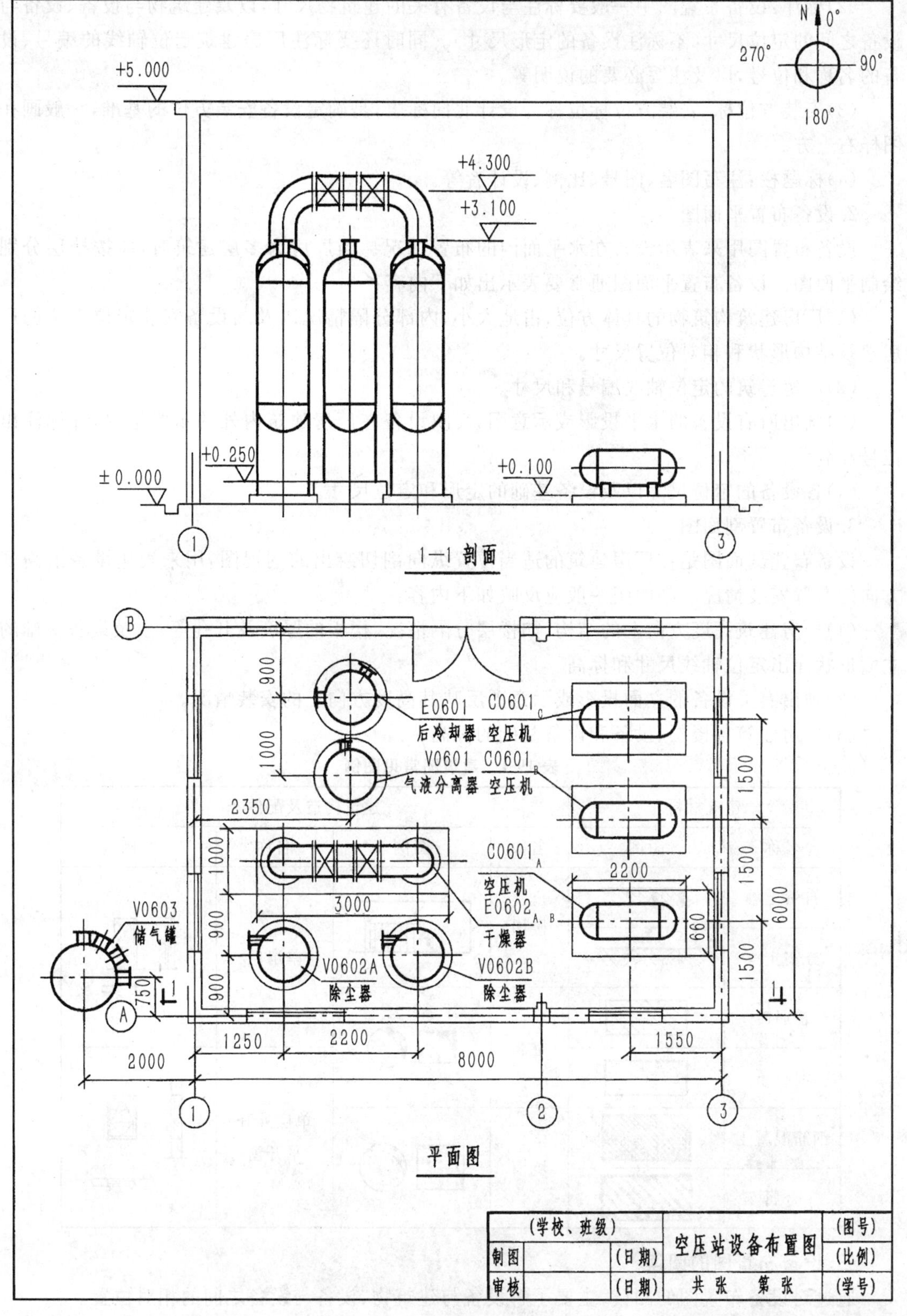

图 19-4　空压站岗位的设备布置图

(1)一组视图:主要包括设备布置平面图和剖面图,表示厂房建筑的基本结构和设备在厂房内外的布置情况。必要时还应画出设备的管口方位图。

(2)标注:设备布置图中一般要标注与设备有关的建筑物尺寸,以及建筑物与设备、设备与设备之间的定位尺寸(不标注设备的定形尺寸)。同时还要标注厂房建筑定位轴线的编号、设备的名称和位号,以及注写必要的说明等。

(3)安装方位标:安装方位标也称为设计北向标志,是确定设备安装方位的基准,一般画在图样右上方。

(4)标题栏:注写图名、图号、比例、设计者等。

2.设备布置平面图

设备布置图用来表示设备在水平面内的布置情况。当厂房为多层建筑时,应按楼层分别绘制平面图。设备布置平面图通常要表示出如下内容:

(1)厂房建筑构筑物的具体方位、占地大小、内部分隔情况以及与设备安装定位有关的厂房建筑结构形状和相对位置尺寸。

(2)厂房建筑的定位轴线编号和尺寸。

(3)画出所有设备的水平投影或示意图,反映设备在厂房建筑内外的布置位置,并标注出位号和名称。

(4)各设备的定位尺寸以及设备基础的定形和定位尺寸。

3.设备布置剖面图

设备布置剖面图是在厂房建筑的适当位置纵向剖切绘出的剖视图,用来表达设备沿高度方向的布置安装情况。剖面图一般应反映如下内容:

(1)厂房建筑高度方向上的结构,如楼层分隔情况、楼板的厚度及开孔等,以及设备基础的立面形状注出定位轴线尺寸和标高。

(2)画出有关设备的立面投影或示意图反映其高度方向上的安装情况。

(3)厂房建筑各楼层、设备和设备基础的标高。

表 19-1 建筑图常见图例

建筑材料		建筑构造及配件			
名称	图例	名称	图例	名称	图例
自然土壤		楼梯		单扇门	
夯实土壤					
普通砖		空洞			
混凝土				单层外开平开窗	
钢筋混凝土		坑槽			
金属					

三、设备布置图的阅读

通过对设备布置图的阅读,主要了解设备与建筑物、设备与设备之间的相对位置。

图 19-4 所示为空压站岗位的设备布置图，包括设备布置平面图和 1—1 剖面图。

从设备布置平面图可知，本系统的 3 台压缩机 C0601A，C0601B，C0601C 布置在距③轴 1550 mm，距④轴分别为 1500 mm，3000 mm，4500 mm 的位置处；1 台后冷却器 E0601 布置在距③轴 900 mm，距①轴为 2350 mm 的位置处；1 台气液分离器 V0602 布置在距⑧轴 1900 mm，距①轴为 2350 mm 的位置处；2 台干燥器 E0602A，E0602B 布置在距④轴 1800 mm，距①轴分别为 1250 mm，3450 mm 的位置处；2 台除尘器 V0602A，V0602B 布置在距④轴 900 mm，距①轴分别为 1250 mm，3450 mm 的位置处；1 台储气罐 V0603 布置在室外，距④轴为 750 mm，距①轴为 2000 mm 的位置处。

在 1—1 剖面图中，反映了设备的立面布置情况，如后冷却器 E0601、气液分离器 V0601 布置在标高＋0.250 m 的基础平面上；压缩机 C0601、干燥器 E0602 以及除尘器 V0602 布置在标高＋0.100 m 的平面上。

【作图指导】

1.绘图步骤

(1)先用细实线绘制厂房的平面图和剖面图。

(2)用粗实线绘制带接管口的设备。应按流程顺序逐一画出每台设备的平面布置图和立面布置图。管口应按实际方位绘制。

(3)标注：

1)标定位轴线；

2)在平面图中标定位轴线间距；

3)标注设备的水平定位尺寸(平面图中)和高度定位尺寸(剖面图中)；

4)其他必要尺寸；

5)标出设备的位号和名称；

6)标出视图名称。

(4)画方向标。

(5)填写标题栏。

2.注意事项

(1)设备要用粗实线绘制，并按实际方向画出接管口。

(2)设备的定位尺寸应标注在设备的中心线、轴线或支座安装平面上。

(3)设备的位号和名称应与工艺流程图中的一致。

【实训作图】

阅读醋酐残渣蒸馏岗位设备布置图，回答以下问题：

(1)醋酐残渣蒸馏岗位的设备布置图包括________图和________图。

(2)从平面图可知，本系统的真空受槽 A，B 和蒸馏釜布置在距北墙________ mm，距①轴分别为________ mm、________ mm、________ mm 的位置处；冷凝器的位置距北墙________ mm，与醋酸受槽 *V1103A* 间的水平距离为________ mm。

(3)从 A—A 剖面图可知，蒸馏釜和真空受槽 A，B 布置在标高为________ m 的楼面上，冷凝器安装在标高________ m 的支架上。

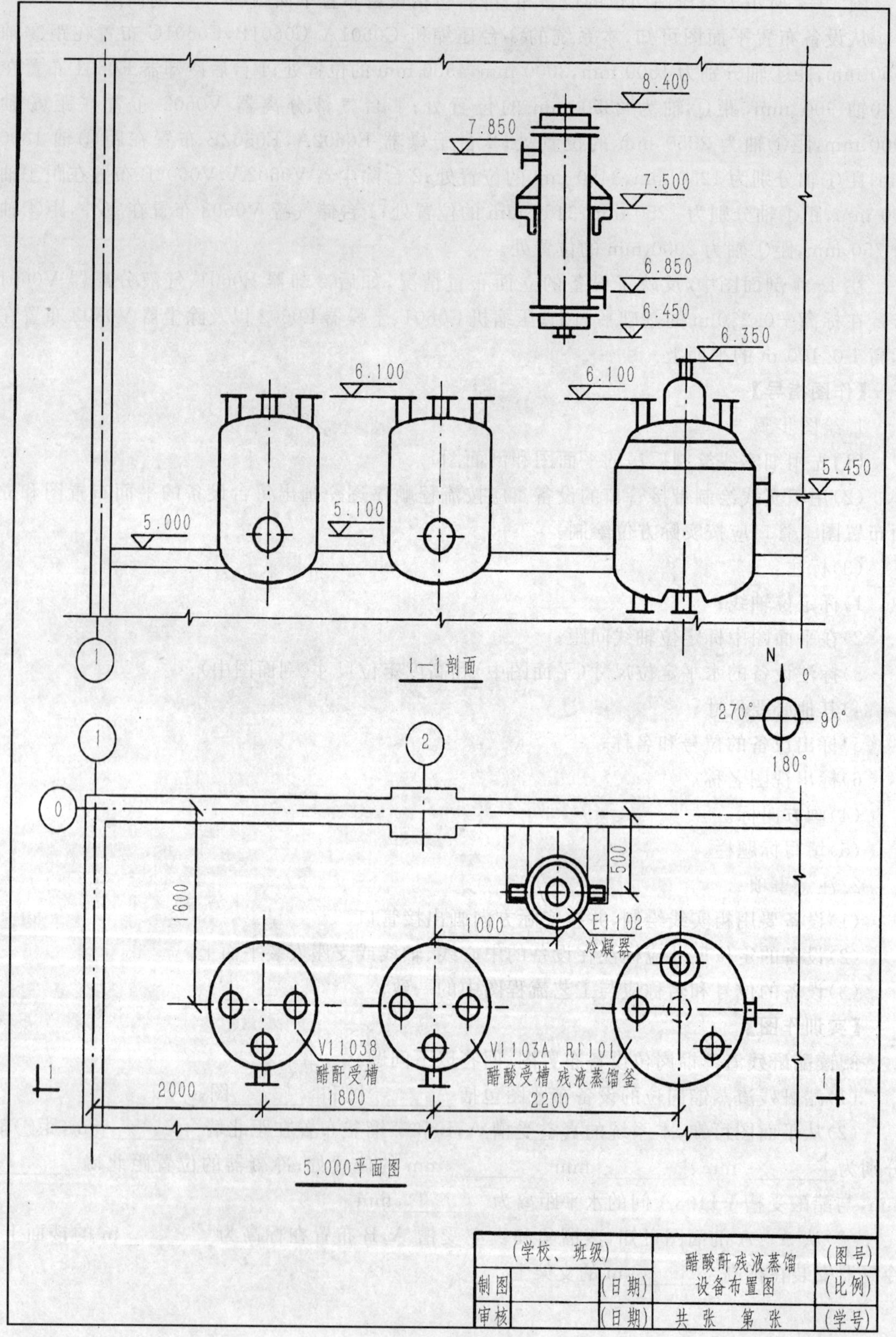
8.400
7.850
7.500
6.850
6.450
6.350
6.100
6.100
5.450
5.000
5.100
1—1剖面
N
0
270°
90°
180°
1
1
2
0
500
1600
1000
E1102
冷凝器
V1103B
醋酐受槽
V1103A
醋酸受槽
R1101
残液蒸馏釜
2000
1800
2200
1
1
5.000平面图
(学校、班级)
醋酸酐残液蒸馏
设备布置图
(图号)
制图
(日期)
(比例)
审核
(日期)
共 张 第 张
(学号)

任务 20　化工管路布置图的识读

【学习目标】

(1)熟悉管路布置图内容及要求,掌握管路布置图的画法。

(2)熟悉管道的各种空间位置,并学会用图形表达出来。

(3)能够识读化工管路布置图。

【学习内容】

识读化工管路布置图,并能按图弄清各段管道的位置。

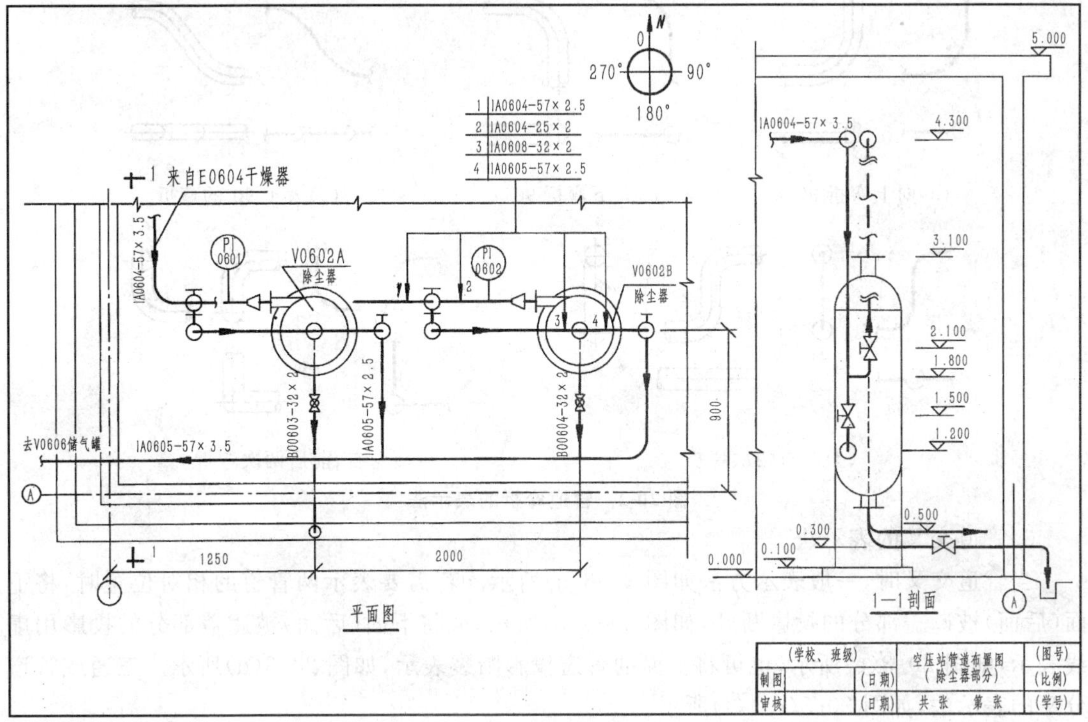

【任务分析】

在化工厂建设施工阶段,复杂的管道安装是依据管道布置图等技术文件进行的。管道布置图必须表明管道在厂房内外的布置情况。因此,要完成本任务,除了必须熟练掌握管路的表达方法,还必须能够看懂管路布置图。

【相关知识】

20-1　管道的表达

化工生产过程中,各种流体物料的输送都是在管道中进行的。

一、管道的规定画法

1. 管道的表示法

在管道布置图中,公称通径(DN)大于和等于 400 mm 的管道,用双线表示,小于和等于 350 mm 的管道用单线表示。如果在管道布置图中,大口径的管道不多时,则公称通径(DN)大于和等于 250 mm 的管道用双线表示,小于和等于 200 mm 的管道用单线表示,如图 20-1

所示。

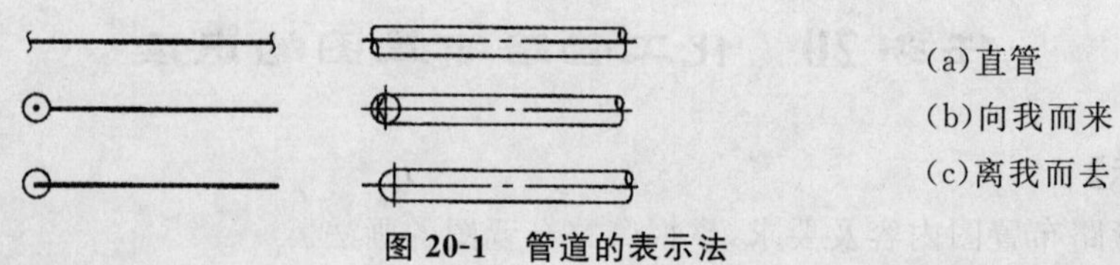

图 20-1 管道的表示法

2.管道弯折的表示法

管路向上弯折 90°角绘制如图 20-2(a)所示。管路向下弯折 90°角绘制如图 20-2(b)所示。大于 90°角的弯折绘制如图 20-2(c)所示。二次弯折绘制如图 20-2(d)、(e)所示。

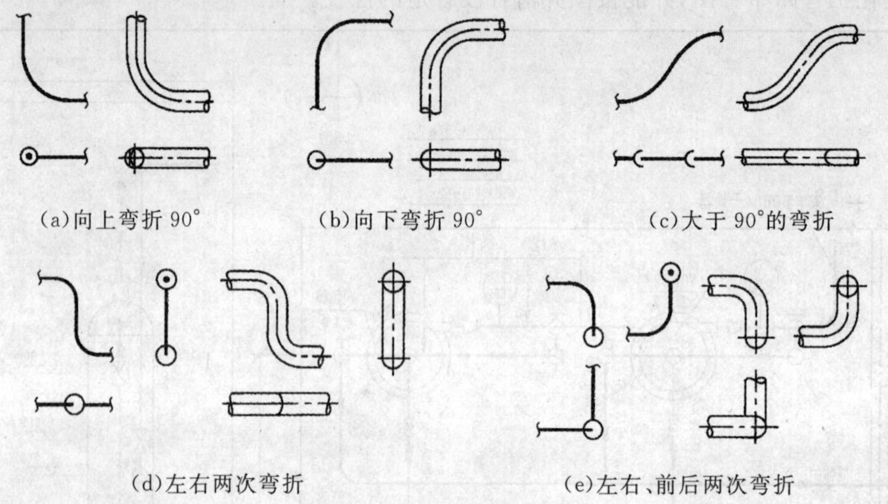

图 20-2 管道弯折的表示法

3.管道交叉的表示法

当管道交叉时,一般表示方法如图 20-3(a)所示。若需要表示两管道的相对位置时,将下面(后面)被遮盖部分的投影断开,如图 20-3(b)所示,或将下面(后面)被遮盖部分的投影用虚线表示,如图 20-3(c)所示,也可将上面的管道投影断裂表示,如图 20-3(d)所示。三通或管道分叉的表示法,如图 20-3(e)、(f)所示。

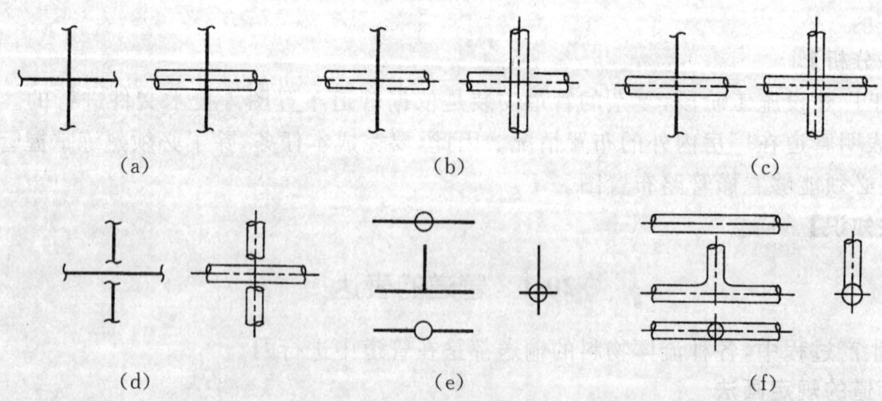

图 20-3 管道交叉的表示法

4.管道重叠的表示法

当管道的投影重合时,将可见管道的投影断裂表示,不可见管道的投影则画至重影处(稍留间隙),如图 20-4(a)所示。当多条管道的投影重合时,最上一条画双重断裂符号,如图 20-4

(b)所示，也可在管道投影断裂处，注上 a，a 和 b，b 等小写字母加以区分，如图 20-4(d)所示。当管道转折后投影重合时，则后面的管道画至重影处，并稍留间隙，如图 20-4(c)所示。

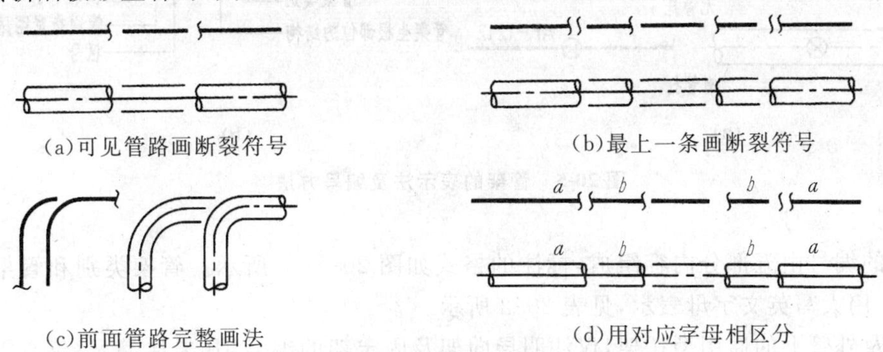

(a)可见管路画断裂符号　(b)最上一条画断裂符号

(c)前面管路完整画法　(d)用对应字母相区分

图 20-4　管道重叠的表示法

5.管道连接的表示法

当两段直管相连时，根据连接的形式不同，其画法也不同。常见的四种连接形式及画法见表 20-1。

表 20-1　管道的连接方式

连接方式	轴测图	装配图	规定画法
法兰连接			单线 双线
承插连接			单线 双线
螺纹连接			单线 双线
焊接			单线 双线

二、管架的编号和管架的表示方法

1.管架的表示法

管道是利用各种形式的管架安装并固定在建筑或基础之上的，管架的形式和位置在管道平面图上用符号表示，如图 20-5(a)所示。

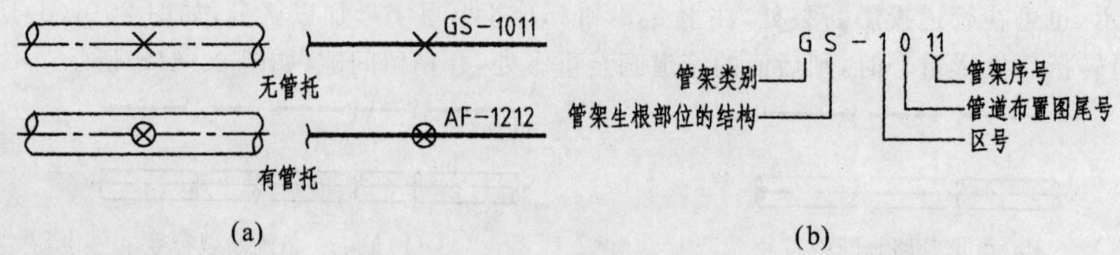

图 20-5　管架的表示法及编号方法

2. 管架的编号

管架的编号由五部分内容组成，标注的格式如图 20-5(b)所示。管架类别和管架生根部位的结构，用大写英文字母表示，见表 20-2 所示。

管廊及外管上的通用型托架，仅注明导向架及固定架的编号，凡未注编号、仅有管架图例者均为滑动管托。如 GS—01,0 表示无管托；AS—11,1 表示有管托。

三、阀门及仪表控制元件的表示法

阀门在管道中用来调节流量，切断或切换管道，对管道起安全、控制作用。常用的阀门图形符号见附表。常用的控制元件符号见表 20-3 所示。

表 20-2　管架类别和管架生根部位的结构

管架类别					
代号	类别	代号	类别	代号	类别
A	固定架	H	吊架	E	特殊架
G	导向架	S	弹性吊架	T	轴向限位架
R	滑动架	P	弹簧支架	—	—
管架生根部位的结构					
代号	结　构	代号	结　构	代号	结　构
C	混凝土结构	S	钢结构	W	墙
F	地面基础	V	设备	—	—

表 20-3　常用的控制元件符号

形式	图形符号	备注	形式	图形符号	备注
通用的执行机构		不区别执行机构形式	电磁执行机构	S	
带弹簧的气动薄膜执行机构			活塞执行机构		
电动机执行机构	M		带气动阀门定位器的气动薄膜执行机构		
无弹簧的气动薄膜执行机构			执行机构与手轮组合（顶部或侧面安装）		

阀门和控制元件图形符号的一般组合方式，如图 20-6 所示；阀门与管道的连接方式，如图 20-7 所示。

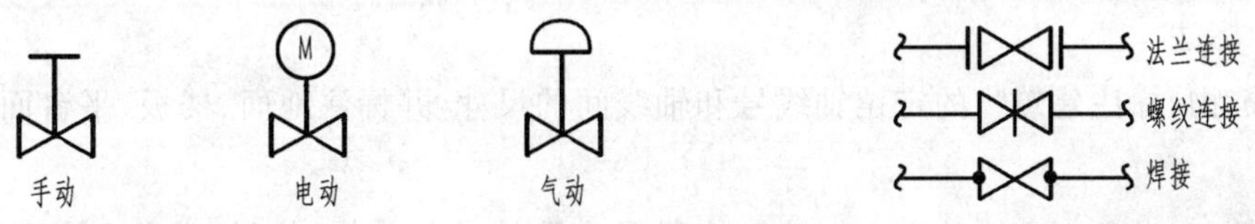

图 20-6　阀门和控制元件的组合　　　　图 20-7　阀门与管道的连接画法

20-2　管道布置图

管道布置图又称为配管图，是用来表达厂房内外各种机器或设备的空间走向和重要管件等安装位置的图样。

一、管道布置图的内容

图 20-8 为某工段管道布置图。

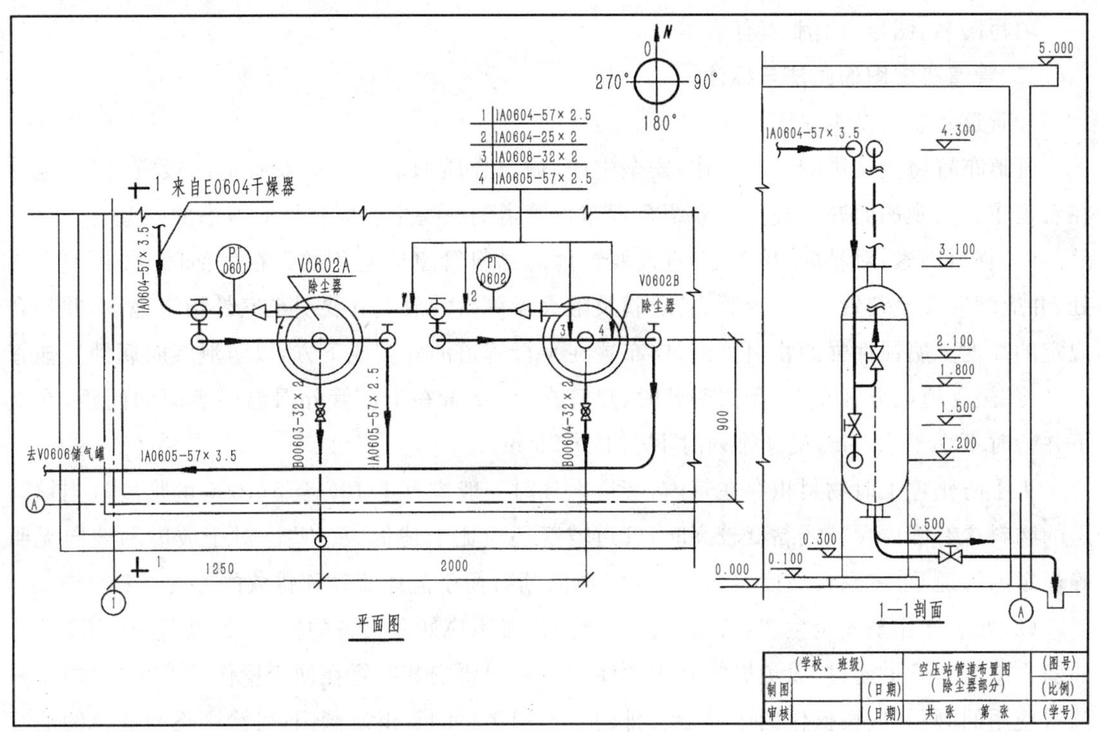

图 20-8　空压站岗位(除尘器部分)的管路布置图

从中可以看出，管道布置图包括以下一些内容。

1. 视图

管道布置图是以管道及仪表流程图和设备布置图为依据绘制的。管道布置图一般只绘制平面布置图。当平面布置图中局部表达不清楚时，可绘制剖视图或轴测图，该剖视图或轴测图可画在管道平面布置图边界线以外的空白处，或画在单独的图纸上。

用细实线表达整个车间(主项)的建筑物的简单轮廓、柱、梁、楼板、门、窗、操作平台、楼梯等；设备的简单外形用细实线按比例画出，并表示出设备中心线和管口方位(本例只画出了部分布置安装情况)。按流程顺序及管道线型(粗实线)的规定，表示出管道平面布置情况。在管道上要表示出全部的阀门、管件、管道附件等，并用直径为 10 mm 的细实线圆圈，表示管道上的检测元件(压力、温度、取样等)，圆圈内按管道及仪表流程图中的符号和编号填写。

2.尺寸标注

(1)建筑物:标注建筑物的定位轴线号和轴线间的尺寸,并标注地面、楼板、平台面、梁顶的标高。

(2)设备:在设备中心线的上方标注与流程图一致的设备位号、代号、名称,在下方标注设备支承点的标高。

(3)管道:用单线表示的管道在其上方(双线表示的管道在中心线上方),标注与流程图一致的管道代号,在下方标注管道标高。

3.方位标

表示管道安置的方位基准。

4.标题栏

填写图名、图号、比例、责任者等。

二、管道布置图的画法与标注

1.管道布置的基本原则

管道布置将直接影响工艺操作、安全生产、输出介质的能量损耗及管道的投资,同时也存在管道布置美观的问题。现简要介绍合理布置管道的一些主要原则及应考虑的问题。

(1)物料因素:对易燃、易爆、有毒及腐蚀性的物料管道应避免敷设在生活间、楼梯和走廊处,并应配置安全装置(如安全阀、防爆膜及阻火器等),其放空管要引至室外指定地点,并符合规定的高度。腐蚀性强的物料管道,应布置在平行管道的外侧或下方,以防泄漏时腐蚀其他管道。冷、热管道应分开布置,无法避开时,热管在上,冷管在下。管外保温层表面的间距,在上下并行时不小于 0.5 m,交叉排列时不小于 0.25 m。

为了防止停工时物料积存在管内,管道设计时一般应有 1/100 至 5/1000 的坡度。当被输送的物料含有固体颗粒或黏度较高时,管道坡度还应比上述值大一些。对于坡度和坡向无明确规定的管道,可将敷设坡度定为 2/1000,坡向朝着便于流体流动和排放的方向。

(2)便于操作及安全生产:管道布置的空间位置不应妨碍设备的操作,如设备的人孔、手孔的前方不能有管道通过,以免影响其正常使用。阀门要安装布置在便于操作的部位,对操作时频繁使用的阀门,应按操作的顺序依次排列。不同物料的管道及阀门,可涂刷不同颜色的油漆加以区别。容易开错的阀门,相互要拉开间距布置,并在明显处加以明确的标志。管道和阀门的重量,不要支承在设备上。

距离较近的两设备之间,管道一般不应直连,如图 20-9(a)所示。因垫片不易配准,难以紧密连接,且会因热胀冷缩而损坏设备,建议用波形伸缩器或采用 45°斜接和 90°弯连接,如图 20-9(b)、(c)、(d)所示。

不同材料的管道与管架之间(如不锈钢管与碳钢管架),不应直接接触,以防止电化学腐蚀。管道通过楼板、屋顶、墙壁或裙座时,应安装一个直径较大的管套,管套两端伸出 50 mm 左右。管道的敷设,要避免通过电动机、配电盘、仪表盘的上方,以防止管道中介质的跑、冒、滴、漏造成事故。

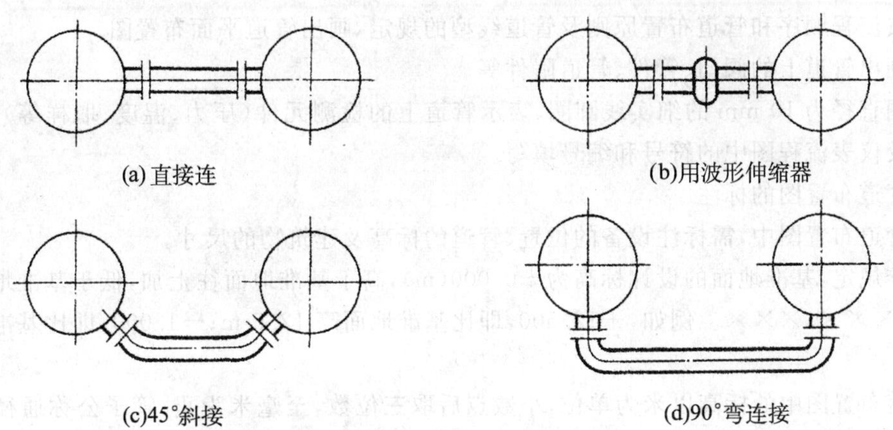

图 20-9 两设备较近时的管道连接

此外,对于管道上的温差补偿装置、管架的间距,管子在管架上的固定端及活动端分布等问题,都要给予充分考虑和注意,还应顾及电缆、照明、仪表、暖风等其他管道。

(3)考虑施工、操作及维修方便:对集中敷设的并行管道,应将较重的管道布置在管架的支承部位,将支管及管件较多的管道安排在并行管的外侧。引出支管时,如是气体管或蒸汽管要从管上方引出,液体管则在管下方引出。有可能时管道要集中布置,共用管架。除了进行温差补偿需要外,管道应尽量走直线,且不应妨碍交通、门窗、设备使用及维修。在行走的过道地面至 2.2 m 的空间,也不应安装管道。管道应避免出现"气袋""口袋"或"盲肠",如图 20-10 所示。

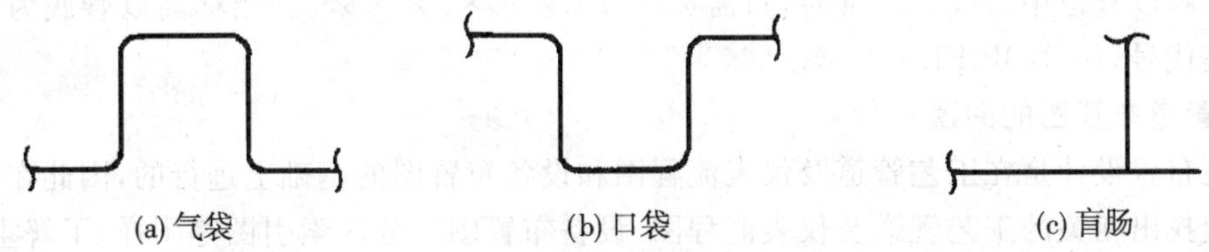

图 20-10　管道的不良安装方式

管道应集中并架空布置,应尽量沿厂房墙壁安装,管道与墙壁间应能容纳管件、阀门等,同时也要考虑方便维修。

2. 管道布置图的画法

(1)确定表达方案:绘制管道布置图应以管道及仪表流程图和设备布置图为依据。管道布置图一般只绘制平面布置图。当平面布置图中局部表达不清时,可绘制剖视图或轴测图,该剖视图或轴测图可画在管道平面布置图边界线以外的空白处,或画在单独的图纸上。

对于多层建筑物、构筑物的管道平面布置图,应按层次绘制。如果在同一张图纸上绘制几层平面图时,应从最低层起,在图纸上由下至上依次排列,并在各平面图下方分别注明"+0.000""+×××.×××平面"等。

(2)确定比例、选择图幅、合理布局:表达方案确定以后,再确定恰当的比例和选择合适的图幅,便可进行视图的布局。

(3)绘制视图:作图步骤大致如下:

1)画厂房平面图。为突出管道的布置情况,厂房平面图用细实线画出。建筑物或构筑物应按比例、根据设备布置图画出柱、梁、楼板、门、窗、操作台、楼梯等。

2)设备平面布置。用细实线按比例以设备布置图所确定的位置,画出设备的简单外形(应画出中心线和管口方位)和基础、平台、楼梯等的平面布置图。

3)按流程顺序和管道布置原则及管道线型的规定，画出管道平面布置图。

4)画出管道上的阀门、管件、管道附件等。

5)用直径为 10 mm 的细实线圆圈，表示管道上的检测元件(压力、温度、取样等)，圆圈内按管道及仪表流程图中的符号和编号填写。

3. 管道布置图的标注

在管道布置图中，需标注设备的位置、管道的标高及建筑物的尺寸。

标准规定，基准地面的设计标高为＋0.000(m)，高于基准地面往上加，低于基准地面往下减，为－×××.×××。例如，＋12.500，即比基准地面高 12.5 m；－1.000，即比基准地面低 1 m。

管道布置图中的标高以米为单位，小数点后取三位数，至毫米为止；管子公称通径 *DN* 及其尺寸一律以毫米为单位，只注数字，不注单位。

(1)建筑物：标注建筑物、构筑物的定位轴线号和轴线间的尺寸，并标注地面、楼板、平台面、梁顶的标高。

(2)设备：在管道布置图上，设备中心线的上方标注与流程图一致的设备位号，在下方标注设备支承点的标高。

剖视图上的设备位号，注写在设备的近侧或设备内，并标注设备的定位尺寸。

(3)管道：用单线表示的管道在其上方(双线表示的管道在中心线上方)，标注与流程图一致的管道代号，在下方标注管道标高。

当标高以管道中心线为基准时，只需标注“EL×××.×××”。当标高以管底为基准时，加注管底代号，如“BOP EL×××.×××”。

三、管道布置图的阅读

管道布置设计是在工艺管道及仪表流程图和设备布置图的基础上进行的，因此在读图前，应该尽量找出相关的工艺管道及仪表流程图、设备布置图及分区索引图等图样，了解生产工艺过程和设备配置情况，进而搞清楚管道的布置情况。

阅读管道布置图时，应以平面图为主，配合剖面图，逐一搞清楚管道的空间走向。再看有无管段图及设计模型，有无管件图、管架图，或蒸汽伴热图等辅助图样，这些图都可以帮助阅读管道布置图。

现以图 20-8 为例，说明阅读管道布置图的大致步骤。

1. 概括了解，明确视图关系

图 20-8 是某工段的局部管道布置图。图中表示了物料经离心泵到冷却器的一段管道布置情况，画了两个视图，一个是＋0.00 平面图，一个是 A—A 剖面图。

2. 了解厂房构造尺寸及设备布置情况

图中厂房横向定位轴线①、②、③，其间距为 4.5 m，纵向定位轴线 *B*，离心泵基础标高 EL100.250 m，冷却器中心线标高 ϕEL101.200 m。

3. 分析管道走向

参考工艺管道及仪表流程图和设备布置图，找到起点设备和终点设备，以设备管口为主，按管道编号，逐条明确走向，遇到管道转弯和分支情况，对照平面图和剖面图将其投影关系搞清。

图 20-8 中离心泵有进出两部分管道，一条是原料从地沟中出来，分别进入两台离心泵，另一条是从泵出口出来后汇集在一起，从冷凝器左端下部进入管程。冷凝器有四部分管道，左端下部是原料入口(由离心泵来)，左端上部是原料出口，向上位置最高，在冷凝器上方转弯后离

去。冷凝器底部是来自地沟的冷却上水管道，右上方是循环水出口，出来后又进入地沟。

4.详细查明管道编号和安装尺寸

离心泵出口编号为 PL0803-65 的管道，由两泵出口向上，泵 P0811A 出口管道向上、向右与泵 P0811B 管道汇合后，向上、向右拐，再下至地面，再向后、向上，最后向右进入冷凝器左端入口。

冷凝器左端出口编号为 PL0804-65 的管道，由冷凝器左端上部出来后，向上在标高为 EL103.200 m 处向后拐，再向右至冷凝器右上方，最后向前离去。

编号为 CWS0805-75 的循环上水管道从地沟出来，沿地面向后，再向上进入冷凝器底部入口。编号为 CWR0806-75 的循环回水管道，从冷凝器上部出来向前，再向下进入地沟。编号为 PL0802-65 的原料管道，从地沟出来向后，进入离心泵入口。

5.了解管道上的阀门、管件、管架安装情况

两离心泵入、出口，分别安装有四个阀门，在泵出口阀门后的管道上，还有同心异径管接头。在冷凝器上水入口处，装有一个阀门。在冷凝器物料出口编号为 PL0804-65 的管道两端，有编号为 GS-02，GS-03 的通用型托架。

6.了解仪表、取样口、分析点的安装情况

在离心泵出口处，装有流量指示仪表。在冷凝器物料出口及循环回水出口处，分别装有温度指示仪表。

7.检查总结

将所有管道分析完后，结合管口表、综合材料表，明确各管道、管件、阀门仪表的连接方式，并检查有无错漏等问题。

五、管道轴测图(管段图、空视图)

1.管道轴测图的内容

管道轴测图是用来表达一个设备至另一设备或某区间一段管道的空间走向，以及管道上所附管件、阀门、仪表控制点等安装布置情况的立体图样，如图 20-11 所示。

管道轴测图是按轴测投影原理绘制的，能全面、清晰地反映管道布置的设计和施工细节，便于识读，还可以发现在设计中可能出现的误差，避免发生在图样上不易发现的管道碰撞等情况，有利于管道的预制和加快安装施工进度。利用计算机绘图，绘制区域较大的管道轴测图，还可以代替模型设计。管道轴测图是设备和管道布置设计的重要方式，也是管道布置设计发展的趋势。

管道轴测图包括以下内容：

(1)图形：按正等测投影绘制管道轴测图及其附属的管件、阀门等的符号和图形。

(2)尺寸及标注：标注管道编号、管道所接设备的位号及其管口序号和安装尺寸等。

(3)方位标：安装方位的基准。

(4)技术要求：有关焊接、试压等方面的要求。

(5)材料表：列表说明管道所需要的材料名称、尺寸、规格、数量等。

(6)标题栏：填写图名、图号、比例、责任者等。

2.管道轴测图的表示方法

(1)管段图反映的是个别局部管道，原则上一个管段号画一张管道轴测图。对于复杂的管段，或长而多次改变方向的管段，可利用法兰或焊接点作为自然点断开，分别绘制几张管道轴测图，但需用一个图号注明页数。对比较简单，物料、材质均相同的几个管段，也可画在一张图

样上，并分别注出管段号。

(2)绘制管道轴测图可以不按比例，根据具体情况而定，但位置要合理整齐，图面要匀称美观，即各种阀门、管件的大小及在管道中的位置、比例要协调。

(3)管道一律用粗实线单线绘制，管件(弯头、三通除外)、阀门、控制点则用细实线以规定的图形符号绘制，相接的设备可用细双点画线绘制，弯头可以不画成圆弧。管道与管件的连接画法见附表。

(4)阀门的手轮用一短线表示，短线与管道平行。阀杆中心线按所设计的方向画出。

(5)管道与管件、阀门连接时，注意保持线向的一致，如图 20-12 所示。

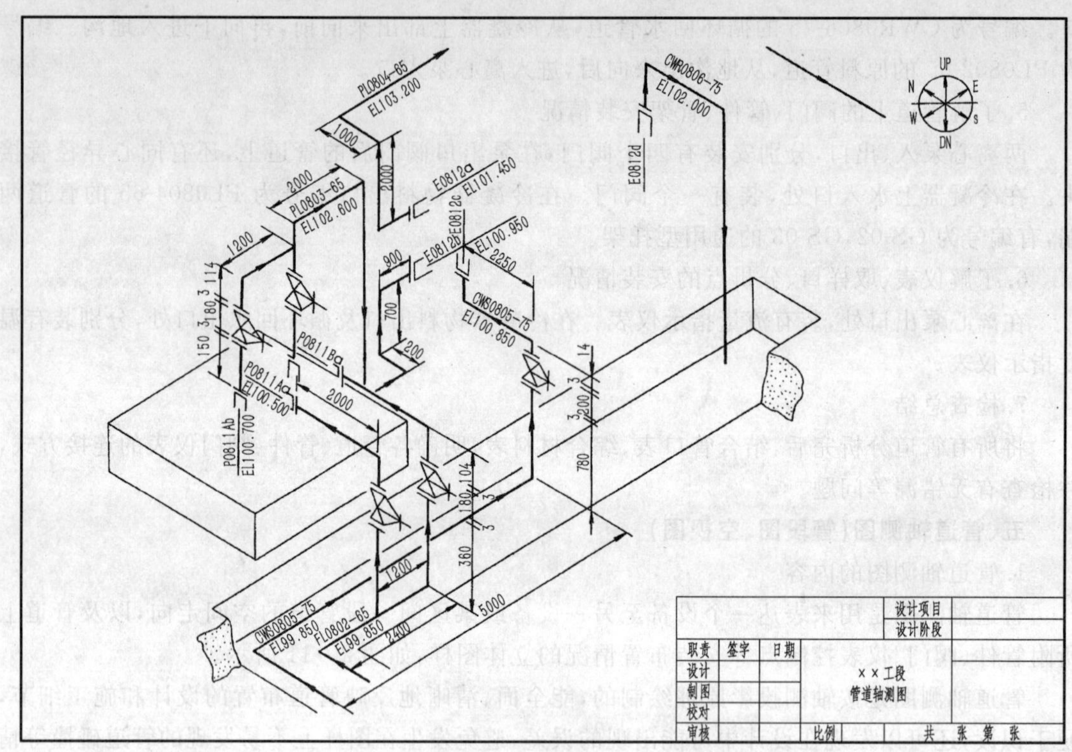

图 20-11　管道轴测图

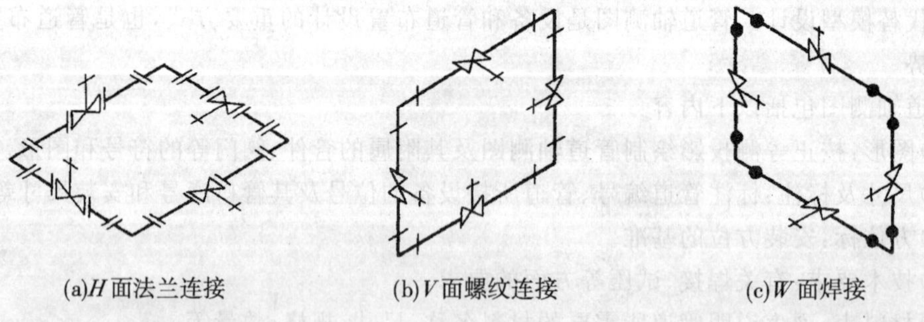

(a)*H* 面法兰连接　　(b)*V* 面螺纹连接　　(c)*W* 面焊接

图 20-12　空间管道连接

(6)为便于安装维修和操作管理，并保证劳动场所整齐美观，一般工艺管道布置大都力求平直，使管道走向同三轴测方向一致，但有时为了避让，或由于工艺、施工的特殊要求，必须将管道倾斜布置，此时称为偏置管。

在平面内的偏置管，如图 20-13(a)所示；对于立体偏置管，可将偏置管绘在由三个坐标组成的六面体内，如图 20-13(b)所示。

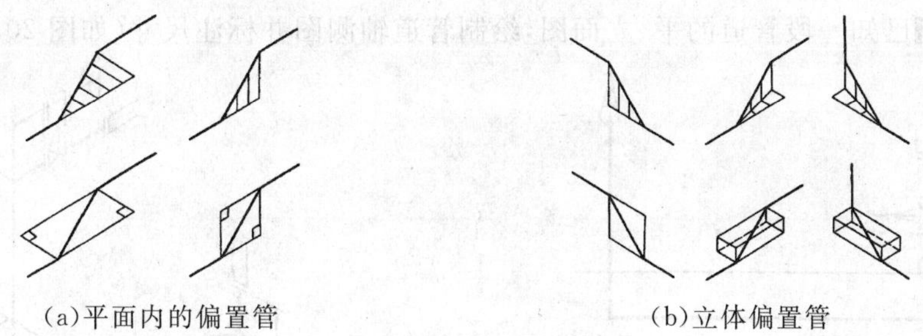

(a)平面内的偏置管　　(b)立体偏置管

图 20-13　偏置管表示法

(7)必要时，画出阀门上控制元件图示符号，传动结构、形式应适合于各种类型的阀门，如图 20-14 所示。

(a)电动式　　(b)气动式　　(c)液压式

图 20-14　仪表控制元件表示法

3. 管道轴测图的尺寸与标注

(1)注出管子、管件、阀门等加工预制及安装所需的全部尺寸，如阀门长度、垫片厚度等细节尺寸，以免影响安装的准确性。

(2)每级管道至少有一个表示流向的箭头，尽可能在流向箭头附近注出管段编号。

(3)标高的尺寸单位为 m，其余的尺寸均以 mm 为单位。

(4)尺寸界线从管件中心线或法兰面引出，尺寸线与管道平行。

(5)所有垂直管道不注高度尺寸，而以水平管道的标高“EL×××.×××”表示即可。

(6)对于不能准确计算，或有待施工时实测修正的尺寸，加注符号“～”作为参考尺寸。对于现场焊接时确定的尺寸，需注明“F. W”。

(7)注出管道所连接的设备位号及管口序号。

(8)列出材料表说明管段所需的材料、尺寸、规格、数量等。

【例 20-1】已知一段包含偏置管的管道平、立面图，绘制相应的管道轴测图(如图 20-15 所示)。

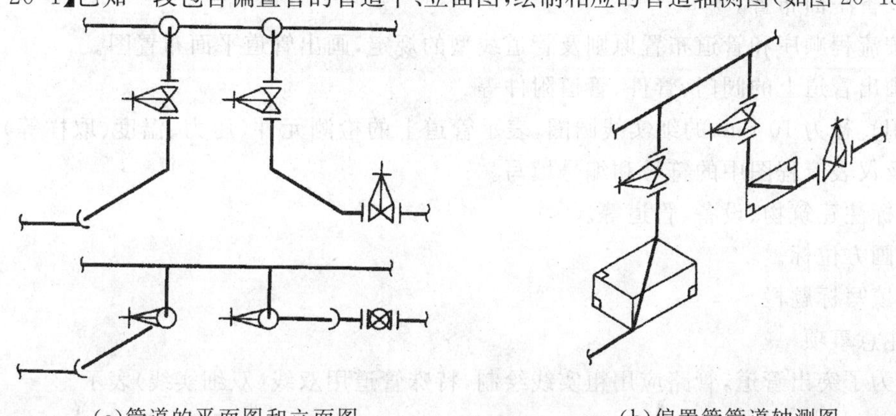

(a)管道的平面图和立面图　　(b)偏置管管道轴测图

图 20-15　绘制偏置管管道轴测图

【例 20-2】已知一段管道的平、立面图，绘制管道轴测图并标注尺寸（如图 20-16 所示）。

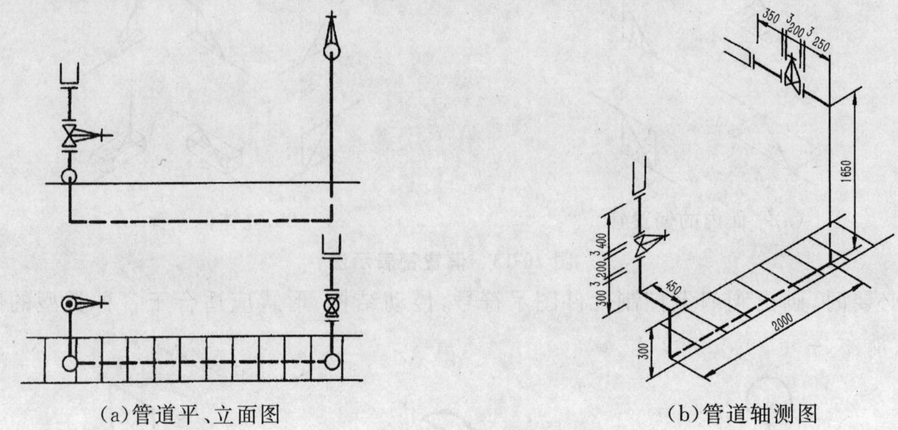

(a)管道平、立面图　　(b)管道轴测图

图 20-16　绘制管段图并标注尺寸

4. 管道轴测图的方位标

管道轴测图是按正等测投影绘制的，在画图之前首先确定其方向，如图 20-17(a)。要求其方向与管道布置图的方位标一致，如图 20-17(b)，并将管道轴测图的方位标绘制在图样的右上方。

(a)正等测轴测轴　　(b)方位标

图 20-17　管道轴测图方位标

【作图指导】

1. 绘图步骤

(1)确定表达方案。

(2)确定比例、选择图幅、合理布局。

(3)绘制视图：

1)画厂房平面图。

2)设备平面布置。

3)按流程顺序和管道布置原则及管道线型的规定，画出管道平面布置图。

4)画出管道上的阀门、管件、管道附件等。

5)用直径为 10 mm 的细实线圆圈，表示管道上的检测元件（压力、温度、取样等），圆圈内按管道及仪表流程图中的符号和编号填写。

(4)标注建筑物、设备、管道等。

(5)画方位标。

(6)填写标题栏

2. 注意事项

(1)为了突出管道，管路应用粗实线绘制，特殊管道用双线（双细实线）表示。

(2)图中应着重表达出管道的空间走向和位置，并由此确定视图的多少。

(3)阀门的控制元件符号应按实际安装方位画出。

(4)重叠的管道较多时，应断开画出，但断开的管道数一般不超过两根，以便于看图。

【实训作图】

阅读醋酐残液蒸馏岗位管路布置图，回答以下问题：

(1)该管道布置图包括________个平面图________个剖面图，分别是________、________和________。

(2)PW1101-57 醋酸残液管道从标高________ m 处由南向北拐弯向________进入蒸馏釜。

(3)水管 CW1101-57 由南向北拐弯向下并分为两路。一路向东、向________至标高________ m 处拐弯向南与 PW1101-57 相交。另一路向西、向________、向________至标高________ m 处，然后又向________、向________至标高 7.5 m 处，再转弯向________接冷凝器。

(4)________管是从冷凝器下部分别至醋酸受槽、醋酐受槽间的管道，它自冷凝器出口向________至标高________ m 处向________，先分出一路向________、向________进入________，原管道继续向________，然后向________、向________进入________。

(5)VE1101-32 是醋酸受槽、醋酐受槽与真空泵之间的连接管道，由醋酸受槽顶部向上至标高________ m 处，拐弯向________与醋酐受槽上部来的管道汇合后继续向________、向________与真空泵出口相接。

(6)________是与蒸馏釜、醋酸受槽、醋酐受槽相连接的放空管，标高________ m。

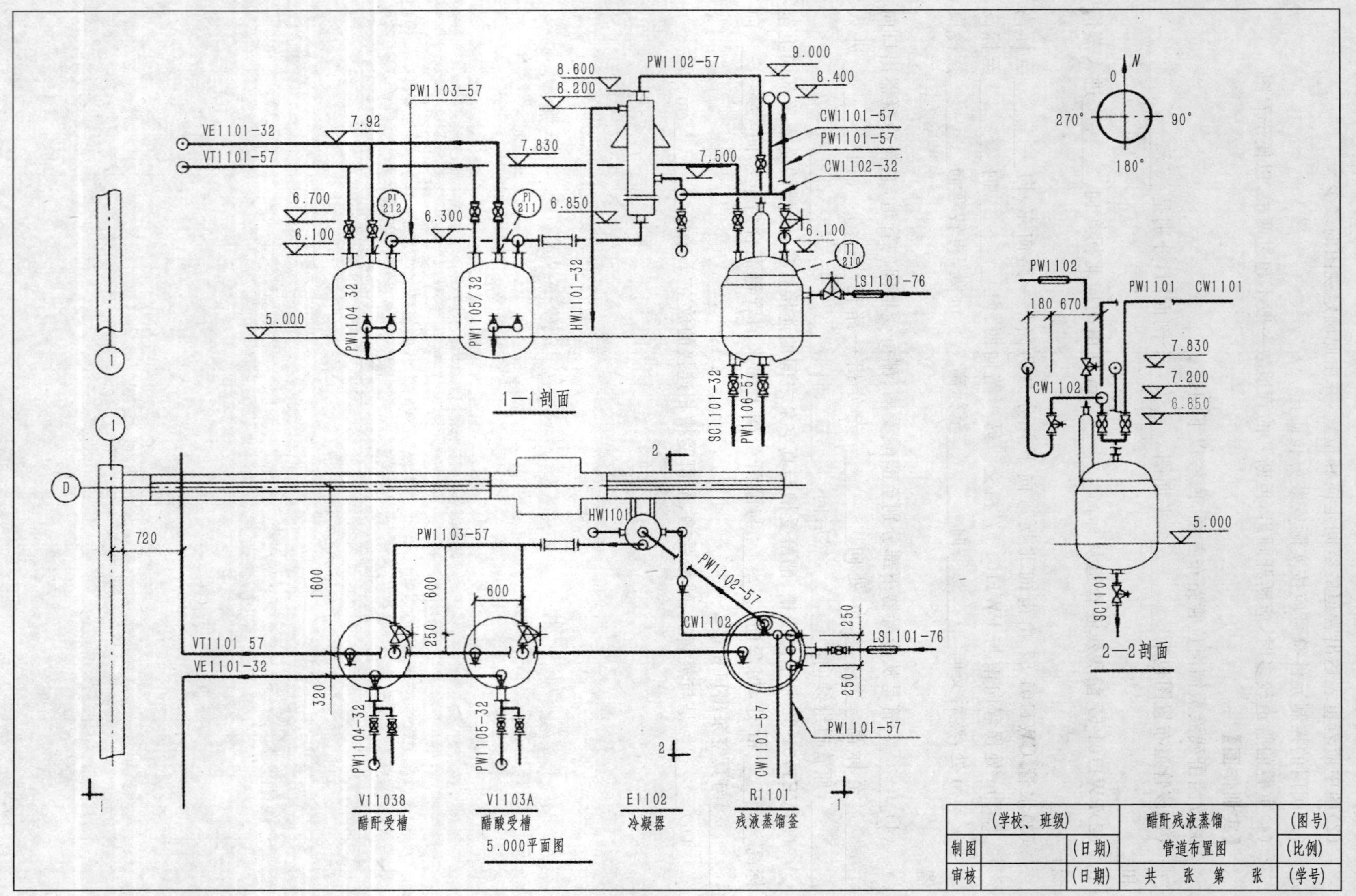

(学校、班级)			醋酐残液蒸馏	(图号)
制图		(日期)	管道布置图	(比例)
审核		(日期)	共 张 第 张	(学号)

一、极限与配合

附表1　标准公差数值(摘自GB/T1800.3—1998)

基本尺寸/mm		标准公差等级																	
		IT1	IT2	IT3	IT4	IT5	IT6	IT7	IT8	IT9	IT10	IT11	IT12	IT13	IT14	IT15	IT16	IT17	IT18
大于	至	μm											mm						
—	3	0.8	1.2	2	3	4	6	10	14	25	40	60	0.1	0,14	0.25	0.4	0.6	1	1.4
3	6	1	1.5	2.5	4	5	8	12	18	30	48	75	0.12	0.18	0.3	0.45	0.75	1.2	1.8
6	10	1	1.5	2.5	4	6	9	15	22	36	58	90	0.15	0.22	0.36	0.58	0.9	1.5	2.2
10	18	1.2	2	3	5	8	11	18	27	43	70	110	0.18	0.27	0.43	0.7	1.1	1.8	2.7
18	30	1.5	2.5	4	6	9	13	21	33	52	84	130	0.21	0.33	0.52	0.84	1.3	2.1	3.3
30	50	1.5	2.5	4	7	11	16	25	49	62	100	160	0.25	0.39	0.62	1	1.6	2.5	3.9
50	80	2	3	5	8	13	19	30	46	74	120	190	0.3	0.46	0.74	1.2	1.9	3	4.6
80	120	2.5	4	6	10	15	22	35	54	87	140	220	0.35	0.54	0.87	1.4	2.2	3.5	5.4
120	180	3.5	5	8	12	18	25	40	63	100	160	250	0.4	0.63	1	1.6	2.5	4	6.3
180	250	4.5	7	10	14	20	29	46	72	115	185	290	0.46	0.72	1.15	1.85	2.6	4.6	7.2
250	315	6	8	12	16	23	32	52	81	130	210	320	0.52	0.81	1.3	2.1	3.2	5.2	8.1
315	400	7	9	13	18	25	36	57	89	140	230	360	0.57	0.89	1.4	2.3	3.6	5.7	8.9
400	500	8	10	15	20	27	40	63	97	155	250	400	0.63	0.97	1.55	2.5	4	6.3	9.7
500	630	9	11	16	22	32	44	70	110	175	280	440	0.7	1.1	1.75	2.8	4.4	7	11
630	800	10	13	18	25	36	50	80	125	200	320	500	0.8	1.25	2	3.2	5	8	12.5
800	1000	11	15	21	28	40	56	90	140	230	360	560	0.9	1.4	2.3	3.6	5.6	9	14
1000	1250	13	18	24	33	47	66	105	165	260	420	660	1.05	1.65	2.6	4.2	6.6	10.5	16.5

（续表）

基本尺寸/mm		标准公差等级																	
		IT1	IT2	IT3	IT4	IT5	IT6	IT7	IT8	IT9	IT10	IT11	IT12	IT13	IT14	IT15	IT16	IT17	IT18
1250	1600	15	21	29	39	55	78	125	195	310	500	780	1.25	1.95	3.1	5	7.8	12.5	19.5
1600	2000	18	25	35	46	65	92	150	230	370	600	920	1.5	2.3	3.7	6	9.2	15	23
2000	2500	22	30	41	55	78	110	175	280	440	700	1100	1.75	2.8	4.4	7	11	17.5	28
2500	3150	26	36	50	68	96	135	210	330	540	860	1350	2.1	3.3	5.4	8.6	13.5	21	33

注：1. 基本尺寸大于 500 mm 的 IT1～IT5 的标准公差数值为试行的。

2. 基本尺寸小于 1 mm 时，无 IT14～IT18。

附表 2　优先及常用孔的极限偏差表(摘自 GB/T 1803—1999)

单位：μm

代号		A	B	C	D	E	F	G	H							JS		K			M	N		P		R	S	T	U
基本尺寸/mm		公差等级																											
大于	至	11	11	*11	*9	8	*8	*7	6	*7	*8	*9	10	*11	12	6	7	6	*7	8	7	6	7	6	*7	7	*7	7	*7
—	3	+330	+220	+120	+45	+28	+20	+12	+6	+10	+14	+25	+40	+60	+100	±3	±5	0	0	0	−2	−4	−4	−6	−6	−10	−14	—	−18
		+270	+140	+60	+20	+14	+6	+2	0	0	0	0	0	0	0			−6	−10	−14	−12	−10	−14	−12	−16	−20	−24		−28
3	6	+345	+215	+145	+60	+38	+28	+16	+8	+12	+18	+30	+48	+75	+120	±4	±6	+2	+3	+5	0	−5	−4	−9	−8	−11	−15	—	−19
		+270	+140	+70	+30	+20	+10	+4	0	0	0	0	0	0	0			−6	−9	−13	−12	−13	−16	−17	−20	−23	−27		−31
6	10	+370	+240	+170	+76	+47	+35	+20	+9	+15	+22	+36	+58	+90	+150	±4.5	±7	+2	+5	+6	0	−7	−4	−12	−9	−13	−17	—	−22
		+280	+150	+80	+40	+25	+13	+5	0	0	0	0	0	0	0			−7	−10	−16	−13	−16	−19	−21	−24	−28	−32		−37
10	14	400	+260	+205	+93	+59	+43	+24	+11	+18	+27	+42	+70	+110	+180	±5.5	±9	+2	+6	+8	0	−9	−5	−15	−11	−16	−21	—	−26
14	18	+290	+150	+95	+50	+32	+16	+6	0	0	0	0	0	0	0			−9	−12	−19	−18	−20	−23	−26	−29	−34	−39		−44
18	24	430	+290	+240	+117	+73	+53	+28	+13	+21	+33	+52	+84	+130	+210	±6.5	±10	+2	+6	+10	0	−11	−7	−18	−14	−20	−27	—	−33 −54
24	30	+300	+160	+110	+65	+40	+20	+7	0	0	0	0	0	0	0			−11	−15	−23	−21	−24	−28	−31	−35	−41	−48	−33 −54	−40 −61

（续表）

代号		A	B	C	D	E	F	G	H							JS		K			M	N		P		R	S	T	U
30	40	+470 +310	+330 +170	+280 +120	142 +80	+89 +50	+64 +25	+34 +9	+16 0	+25 0	+39 0	+62 0	+100 0	+160 0	+250 0	±8	±12	+3 −13	+7 −18	+12 −27	0 −25	−12 −28	−8 −33	−21 −37	−17 −42	−25 −50	−34 −59	−39 −64	−51 −76
40	50	+480 +320	+340 +180	+290 +130																								−45 −70	−61 −86
50	65	+530 +340	+380 +190	+330 +140	174 +100	+106 +60	+76 +30	+40 +10	+19 0	+30 0	+46 0	+74 0	+120 0	+190 0	+300 0	±9.5	±15	+4 −15	+9 −21	+14 −32	0 −30	−14 −33	−9 −39	−26 −45	−21 −51	−30 −60	−42 −72	−55 −85	−76 −106
65	80	+550 +360	+390 +200	+340 +150																						−32 −62	−48 −78	−64 −94	−91 −121
80	100	+600 +380	+440 +220	+390 +170	207 +120	+126 +72	+90 +36	+47 +12	+22 0	+35 0	+54 0	+87 0	+140 0	+220 0	+350 0	±11	±17	+4 −18	+10 −25	+16 −38	0 −35	−16 −38	−10 −45	−30 −52	−24 −59	−38 −73	−58 −93	−78 −113	−111 −146
100	120	+630 +410	+460 +240	+400 +180																						−41 −76	−66 −101	−91 −126	−131 −166
120	140	+710 +460	+510 +260	+450 +200																						−48 −88	−77 −117	−107 −147	−155 −195
140	160	+770 +520	+530 +280	+460 +210	245 +145	+148 +85	+106 +43	+54 +14	+25 0	+40 0	+63 0	+100 0	+160 0	+250 0	+400 0	±12.5	±20	+4 −21	+12 −28	+20 −43	0 −40	−20 −45	−12 −52	−36 −61	−28 −68	−50 −90	−35 −125	−119 −159	−175 −215
160	180	+830 +580	+560 +310	+480 +230																						−53 −93	−93 −133	−131 −171	−195 −235
180	200	+950 +660	+630 +340	+530 +240																						−60 −106	−105 −151	−149 −195	−219 −265
200	225	+1030 +740	+670 +380	+550 +260	285 +170	+172 +100	+122 +50	+61 +15	+29 0	+46 0	+72 0	+115 0	+185 0	+290 0	+460 0	±14.5	±23	+5 −24	+13 −33	+22 −50	0 −46	−22 −51	−14 −60	−41 −70	−33 −79	−63 −109	−113 −159	−163 −209	−241 −287
225	250	+1110 +820	+710 +420	+570 +280																						−67 −113	−123 −169	−179 −225	−267 −313

（续表）

代号		A	B	C	D	E	F	G	H							JS		K			M	N		P		R	S	T	U
250	280	+1240 +920	+800 +480	+620 +300	320 +190	+191 +110	+137 + 56	+69 +17	+32 0	+52 0	+81 0	+130 0	+210 0	+320 0	+520 0	±16	±26	+ 5 −27	+16 −36	+25 −56	0 −52	−25 −57	−14 −66	−47 −79	−36 −88	− 74 −126	−138 −190	−198 −250	−295 −347
280	315	+1370 +1050	+860 +540	+650 +330																						− 78 −130	−150 −202	−220 −272	−330 −382
315	355	+1560 +1200	+960 +600	+720 +360	350 +210	+214 +125	+151 + 62	+75 +18	+36 0	+57 0	+89 0	+140 0	+230 0	+360 0	+570 0	±18	±28	+ 7 −29	+17 −40	+28 −61	0 −57	−26 −62	−16 −73	−51 −87	−41 −98	− 87 −144	−169 −226	−247 −304	−369 −426
355	400	+1710 +1350	+1040 +680	+760 +400																						− 93 −150	−187 −244	−273 −330	−414 −471
400	450	+1900 +1500	+1160 +760	+840 +440	385 +230	+232 +135	+165 + 68	+83 +20	+40 0	+63 0	+97 0	+155 0	+250 0	+400 0	+630 0	±20	±31	+ 8 −32	+18 −45	+29 −68	0 −63	−27 −67	−17 −80	−55 −95	− 45 −108	−103 −166	−209 −272	−307 −370	−467 −530
450	500	+2050 +1650	+1240 +840	+880 +480																						−109 −172	−229 −292	−337 −400	−517 −580

注：带“＊”者为优先选用的，其他为常用的。

附表 3　优先及常用轴的极限偏差表（摘自 GB/T 1803—1999）

单位：μm

代号		a	b	c	d	e	f	g	h								js	k	m	n	p	r	s	t	u	v	x	y	z
基本尺寸/mm		公差等级																											
大于	至	11	11	＊11	＊9	8	＊7	＊6	5	＊6	＊7	8	＊9	10	＊11	12	6	＊6	6	＊6	＊6	6	＊6	6	＊6	6	6	6	6
—	3	−270 −330	−140 −200	− 60 −120	−20 −45	−14 −28	− 6 −16	−2 −8	0 −4	0 −6	0 −10	0 −14	0 −25	0 −40	0 −60	0 −100	±3	+6 0	+8 +2	+10 + 4	+12 + 6	+16 +10	+20 +14	—	+24 +18	—	+26 +20	—	+32 +26
3	6	−270 −345	−140 −215	− 70 −145	−30 −60	−20 −38	−10 −22	− 4 −12	0 −5	0 −8	0 −12	0 −18	0 −30	0 −48	0 −75	0 −120	±4	+9 +1	+12 + 4	+16 + 8	+20 +12	+23 +15	+27 +19	—	+31 +23	—	+36 +28	—	+43 +35
6	10	−280 −338	−150 −240	− 80 −170	−40 −76	−25 −47	−13 −28	− 5 −14	0 −6	0 −9	0 −15	0 −22	0 −36	0 −58	0 −90	0 −150	±4.5	+10 + 1	+15 + 6	+19 +10	+24 +15	+28 +19	+32 +23	—	+37 +28	—	+43 +34	—	+51 +42

（续表）

代号		a	b	c	d	e	f	g	h								js	k	m	n	p	r	s	t	u	v	x	y	z
10	14	-290 -400	-150 -260	-95 -205	-50 -93	-32 -59	-16 -34	-6 -17	0 -8	0 -11	0 -18	0 -27	0 -42	0 -70	0 -110	0 -180	±5.5	+12 +1	+18 +7	+23 +12	+29 +18	+24 +23	+39 +28	—	44 +33	—	+51 +40	—	+61 +50
14	18																							—		+50 +39	+56 +45	—	+71 +60
18	24	300 -430	-160 -290	-110 -240	-65 -117	-40 -73	-20 -41	-7 -20	0 -9	0 -13	0 -21	0 -33	0 -52	0 -84	0 -130	0 -210	±6.5	+15 +2	+21 +8	+28 +15	+35 +22	+41 +28	+48 +35	—	+54 +41	+60 +47	+67 +54	+76 +63	+86 +73
24	30																							+54 +41	+61 +48	+68 +55	+77 +64	+88 +75	+101 +88
30	40	-310 -470	-170 -330	-120 -280	80 -142	-50 -89	-25 -50	-9 -25	0 -11	0 -16	0 -25	0 -39	0 -62	0 -100	0 -160	0 -250	±8	+18 +2	+25 +9	+33 +17	+42 +26	+50 +34	+59 +43	+64 +48	+76 +60	+84 +68	+96 +80	+110 +94	+128 +112
40	50	-320 -480	-180 -340	-130 -290																				+70 +54	+86 +70	+97 +81	+113 +97	+130 +114	+152 +136
50	65	-340 -530	-190 -380	-140 -330	100 -174	-60 -106	-30 -60	-10 -29	0 -13	0 -19	0 -30	0 -46	0 -74	0 -120	0 -190	0 -300	±9.5	+21 +2	+30 +11	+39 +20	+51 +32	+60 +41	+72 +53	+85 +66	+106 +87	+121 +102	+141 +122	+163 +144	+191 +172
65	80	-360 -550	-200 -390	-150 -340																		+62 +43	+78 +59	+94 +75	+121 +102	+139 +120	+165 +146	+193 +174	+229 +210
80	100	-380 -600	-220 -440	-170 -390	120 -207	-72 -126	-36 -71	-12 -34	0 -15	0 -22	0 -35	0 -54	0 -87	0 -140	0 -220	0 -350	±11	+25 +3	+35 +13	+45 +23	+59 +37	+73 +51	+93 +71	+113 +91	+146 +124	+168 +146	+200 +178	+236 +214	+280 +258
100	120	-410 -630	-240 -460	-180 -400																		+76 +54	+101 +79	+126 +104	+166 +144	+194 +172	+232 +210	+276 +254	+332 +310
120	140	-460 -710	-260 -510	-200 -450	145 -245	-85 -148	-43 -83	-14 -39	0 -18	0 -25	0 -40	0 -63	0 -100	0 -160	0 -250	0 -400	±12.5	+28 +3	+40 +15	+52 +27	+68 +43	+88 +63	+117 +92	+147 +122	+195 +170	+227 +202	+273 +248	+325 +300	+390 +365
140	160	-520 -770	-280 -530	-210 -460																		+90 +65	+125 +100	+159 +134	+215 +190	+253 +228	+305 +280	+365 +340	+440 +415
160	180	-580 -830	-310 -560	-230 -480																		+93 +68	+133 +108	+171 +146	+235 +210	+277 +252	+335 +310	+405 +380	+490 +465

（续表）

代号		a	b	c	d	e	f	g	h								js	k	m	n	p	r	s	t	u	v	x	y	z
180	200	−660 −950	−340 −630	−240 −530																		+106 + 77	+151 +122	+195 +166	+265 +236	+313 +284	+379 +350	+454 +425	+549 +520
200	225	−740 −1030	−380 −670	−260 −550	170 −285	−100 −172	−50 −96	−15 −44	0 −20	0 −29	0 −46	0 −72	0 −115	0 −185	0 −290	0 −460	±14.5	+33 + 4	+46 +17	+60 +31	+79 +50	+109 + 80	+159 +130	+209 +180	+287 +258	+339 +310	+414 +385	+499 +470	+604 +575
225	250	−820 −1110	−420 −710	−280 −570																		+113 + 84	+169 +140	+225 +196	+313 +284	+369 +340	+454 +425	+549 +520	+669 +640
250	280	−920 −1240	−480 −800	−300 −620	190 −320	−110 −191	− 56 −108	−17 −49	0 −23	0 −32	0 −52	0 −81	0 −130	0 −210	0 −320	0 −520	±16	+36 + 4	+52 +20	+66 +34	+88 +56	+126 + 94	+190 +158	+250 +218	+347 +315	+417 +385	+507 +475	+612 +580	+742 +710
280	315	−1050 −1370	−540 −860	−330 −650																		+130 +98	+202 +170	+272 +240	+382 +350	+457 +425	+557 +525	+682 +650	+822 +790
315	355	−1200 −1560	−600 −960	−360 −720	210 −350	−125 −214	− 62 −119	−18 −54	0 −25	0 −36	0 −57	0 −89	0 −140	0 −230	0 −360	0 −570	±18	+40 + 4	+57 +21	+73 +37	+98 +62	+144 +108	+226 +190	+304 +268	+426 +390	+511 +475	+626 +590	+766 +730	+936 +900
355	400	−1350 −1710	−680 −1040	−400 −760																		+150 +114	+244 +208	+330 +294	+471 +435	+566 +530	+696 +660	+856 +820	+1036 +1000
400	450	−1500 −1900	−760 −1160	−440 −840	230 −385	−135 −232	− 68 −131	−20 −60	0 −27	0 −40	0 −63	0 −97	0 −155	0 250	0 −400	0 −630	±20	+45 + 5	+63 +23	+80 +40	+108 + 68	+166 +126	+272 +232	+370 +330	+530 +490	+635 +595	+780 +740	+960 +920	+1140 +1100
450	500	−1650 −2050	−840 −1240	−480 −880																		+172 +132	+292 +252	+400 +360	+580 +540	+700 +660	+860 +820	+1040 +1000	+1290 +1250

注:带“*”者为优先选用的,其他为常用的。

二、常用材料及热处理

附表4 常用的金属材料和非金属材料

名称		牌号	说明	应用说明
黑色金属	灰铸铁 (GB9439)	HT150	HT—“灰铁”代号 150—抗拉强度/MPa	用于制造端盖、带轮、轴承座、阀壳、管子及管子附件、机床底座、工作台等
		HT200		用于较重要的铸件，如汽缸、齿轮、机架、飞轮、床身、阀壳、衬筒等
	球墨铸铁 (GB1348)	QT450－10 QT500－7	QT—“球铁”代号 450—抗拉强度/MPa 10—伸长率(%)	具有较高的强度和塑性。广泛用于机械制造业中受磨损和受冲击的零件，如曲轴、汽缸套、活塞环、摩擦片、中低压阀门、千斤顶等
	铸钢 (GB11352)	ZG200－400 ZG270－500	ZG—“铸钢”代号 200—屈服强度/MPa 400—抗拉强度/MPa	用于各种形状的零件，如机座、变速箱座、飞轮、重负荷机座、水压机工作缸等
	碳素结构钢 (GB700)	Q215－A Q235－A	Q—“屈”字代号 215—屈服点数值/MPa A—质量等级	有较高的强度和硬度，易焊接，是一般机械上的主要材料。用于制造垫圈、铆钉、轻载齿轮、键、拉杆、螺栓、螺母、轮轴等
	优质碳素结构钢 (GB699)	15	15—平均含碳量(万分之几)	塑性、韧性、焊接性和冷冲性能均良好，但强度较低，用于制造螺钉、螺母、法兰盘及化工储器等
		35		用于强度要求较高的零件，如汽轮机叶轮、压缩机、机床主轴、花键轴等
		15Mn 65Mn	15—平均含碳量(万分之几) Mn—含锰量较高	其性能与15钢相似，但其塑性、强度比15钢高 强度高，适宜制作大尺寸的各种扁弹簧和圆弹簧
	低合金结构钢 (GB1591)	15MnV	15—平均含碳量(万分之几) Mn—含锰量较高 V—合金元素钒	用于制作高中压石油化工容器、桥梁、船舶、起重机等
		16Mn		用于制作车辆、管道、大型容器、低温压力容器、重型机械等
有色金属	普通黄铜 (GB5232)	H96	H—“黄”铜的代号 96—基体元素铜的含量	用于导管、冷凝管、散热器管、散热片等
		H59		用于一般机器零件、焊接件、热冲及热轧零件等
	铸造锡青铜 (GB1176)	ZCuSn10Zn2	Z—“铸”造代号 Cu—基体金属铜元素符号 Sn10—锡元素符号及名义含量(%)	在中等及较高载荷下工作的重要管件以及阀、旋塞、泵体、齿轮、叶轮等

（续表）

名称		牌号	说明	应用说明
有色金属	铸造铝合金（GB1173）	ZAlSi5Cu1Mg	Z—“铸”造代号 Al—基体金属铝元素符号 Si5—硅元素符号及名义含量（%）	用于水冷发动机的汽缸体、汽缸头、汽缸盖、空冷发动机头和发动机曲轴箱等
非金属	耐油橡胶板（GB5574）	3707 3807	37,38—顺序号 07—扯断强度/kPa	硬度较高，可在温度为－30℃～100℃的机油、变压器油、汽油等介质中工作，适于冲制各种形状的垫圈
	耐热橡胶板（GB5574）	4708 4808	47,48—顺序号 07—扯断强度/kPa	较高硬度，具有耐热性能，可在温度为30℃～100℃且压力不大的条件下于蒸汽、热空气等介质中工作，用做冲制各种垫圈和垫板
	油浸石棉盘根（JC68）	YS350 YS250	YS—“油石”代号 350—适用的最高温度	用于回转轴、活塞或阀门杆上做密封材料，介质为蒸汽、空气、工业用水、重质石油等
	橡胶石棉盘根（JC67）	XS550 XS350	S—“橡石”代号 550—适用的最高温度	用于蒸汽机、往复泵的活塞和阀门杆上做密封材料
	聚四氟乙烯（PTFE）			主要用于耐腐蚀、耐高温的密封元件，如填料、衬垫、涨圈、阀座，也用做输送腐蚀介质的高温管路，耐腐蚀衬里，容器的密封圈等

附表5 常用热处理及表面处理

名称	代号	说明	应用
退火	Th	将钢件加热到临界温度以上，保温一段时间，然后缓慢地冷却下来（一般用炉冷）	用来消除铸、锻件的内应力和组织不均匀及精粒粗大等现象，消除冷轧坯件的冷硬现象和内应力，降低硬度，以便切削
正火	Z	将钢件加热到临界温度以上30℃～50℃，保温一段时间，然后在空气中冷却下来，冷却速度比退火快	用来处理低碳和中碳结构钢件和渗碳机件，使其组织细化，增加强度与韧性，减少内应力，改善切削性能
淬火	C	将钢件加热到临界温度以上，保温一段时间，然后在水、盐水或油中急速冷却下来（个别材料在空气中），使其得到高硬度	用来提高钢的硬度和强度极限，但淬火时会引起内应力并使钢变脆，所以淬火后必须回火

（续表）

名称	代号	说明	应用
回火		将淬硬的钢件加热到临界温度以下的某一温度，保温一段时间，然后在空气中或油中冷却下来	用来消除淬火后产生的脆性和内应力，提高钢的塑性和冲击韧性
调质	T	淬火后在 450℃～650℃进行高温回火称为调质	用来使钢获得高的韧性和足够的强度，很多重要零件淬火后都需要经过调质处理
表面淬火	H	火焰或高频电流将零件表面迅速加热至临界温度以上，急速冷却	使零件表层得到高的硬度和耐磨性，而心部保持较高的强度和韧性。常用于处理齿轮，使其既耐磨又能承受冲击
高频淬火	G		
渗碳淬火	S	在渗碳剂中将钢件加热 900℃～950℃，停留一段时间，将碳渗入钢件表面，深度 0.5～2 mm，再淬火后回火	增加钢件的耐磨性能、表面硬度、抗拉强度和疲劳极限。适用于低碳、中碳结构钢的中小型零件
渗氮	D	在 500℃～600℃通入氨的炉内，向钢件表面渗入氮原子，渗氮层 0.025～0.8 mm，渗氮时间需 40～50 h	增加钢件的耐磨性能、表面硬度、疲劳极限和抗蚀能力。适用于合金钢、碳结和铸铁零件
氰化	Q	在 820℃～860℃的炉内通入碳和氮，保温 1～2 h，使钢件表面同时渗入碳、氮原子，可得到 0.2～0.5 mm 的氰化层	增加表面硬度、耐磨性、疲劳强度和耐蚀性。适用于要求硬度高、耐磨的中小型或薄片零件及刀具
时效处理		低温回火后，精加工之前，将机件加热到 100℃～180℃，保持 10～40 h。 铸件常在露天放一年以上，称为天然时效	使铸件或淬火后的钢件慢慢消除内应力，稳定形状和尺寸
发黑发蓝		将零件置于氧化剂中，在 135℃～145℃温度下进行氧化，表面形成一层呈蓝黑色的氧化层	防腐、美观
镀铬、镀镍		用电解的方法，在钢件表面镀一层铬或镍	

三、螺　纹

附表 6　普通螺纹（摘自 GB/T193、196—2003）

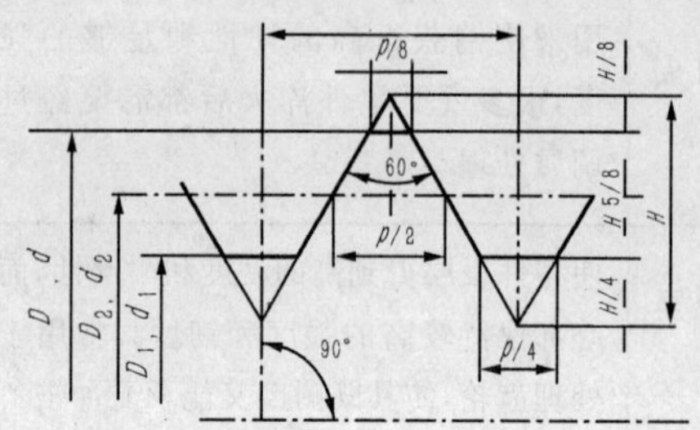

d—外螺纹大径

D—内螺纹大径

d_1—外螺纹小径

D_1—内螺纹小径

d_2—外螺纹中径

D_2—内螺纹中径

P—螺距

H—原始三角形高度

标记示例：

M12－5 g（粗牙普通外螺纹，公称直径 d＝12、右旋，中径及大径公差带均为 5 g，中等旋合长度）

M12×1.5LH－6H（普通细牙内螺纹，公称直径 D＝12，螺距 P＝1、左旋，中径及大径公差带均为 6H，中等放心旋合长度）

公称直径 D,d/mm			螺距 P/mm		粗牙螺纹
第一系列	第二系列	第三系列	粗牙	细牙	小径 D_1,d_1/mm
4			0.7	0.5	3.242
5			0.8		4.134
6			1	0.75,(0.5)	4.917
		7			5,917
8			1.25	1,0.75,(0.5)	6.647
10			1.5	1.25,1,0.75,(0.5)	8.376
12			1.75	1.5,1.25,1,(0.75),(0.5)	10.106
	14		2		11.835
		15		1.5,(1)	13.376
16			2	1.5,1,(0.75),(0.5)	13.835
	18		2.5	2,1.5,1,(0.75),(0.5)	15.294
20					17.294
	22				19.294
24			3	2,1.5,1,(0.75)	20.752
		25		2,1.5,(1)	22.835
	27		3	2,1.5,(1),(0.75)	23.752
30			3.5	(3),2,1.5,(1),(0.75)	26.211
	33				29.211

（续表）

公称直径 D,d/mm			螺距 P/mm		粗牙螺纹小径 D_1,d_1/mm
第一系列	第二系列	第三系列	粗牙	细牙	
		35		1.5	33.376
36			4	3,2,1.5,(1)	31.670
	39				34.670
		40		(3),(2),1.5	36.752
42			4.5	(4),3,2,1.5,(1)	37.129
	45				40.129
48			5		42.587

注：1. 优先选用第一系列，其次是第二系列，第三系列尽可能不选用。

2. M14×1.25 仅用于火花塞；M35×1.5 仅用于滚动轴承锁紧螺钉。

3. 括号内尺寸尽可能不选用。

四、常用标准件

附表 7　六角头螺栓

六角头螺栓—C 级（摘自 GB/T5780—2000）

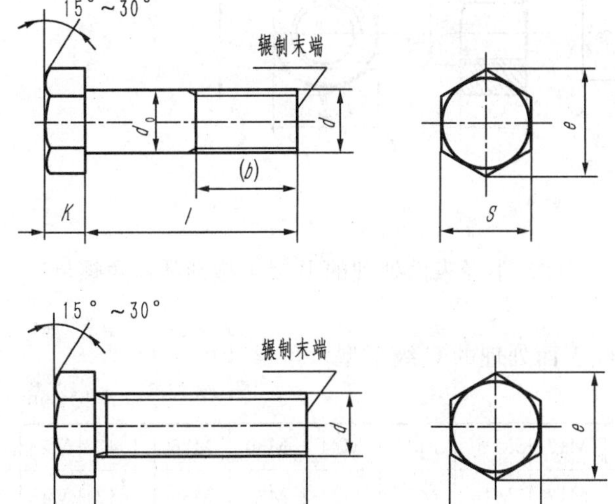

标记示例：

螺栓 GB/T 5780－2000

M16×90（螺纹规格 d＝16，公称长度 l＝90，性能等级为 4.8 级，不经表面处理，杆身半螺纹，C 级的六角头螺栓）

六角头螺栓—全螺纹—C 级（摘自 GB/T5781—2000）

标记示例：

螺栓 GB/T 5781－2000

M20×100（螺纹规格 d＝20，公称长度 l＝100，性能等级为 4.8 级，不经表面处理，全螺纹，C 级的六角头螺栓）

单位：mm

螺纹规格		M5	M6	M8	M10	M12	M16	M20	M24	M30	M36	M42	M48
b 参考	l≤125	16	18	22	26	30	38	40	54	66	78	—	—
	125≤l≤200	—	—	28	32	36	44	52	60	72	84	96	108
	l>200	—	—	—	—	—	57	65	73	85	97	109	121

（续表）

螺纹规格	M5	M6	M8	M10	M12	M16	M20	M24	M30	M36	M42	M48
k	3.5	4	5.3	6.4	7.5	10	12.5	15	18.7	22.5	26	30
S_{max}	8	10	13	16	18	24	30	36	46	55	65	75
e_{min}	8.63	10.89	14.20	17.59	19.85	26.17	32.95	30.55	50.86	60.79	72.02	
d_{smax}	5.84	6.48	8.58	10.58	12.7	16.7	20.8	24.84	30.84	37	43	49
l 范围 GB/T5780	25～50	30～60	35～80	40～100	45～120	55～160	65～200	80～240	90～300	110～300	160～420	180～480
l 范围 GB/T5781	10～40	12～50	16～65	20～80	25～100	35～100	40～100	50～100	60～100	70～100	80～420	90～480
l 系列	10,12,16,18,20～50(5 进位),(55),60,(65),70～160(10 进位),180,220～500(20 进位)											

注：1. 括号内的规格尽可能不用，末端按 GB/T2—1985 的规定。

2. 螺纹公差为 8g(GB/T5780—1986)；6g(GB/T5781—1986)；机械性能等级：4.6，4.8。

附表 8 螺 母

Ⅰ型六角螺母—A 级和 B 级（摘自 GB/T 6170—2000）

Ⅱ型六角螺母—细牙—A 级和 B 级（摘自 GB/T 6171—2000）

Ⅰ型六角螺母—C 级（摘自 GB/T 41—2000）

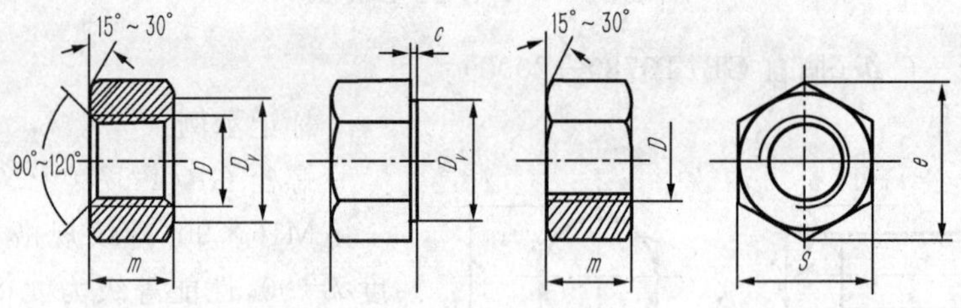

标记示例：

螺母 GB/T 6171—2000 M20×2

（螺纹规格 D=24、螺距 P=2、性能等级为 10 级、不经表面处理的 B 级Ⅰ型细牙六角螺母）

螺母 GB/T 41—2000 M16

（螺纹规格 D=16、性能等级为 5 级、不经表面处理的 C 级Ⅰ型六角螺母）

单位：mm

螺纹规格														
螺纹规格	D	M4	M5	M6	M8	M10	M12	M16	M20	M24	M30	M36	M42	M48
螺纹规格	$D \times P$	—	—	—	M8×1	M10×1	M12×1.5	M16×1.5	M20×2	M24×2	M30×2	M36×3	M42×3	M48×3
C		0.4	0.5			0.6				0.8			1	
S_{max}		7	8	10	13	16	18	24	30	36	46	55	65	75
e_{max}	A、B	7.66	8.79	11.05	14.38	17.77	20.03	26.75	32.95	39.55	50.85	60.79	72.02	82.6
e_{max}	C	—	8.63	10.89	14.2	17.59	19.85	26.17	32.95	39.55	50.85	60.79	72.07	82.6

（续表）

螺纹规格	D	M4	M5	M6	M8	M10	M12	M16	M20	M24	M30	M36	M42	M48
	$D\times P$	—	—	—	M8×1	M10×1	M12×1.5	M16×1.5	M20×2	M24×2	M30×2	M36×3	M42×3	M48×3
m_{max}	A、B	3.2	4.7	5.2	6.8	8.4	10.8	14.8	18	21.5	25.6	31	34	38
	C	—	5.6	6.1	7.9	9.5	12.2	15.9	18.7	22.3	26.4	31.5	34.9	38.9
d_{wmin}	A、B	5.9	6.9	8.9	11.6	14.6	16.6	22.5	27.7	33.2	42.7	51.1	60.6	69.4
	C	—	6.9	8.9	11.6	14.6	16.6	22.5	27.7	33.2	42.7	51.1	60.6	69.4

注：1. A 级用于 $D\leqslant16$ 的螺母；B 级用于 $D>16$ 的螺母；C 级用于 $D\geqslant5$ 的螺母。

2. 螺纹公差：A，B 级为 6H，C 级为 7H；机械性能等级：A，B 级为 6，8，10 级，C 级为 4，5 级。

附表 9　垫　圈

平垫圈—A 级（摘自 GB/T 97.1—2002）平垫圈倒角型—A 级（摘自 GB/T 97.2—2002）。

小垫圈—A 级（摘自 GB/T 848—2002）平垫圈—C 级（摘自 GB/T 95—2002）大垫圈—A 和 C 级（摘自 GB/T 96—2002）。

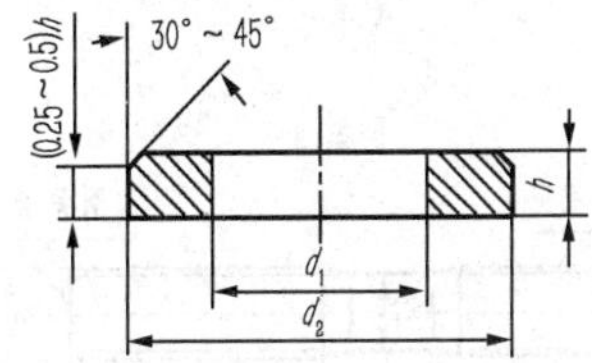

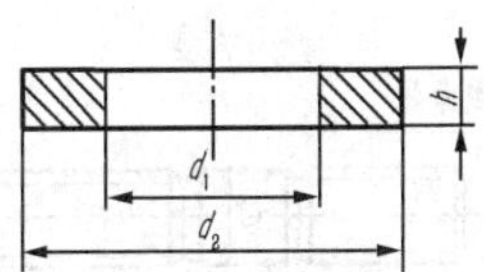

标记示例：

垫圈 GB/T 95—2002 10～100 HV

（标准系列、公称尺寸 $d=10$、性能等级为 100 HV 级、不经表面处理的平垫圈）

垫圈 GB/T 97.2—2002 10—A140

（标准系列、公称尺寸 $d=10$、性能等级为 A140 HV 级、倒角型、不经表面处理的平垫圈）

单位：mm

公称直径 d（螺纹规格）		4	5	6	8	10	12	14	16	20	24	30	36	42	48
GB/T848—2002（A 级）	d_1	4.3	5.3	6.4	8.4	10.5	13	15	17	21	25	31	37	—	—
	d_2	8	9	11	15	18	20	24	28	34	39	50	60	—	—
	h	0.5	1	1.6	1.6	1.6	2	2.5	2.5	3	4	4	5	—	—
GB/T97.1—2002（A 级）	d_1	4.3	5.3	6.4	8.4	10.5	13	15	17	21	25	31	37	—	—
	d_2	9	10	12	16	20	24	28	30	37	44	56	66	—	—
	h	0.8	1	1.6	1.6	2	2.5	2.5	3	3	4	4	5	—	—
GB/T97.2—2002（A 级）	d_1	—	5.3	6.4	8.4	10.5	13	15	17	21	25	31	37	—	—
	d_2	—	10	12	16	20	24	28	30	37	44	56	66	—	—
	h	—	1	1.6	1.6	2	2.5	2.5	3	3	4	4	5	—	—

（续表）

公称直径 d （螺纹规格）		4	5	6	8	10	12	14	16	20	24	30	36	42	48
GB/T95—2002（C级）	d_1	—	5.5	6.6	9	11	13.5	15.5	17.5	22	26	33	39	45	52
	d_2	—	10	12	16	20	24	28	30	37	44	56	66	78	92
	h	—	1	1.6	1.6	2	2.5	2.5	3	3	4	4	5	8	8
GB/T96—2002（A级和C级）	d_1	4.3	5.6	6.4	8.4	10.5	13	15	17	22	26	33	39	45	52
	d_2	12	15	18	24	30	37	44	50	60	72	92	110	125	145
	h	1	1.2	1.6	2	2.5	3	3	3	4	5	6	8	10	10

注：1. A级适用于精装配系列，C级适用于中等装配系列。

2. C级垫圈没有 R_a3.2 和去毛刺的要求。

附表10 双头螺柱（摘自 GB/T 897～900—1988）

$b_m=d$（GB/T 897—1988） $b_m=1.25d$（GB/T 898—1988） $b_m=1.5d$（GB/T 899—1988） $b_m=2d$（GB/T 900—1988）

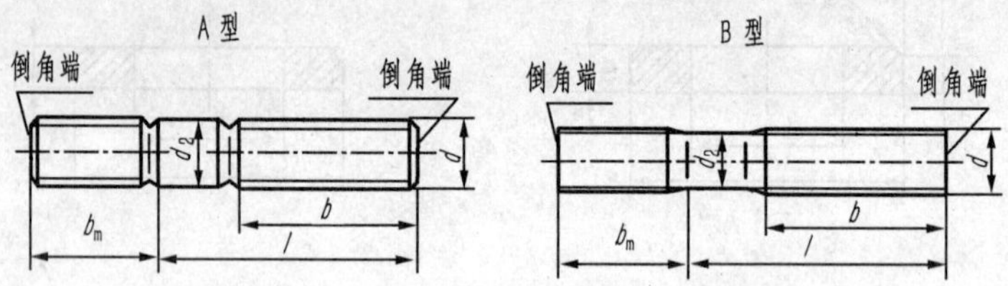

标记示例：

螺柱 GB/T 897—1988 M12×60（两端均为粗牙普通螺丝、$d=12$、$l=60$、性能等级为 4.8 级、不经表面处理，B型、$b_m=1.5d$ 的双头螺柱）

螺柱 GB/T 900—1988 AM16-M16×1×70（旋入机体一端为粗牙普通螺纹、旋螺母端为细牙普通螺丝、螺距 $P=1$、$d=16$、$l=70$、性能等级为 4.8 级、不经表面处理，A型、$b_m=2d$ 的双头螺柱）

单位：mm

螺纹规格 d	b_m				l/b
	GB/T 897	GB/T 898	GB/T 899	GB/T 900	
M4	—	—	6	8	(16～22)/8(25～40)/14
M5	5	6	8	10	(16～22)/10,(25～50)/16
M6	6	8	10	12	(20～22)/10,(25～30)/14,(32～75)/18
M8	8	10	12	16	(20～22)/12,(25～30)/16,(32～90)/22
M10	10	12	15	20	(25～28)/14,(30～38)/16, (40～120)/26,130/32
M12	12	15	18	24	(25～30)/16,(32～40)/20, (45～120)/30,(130～180)/36

（续表）

螺纹规格 d	b_m				l/b
	GB/T 897	GB/T 898	GB/T 899	GB/T 900	
M16	16	20	24	32	(30～38)/20,(40～55)/30,(60～120)/38,(130～200)/44
M20	20	25	30	40	(35～40)/25,(45～65)/35,(70～120)/46,(130～200)/52
(M24)	24	30	36	48	(45～50)/20,(55～75)/45,(80～120)/54,(132～200)/60
(M30)	30	38	45	60	(60～65)/40,(70～90)/50,(95～120)/66,(130～200)/72,(210～250)/85
M36	36	45	54	72	(65～75)/45,(85～110)/70,120/90,(130～200)/96,(210～300)/97
M42	42	52	63	84	(70～80)/50,(85～110)/70,120/90,(130～200)/96,(210～300)/109
M48	48	60	72	96	(80～90)/60,(95～110)/80,120/102,(130～200)/1080,(210～300)/121
l 系列	12,(14),16,(18),20,(22),25,(28),30,(32),35,(38),40,45,50,55,60,(65),70,75,80,(85),90,(95),100～260(10 进位),280,300				

注：1. 尽可能不采用括号内的规格。末端按 GB/T 2—1985 的规定。

2. b_m 的值与材料有关，$b_m=d$ 用于钢对钢，$b_m=(1.25～1.50)d$ 用于铸铁，$b_m=1.5d$ 用于铸铁或铝合金，$b_m=2d$ 用于铝合金。

附表 11　平键及键槽各部分尺寸(GB/T 1095～1096—2003)

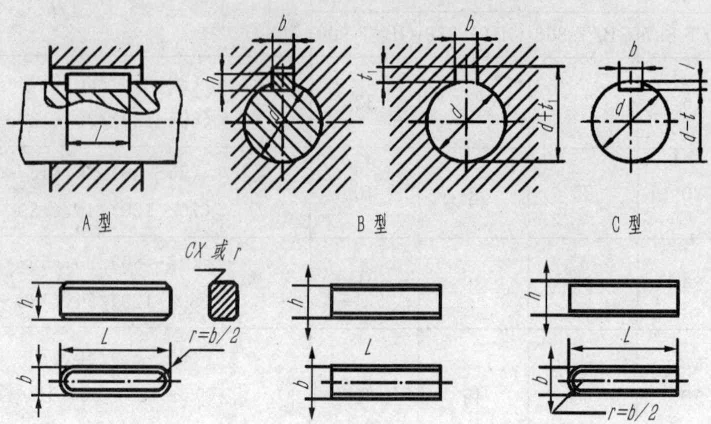

标记示例：

键 12×60 GB/T 10966—2003(圆头普通平键、b=12、h=8、L=60)

键 B12×60 GB/T 10966—2003(平头普通平键、b=12、h=8、L=60)

键 C12×60 GB/T 10966—2003(单圆头普通平键、b=12、h=8、L=60)

单位：mm

轴	键		键槽											
				宽度					深度				半径 r	
				极限偏差					轴 t		毂 t_1			
公称直径 d	公称尺寸 $b\times h$	长度 L	公称尺寸 b	较松键连接		一般键连接		较紧键连接						
				轴 H9	毂 D10	轴 N9	毂 JS9	轴和毂 P9	公称	偏差	公称	偏差	最大	最小
>10～12	4×4	8～45	4	+0.030 +0.000	+0.078 +0.030	−0.000 −0.030	±0.015	−0.012 −0.042	2.5	+0.1 0	1.8	+0.1 0	0.08	0.16
>12～17	5×5	10～56	5						3.0		2.3		0.16	0.25
>17～22	6×6	14～70	6						3.5		2.8			
>22～30	8×7	18～90	8	+0.036 +0.000	+0.098 +0.040	−0.000 −0.036	±0.018	−0.015 −0.051	4.0	+0.2 0	3.3	+0.2 0	0.25	0.40
>30～38	10×8	22～110	10						5.0		3.3			
>38～44	12×8	28～140	12	+0.043 +0.003	+0.120 +0.050	−0.003 −0.043	±0.0215	−0.018 −0.061	5.0		3.3			
>44～50	14×9	36～160	14						5.5		3.8			
>50～58	16×10	45～180	16						6.0		4.3			
>58～65	18×11	50～200	18						7.0		4.4			
>65～75	20×12	56～220	20	+0.052 +0.002	+0.149 +0.065	−0.052 −0.052	±0.062	−0.002 −0.074	7.5		4.9		0.40	0.60
>75～85	22×12	63～250	22						9.0		5.4			
>85～95	25×14	70～280	25						9.0		5.4			
>95～110	28×16	80～320	28						10.0		6.4			

注：1. 键 b 的极限偏差为 h_9，键 h 的极限偏差为 h_{11}，键长 L 的极限偏差为 h_{14}。

2. $(d-t)$和$(d+t)$两组组合尺寸的极限偏差按相应的 t 和 t_1 的极限偏差选取，但$(d-t)$极限偏差应取符号(—)。

3. L 系列：6～22(2 进位)，25，28，32，36，40，45，50，56，63，70，80，90，100，110，125，140，160，180，200，220，250，280，320，360，400，450，500。

附表 12　滚动轴承

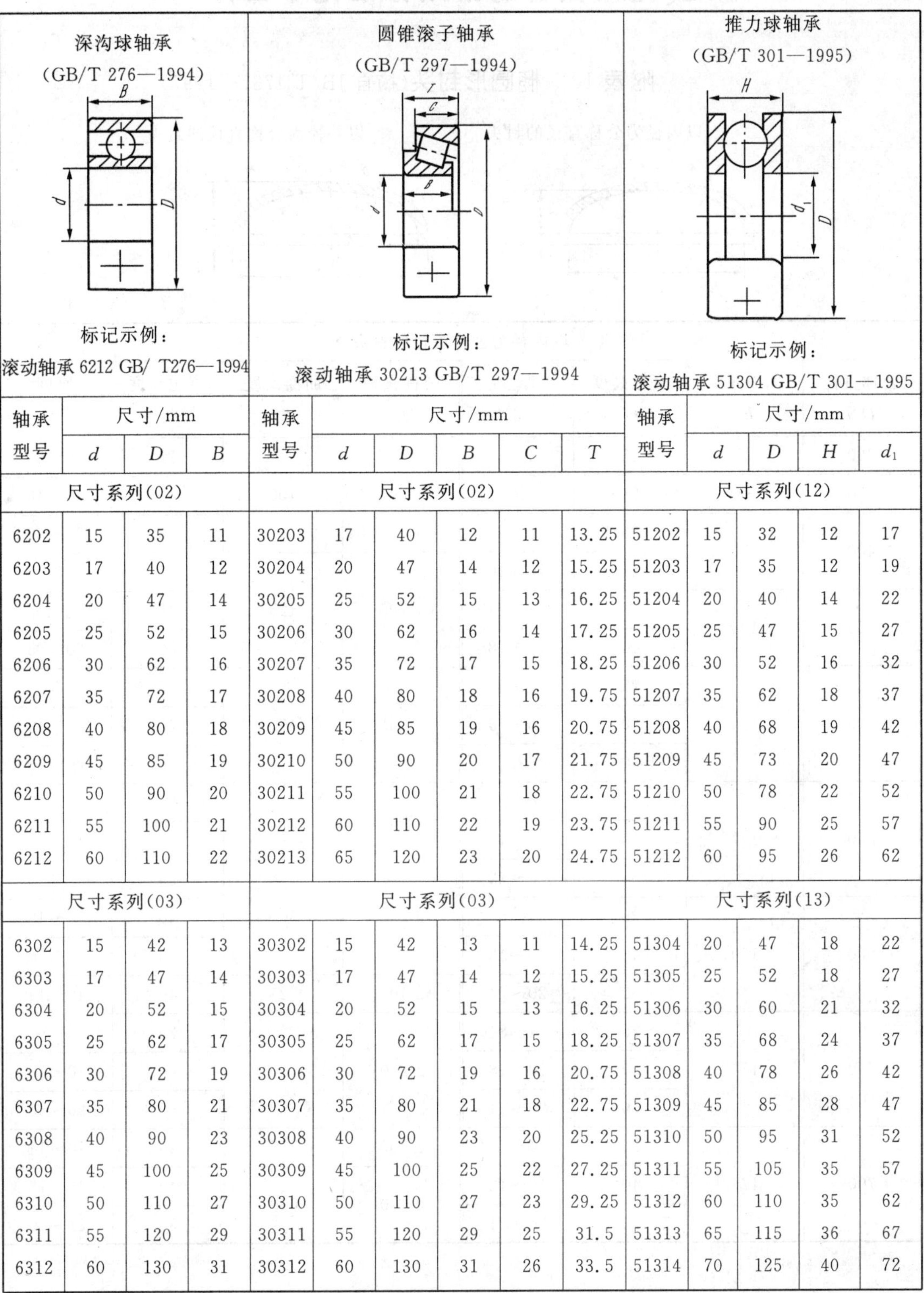

深沟球轴承 (GB/T 276—1994) 标记示例：滚动轴承 6212 GB/ T276—1994				圆锥滚子轴承 (GB/T 297—1994) 标记示例：滚动轴承 30213 GB/T 297—1994						推力球轴承 (GB/T 301—1995) 标记示例：滚动轴承 51304 GB/T 301—1995				
轴承型号	尺寸/mm			轴承型号	尺寸/mm					轴承型号	尺寸/mm			
	d	D	B		d	D	B	C	T		d	D	H	d_1
尺寸系列(02)				尺寸系列(02)						尺寸系列(12)				
6202	15	35	11	30203	17	40	12	11	13.25	51202	15	32	12	17
6203	17	40	12	30204	20	47	14	12	15.25	51203	17	35	12	19
6204	20	47	14	30205	25	52	15	13	16.25	51204	20	40	14	22
6205	25	52	15	30206	30	62	16	14	17.25	51205	25	47	15	27
6206	30	62	16	30207	35	72	17	15	18.25	51206	30	52	16	32
6207	35	72	17	30208	40	80	18	16	19.75	51207	35	62	18	37
6208	40	80	18	30209	45	85	19	16	20.75	51208	40	68	19	42
6209	45	85	19	30210	50	90	20	17	21.75	51209	45	73	20	47
6210	50	90	20	30211	55	100	21	18	22.75	51210	50	78	22	52
6211	55	100	21	30212	60	110	22	19	23.75	51211	55	90	25	57
6212	60	110	22	30213	65	120	23	20	24.75	51212	60	95	26	62
尺寸系列(03)				尺寸系列(03)						尺寸系列(13)				
6302	15	42	13	30302	15	42	13	11	14.25	51304	20	47	18	22
6303	17	47	14	30303	17	47	14	12	15.25	51305	25	52	18	27
6304	20	52	15	30304	20	52	15	13	16.25	51306	30	60	21	32
6305	25	62	17	30305	25	62	17	15	18.25	51307	35	68	24	37
6306	30	72	19	30306	30	72	19	16	20.75	51308	40	78	26	42
6307	35	80	21	30307	35	80	21	18	22.75	51309	45	85	28	47
6308	40	90	23	30308	40	90	23	20	25.25	51310	50	95	31	52
6309	45	100	25	30309	45	100	25	22	27.25	51311	55	105	35	57
6310	50	110	27	30310	50	110	27	23	29.25	51312	60	110	35	62
6311	55	120	29	30311	55	120	29	25	31.5	51313	65	115	36	67
6312	60	130	31	30312	60	130	31	26	33.5	51314	70	125	40	72

五、化工设备的常用标准化零部件

附表 13　椭圆形封头(摘自 JB/T 4737—1997)

以内径为公称直径的封头　以外径为公称直径的封头

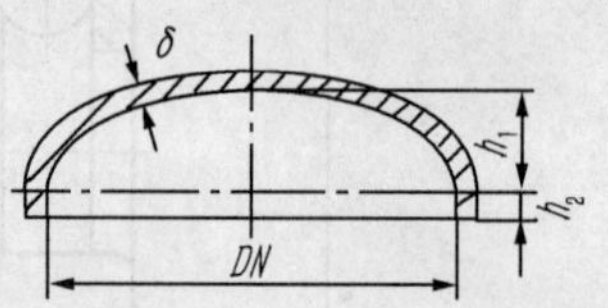

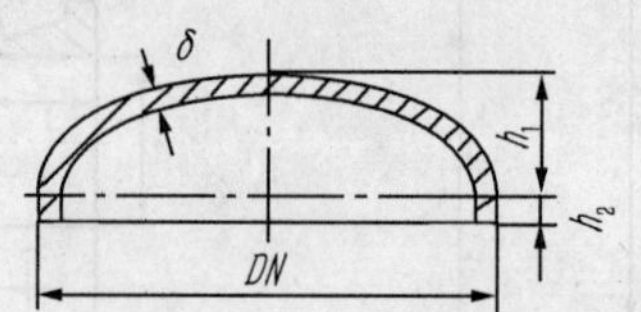

单位:mm

以内径为公称直径的封头							
公称直径 DN	曲面高度 h_1	直边高度 h_2	厚度 δ	公称直径 DN	曲面高度 h_1	直边高度 h_2	厚度 δ
300	75	25	4～8	1 600	400	25	6～8
350	88	25	4～8			40	10～18
400	100	25	4～8			50	20～42
		40	10～16	1 700	425	25	8
450	125	25	4～8			40	10～18
		40	10～18			50	20～25
500	125	25	4～8	1 800	450	25	8
		40	10～18			40	10～18
		50	20			50	20～50
550	137	25	4～8	1 900	475	25	8
		40	10～18			40	10～18
		50	20～22	2 000	500	25	8
600	150	25	4～8			40	10～18
		40	10～18			50	20～50
		50	20～24	2 100	525	40	10～14
650	150	25	4～8	2 200	550	25	8,9
		40	10～18			40	10～18
		50	20～24			50	20～50
700	175	25	4～8	2 300	575	40	10～14
		40	10～18	2 400	600	40	10～18
		50	20～24			50	20～50

（续表）

以内径为公称直径的封头							
公称直径 DN	曲面高度 h_1	直边高度 h_2	厚度 δ	公称直径 DN	曲面高度 h_1	直边高度 h_2	厚度 δ
750	188	25	4～8	2 500	625	40	12～18
		40	10～18			50	20～50
		50	20～26	2 600	650	40	12～18
800	200	25	4～8			50	20～50
		40	10～18	2 800	700	40	12～18
		50	20～26			50	20～50
900	225	25	4～8	3 000	750	40	12～18
		40	10～18			50	20～46
		50	20～28	3 200	800	40	14～18
1 000	250	25	4～8			50	20～42
		40	10～18	3 400	850	50	20～36
		50	20～30	3 500	875	50	12～38
1 100	275	25	6～8	3 600	900	50	20～36
		40	10～18	3 800	950	50	20～36
		50	20～24	4 000	1 000	50	20～36
1 200	300	25	4～8	4 200	1 050	50	12～38
		40	10～18	4 400	1 100	50	12～38
		50	20～34	4 500	1 125	50	20～38
1 300	325	25	6～8	4 600	1 150	50	20～38
		40	10～18	4 800	1 200	50	20～38
		50	20～24	5 000	1 250	50	20～38
1 400	350	25	4～8	5 200	1 300	50	20～38
		40	10～18	5 400	1 350	50	20～38
		50	20～38	5 500	1 375	50	20～38
1 500	375	25	6～8	5 600	1 400	50	20～38
		40	10～18	5 800	1 450	50	20～38
		50	20～24	6 000	1 500	50	20～38
以外径为公称直径的封头							
159	40	25	4～8	325	81	25	8
219	55	25	4～8			40	10～12
273	68	25	4～8	377	94	40	10～12
		40	10～12	426	106	40	10～12

注:厚度 δ 系列 4～50 之间 2 进位。

附表 14　管路法兰及垫片

凸面板式平焊钢制管法兰

（摘自 GB/T 81－1994）

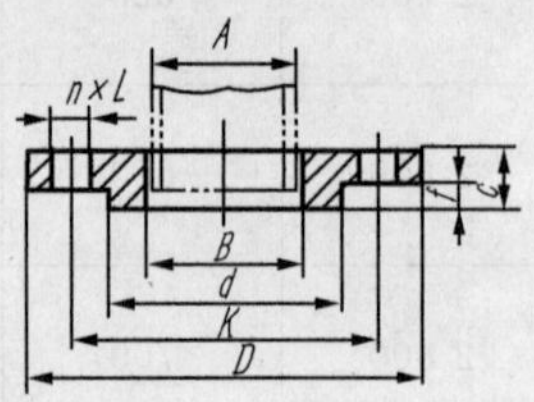

管道法兰用石棉橡胶垫片

（摘自 GB/T 87－1994）

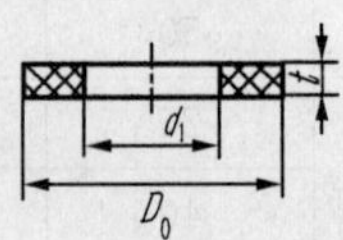

凸面板式平焊钢制管法兰/mm																
PN/MPa	公称直径 *DN*	10	15	20	25	32	40	50	65	80	100	125	150	200	250	300
直径																
0.25 0.6 1.0 1.6	管子外径 *A*	14	18	25	32	38	45	57	73	89	108	133	159	219	273	325
	法兰内径 *B*	15	19	26	33	39	46	59	75	91	110	135	161	222	276	328
	密封面厚度 *f*	2	2	2	2	2	3	3	3	3	3	3	3	3	3	4
0.25 0.6	法兰外径 *D*	75	80	90	100	120	130	140	160	190	210	240	265	320	375	440
	螺栓中心直径 *K*	50	555	65	75	90	100	110	130	150	170	200	225	280	335	395
	密封面直径 *d*	32	40	50	60	70	80	90	110	125	145	175	200	255	310	362
1.01.6	法兰外径 *D*	90	95	105	115	140	150	165	185	200	220	250	285	340	395	445
	螺栓中心直径 *K*	60	65	75	85	100	110	125	145	160	180	210	240	295	350	400
	密封面直径 *d*	40	45	55	65	78	85	100	120	135	155	185	210	265	320	368
厚度																
0.25	法兰厚度 *C*	10	10	12	12	12	12	14	12	14	14	14	16	18	22	22
0.6		12	12	14	14	16	16	16	16	16	18	20	20	22	24	24
1.0		12	12	14	14	16	16	18	20	20	22	24	24	24	26	28
1.6		14	14	16	18	18	20	22	24	24	26	28	28	30	32	32
螺栓																
0.25	螺栓数量 *n*	4	4	4	4	4	4	4	4	4	4	8	8	8	12	12
1.0		4	4	4	4	4	4	4	4	4	8	8	8	8	12	12
1.6		4	4	4	4	4	4	4	4	8	8	8	8	12	12	12
0.25 0.6	螺栓孔直径 *L*	12	12	12	12	12	114	14	14	14	18	18	18	18	18	23
	螺栓规格	M10	M10	M10	M10	M12	M12	M12	M12	M16	M16	M16	M16	M16	M16	M20

(续表)

凸面板式平焊钢制管法兰/mm																
PN/MPa	公称直径 DN	10	15	20	25	32	40	50	65	80	100	125	150	200	250	300
1.0	螺栓孔直径 L	14	14	14	14	18	18	18	18	18	18	18	23	23	23	23
	螺栓规格	M12	M12	M12	M12	M16	M16	M16	M16	M16	M16	M16	M20	M20	M20	M20
1.6	螺栓孔直径 L	14	14	14	14	18	18	18	18	18	18	18	23	23	26	26
	螺栓规格	M12	M12	M12	M12	M16	M16	M16	M16	M16	M16	M16	M20	M20	M24	M24
管路法兰用石棉橡胶垫片																
0.25,0.6	垫片外径 D_0	38	43	53	63	76	86	96	116	132	152	182	207	262	317	372
1.0		46	51	61	71	82	92	107	127	142	162	192	217	272	327	377
1.6		46	51	61	71	82	92	107	127	142	162	192	217	272	330	385
垫片内径 d_1		14	18	25	32	38	45	57	76	89	108	133	159	219	273	325
垫片厚度 t		2														

附表 15 设备法兰及垫片

甲型平焊法兰(平密封面)
(摘自 JB 4701—1992)

非金属软垫片
(摘自 JB 4701—1992)

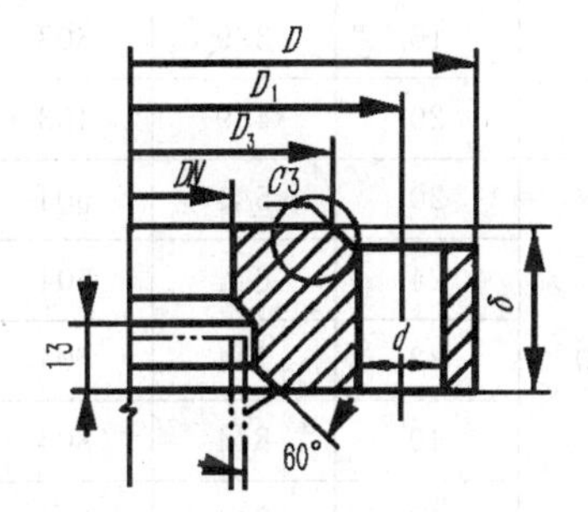

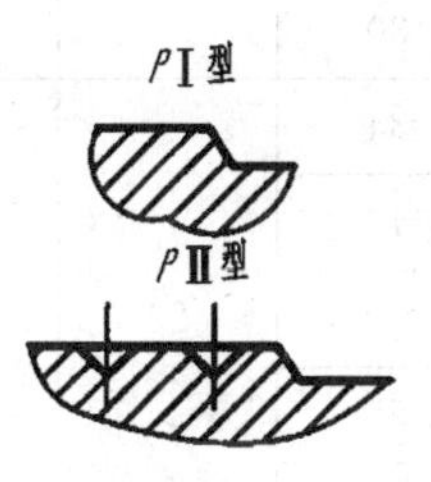

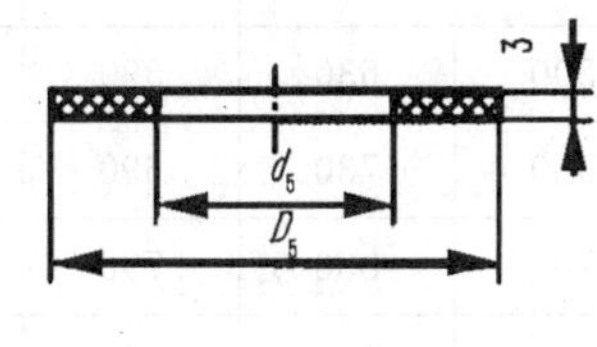

公称直径 DN/mm	甲型平焊法兰/mm					螺柱		非金属软垫片/mm	
	D	D_1	D_3	δ	d	规格	数量	D_5	d_5
PN=0.25 MPa									
700	815	780	740	36	18	M16	28	739	703
800	915	880	840	36			32	839	803
900	1 015	980	940	40			36	939	903

（续表）

公称直径	甲型平焊法兰/mm					螺柱		非金属软垫片/mm	
DN/mm	D	D_1	D_3	δ	d	规格	数量	D_5	d_5
1 000	1 030	1 090	1 045	40	23	M20	32	1 044	1 004
1 200	1 330	1 290	1 241	44			36	1 240	1 200
1 400	1 530	1 490	1 441	46			40	1 440	1 400
1 600	1 730	1 690	1 641	50			48	1 640	1 600
1 800	1 930	1 890	1 841	56			52	1 840	1 800
2 000	2 130	2 090	2 041	60			60	2 040	2 000
PN=0.6 MPa									
500	615	540	540	30	18	M16	20	539	503
600	715	640	640	32			24	639	603
700	830	790	745	36	23	M20	24	744	704
800	930	890	845	40			14	844	804
900	1 030	990	945	44			32	944	904
1 000	1 130	1 090	1 045	48			36	1 044	1 004
2 000	1 330	1 290	1 241	60			52	1 240	1 200
PN=1.0 MPa									
300	415	380	340	26	18	M16	16	339	303
400	515	480	440	30			20	439	403
500	630	590	545	34	23	M20	20	544	504
600	730	690	645	40			24	644	604
700	830	790	745	46			32	744	704
800	930	890	845	54			40	844	804
900	1 030	990	945	60			48	944	904
PN=1.6 MPa									
300	430	390	345	30	23	M20	16	344	304
400	530	490	445	36			20	444	404
500	630	590	545	44			28	544	504
600	730	690	645	54			40	644	604

附表16 人孔与手孔

常压人孔(摘自 JB 577—1979)　　平盖手孔(摘自 JB 589—1979)

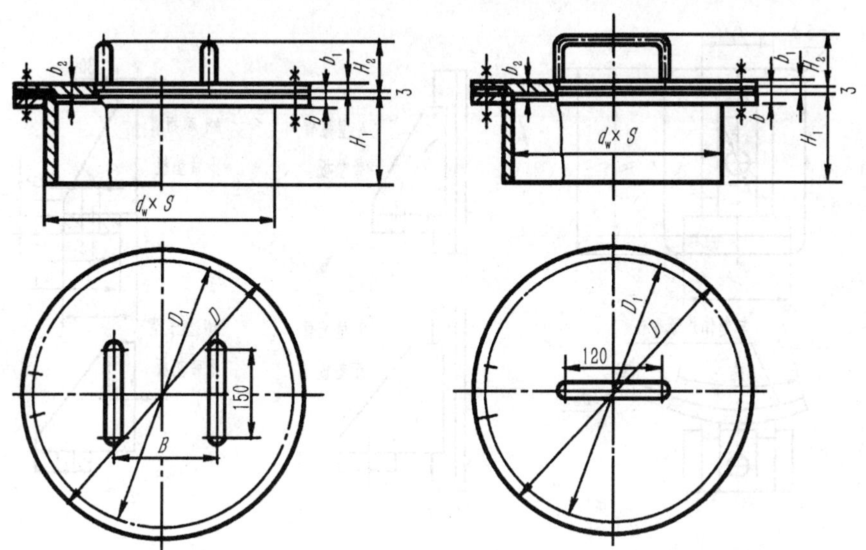

单位:mm

常压人孔												
公称压力	公称直径	$d_w \times S$	D	D_1	B	b_1	b_2	H_1	H_2	B	螺栓	
											数量	规格
常压	400	426×6	515	480	14	10	12	150	90	250	16	M16×50
	450	480×6	570	535	14	10	12	160	90	250	20	M16×50
	500	530×6	620	585	14	10	12	160	92	300	20	M16×50
	600	630×6	720	685	16	12	14	180	92	300	24	M16×50
平盖手孔												
1.0	150	159×4.5	280	240	24	16	18	160	82	—	8	M20×65
	250	273×8	390	350	26	18	20	190	84	—	12	M20×70
1.6	150	159×6	280	240	28	18	20	170	84	—	8	M20×70
	250	273×8	405	355	32	24	26	200	90	—	12	M22×85

注:表中带括号的公称直径尽量不采用。

附表 17　耳式支座(摘自 JB/T 4725—1992)

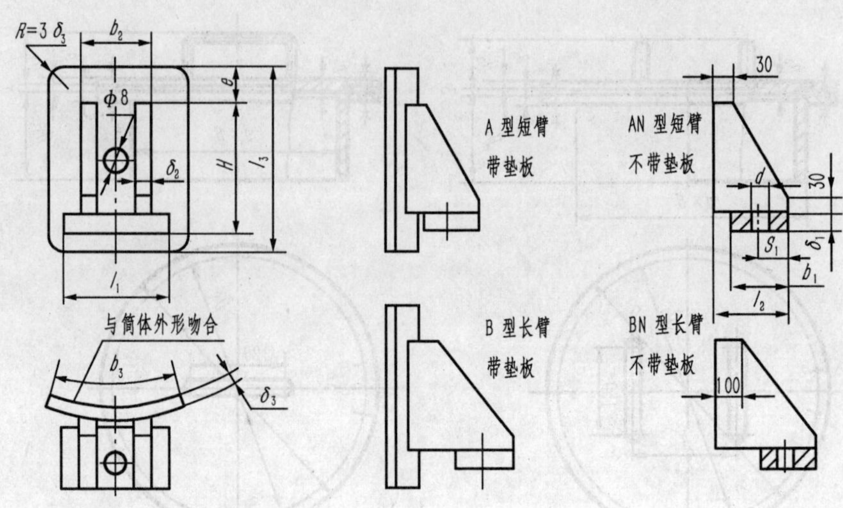

单位:mm

支座号			1	2	3	4	5	6	7	8
适用容器公称直径 DN			300～600	500～1 000	700～1 400	1 000～2 000	1 300～2 600	1 500～3 000	1 700～3 400	2 000～4 000
高度 H			125	160	200	250	320	400	480	600
底板	l_1		100	125	160	200	250	315	375	480
	b_1		60	80	105	140	180	230	280	360
	δ_1		6	8	10	14	16	20	22	26
	S_1		30	40	50	70	90	115	130	145
肋板	l_2	A,AN 型	80	100	125	160	200	250	300	380
		B,BN 型	160	180	205	290	330	380	430	510
	δ_2	A,AN 型	4	5	6	8	10	12	14	16
		B,BN 型	5	6	8	10	12	14	16	18
垫板	b_2		80	100	125	160	200	250	300	380
	l_3		160	200	250	315	400	500	600	700
	b_3		125	160	200	250	320	400	480	600
	δ_3		6	6	8	8	10	12	14	16
	e		20	24	30	40	48	60	70	72
地脚螺栓	d		24	24	30	30	30	36	36	36
	规格		M20	M20	M24	M24	M25	M30	M30	M30

附表 18 鞍式支座(摘自 JB/T4712—1992)

(*DN* 500～900 适用)

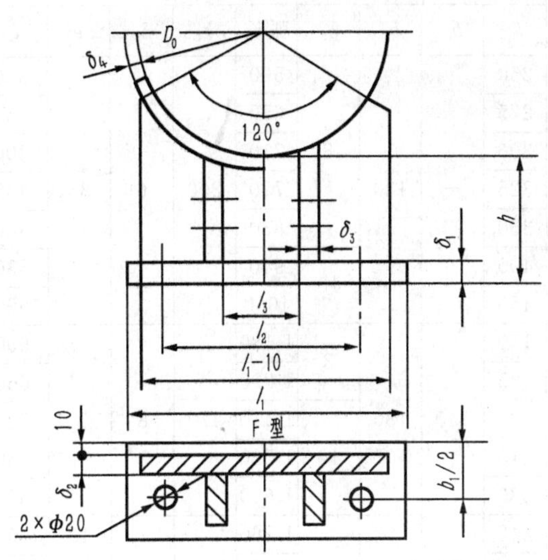

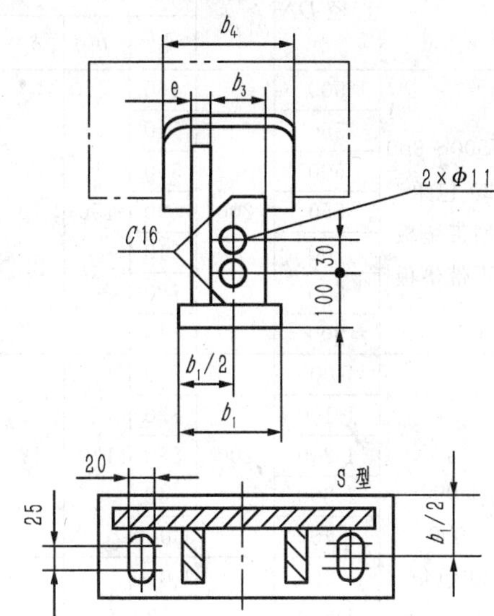

(*DN* 1000～2000 适用)

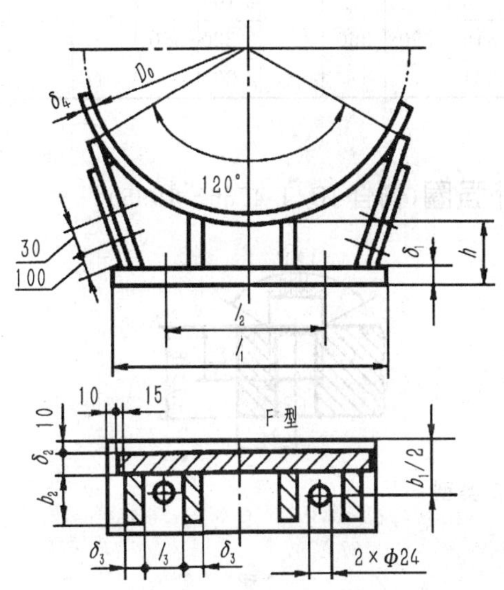

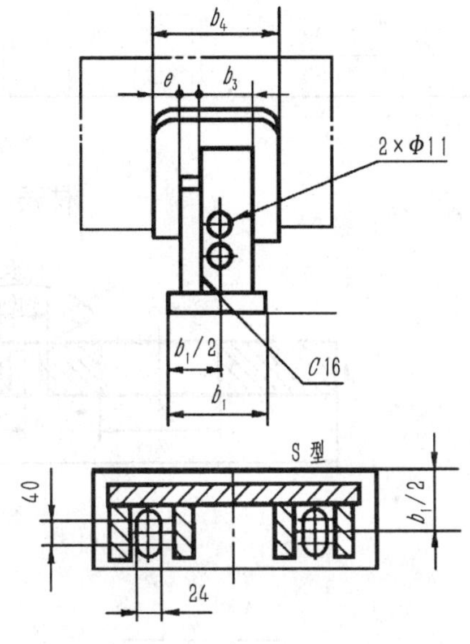

单位：mm

形式特征	公称直径 DN	鞍座高度 h	底板			腹板 δ_2	肋板				垫板				螺栓间距
			l_1	b_1	δ_1		l_3	b_2	b_3	δ_3	弧长	b_4	δ_4	e	l_2
DN500～900 120°包角 重型带垫板或不带垫板	500		460				250				590				330
	550		510				275				650				360
	600		550			8	300			8	710				400
	650	200	590	150	10		325	—	120		770	200	6	36	430
	700		640				350				830				460
	800		720			10	400			10	940				530
	900		810				450				1060				590
DN1 000～2 000 120°包角 重型带垫板或不带垫板	1 000		760			8	170			8	1 180				600
	1 100		820				185				1 290				660
	1 200	200	880	170	12		200	140	180		1 410	270	8		720
	1 300		940			10	215			10	1 520				780
	1 400		1 000				230				1 640				840
	1 500		1 060				242				1 760			40	900
	1 600		1 120	200		12	257	170	230		1 870	320			960
	1 700	250	1 200		16		277			12	1 990		10		1 040
	1 800		1 280				296				2 100				1 120
	1 900		1 360	200		14	316	190	260		2 220	350			1 200
	2 000		1 420				331				2 330				1 260

附表 19　补强圈(摘自 JB/T 4736—1995)

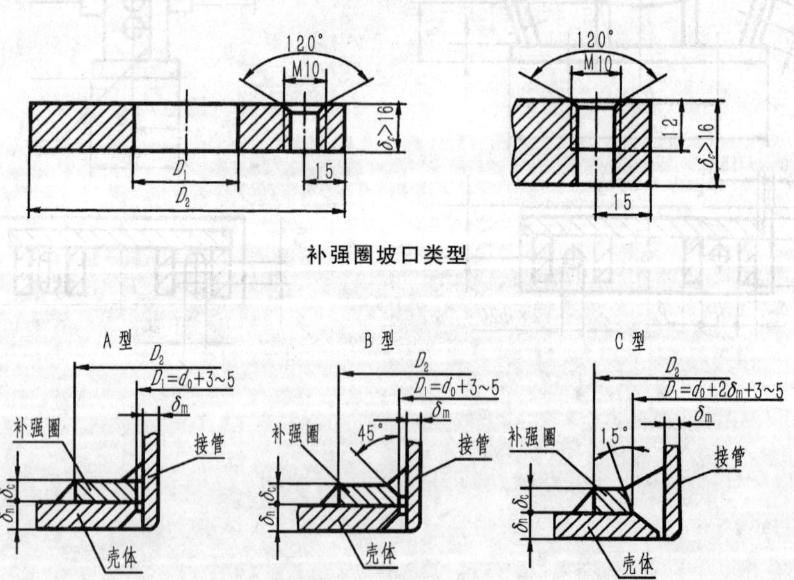

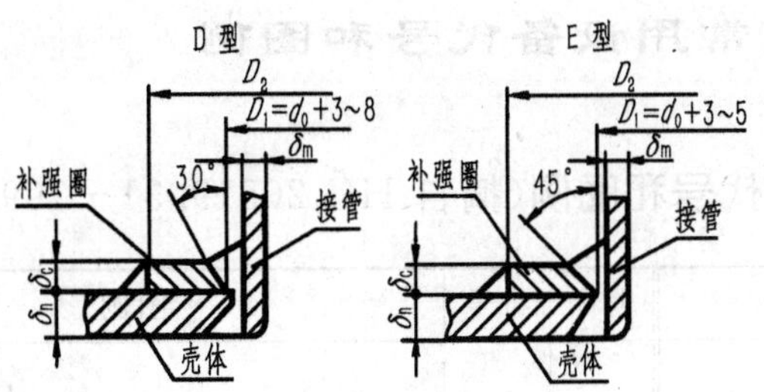

单位:mm

接管公称直径 DN	50	65	80	100	125	150	175	200	225	250	300	350	400	450	500	600
外径 D_2	130	160	180	200	250	300	350	400	440	480	550	620	680	760	840	980
内径 D_1	按补强圈坡口类型确定															
厚度系列 δ_c	4，6，8，10，12，14，16，18，20，22，24，26，28															

六、化工工艺常用设备代号和图例

附表 20 化工工艺常用设备代号和图例(摘自 HG 20519.31—1992)

名称	符号	图例	名称	符号	图例
容器	V	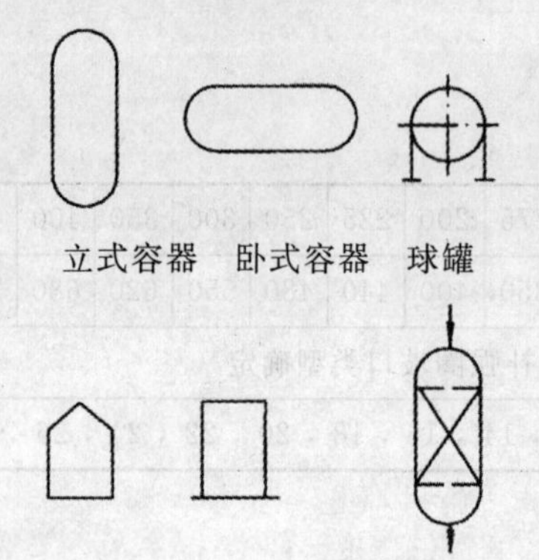 立式容器 卧式容器 球罐 锥顶罐 平顶容器 固定床过滤器	反应器	R	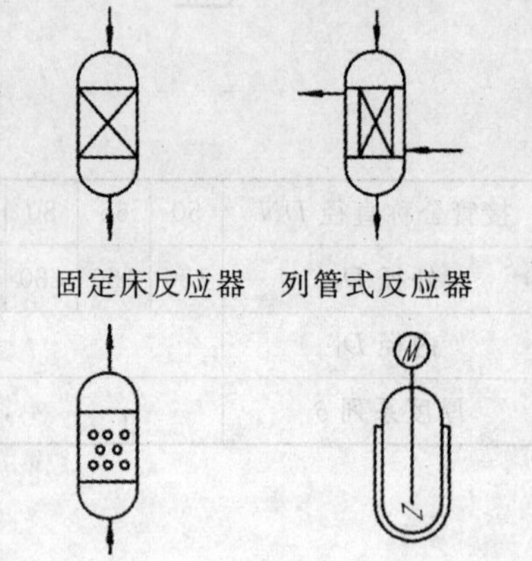 固定床反应器 列管式反应器 硫化床反应器 反应釜(带搅拌、夹套)
塔器	T	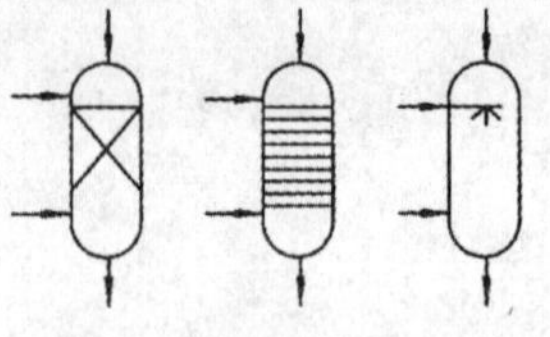 填料塔 板式塔 喷洒塔	压缩机	C	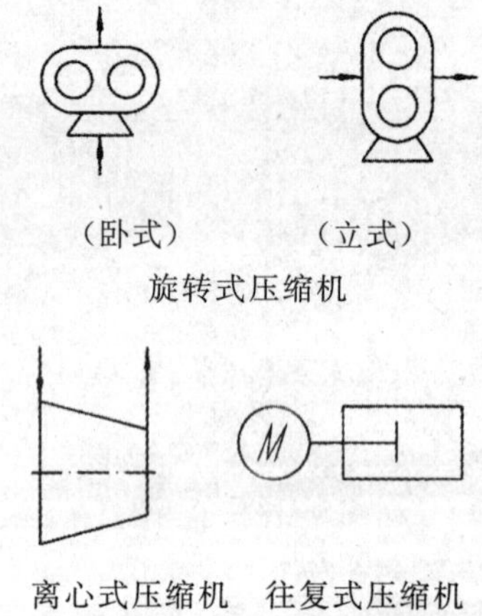 (卧式) (立式) 旋转式压缩机 离心式压缩机 往复式压缩机
换热器	E	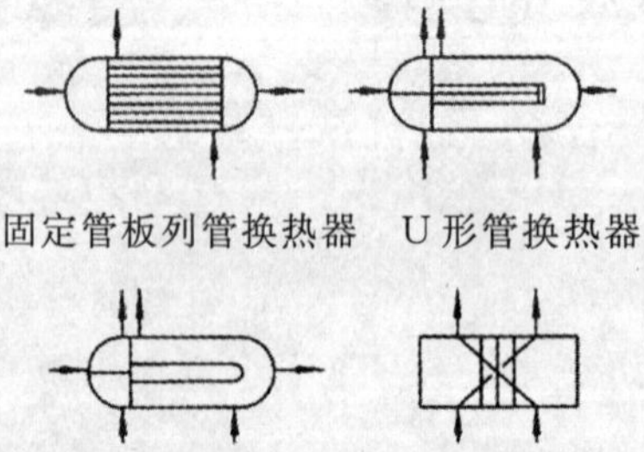 固定管板列管换热器 U形管换热器 浮头式列管换热器 板式换热器	泵	P	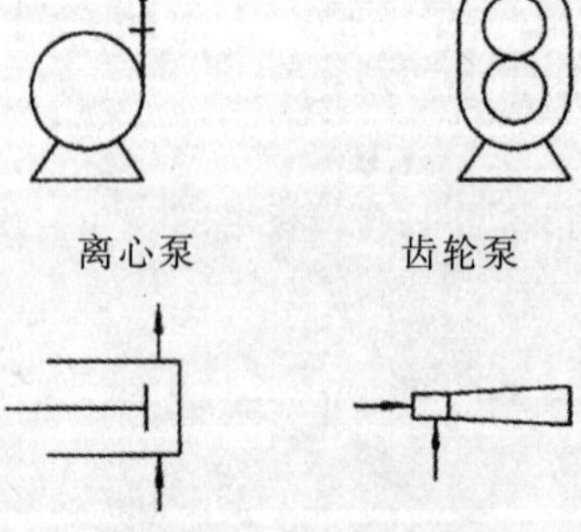 离心泵 齿轮泵 往复泵 喷射泵

名称	符号	图例	名称	符号	图例
动力机		 电动机 内燃机 汽轮机 其他动力机 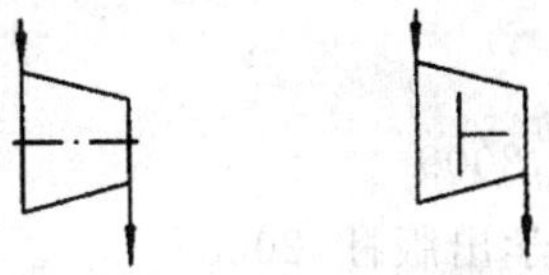 离心式膨胀机 活塞式膨胀机	火炬烟囱		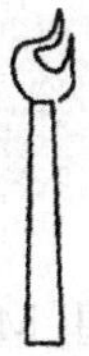  火炬 烟囱

参考文献

1. 董振珂. 化工制图[M]. 北京:化学工业出版社,2009
2. 冷俊峰. 模具机械制图[M]. 武汉:华中科技大学出版社,2008
3. 方礼龙. 工程制图[M]. 北京:化学工业出版社,2002
4. 林大均. 简明化工制图[M]. 北京:化学工业出版社,2007